THE BOOK OF WHY

为什么

关于因果关系的新科学

[美] 朱迪亚·珀尔 JUDEA PEARL

[美] 达纳·麦肯齐 DANA MACKENZIE 著

江生 于华 译

THE NEW SCIENCE
OF CAUSE AND EFFECT

中信出版集团 | 北京

图书在版编目（CIP）数据

为什么 /（美）朱迪亚·珀尔，（美）达纳·麦肯齐著；江生，于华译 . -- 北京：中信出版社，2019.7（2025.3重印）

书名原文：The Book of Why: The New Science of Cause and Effect

ISBN 978-7-5217-0507-2

I. ①为… II. ①朱… ②达… ③江… ④于… III. ①人工智能–普及读物 IV. ① TP18-49

中国版本图书馆 CIP 数据核字（2019）第 082844 号

为什么

著　　者：[美] 朱迪亚·珀尔　[美] 达纳·麦肯齐
译　　者：江生　于华
出版发行：中信出版集团股份有限公司
　　　　（北京市朝阳区东三环北路27号嘉铭中心　邮编　100020）
承 印 者：北京通州皇家印刷厂

开　　本：787mm × 1092mm　1/16　　印　　张：25.5　　字　　数：365 千字
版　　次：2019 年 7 月第 1 版　　印　　次：2025 年 3 月第15次印刷
京权图字：01–2019–2972
书　　号：ISBN 978–7–5217–0507–2
定　　价：69.00 元

谨以此书献给露丝

目录

推荐序

了解因果关系科学，从珀尔的《为什么》开始

珀尔教授一生致力于因果关系科学及其在人工智能方面领域的应用，这本科普著作是他毕生思想的沉淀，其中他以平实的话语介绍了因果推断的理论建构，每段文字都浸透着他对因果关系科学的热情。珀尔教授不仅学问做得好，还执着地追求真理，深入地反省自我，勇敢地阐述思想，在这个堆积术语、追逐名利的学术大氛围里，珀尔教授孤单的身影显得尤为意味深长。

为什么要写这本书？在此之前，珀尔教授已经出版过三部因果关系科学的专著，读者群仅限于数据分析或者人工智能的研究者，影响范围很窄。这本书则是这些专著的科普版，其面向更广泛的读者群体，着重阐述思想而非拘泥于数学细节。对渴望了解因果推断的人们来说，它既是因果关系科学的入门书，又是关于这门学问从萌发到蓬勃发展的一部简史，其中不乏对当前的人工智能发展现状的反思和对未来人工智能发展方向的探索。正如作者所期待的，这场因果革命将带给人们对强人工智能更深刻的理解。

统计学的传统教育讳忌讨论因果，权威的统计学家曾言：“……从未见过一种关于因果的数学语言，也从未发现过它的好处。”对此，珀尔在本书中的讨论与评述可谓良药苦口。很惭愧，笔者在北大讲授概率统计、机器学习、贝叶斯数据分析等一些与人工智能相关的课程时，也未曾谈及因果关系科学，更从未主动地去突破这种因果禁忌。

这部关于因果关系科学的科普著作如同为我们开启了一扇窗，让我们看到了更广阔的天地。笔者甚至觉得，此书比珀尔的三部因果关系科学专著都要好，理论之争的来龙去脉，学术江湖的恩怨情仇，正道沧桑的愤世嫉俗，授业解惑的苦口婆心，黎明曙光的呼之欲出……都由作者在此书中娓娓道来。对于读者而言，阅读本书就像亲历一次冒险之旅，整个过程充满了惊奇与兴奋、怅然若失与无限憧憬。

珀尔的《为什么》是笔者所知道的目前已出版的唯一一部因果关系科学方面的科普著作，作者在其中深入浅出地把因果关系科学的理论框架及其发展脉络展现给了读者。值得一提的是，那些曾经令人备感困惑的悖论作为经典统计学中的未解之谜，最终也经由因果关系分析而拨云见日，笼罩在其上的迷雾也随之烟消云散了。水落石出后，因果推断显得如此自然，就仿佛一切本该如此。对于每一位想了解因果关系科学的读者来说，以《为什么》为起点就意味着你踏上了一条捷径，在理解此书的基础上阅读因果关系科学方面的专业著作，你的收获将会更大。

虽然以科普读物为定位，作者仍然雄心勃勃地将这本书的英文书名确定为“*The Book of Why*”。(大凡以“The Book of ……”为书名的作品大多在某一领域意义重大，例如,《易经》的英文书名为“*The Book of Change*”,《诗经》的英文译名则为“*The Book of Songs*”。)这样一本重量级的科普读物，即便是对于一位专门从事人工智能或机器学习方面的研究的学者而言，如果其以前从未接触过因果推断，那么在初次阅读时他也未必能完全掌握书中的内容，因此这本书对于没有专业背景的普通读者的阅读难度可想而知。对于没有概率统计基础的读者来说，笔者的阅读建议是略过数学细节，着重抓住内容大意；而对于有一定概率统计基础的读者来说，笔者认为在阅读时一定不能放过正文中的数学精髓，这本书中的数学公式不多不少，刚好自圆其说。

在人人接触人工智能的今天，各种学说、思潮充斥于媒体，铺天盖地的科技快餐也让人应接不暇。昨天刚得报一个突破，今天就听说一场革命，人们在良莠不齐的信息中逐渐迷失了方向。1971 年图灵奖得主、“人工智能”

概念的提出者约翰•麦卡锡教授曾说过："不符合数学的，都是胡言乱语。"按照这个标准，现今的人工智能理论又有多少是真正有价值的呢？珀尔教授在这本新书中提出的因果关系视角可谓一股清流。古人云："博学之，审问之，慎思之，明辨之，笃行之。"此话正合此书精神，与读者共勉。

《为什么》第一译者　江生

2019 年 5 月于美国，旧金山湾区

前 言

大约 20 年前，在为我的书《因果论》(*Causality*, 2000) 作序时，我发表了一段颇为大胆的评论，以致朋友们都劝我低调行事。"因果论经历了一次重大转变，" 我写道，"从一个笼罩着神秘色彩的概念转变为一个具有明确语义和逻辑基础的数学对象。悖论和争议得以解决，模棱两可的概念得以阐明，那些依赖于因果信息、长期被认为是形而上的或无法解决的实际问题，现在也可以借助初等数学加以解决了。简言之，因果论已经完成了数学化。"

如今读到这段话，我自觉当时还是有些短视了。我所描述的"转变"被证明是一场改变了诸多科学理念的"革命"，现在，很多人称之为"因果革命"，而它在学术圈激起的波澜正蔓延至教育和应用领域。我相信，眼下是向更多读者分享它的大好时机。

我在这本书中力图完成一个三位一体的使命：首先，用非数学的语言阐述因果革命的知识内涵，说明它将怎样影响我们的生活和未来。其次，分享在解决重要的因果问题时，我们的科学家前辈走过的英勇征程，无论成败，这些故事都值得讲述。

最后，回溯因果革命在人工智能领域的发源地，目的是向你介绍如何开发出用我们的母语——因果语言进行交流的机器人。新一代机器人应该能够向我们解释事情为何发生，为何机器人以它们选择的某种方式做出反应，以及大自然为何以这样而非那样的方式运作。一个更加雄心勃勃的目标是，它们也应该能够让我们进一步认识人类自身：我们的思维为什么以这样的方式运行，以及理性思考原因和结果、信任和遗憾、目的和责任究竟意味着什么。

在我书写各种公式时，我很清楚我的读者是谁。但是当我为大众写作时，情况就不一样了——对我来说这是一次全新的冒险。这种新的体验很奇特，甚至可以说是我生命中令我收获最大的一场自我教育之旅。我需要用读者的语言组织思路，猜测读者的背景、可能提出的问题和给出的反应，这比我在写作此书之前对所有那些公式的探索都更能加深我对因果论的理解。

为此，我将永远感激你，我的读者。我希望你能与我一样迫不及待地去寻求答案。

朱迪亚·珀尔

洛杉矶，2017 年 10 月

导言：思维胜于数据

每一门蒸蒸日上的科学都是在其符号系统的基础上繁荣发展起来的。
—— 奥古斯都·德·摩根（1864）

本书将要讲述的故事会围绕一门科学展开，这门科学改变了我们区分事实与虚构的方式，但目前，它仍处于大众的视野之外。这门新科学非常重要，已经影响到了日常生活的种种重要的方面，并且还有可能进一步扩大影响范围，覆盖从新药开发到经济政策制定，从教育和机器技术到枪支管制乃至全球变暖等重大问题的探索和解决。值得注意的是，尽管这些问题涉猎的领域广泛多元且完全不具可比性，但这门新科学仍然成功地将它们全部纳入一个统一的框架，这在20年前是根本不可能实现的。

这门新科学并没有一个时髦的名字，和我的许多同事一样，我简单地称之为"因果推断"。它本身也并不是什么高科技。因果推断力图模拟的理想技术就存在于我们人类自身的意识之中。数万年前，人类开始意识到某些事会导致其他事的发生，并且改变前者就会导致后者的改变。没有其他物种领悟到了这一点，更别说达到我们所理解的这种程度。由这一发现，人类这一物种创造出了有组织的社会，继而建立了乡村和城镇，直至创建了我们今天所享有的科技文明。所有这一切都源于我们的祖先提出了这样一个简单的问题：为什么？

因果推断正是关于这个问题的严肃思考。它假设人类大脑是大自然有史以来为处理因果知识而设计出的最先进的工具。我们的大脑存储了海量的因果知识，而在数据的辅助下，我们可以利用这些知识解决当代社会所面临的最紧迫的问题。一个更宏伟的目标是，一旦我们真正理解了因果思维背后的逻辑，我们就可以在现代计算机上模拟它，进而创造出一个“人工科学家”。这个智能机器人将会为我们发现未知的现象，解开悬而未决的科学之谜，设计新的实验，并不断从环境中提取更多的因果知识。

但在冒险推测未来发展之前，了解迄今为止因果推断或因果关系这门科学所取得的成就至关重要。我们将深入探讨它如何改变了几乎所有依赖数据信息的学科中研究者的思维模式，以及它将如何改变我们的生活。

这门新科学解决了以下这些看似简单明了的问题：

- 一种特定的疗法在预防某类疾病方面的效果如何？
- 是新税法的颁布还是层出不穷的广告推销活动导致了销售额的增长？
- 由肥胖引发的医疗保健成本增长的总体占比为何？
- 雇用记录能否证明雇主实施了涉及性别歧视的招聘政策？
- 我打算辞掉工作。我究竟该不该这么做？

这些问题的共同点在于它们都与因果关系有关，我们可以通过诸如“预防”“导致”“由……引发”“证明”“该不该”这样的词语轻易识别出它们。这些词在日常生活用语中很常见，我们的社会也一直在不断提出这样的问题并寻求答案。然而，就在不久之前，我们甚至还无法在科学的范围内找到途径明确地表述这些问题，更别说回答它们了。

到目前为止，因果推断对人类最重要的贡献就是让这个科学盲点变成了历史。这门新科学催生出了一种简单的数学语言，用以表达我们已知和欲知的因果关系。以数学形式表达因果关系的能力让我们得以开发出许多强大的、条理化的方法，将我们的知识与数据结合起来，并最终回答出如上述那 5 个涉及因果关系的问题。

过去的 25 年里，我有幸成为参与这一科学发展进程的一员。在公众的视野之外，我曾目睹这门新科学在学生宿舍和研究实验室中崭露头角，也曾听到过在严肃的科学会议中它的突破性进展所引发的共鸣。眼下，随着我们进入强人工智能时代，越来越多的人开始鼓吹大数据和深度学习[①]的无尽可能性，这使我越发感觉到，向读者展示这门新科学正在进行的大胆探索，及其对于数据科学以及人类在21世纪的生活可能造成的诸多影响，是恰逢其时且激动人心的。

我知道，当听到我把这些成就描述为一门“新科学”时，你可能会心存疑虑。你甚至可能会问，为什么科学家没有在更早的时间就开始这样做？比如在古罗马诗人维吉尔首次宣称“幸运儿乃是能理解众事原委之人”（公元前29年）的时候，或者，在现代统计学的奠基人弗朗西斯·高尔顿和卡尔·皮尔逊首次发现人口统计数据可以揭示一些科学问题的答案的时候。在这些关键性的时间节点上，他们很遗憾地与因果关系失之交臂，这背后的曲折故事我将在本书有关因果推断的历史渊源的章节中一一道来。在我看来，阻碍因果推断这一科学诞生的最大障碍，是我们用以提出因果问题的词汇和我们用以交流科学理论的传统词汇之间的鸿沟。

为了说明这一鸿沟的深度，不妨设想一下科学家在尝试表达一些明显的因果关系时所面临的困难——举个例子，气压计读数 B 可以用来表示实际的大气压 P。我们可以轻而易举地用方程式来表示这种关系，$B = kP$，其中 k 是某个比例常数。如今，代数规则允许我们以多种形式书写这个方程，例如，$P = B/k$，$k = B/P$，或者 $B - kP = 0$。它们意义相同，即如果知道方程中的三个量中的任意两个，那么第三个量就是确定的。字母 k、B 或 P 三者中的任意一个在数学上都没有凌驾于其他两个之上的特权。那么，我们怎样才能表达这个确凿无疑的事实，即是大气压导致了气压计读数的变化，而不是反过来？倘若连这一事实都无法表达，我们又怎能奢望去表达其他许多无法用数学公式来表达的因果推断，例如公鸡打鸣不会导致太阳升起？

我的大学教授们就没能做到这件事，也从没有为此抱怨过。我敢打赌，你们的大学教授中也没人研究过这个问题。现在，我们已经明白原因

① 2019年图灵奖颁给了杰弗里·辛顿、扬·勒昆和约舒亚·本吉奥三人，以表彰他们在深度学习（deep learning）上的杰出贡献。——译者注

为何了：他们从未见识过一种关于因果的数学语言，也从未发现到它的好处。这种语言的发展被好几代科学家漠视，其实质是一种科学的衰败。众所周知，按动开关按钮会导致一盏灯的打开或关闭，夏日午后的闷热空气会促使当地冰激凌店的销售额增加。那么，为什么科学家们没有像用公式表达光学、力学或几何学的基本法则那样，用公式去捕捉这些显而易见的事实？为什么他们容忍这些事实在原始的直觉中凝滞，而不去运用那些促使其他科学分支走向繁荣和成熟的数学工具呢？

答案部分在于，科学工具的开发是为了满足科学需要。正因为开关、冰激凌和气压计这类问题我们处理起来驾轻就熟，所以用特殊的数学工具来解决它们的意愿始终不够强烈。但随着人类求知欲的不断增强，以及社会现实开始要求人们讨论在复杂的法律、商业、医疗等领域的决策情境中出现的因果问题，我们终于发现我们缺少一门成熟的科学所应提供的用于回答这些问题的工具和原理。

这种迟来的觉醒在科学中并不少见。例如，直到大约400年前，人们还满足于以本能来应对日常生活中的不确定性，从过马路到冒险打一架都包括在内。后来，赌徒们发明了复杂的赌博游戏，他们得以通过精心的设计来欺骗我们做出糟糕的选择。直到这时，布莱斯·帕斯卡（1654）、皮埃尔·德·费马（1654）和克里斯蒂安·惠更斯（1657）这样的数学家才发现有必要建立一门今天我们称之为概率论的数学科学分支。同样，只有当保险机构开始要求准确估算人寿年金保险的时候，爱德蒙·哈雷（1693）和亚伯拉罕·棣莫弗（1725）这样的数学家才开始关注死亡率统计数据，并据此计算出了人的预期寿命。与此相似，正是天文学家对天体运动精确预测的要求促使雅格布·伯努利、皮埃尔–西蒙·拉普拉斯和卡尔·弗里德里希·高斯建立了误差理论，让我们得以从噪声中提取信号。这些方法和理论都是今天统计学得以建立的基础。

具有讽刺意味的是，对因果关系理论的需求正是在统计学产生的那一刻浮出水面的。事实上，现代统计学的创立正源自因果问题——高尔顿和皮尔逊提出了一个关于遗传的因果问题，并独具匠心地尝试用跨代数据来解答它。遗憾的是，这一努力失败了，他们没有停下来问为什么，反而声称这些问题是禁区，转而去发展另一项刚刚兴起、不涉及因果关系的事业——统计学。

这是科学史上的一个关键时刻。给因果问题配备一套专属语言的机会眼看就要被成功捕捉并转化为现实，却被白白浪费掉了。在接下来的几年里，这些问题被宣布为“非科学”，被迫转入地下。尽管遗传学家休厄尔·赖特（1889—1988）为此做出了艰苦卓绝的努力，但因果词汇仍然被科学界禁用了半个多世纪。我们知道，禁止言论就意味着禁止了思想，同时也扼杀了与此相关的原则、方法和工具。

哪怕不从事科学研究，你也能见证这一禁律的存在。在统计学基础课程中，每个学生都会很快学会念叨“相关关系不等于因果关系”这句话。此话的确颇有道理！公鸡打鸣与日出高度相关，但它显然不是日出的原因。

遗憾的是，统计学盲目迷恋这种常识性的观察结论。它告诉我们，相关关系不等于因果关系，但并没有告诉我们因果关系是什么。在统计学教科书的索引里查找“因果”这个词是徒劳的。统计学不允许学生们说 X 是 Y 的原因[①]，只允许他们说 X 与 Y “相关”或“存在关联”。

这一禁律也潜移默化地让人们认同了处理因果问题的数学工具毫无用武之地这一结论，与此同时，统计学唯一关注的就是如何总结数据，而不关注如何解释数据。一个了不起的例外是 20 世纪 20 年代由遗传学家休厄尔·赖特发明的路径分析（path analysis），它是本书所集中讨论和使用的一种关键方法的直接原型。然而，统计学及其相关学科严重低估了路径分析，使其在萌芽状态历经了数十年的压制。直至 20 世纪 80 年代，这迈向因果关系科学的第一步仍然是科学界唯一的一步。统计学的其他分支，以及那些依赖统计学工具的学科仍然停留在禁令时代，错误地相信所有科学问题的答案都藏于数据之中，有待巧妙的数据挖掘手段将其揭示出来。

今天，这种以数据为中心的观念仍然阴魂不散。我们生活在一个相信

① 可能存在一个例外情况，就是我们进行了随机对照试验，具体可参见第四章的内容。

大数据能够解决所有问题的时代。大学中“数据科学”方面的课程激增，在涉足“数据经济”的公司中，“数据科学家”享有极高的工作待遇。然而，我希望本书最终能说服你相信这一点：数据远非万能。数据可以告诉你服药的病人比不服药的病人康复得更快，却不能告诉你原因何在。也许，那些服药的人选择吃这种药只是因为他们支付得起，即使不服用这种药，他们照样能恢复得这么快。

在科学和商业领域，仅凭数据不足以解决问题的情况一再发生。尽管或多或少地意识到了其局限所在，但多数热衷于大数据的人仍然选择盲目地继续追捧以数据为中心的问题解决方式，仿佛我们仍活在因果禁令时代。

正如我刚才所说的，在过去的30年里，情况发生了戏剧性的变化。如今，感谢那些设计精巧的因果模型，当代科学家得以着手解决那些一度被认为是不可能解决的甚至是超出了科学探索范围的问题。例如，仅在100年前，人们还认为“吸烟是否危害健康”这一问题是非科学的。仅仅是在研究论文中提及“因”或“果”这样的词都会在任何稍有名气的统计期刊上引发强烈的批判。

甚至就在20年前，询问一个统计学家诸如“是阿司匹林治愈了我的头痛吗”这样的问题还会被视为在问他是否相信巫术。引用我的一位备受尊敬的同事的话，讨论这种问题“与其说是科学探索，不如说是鸡尾酒会上的八卦闲谈”。但今天，流行病学家、社会学家、计算机科学家以及一些开明的经济学家和统计学家开始频繁地提出这样的问题，并能够借助具有高度精确性的数学工具作答。对我来说，这种改变就是一场革命。我斗胆称之为“因果革命”，是因为这场科学剧变真正接纳了我们人类理解因果知识的认知天赋，而不再拒之于科学大门之外。

因果革命不是在真空中产生的；它背后有数学工具上的发展作为支撑，这种数学工具最恰当的名称应该是“因果关系演算法”。借助这种工具，我们得以解答一些有关因果关系的最棘手的问题。能向公众展示这一演算法实在令我兴奋不已，这不仅是因为它拥有跌宕起伏的发展史，更是因为我真心期待未来某天它能在某些人那里发挥出超出我的想象的潜力……也许就出自本书读者之手。

因果关系演算法由两种语言组成：其一为因果图（causal diagrams），用以表达我们已知的事物，其二为类似代数的符号语言，用以表达我们想知道的事物。因果图是由简单的点和箭头组成的图，它们能被用于概括现有的某些科学知识。点代表了目标量，我们称之为“变量”，箭头代表这些变量之间已知或疑似存在的因果关系，即哪个变量“听从于”哪个变量。这些因果图非常容易绘制、理解和使用，读者将在书中看到许多此类因果图的示例。这么说吧，如果你会使用基于单向街道地图的导航系统，你就一定可以理解因果图，继而就可以独自解决本书导言中提出的那些关于因果关系的问题。

虽然因果图是本书选择使用的主要工具，也是我过去35年的研究主题，但它并不是唯一可用的因果模型。有些科学家（比如计量经济学家）喜欢使用数学方程；另一些研究者（比如纯统计学家）则更倾向于借助一组假设来描述问题，这些假设表象化地概括了因果图的关系结构。但不管使用哪种语言，因果模型都应该描述，哪怕是定性地描述数据的生成过程，换句话说，就是那些在环境中控制并塑造数据生成的因果力量。

与图表式的“知识语言”并存的还有一种符号式的“问题语言”，它被用于表述我们想要回答的问题。例如，如果我们感兴趣的是药物（D）对病人生存期（L）的影响，那么我们的问题可以用符号写成：$P(L \mid do(D))$。换句话说，如果一个身体状况具有足够代表性的病人服用了这种药，那么他在L年内存活的概率（P）是多少？这句话所描述的就是被流行病学家称为干预（intervention）或处理（treatment）的概念，其对应于我们在临床试验中所测量的内容。在许多情况下，我们可能还希望对$P(L \mid do(D))$和$P(L \mid do(\textit{not-D}))$进行比较，后者描述的是拒绝接受相应处理（服药）的病人，也称“对照组”病人的情况。其中，*do*算子表明了我们正在进行主动干预而非被动观察，这一概念是经典统计学不可能涉及的。

在这里，我们必须调用一个干预算子$do(D)$来确保观察到的病人存活期L的变化能完全归因于药物本身，而没有混杂其他影响寿命长短的因素。如果我们不进行干预，而是让病人自己决定是否服用该药物，那么其他因素就可能会影响病人的决定，而服药和未服药的两组病人的存活期差异也将无法再被仅仅归因于药物。例如，假设只有疾病发展到末期的病人服用了这种药，那么这些人的情况就显然不同于那些不服药的病人，两组的比较结果实际上反映的是其病情的严重程度，而非药物的影响。相比之下，随机地指示一些病人服用药物或不服用药物，而不考虑先决条件如何，则可以去除两组病人之间原有的差异，提供有效的比较结果。

在数学上，我们把自愿服药的病人的生存期 L 的观测频率记作 $P(L|D)$，这就是统计学教科书中常用的条件概率。这个公式表示生存期 L 的概率（P）是以观察到病人服用药物 D 为条件的。注意 $P(L|D)$ 与 $P(L|do(D))$ 完全不同。观察到（seeing）和进行干预（doing）有本质的区别，它解释了我们不认为气压计读数下降是风暴来临的原因。观察到气压计读数下降意味着风暴来临的概率增加了，但人为迫使气压计读数下降对风暴来临的概率并不会产生影响。

对观察和干预的混淆成为悖论之源，对此本书将展开详细的讨论。缺少 $P(L|do(D))$，而完全由 $P(L|D)$ 统治的世界将是十分荒诞的。在这个世界中，病人不去就诊就能减少人们患重病的概率，城市解雇消防员就能减少火灾的发生，医生会向男性患者和女性患者推荐药物，但不向性别保密的患者推荐药物，诸如此类的例子还有很多。而令人难以置信的是，就在不到30年前，科学正是在这样一个不存在 *do* 算子的世界里运行的。

因果革命最重要的成果之一就是解释了如何在不实际实施干预的情况下预测干预的效果。如果我们没有首先定义 *do* 算子以便提出正确的问题，其次设计出一种在不需要真正实施干预行动的条件下模拟干预行动的方法，那么我们就永远不可能取得这一成就。

当我们感兴趣的科学问题涉及反思性的思考时，我们通常会诉诸另一种类型的表达形式，这种表达形式是因果推断科学独有的，我们称之为“反事实”（counterfactual）。例如，假设乔在服用了药物 D 一个月后死亡，那么我们现在关注的问题就是这种药物是否导致了他的死亡。为了回答这个问题，我们需要想象这样一种情况：假如乔在即将服药时改变了主意，他现在会活着吗？

再强调一遍，经典统计学只关注总结数据，因此它甚至无法提供一种语言让我们提出上面那个问题。因果推断则不仅提供了一种表达符号，更重要的是，它还提供了一种解决方案。这使得我们在预测干预效果时，在多数情况下能够借助一种算法来模拟人类的反思性思考，通过将我们对观测世界的了解输入算法系统，其将输出有关反事实世界的答案。可以说，这种“反事实的算法化”正是因果革命另一项宝贵的成果。

反事实推理涉及假设分析（what-ifs），这可能会使一些读者质疑其科学性。事实上，经验观察永远无法证实或反驳这些问题的答案。然而，人类一直在对哪些事可能发生或哪些事可能已经发生做出极可靠的、可重复的判断。例如，我们都明白，即使某天早晨公鸡没有打鸣，太阳也会照常升起。这一共识源于这样一种事实：反事实并非异想天开之物，而是反映了现实世界运行模式的特有结构。共享同一因果模型的两个人也将共享所有的反事实判断。

反事实是道德行为和科学思想的基石。回溯自己过去的行为以及设想其他可能情景的能力是自由意志和社会责任的基础。反事实的算法化使“思维机器”（thinking machine）习得这种人类特有的能力，并掌握这种目前仍为人类所独有的思考世界的方式成为可能。

在上段提到“思维机器”这个词是我有意而为的。我是以一名浸淫人工智能领域多年的计算机科学家的身份涉足这门新科学的，我的研究背景使我在进行因果推断方面的研究时能够使用一种该领域的大多数研究者并不具备的视角。首先，在人工智能的世界里，只有当你能够教会机器人理解某个课题时，你才算真正理解了它。这就是为何你会在本书看到我反复强调符号、语言、词汇和语法。我痴迷于这样的思考：是否可以用一种业已存在的语言来表达某个论断，以及我们如何判断一个论断是否与其他一些论断相一致。我们可以看到，仅仅是遵循科学语言的语法进行话语实践就能让我们掌握大量的知识，这实在令人惊喜。我对语言的强调也源于一个坚定的信念，即语言会塑造我们的思想。你无法回答一个你提不出来的问题，你也无法提出一个你的语言不能描述的问题。作为一名哲学和计算机科学的学生，我之所以被因果推断吸引，最关键的因素就是渴望获得那种亲眼见证一门被边缘化的科学语言促使一门科学从诞生走向成熟这一整个过程所带来的兴奋感。

我在机器学习方面的背景也给了我研究因果关系的另一个动力。20 世纪 80 年代末，我意识到智能机器缺乏对因果关系的理解，这也许是妨碍它们发展出相当于人类水平的智能的最大障碍。在本书的最后一章，我将回到我的老本行，带领大家一起探索因果革命对人工智能的影响。我坚信强人工智能是一个可实现的目标，也是一个完全无须恐惧的目标，因为我们在实现它的过程中纳入了因果关系。因果推理模块将使智能机器有能力反思它们的错误，找到自身软件程序中的弱点，并能像一个道德实体那样思考和行动，自然地与人类交流它们自己的选择和意图。

现实的蓝图

当今时代，读者们一定都听过诸如“知识”“信息”“智能”“数据”等术语，有不少人可能会对它们之间的差异以及它们是如何相互作用的感到一头雾水。而现在，我提议引入另一个术语——“因果模型”。我知道，读者们可能会认为这样做只会增加困惑。

不，并不会！事实上，因果模型将科学、知识、数据这些晦涩的概念纳入了一个具体的、有意义的背景框架，让我们得以看到三者是如何相互协作以解答棘手的科学问题的。图 0.1 展示了一个“因果推断引擎”的蓝图，此引擎将帮助未来的人工智能进行因果推理。更重要的是，它不仅仅是一张关于未来的蓝图，也是一份指南，用于指导我们发现在当今的科学应用中，因果模型是如何发挥作用的，以及它们与数据之间的相互作用是怎样的。

因果推断引擎是一种问题处理机器，它接收三种不同的输入——假设、问题和数据，并能够产生三种输出。第一种输出是“是 / 否”判断，用于判定在现有的因果模型下，假设我们拥有完美的、无限的数据，那么给定的问题在理论上是否有解。如果答案为“是”，则接下来推断引擎会生成一个被估量。这是一个数学公式，可以被理解为一种能从任何假设数据中生成答案的方法，只要这些数据是可获取的。最后，在推断引擎接收到数据输入后，它将用上述方法生成一个问题答案的实际估计值，并给出对该估计值的不确定性大小的统计估计。这种不确定性反映了样本数据集的代表性以及可能存在的测量误差或数据缺失。

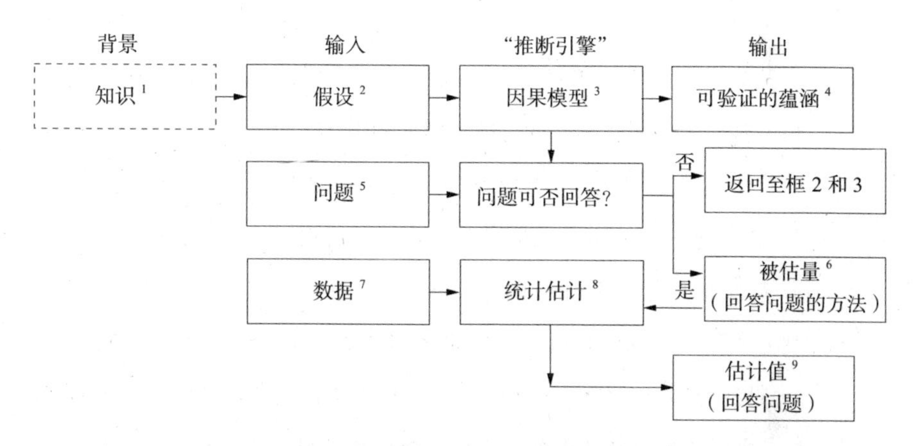

图 0.1　“因果推断引擎”能够将数据与因果知识相结合生成目标问题的答案。虚线框不是引擎的组成部分，但它是构建引擎的必要基础。箭头也可以从方框 4 和方框 9 指向方框 1，但在这里为简化图示进行了省略。

为深入阐释这个图示的内在逻辑，我给方框贴了 1 至 9 的数字标签，以便接下来以“药物 D 对病人生存期 L 的影响是什么”这个问题为例进行具体分析。

1. “知识”指的是推理主体（reasoning agent）过去的经验，包括过去的观察、以往的行为、接受过的教育和文化习俗等所有被认为与目标问题有关的内容。“知识”周围的虚线框表示它仍隐藏在推理主体的思想中，尚未在模型中得到正式表达。
2. 科学研究总是要求我们给出简化的假设，这些假设也就是研究者在现有知识的基础上认为有必要明确表述出来的陈述。研究者所拥有的大部分知识都隐藏于他的大脑，只有假设能将其公之于世，也只有假设才能被嵌入模型。事实上，我们可以从模型中提取出假设，这也使得一些逻辑学家得出了这样的结论：模型不过是一组假设而已。而计算机科学家对此说法持有异议，他们指出，假设表示方式的不同将导致多方面的巨大差异，包括是否能准确地说明假设，是否能从假设中推导出结论，乃至是否能根据确凿的证据扩展或修改假设等。

3. 因果模型有多种表现形式，包括因果图、结构方程、逻辑语句等。我热衷于为几乎所有的应用场景构建因果图，主要原因就在于它清晰易懂，并且可以为我们想问的许多问题提供明确的答案。从构建因果图的角度来看，"因果关系"的定义就非常简单了：如果变量 Y"听从于"变量 X，并根据所"听到"的内容决定自己的值，那么变量 X 就是变量 Y 的一个因。例如，如果我们怀疑一位病人的存活期 L"听从于"该病人是否服用了药物 D，那么我们便可以称 D 为 L 的因，并在因果图里绘制一个从 D 到 L 的箭头。当然，关于 D 和 L 之间的关系问题的答案很可能还取决于其他变量，因而我们也必须将这些变量及其因果关系在因果图中表示出来。（在这里，我们统一用 Z 来表示其他变量。）

4. 以因果模型的路径来表示的变量之间的听从模式通常会导向数据中某种显而易见的模式或相关关系。这些模式可被用于测试模型，因此也被称为"可验证的蕴涵"（testable implications）[①]。将"D 和 L 之间没有连接路径"翻译成统计学语言，就是"D 和 L 相互独立"，也就是说，发现 D 的存在不会改变 L 发生的可能性。而如果实际数据与这一推断相抵触，那么我们就需要修改模型。此类修改涉及另一个引擎，它从方框 4 和方框 7 中获取输入，并计算模型的"拟合度"，

---

① 在命题逻辑和谓词逻辑中，蕴涵这一概念用于描述两个陈述语句集合之间的联系。——译者注

即数据与模型假设的匹配程度。为尽可能简化示意图起见，我没有在图 0.1 中表示出这个引擎。

5. 向推理引擎提交的问题就是我们希望获得解答的科学问题，这一问题必须用因果词汇来表述。例如，我们现在感兴趣的问题是：$P(L \mid do(D))$ 是什么？因果革命的主要成就之一就是确保了这一语言在科学上容易理解，同时在数学上精确严谨。

6. 被估量“estimand”来自拉丁语，意思是“需要估计的东西”。它是我们从数据中估算出来的统计量。一旦这个量被估算出来，我们便可以用它来合理地表示问题的答案。虽然被估量的表现形式是一个概率公式，如 $P(L \mid D, Z) \times P(Z)$，但实际上它是一种方法，可以让我们根据我们所掌握的数据类型回答因果问题（前提是推断引擎证实了这种数据类型就是我们需要的）。

   重要的是要认识到，与传统的统计学所提供的估计方法不同，在当前的因果模型下，无论我们收集到多少数据，有些问题可能仍然无法得到解答。例如，如果我们的模型显示 D 和 L 都依赖于第三变量 Z（比如疾病的发展阶段），并且，如果我们没有任何方法可以测量 Z 的值，那么问题 $P(L \mid do(D))$ 就无法得到解答。在这种情况下，收集数据完全就是浪费时间。相反，我们需要做的是回过头完善模型，具体方式则是输入新的科学知识，使我们可以估计 Z 的值，或者简化假设（注意，此处存在犯错的风险），例如假设 Z 对 D 的影响是可以忽略不计的。

7. 数据可以被视作填充被估量的原料。这里我们一定要认识到，数据本身不具备表述因果关系的能力。数据告诉我们的只是数量信息，如 $P(L \mid D)$ 或 $P(L \mid D, Z)$ 的值。而被估量则能够告诉我们如何将这些统计量转化为一个表达式。基于模型假设，该表达式在逻辑上等价于我们所要回答的因果问题，比说 $P(L \mid do(D))$。

   请注意，被估量这个概念以及图 0.1 顶部的所有概念在统计分析的传统方法中都是不存在的。在传统的统计方法中，被估量就等同于有待

解决的问题。例如，如果我们对存活期为 L 的人群中服用过药物 D 的病人的比例感兴趣，那么我们可以将这个问题简记为 $P(D|L)$。该表达式的值也就是我们的被估量。这一表达式已经确切地说明了数据中的哪个概率有待被估计，而并不涉及任何因果知识。鉴于此，一些统计学家至今仍然难以理解为何有些知识游离于统计学之外，以及为何只靠数据不能弥补科学知识的欠缺。

8. 现在，你已经得到了一个新鲜出炉的估计值。不过，它只是一个近似值，其原因涉及关于数据的另一个真相：数据永远是从理论上无限的总体中抽取的有限样本。在我们所讨论的这个例子中，数据样本由我们筛选出来进行研究的病人组成。即使这种筛选是随机的，我们也无法避免根据样本测量的概率无法代表整个总体的相应概率的可能性。幸运的是，依靠机器学习领域所提供的先进技术，统计学科为我们提供了很多方法来应对这种不确定性，这些方法包括最大似然估计、倾向评分、置信区间、显著性检验等。
9. 最后，如果我们的模型是正确的且数据是充分的，那么我们就获得了这个待解决的因果问题的答案，比如“药物 D 使糖尿病患者 Z 的生存期 L 增加了 30%，误差 ±20%。”啊哈！现在，这一答案将被添加到我们的科学知识（方框 1）中。而如果这一答案与我们的预期不符，则很可能说明我们需要对因果模型做一些改进（方框 3）。

这个流程图乍看起来很复杂，因而你可能会怀疑它是否确有必要。事实上，在日常生活中，我们总能用某种方法做出一些因果判断，而与此同时并没有意识到自己经历了如此复杂的推断过程，当然也不会诉诸计算概率和比例的数学工具。我们的因果直觉通常足以让我们应付日常生活乃至职业生活中的不确定性。但是如果我们想教一个笨拙的机器人借助因果思维来思考问题，或者如果我们正试图推动无法依靠直觉来指引的前沿科学的发展，那么这一经过精心设计的推断流程就很有必要了。

我特别想强调数据在上述过程中发挥的作用。首先，请注意，我们是在完成了以下步骤之后才收集的数据：根据假设确定了因果模型，提出了我们想要解决的科学问题，推导出被估量。这与上面提到的传统统计方法形成了鲜明对比，后者甚至没有用到因果模型。

但是，当今科学界对因果关系的合理推论提出了新的挑战。尽管科学的快速发展提高了人们对因果模型必要性的认识，许多人工智能领域的研究者仍然想跳过构建因果模型或识别出已有的因果模型这一难度较大的步骤，只依赖数据解决所有的认知难题。他们希望在因果问题出现时，数据本身就能指引他们找到正确的答案——当然，这种想法通常来说都是隐秘不宣的。

对此趋势，我曾直言不讳地公开表示质疑，因为我知道，对于因果关系方面的知识来说，数据没有任何发言权。例如，有关行动或干预结果的信息根本无法从原始数据中获得，这些信息只能从对照试验操作中收集。相比之下，如果拥有一个因果模型，我们就可以在大部分情况下从未经干预处理的数据中预测干预的结果了。

当我们试图回答反事实问题，比如"假如我们采取了相反的行动会发生什么"时，因果模型的重要性就更加引人注目了。我们将非常详细地讨论反事实，因为对任何人工智能来说，反事实问题都是最具挑战性的问题。这类问题也是推动人类认知力和想象力发展的核心，其中前者使我们成为人类，后者使科学成为可能。原因通过机制传递效果，因此我们还会解释为何关于这种机制的问题，以"为什么"为典型，实际上是一个经过伪装的反事实问题。如果我们想让机器人回答"为什么"这样的问题，或者只是试图让它们理解此类问题的意义，那么我们就必须用因果模型武装它们，并教它们学会如何回答反事实问题，做法就像图 0.1 所展示的那样。

因果模型所具备而数据挖掘和深度学习所缺乏的另一个优势就是适应性。注意在图 0.1 中，被估量是在我们真正检查数据的特性之前仅仅根据因果模型计算出来的，这就使得因果推断引擎适应性极强，因为无论变量之间的数值关系如何，被估量都能适用于与定性模型适配的数据。

为了说明这种适应性为什么重要，我们下面将该引擎与学习主体

（learning agent）进行比较。在本例中，我们将学习主体设定为人，但在其他情况下，学习主体也可能是一个深度学习算法，或者是一个使用深度学习算法、想要纯粹从数据中获得知识的人。通过观察许多服用药物 D 的患者的存活期 L，某研究者能够预测出某个具有 Z 特征的病人存活 L 年的概率。现在，假设她被调职到位于城市另一地区的医院，而那里的人口总体特征（饮食、卫生、工作习惯）与原来的地区有所不同。即使这些新特性仅仅改变了以前她所记录的变量之间的数值关系，她仍不得不重新自我训练，再次从头学习新的预测函数。这就是深度学习程序所能做的：将函数与数据拟合。而如果该研究者掌握了药物的作用机制，并且新地区的因果模型结构仍与原来保持一致，那么她在以往的训练中获得的被估量就依然有效，可被应用于新数据，产生一个新的关于特定总体的预测函数。

通过“因果透镜”，许多科学问题都会变得有所不同，我很高兴自己有机会研究这个透镜。过去的 25 年里，新见解和新工具赋予这一透镜越来越强大的功能。我希望并相信本书的读者也将分享我的喜悦。因此，我想预告一下本书即将呈现的亮点内容，以此结束导言。

本书的第一章将观察、干预和反事实这三个台阶组合成因果关系之梯（ladder of causation），这是本书的核心隐喻。它将向你揭示利用因果图（我们主要的建模工具）进行推理的基本原理，同时引导你一步步成为一名精通因果推理的专家。事实上，在读过本书后，你将远远超过几代数据科学家，因为他们曾试图通过一个模型盲（model-blind）[①] 的透镜解释数据，完全忽略了因果关系之梯所阐明的特质。

本书的第二章将讲述一个匪夷所思的故事：统计学科是如何让自己陷入了因果蒙昧的黑暗，以及这对所有依赖数据的科学产生了怎样深刻的影响。我会在这一章讲述遗传学家休厄尔·赖特的故事，他是本书中的一位大英雄，他在 20 世纪 20 年代绘制出了世界上第一张因果图，多年来他是少

① 作者用模型盲来指代对数学或统计建模一窍不通，不懂得利用已有的先验知识和经验来形式地刻画变量之间的关系的做法，该词常被用来批评纯粹数据驱动的人工智能或机器学习。——译者注

数几个敢于认真对待因果论的科学家之一。

本书的第三章讲述的是一个同样奇妙的故事：我是如何通过对人工智能的研究，特别是对贝叶斯网络的研究，皈依了因果论。贝叶斯网络是让计算机得以在“灰色地带”进行思考的第一个工具，有段时期，我曾坚信它掌握着开启人工智能大门的钥匙。而到了20世纪80年代末，我终于确信自己错了，本章讲述的正是我从贝叶斯倡导者变身为“叛教者”的整段旅程。不过，贝叶斯网络仍然是人工智能领域的一个非常重要的工具，其涵盖了因果图的大部分数学基础。除了对贝叶斯法则和贝叶斯推理方法所做的浅显的、以因果关系为梳理逻辑的介绍外，第三章还将为读者提供一些贝叶斯网络的应用实例。

本书的第四章讲述的是统计学对因果推断的主要贡献：随机对照试验（randomized controlled trial, 简称 RCT）。从因果的角度来看，随机对照试验是一个进行人为干预的工具，用以解答 $P(L \mid do(D))$ 问题，可以说这就是该工具的本质特征。随机对照试验的主要目的是将目标变量（比如 D 和 L）与其他变量（Z）分离，因为如果不进行分离，则变量（Z）就会对二者产生影响。如何消除这种潜在变量带来的扭曲或“混杂”在近百年来一直未曾得到妥善解决。而本章将引导读者使用一种极其简单的方法来解决这个常见的混杂问题。这种方法就是在因果图中进行路径跟踪，你在10分钟之内便能掌握这种方法。

本书的第五章将讲述因果论发展史乃至科学史上的一个重要时刻，当时，统计学家纠结于“吸烟是否会导致肺癌”这一问题。由于无法使用他们最喜欢的工具——随机对照试验，他们在是否接受某一方的结论上始终难以达成一致，甚至对于如何理解这个问题也一直存在分歧。关于吸烟的争论将因果论的重要性推到了风口浪尖。可以说，数百万人因吸烟而丧生或折寿，正是因为科学家没有适当的语言或方法论来回答这个因果问题。

在第五章的严肃话题之后，我希望本书的第六章会让读者享受一些轻松时刻。这章的主题是悖论，包括蒙提·霍尔悖论、辛普森悖论、伯克森悖论等。此类经典悖论的确可以当作脑筋急转弯来消遣，但它们也有严肃的一面，尤其是当你从因果的角度来分析它们的时候。事实上，几乎所有这些悖论都体现了某种与因果直觉有关的冲突，从而也揭示出了这种因果直觉的内在构造。这些悖论是一种警示，用以提醒科学家们人类的直觉是根植于因果的，而不是根植于统计和逻辑的。我相信读者会从这些有趣的古老悖论中得到“柳暗花明又一村”的体验。

终于，本书的第七章到第九章将带领读者踏上因果关系之梯激动人心的攀登之旅。我们会从第七章的干预问题入手，讲述我和我的学生们如何历经 20 年的努力，实现 *do* 类型问题解答的自动化。我们成功了。我还将在本章解释“因果推断引擎”的本质，以及它如何能够产生“是 / 否”问题的答案及图 0.1 中的被估量。对该引擎的深入分析将让读者学会如何在因果图中发现某些模式，这些模式将生成因果问题的直接答案。我将这些模式称为后门调整、前门调整和工具变量，它们是研究者在科学实践中进行因果推断的主要工具。

本书的第八章将通过讨论反事实把你带到因果关系之梯的顶端。反事实被视为因果论的基本组成部分这一认识至少要追溯到 1748 年，当时苏格兰哲学家大卫·休谟提出了这样一个多少有些别扭的因果定义：“我们可以给一个原因下定义说，它是先行于、接近于另一个对象的一个对象，而且在这里，凡与前一个对象类似的一切对象都和与后一个对象类似的那些对象处在类似的先行关系和接近关系中。或者，换言之，假如没有前一个对象，那么后一个对象就不可能存在。”大卫·刘易斯，普林斯顿大学的哲学家（于 2001 年去世），曾指出休谟实际上给出的是两个而非一个定义。第一个是规则性定义（因后面通常跟着果），第二个是反事实定义（“假如没有前一个对象……”）。尽管哲学家和科学家以往更多地将注意力集中于规则性定义，但刘易斯指出，反事实定义与人类直觉的联系更为紧密：“我们认为因是起重要作用的事物，并且它所引起的差异必然就是有它和没它所发生结果之不同。”

读者将在本章结尾兴奋地发现，我们现在可以越过学术争辩，估算出任何反事实问题答案的实际值（或概率），无论这个问题有多复杂。其中最有趣的问题就是某个观察到的事件的必要因（necessary cause）和充分因（sufficient cause）问题。例如，被告的行为有多大可能是原告受伤的必要因？人为因素引起的全球气候变化有多大可能是异常气候事件的充分因？

最后，本书的第九章讨论的主题是中介。在因果图中谈论箭头绘制时，你可能会想，如果药物 D 只是单纯地通过影响血压 Z（中介物）来影响病人的生存期，那么我们是否仍然要从药物 D 画一个直接指向生存期 L 的箭头？换言之，D 对 L 的影响是直接的还是间接的？如果两者都有，那么我们如何评估它们的相对重要性？这些问题不仅具有重大的科学意义，而且具有深刻的实际影响：如果我们了解了药物的作用机理，那么我们或许就可以开发出其他效果相同，但价格更低廉或副作用更少的药物。同样，读者将在本章结尾愉快地了解到，这一古老的中介机制问题将被简化为一道代数题，而科学家将通过使用因果工具包中的一些新工具轻松解决这些问题。

本书的第十章将通过追溯我本人转向因果研究领域的起始地带领读者走向尾声。正是这个问题，即人类智能的自动化（有时也被称为“强人工智能”是否可能）引导我开始研究因果关系的。我相信因果推理对智能机器至关重要，它可以让智能机器使用我们的语言与我们交流策略、实验、解释、理论乃至遗憾、责任、自由意志和义务，并最终让智能机器做出自己的道德决策。

如果能用一句话来概括本书的内容，那就是“你比你的数据更聪明”。数据不了解因果，而人类了解。我希望因果推断这门新科学能让我们更好地理解我们是如何做到这件事的，因为除了自我模拟，我们没有更好的方法来了解人类自身了。与此同时，在计算机时代，这种新的理解也有望被应用于增强人类自身的因果直觉，从而让我们更好地读懂数据，无论是大数据还是小数据。

第一章

因果关系之梯

起初……

第一次读伊甸园中亚当和夏娃的故事时，我大概六七岁。上帝禁止他们吃智慧树的果子，对于这个任性的要求，我和我的同学们一点儿都不惊讶，我们觉得神灵肯定有他自己的原因。我们更感兴趣的是这一事实：吃了智慧树的果子，他们立即像我们一样有了意识，并意识到了自己赤身裸体。

到了青少年时期，我们的兴趣渐渐转移到了故事的哲学层面（以色列的学生每年都要读上好几遍《创世记》）。我们最关注的是，人类获得知识的过程不是快乐的，而是痛苦的，伴随着叛逆、内疚和惩罚。有人问，放弃伊甸园无忧无虑的生活值得吗？相对于与现代生活相伴相生的经济困境、战争和社会不公，我们在知识累积和文明发展的基础上发起的农业革命和科学革命值得吗？

请不要误会，我们不是神创论者，连我们的老师骨子里都是达尔文主义者。然而我们知道，《创世记》的写作者实际上是在努力回答他那个时代最为紧迫的哲学问题。我们猜测这个故事隐含着智人逐步统治整个星球这一真实过程的文化足迹。那么，这一快速的、伴随着激烈演进和超级进化的过程，其具体步骤是怎样的呢？

我对这个问题的兴趣在早年担任工程教授的职业生涯中曾有所消退，但在20世纪90年代又重新燃起。当时，我正在写《因果论》这本书，刚刚与“因果关系之梯”不期而遇。

在第 100 次读《创世记》时，我注意到了一个多年来一直忽略的细节。上帝发现亚当躲在花园里，便问他："我禁止你碰那棵树，你是不是偷吃了它的果子？"亚当答道："你所赐给我的与我做伴的女人，她给了我树上的果子，我就吃了。""你都做了什么？"上帝问夏娃。夏娃答道："那蛇欺骗了我，我就吃了。"

众所周知，这种推卸责任的伎俩对全知全能的上帝不起作用，因此他们被逐出了伊甸园。但这里有一点是我以前一直忽略的：上帝问的是"什么"，他们回答的却是"为什么"。上帝询问事实，他们回答理由。而且，两人都深信，列举原因可以以某种方式美化他们的行为。他们是从哪里得到这样的想法的？

对我来说，这一细节有三个深刻的含义：首先，人类在进化早期就意识到世界并非由枯燥的事实（我们今天可能称之为数据）堆砌而成；相反，这些事实是通过错综复杂的因果关系网络融合在一起的。其次，因果解释而非枯燥的事实构成了我们大部分的知识，它应该成为机器智能的基石。最后，我们从数据处理者向因果解释者的过渡不是渐进的，而是一次"大跃进"，借助的是某种奇异的外部推力。这与我在因果关系之梯上的理论观察完全吻合：没有哪台机器可以从原始数据中获得解释。对数据的解释需要借助外部推力。

我们希望从进化科学中求证这些信息，我们当然不可能找到智慧树，但我们仍能发现一个无法解释的重大转变。我们知道，人类历经了 500 万到 600 万年的时间才从类人猿祖先进化而来，这种渐进的进化过程对地球生命来说很寻常，但是在大约 5 万年前，不寻常的事情发生了，有人将其称为认知革命（Cognitive Revolution），另外一些人则（带一点儿讽刺意味的）将其称为"大跃进"。在这场巨变中，人类以神奇的速度获得了改变环境和提升自身能力的能力。

打个比方，在数百万年里，老鹰和猫头鹰进化出了非凡的视力，然而它们显然没能发明出眼镜、显微镜、望远镜或夜视镜。而人类在几个世纪内就创造了这些奇迹。我把这种现象称为"超进化加速"。有的读者可能不赞成我将进化与工程学这两种风马牛不相及的事物进行对比，但这正是我想强调的关键。进化赋予了我们设计自身生命的能力，而没有赋予老鹰和猫头鹰同样的能力。那么问题又来了——为什么？人类突然获得的那种老鹰和猫头鹰所不具备的计算能力到底是什么？

学者们提出过很多理论，其中一种理论与因果关系密切相关。历史学家尤瓦尔·赫拉利在他的《人类简史》一书中指出，人类祖先想象不存在之物的能力是一切的关键，正是这种能力让他们得以交流得更加顺畅。在获得这种能力之前，他们只相信自己的直系亲属或者本部落的人。而此后，信任就因共同的幻想（例如信仰无形但可想象的神，信仰来世，或者信仰领袖的神性）和期许而延伸到了更大的群体。无论你是否同意赫拉利的理论，想象和因果关系之间的联系都是不言而喻的。除非你能想象出事情的结果，否则寻问事情的原因就是徒劳的。反过来说，你不能声称是夏娃导致你吃了树上的苹果，除非你可以想象一个世界，在那个世界里，情况与事实相反，她没有给你那个苹果。

回到我们的智人祖先，新掌握的因果想象力使他们能够通过一种被我们称为“规划”的复杂过程更有效地完成许多事情。设想一下，某个部落正在为狩猎长毛象做准备。他们怎样做才能成功？必须承认，我的长毛象狩猎技巧很生疏，但作为一个研究思维机器的学者，我明白这样一件事：一个思维主体（计算机、穴居人或教授）要完成如此大型的任务，必须进行预先规划——确定召集猎人的人数，根据风力条件估计应该从哪个方向靠近长毛象，简言之，通过想象和比较几个狩猎策略的结果来完成任务。要做到这一点，思维主体必须具备一个可供参考并且可以自主调整的关于狩猎现实的心理模型。

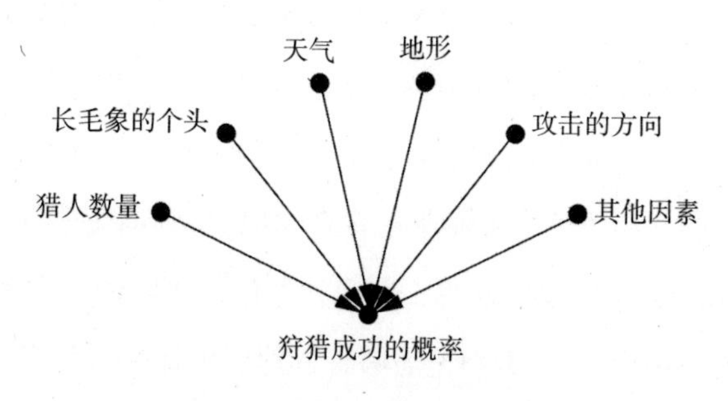

图 1.1 成功狩猎长毛象的已知影响因素

图 1.1 展示了我们建构这一心理模型的方式。图中的每个点都代表一种成功狩猎的影响因素或原因。请注意，这里的影响因素是多重的，没有哪个是决定性的。也就是说，我们无法确定更多的猎人是否会导致捕猎成功，或者下雨是否会导致捕猎失败，但这些因素的确会改变成功的概率。

心理模型是施展想象的舞台。它使我们能够通过对模型局部的修改来试验不同的情景。比如，在猎人心理模型的某处可能存在一个子程序，用于评估猎人数量的影响。在想要增加猎人数量的时候，他们无须从头开始评估其他因素，只需对模型做局部的修改，将“猎人 = 8”换成“猎人 = 9”，就可以重估成功的概率。这种模块性是因果模型的一个关键特征。

当然，我并不是说早期人类真的绘制出了这种图画模型。但当我们想要让计算机来模拟人类思维，或者试图解决陌生的科学问题时，绘制一个清晰的由点和箭头组成的图示是非常有用的。这些因果图就是我在导言中所描述的“因果推理引擎”的计算核心。

因果关系的三个层级

到目前为止，我的叙述可能会让大家觉得，我们将关于这个世界的知识组织起来融入因果关系网络的能力是一种一体化的能力，并且是可以一下子学会或领悟的。事实上，我在机器学习方面的研究经历告诉我，因果关系的学习者必须熟练掌握至少三种不同层级的认知能力：观察能力（seeing）、行动能力（doing）和想象能力（imagining）。

第一层级是观察能力，具体而言是指发现环境中的规律的能力。在认知革命发生之前，这种能力为许多动物和早期人类所共有。第二层级是行动能力，涉及预测对环境进行刻意改变后的结果，并根据预测结果选择行为方案以催生出自己期待的结果。只有少数物种表现出了具备此种能力的特征。对工具的使用（前提是使用是有意图的，而不是偶然的或模仿前人）就可以视作达到第二层级的标志。然而，即使是工具的使用者也不一定掌握有关工具的“理论”，工具理论能够告诉他们为什么这种工具有效，以及如果工具无效该怎么做。为掌握这种理论，你需要登上想象力这一层级。第三层级至关重要，它让我们为发起农业领域和科学领域的更深层次的革命做好了准备，使得我们人类对于地球的改造能力发生了骤变。

我无法证明这一点，但是我可以在数学上证明这三个层级有着根本的区别，每一级所释放出的力量都是其下一级无法企及的。我用来证明这一观点的框架要追溯到人工智能的先驱阿兰·图灵，他曾提出将认知系统按照其所能回答的问题进行分类。在我们谈论因果论时，这一框架或分类法是卓有成效的，因为它绕过了关于因果论究竟为何物的漫长而徒劳的讨论，聚焦于具体的可回答的问题，即“因果推理主体可以做什么”，或者更准确地说，相较于不具备因果模型的生物，拥有因果模型的生物能推算出什么前者推算不出的东西？

图灵寻找的是一种二元分类——人类或非人类，而我们的分类则包含三个层级，分别对应逐级复杂的因果问题。使用这组判断标准，我们便可以将问题的三个层级组合成因果关系之梯（见图 1.2）。因果关系之梯是本书的一个重要隐喻，我们将会多次回顾它。

现在让我们花点儿时间来详细研究因果关系之梯的每一层级。处于第一层级的是关联，在这个层级中我们通过观察寻找规律。一只猫头鹰观察到一只老鼠在活动，便开始推测老鼠下一刻可能出现的位置，这只猫头鹰所做的就是通过观察寻找规律。计算机围棋程序在研究了包含数百万围棋棋谱的数据库后，便可以计算出哪些走法胜算较高，它所做的也是通过观察寻找规律。如果观察到某一事件改变了观察到另一事件的可能性，我们便说这一事件与另一事件相关联。

因果关系之梯的第一层级要求我们基于被动观察做出预测。其典型问题是：“如果我观察到……会怎样？”例如，一家百货公司的销售经理可能会问：“购买牙膏的顾客同时购买牙线的可能性有多大？”此类问题正是统计学的安身立命之本，统计学家主要通过收集和分析数据给出答案。在这个例子中，问题可以这样解答：首先采集所有顾客购物行为的数据，然后筛选出购买牙膏的顾客，计算他们当中购买牙线的人数比例。这个比例也

称作“条件概率”，用于测算（针对大数据的）“买牙膏”和“买牙线”两种行为之间的关联程度。用符号表示可以写作 P（牙线 | 牙膏），其中 P 代表概率，竖线意为“假设你观察到”。

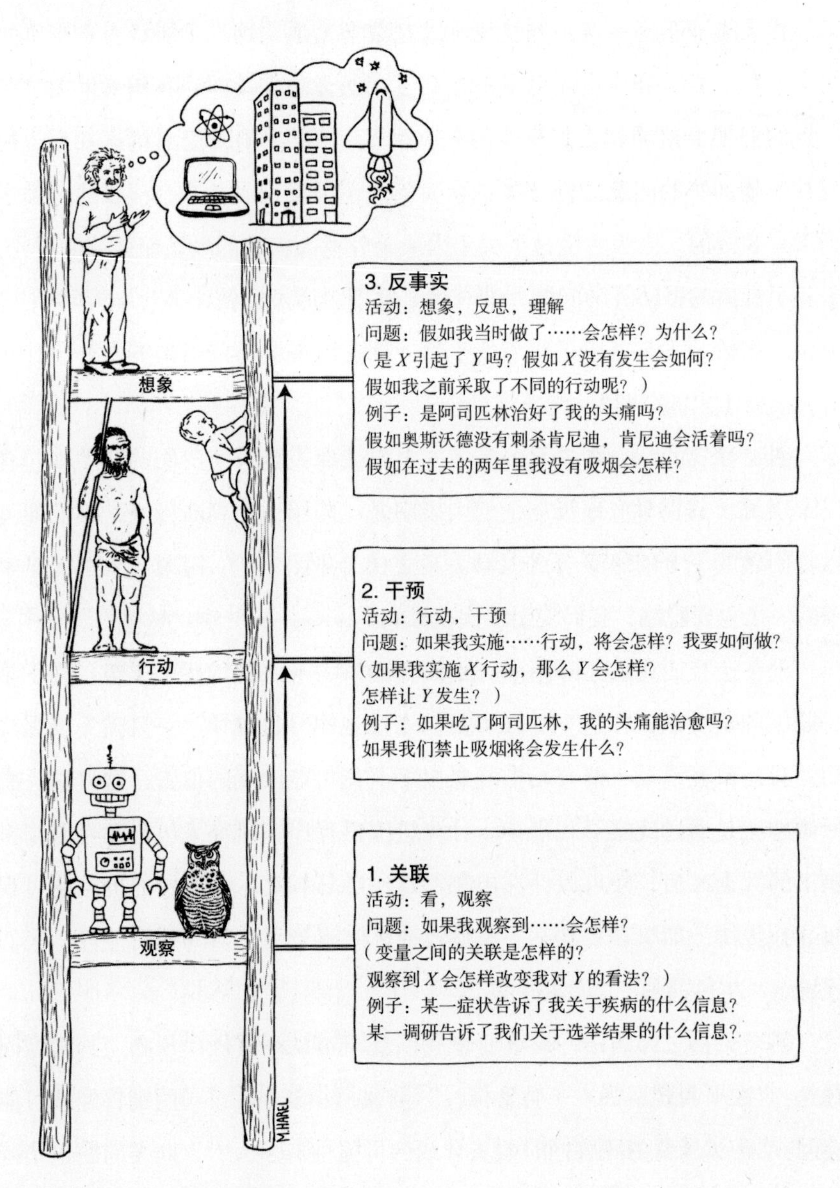

图 1.2　因果关系之梯的每一层级都有一种代表性生物。大多数动物和当前的学习机器都处于第一层级，它们通过关联进行学习。像早期人类这样的工具使用者则处于第二层级，前提是他们是有计划地采取行动而非仅靠模仿行事。我们也可以通过实验来习得干预的效果，这大概也是婴儿获取大多数因果知识的方式。反事实的学习者处于阶梯的顶级，他们可以想象并不存在的世界，并推测观察到的现象的原因为何（资料来源：马雅·哈雷尔绘图）

为了缩小数据的体量，确定变量之间的关联，统计学家开发了很多复杂的方法。本书将会经常提到的一种典型的关联度量方法，即“相关分析”或“回归分析”，其具体操作是将一条直线拟合到数据点集中，然后确定这条直线的斜率。有些关联可能有明显的因果解释，有些可能没有。但无论如何，统计学本身并不能告诉我们，牙膏或牙线哪个是因，哪个是果。从销售经理的角度看，这件事也许并不重要——好的预测无须好的解释，就像猫头鹰不明白老鼠为何总是从 A 点跑到 B 点，但这不改变它仍然是一个好猎手的事实。

我把当今的人工智能置于因果关系之梯的最底层，与猫头鹰相提并论，对此有些读者可能会感到很吃惊。近些年来，我们好像每天都会听闻机器学习系统的新发展和新成果——无人驾驶汽车、语言识别系统，特别是近几年来广受推崇的深度学习算法（或称深度神经网络）。为什么它们会处于因果关系之梯的最底层呢？

深度学习的成果确实举世瞩目、令人惊叹。然而，它的成功主要告诉我们的是之前我们认为困难的问题或任务实际上并不难，而并没有解决真正的难题，这些难题仍在阻碍着类人智能机器的实现。其结果是，公众误以为“强人工智能”（像人一样思考的机器）的问世指日可待，甚至可能已经到来，而事实远非如此。我完全赞同纽约大学神经系统科学家盖里·马库斯的观点，他最近在《纽约时报》上写道：人工智能领域“喷涌出大量的微发现”，这些发现也许是不错的新素材，但很遗憾，机器仍与类人认知相去甚远。我在加州大学洛杉矶分校计算机科学系的同事阿德南·达尔维奇也曾发表过一篇题为“是人类水平的智能还是动物般的能力？”的论文，并在其中表明了自己的立场。我认为该论文恰如其分地回答了作者在标题中提出的这一问题。强人工智能这一目标是制造出拥有类人智能的机器，让它们能与人类交流并指导人类的探索方向。而深度学习只是让机器具备了高超的能力，而非智能。这种差异是巨大的，原因就在于后者缺少现实模型。

与 30 年前一样，当前的机器学习程序（包括那些应用深度神经网络的程序）几乎仍然完全是在关联模式下运行的。它们由一系列观察结果驱动，致力于拟合出一个函数，就像统计学家试图用点集拟合出一条直线一样。深度神经网络为拟合函数的复杂性增加了更多的层次，但其拟合过程仍然由原始数据驱动。被拟合的数据越来越多，拟合的精度不断提高，但该过程始终未能从我们先前提到的那种“超进化加速”中获益。例如，如果无人驾驶汽车的程序设计者想让汽车在新情况下做出不同的反应，那么他就必须明确地在程序中添加这些新反应的描述代码。机器是不会自己弄明白手里拿着一瓶威士忌的行人可能对鸣笛做出的不同反应的。处于因果关系之梯最底层的任何运作系统都不可避免地缺乏这种灵活性和适应性。

当我们开始改变世界的时候，我们就迈上了因果关系之梯的更高一层台阶。这一层级的一个典型问题是：“如果我们把牙膏的价格翻倍，牙线的销售额将会怎么样？”这类问题处于因果关系之梯的第二层级，提出及回答这类问题要求我们掌握一种脱离于数据的新知识，即干预。

干预比关联更高级，因为它不仅涉及被动观察，还涉及主动改变现状。例如，观察到烟雾和主动制造烟雾，二者所表明的“某处着火”这件事的可能性是完全不同的。无论数据集有多大或者神经网络有多深，只要使用的是被动收集的数据，我们就无法回答有关干预的问题。从统计学中学到的任何方法都不足以让我们明确表述类似“如果价格翻倍将会发生什么”这样简单的问题，更别说回答它们了。认识到这一点让许多科学家挫败不已。我之所以对此心知肚明，是因为我曾多次帮助这些科学家踏上因果关系之梯的更高层级。

为什么我们不能仅通过观察来回答牙线的问题呢？为什么不直接进入存有历史购买信息的庞大数据库，看看在牙膏价格翻倍的情况下实际发生了什么呢？原因在于，在以往的情况中，涨价可能出于完全不同的原因，例如产品供不应求，其他商店也不得不涨价等。但现在，我们并不关注行情如何，只想通过刻意干预为牙膏设定新价格，因而其带来的结果就可能与此前顾客在别处买不到便宜牙膏时的购买行为大相径庭。如果你有历史行情数据，也许你可以做出更好的预测……但是，你知道你需要什么样的数据吗？你准备如何理清数据中的各种关系？这些正是因果推断科学能帮助我们回答的问题。

预测干预结果的一种非常直接的方法是在严格控制的条件下进行实验。像脸书这样的大数据公司深知实验的力量，它们在实践中不断地进行各种实验，比如考察页面上的商品排序不同或者给用户设置不同的付款期限（甚至不同的价格）会导致用户行为发生怎样的改变。

更为有趣并且即使在硅谷也鲜为人知的是，即便不进行实验，我们有时也能成功地预测干预的效果。例如，销售经理可以研发出一个包括市场条件在内的消费者行为模型。就算没能采集到所有因素的相关数据，他依然有可能利用充分的关键替代数据进行预测。一个足够强大的、准确的因果模型可以让我们利用第一层级（关联）的数据来回答第二层级（干预）的问题。没有因果模型，我们就不能从第一层级登上第二层级。这就是深度学习系统（只要它们只使用了第一层级的数据而没有利用因果模型）永远无法回答干预问题的原因，干预行动据其本意就是要打破机器训练的环境规则。

这些例子说明，因果关系之梯第二层级的典型问题就是："如果我们实施……行动，将会怎样？"也即，如果我们改变环境会发生什么？我们把这样的问题记作 P（牙线 | do（牙膏）），它所对应的问题是：如果对牙膏另行定价，那么在某一价位销售牙线的概率是多少？

第二层级中的另一个热门问题是："怎么做？"它与"如果我们实施……行动，将会怎样"是同类问题。例如，销售经理可能会告诉我们，仓库里现在积压着太多的牙膏。他会问："我们怎样才能卖掉它们？"也就是，我们应该给它们定个什么价？同样，这个问题也与干预行动有关，即在我们决定是否实际实施干预行动以及怎样实施干预行动之前，我们会尝试在心理层面演示这种干预行动。这就需要我们具备一个因果模型。

在日常生活中，我们一直都在实施干预，尽管我们通常不会使用这种一本正经的说法来称呼它。例如，当我们服用阿司匹林试图治疗头痛时，我们就是在干预一个变量（人体内阿司匹林的量），以影响另一个变量（头痛的状态）。如果我们关于阿司匹林治愈头痛的因果知识是正确的，那么我们的“结果”变量的值将会从“头痛”变为“头不痛”。

虽然关于干预的推理是因果关系之梯中的一个重要步骤，但它仍不能回答所有我们感兴趣的问题。我们可能想问，现在我的头已经不痛了，但这是为什么？是因为我吃了阿司匹林吗？是因为我吃的食物吗？是因为我听到的好消息吗？正是这些问题将我们带到因果关系之梯的最高层，即反事实层级。因为要回答这些问题，我们必须回到过去改变历史，问自己：“假如我没有服用过阿司匹林，会发生什么？”世界上没有哪个实验可以撤销对一个已接受过治疗的人所进行的治疗，进而比较治疗与未治疗两种条件下的结果，所以我们必须引入一种全新的知识。

反事实与数据之间存在着一种特别棘手的关系，因为数据顾名思义就是事实。数据无法告诉我们在反事实或虚构的世界里会发生什么，在反事实世界里，观察到的事实被直截了当地否定了。然而，人类的思维却能可靠地、重复地进行这种寻求背后解释的推断。当夏娃把“蛇欺骗了我”作为她的行动理由时，她就是这么做的。这种能力彻底地区分了人类智能与动物智能，以及人类与模型盲版本的人工智能和机器学习。

你可能会怀疑，对于“假如”（would haves）这种并不存在的世界和并未发生的事情，科学能否给出有效的陈述。科学确实能这么做，而且一直就是这么做的。举个例子，“在弹性限度内，假如加在这根弹簧上的砝码重量是原来的两倍，弹簧伸长的长度也会加倍”（胡克定律），像这样的物理定律就可以被看作反事实断言。当然，这一断言是从诸多研究者在数千个不同场合对数百根弹簧进行的实验中推导出来的，得到了大量试验性（第二层级）证据的支持。然而，一旦被奉为“定律”，物理学家就把它解释为一种函数关系，自此，这种函数关系就在假设中的砝码重量值下支配着某根特定的弹簧。所有这些不同的世界，其中砝码重量是 x 磅[①]，弹簧长度是 L_x 英寸[②]，都被视为客观可知且同时有效的，哪怕它们之中只有一个是真实

① 1 磅≈0.45 千克。——编者注

② 1 英寸≈2.54 厘米。——编者注

存在的世界。

回到牙膏的例子，针对这个例子，最高层级的问题是："假如我们把牙膏的价格提高一倍，则之前买了牙膏的顾客仍然选择购买的概率是多少？"在这个问题中，我们所做的就是将真实的世界（在真实的世界，我们知道顾客以当前的价格购买了牙膏）和虚构的世界（在虚构的世界，牙膏价格是当前的2倍）进行对比。

因果模型可用于回答此类反事实问题，建构因果模型所带来的回报是巨大的：找出犯错的原因，我们之后就能采取正确的改进措施；找出一种疗法对某些人有效而对其他人无效的原因，我们就能据此开发出一种全新的疗法；"假如当时发生的事情与实际不同，那会怎样？"对这个问题的回答让我们得以从历史和他人的经验中获取经验教训，这是其他物种无法做到的。难怪古希腊哲学家德谟克利特（公元前460—前370）说："宁揭一因，胜为波斯王。"

将反事实置于因果关系之梯的顶层，已经充分表明了我将其视为人类意识进化过程的关键时刻。我完全赞同尤瓦尔·赫拉利的观点，即对虚构创造物的描述是一种新能力的体现，他称这种新能力的出现为认知革命。他所举的代表性实例是狮人雕塑，这座雕塑是在德国西南部的施塔德尔洞穴里发现的，目前陈列于乌尔姆博物馆（见图1.3）。狮人雕塑的制造时间距今约4万年，它是用长毛象的象牙雕成的半人半狮的虚构怪兽。

我们不知道究竟是谁雕刻了狮人，也不知道他雕刻的目的是什么，但我们知道一点，是解剖学意义上的现代人类创造了它，它的出现标志着对先前所有的艺术或工艺品形式的突破。在此之前，人类已经发明了成型的工具和具象派艺术，从珠子到长笛到矛头再到马和其他动物的高雅雕刻都属此类。但狮人雕塑不同，它的本体是一个只存在于想象中的生物。

自此，人类发展出了一种想象从未存在之物的能力。作为这种能力的表现形式，狮人雕塑是所有哲学理论、科学探索和技术创新的雏形。从显微镜到飞机再到计算机，这些创造物真正出现在物理世界之前，都曾存在于某个人的想象之中。

与任何解剖学上的进化一样，这种认知能力的飞跃对我们人类这个物种来说意义深远且至关重要。在狮人雕塑制造完成之后的1万年间，其他所有的原始人种（除了地理上被隔绝的弗洛雷斯原始人）都灭绝了。人类继续以难以置信的速度改变着自然界，利用我们的想象力生存、适应并最终掌控了整个世界。从想象的反事实中，我们获得的独特优势是灵活性、反省能力和改善过去行为的能力，更重要的一点是对过去和现在的行为承担责任的意愿。古往今来，我们一直受益于反事实推理。

图1.3　施塔德尔洞穴的狮人雕塑。已知的最古老的虚构生物（半人半狮）雕塑，其象征着一种人类新发展出来的认知能力，即反事实推理能力（资料来源：伊冯·米勒斯拍摄，由位于德国乌尔姆的国家文化遗产处巴登—符腾堡/乌尔姆博物馆提供）

如图1.2所示，因果关系之梯第三层级的典型问题是："假如我当时做了……会怎样？"和"为什么？"两者都涉及观察到的世界与反事实世界的比较。仅靠干预实验无法回答这样的问题。如果第一层级对应的是观察到的世界，第二层级对应的是一个可被观察的美好新世界，那么第三层级对应的就是一个无法被观察的世界（因为它与我们观察到的世界截然相反）。为了弥合第三层级与前两个层级之间的差距，我们需要构建一个基础性的解释因果过程的模型，这种模型有时被称为“理论”，甚至（在构建者极其自信的情况下）可以被称为“自然法则”。简言之，我们需要掌握一种理解力，建立一种理论，据此我们就可以预测在尚未经历甚至未曾设想过的情况下会发生什么——这显然是所有科学分支的圣杯。但因果推断的意义还要更为深远：在掌握了各种法则之后，我们就可以有选择地违背它们，以创造出与现实世界相对立的世界。我们将在下一节重点介绍这类违背法则的行为。

迷你图灵测试

1950 年，阿兰·图灵提出了这样一个问题：如果计算机能像人类一样思考，这意味着什么？他提出了一个实用的测试，并称之为“模仿游戏”，但没过多久，所有人工智能领域的研究者便都称其为“图灵测试”。这个测试可以简单理解为，一个普通人出于实用目的用打字机与一台计算机交流，如果他无法判断谈话对象是人还是计算机，那么这台计算机就可以被视作一台思维机器。图灵坚信这个测试是可行的。他写道：“我相信，在大约 50 年的时间里，高水准地完成模仿游戏的程序就会出现，普通询问者在 5 分钟的提问时间结束后正确识别对象是否为人的概率会低于 70%。”

不过，图灵的预测略有偏差。每年的勒布纳人工智能大赛都致力于评选出世界上仿人能力最强的“聊天机器人”，一枚金牌和 10 万美元将被授予成功骗过全部 4 名裁判，让他们将交流对象误判为人的程序。但截至 2015 年，大赛已举办了 25 届，仍然没有一个程序能骗过所有裁判，甚至骗过哪怕一半的裁判。

图灵不只提出了“模仿游戏”，还提出了让程序通过测试的策略。他问道：“与其试图编写一个模拟成人思维的程序，何不尝试编写一个模拟儿童思维的程序？”如果能做到这一点，那么你就可以像教小孩子一样教它了。这样一来，很快，大约 20 年后（考虑到计算机的发展速度，这个时间还可以更短），你就会拥有一个人工智能。“儿童的大脑与我们从文具店购买的空白笔记本相差无几，”他写道，“预先设定的机制极少，有着大量的空白。”在这一点上，图灵错了：儿童的大脑有着丰富的预设机制和预存模板。

不过，我认为图灵还是说中了一部分事实。在创造出具备孩童智能水平的机器人之前，我们可能的确无法成功创造出类人智能，而创造出前者的关键要素就是掌握因果关系。

那么，机器如何才能获得关于因果关系的知识呢？目前，这仍然是一项重大挑战，其中无疑会涉及复杂的输入组合。这些输入来自主动实验、被动观察和（最关键的）程序员输入，这与儿童所接收的信息输入非常相似，他们的输入分别来自进化、父母和他们的同龄人（对应于程序员这个角色）。

不过，我们可以回答一个略微容易一些的问题：机器（和人）如何表示因果知识，才能让自己迅速获得必要的信息，正确回答问题，并如同一个三岁的儿童一样对此驾轻就熟呢？事实上，这正是本书所要回答的主要问题。

我称之为“迷你图灵测试”，其主要思路是选择一个简单的故事，用某种方式将其编码并输入机器，测试机器能否正确回答人类能够回答的与之相关的因果问题。之所以称其为“迷你”，原因有二。首先，该测试仅限于考察机器的因果推理能力，而不涉及人类认知能力的其他方面，如视觉和自然语言。其次，我们允许参赛者以任何他们认为便捷的表示方法对故事进行编码，这就免除了机器必须依据其自身经验构造故事的任务。让智能机器通过这个迷你测试是我毕生的事业——在过去的25年里是自觉而为，在那之前则是无意而为。

显然，在让机器进行迷你图灵测试的准备阶段，表示问题必须优先于获取问题。如果缺少表示方法，我们就不知道如何存储信息以供将来使用。即使可以让机器人随意操控环境，它们也无法记住以这种方式学到的信息，除非我们给机器人配备一个模板来编码这些操作的结果。人工智能对认知研究的一个主要贡献就是确立“表示第一，获取第二”的范式。通常，在寻求一个好的表示方法的过程中，关于如何获取知识的洞见就会自然产生，无论这种洞见是来自数据，还是来自程序员。

当我介绍迷你图灵测试时，人们常说这种测试可以很容易靠作弊来通过。例如，列出一个包含所有可能问题的列表，在机器人的内存中预先存储正确的答案，之后让机器人在被提问时从内存中提取答案即可。如果现在你的面前有两台机器，一台是简单存储了问题答案列表的机器，而另一台是能够依据人类的思考方式回答问题的机器，即能够通过理解问题并利用头脑中的因果模型生成答案的机器，那么我们是没有办法将二者区分开的（所以围绕该问题有很多争论）。如果作弊是如此容易，那么迷你图灵测试究竟能证明什么呢？

1980 年，哲学家约翰 · 塞尔以“中文屋”（Chinese Room）论证介绍了这种作弊的可能性，以此挑战图灵的说法——伪造智能的能力就相当于拥有智能。塞尔的质疑只有一个瑕疵：作弊并不容易——事实上，作弊根本就是不可能的。即使只涉及少量变量，可能存在的问题的数量也会迅速增长为天文数字。假设我们有 10 个因果变量，每个变量只取两个值（0 或 1），那么我们可以提出大约 3 000 万个关于这些变量的可能问题，例如：“如果我们看到变量 X 等于 1，而我们让变量 Y 等于 0 且变量 Z 等于 1，那么结果变量为 1 的概率是多少？”如果涉及的变量还要更多，且每个变量都有两个以上的可能值，那么问题数量的增长可能会超出我们的想象。换句话说，塞尔的问题清单需要列出的条目将超过宇宙中原子的数量。所以，很显然，简单的问题答案列表永远无法让机器模拟儿童的智能，更不用说模拟成人的智能了。

人类的大脑肯定拥有某种简洁的信息表示方式，同时还拥有某种十分有效的程序用以正确解释每个问题，并从存储的信息表示中提取正确答案。因此，为了通过迷你图灵测试，我们需要给机器装备同样高效的表示信息和提取答案的算法。

事实上，这种表示不仅存在，而且具有孩童思维般的简洁性，它就是因果图。我们此前已经看到一个关于长毛象狩猎成功因素的图例。鉴于人们能轻而易举地用点和箭头构成的图来交流知识，我相信我们的大脑一定使用了类似的表示方法。但就我们的目的而言，更重要的是让这些模型能通过迷你图灵测试，这是目前其他已知的模型都做不到的。让我们先看一些例子。

如图 1.4 所示，我们假设一个犯人将要被行刑队执行枪决。这件事的发生必然会以一连串的事件发生为前提。首先，法院方面要下令处决犯人。命令下达到行刑队队长后，他将指示行刑队的士兵（*A* 和 *B*）执行枪决。我们假设他们是服从命令的专业枪手，只听命令射击，并且只要其中任何一个枪手开了枪，囚犯都必死无疑。

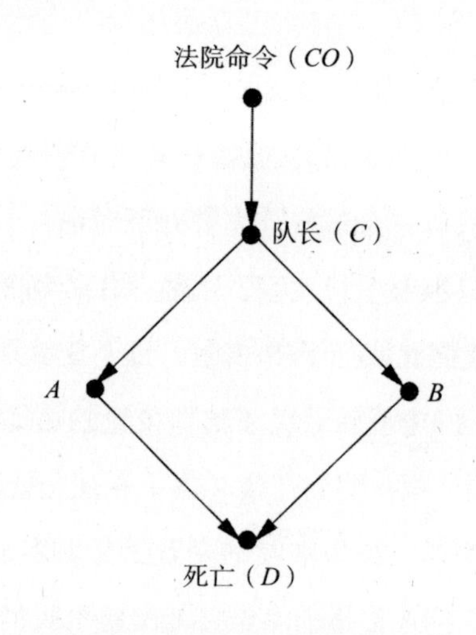

图 1.4 行刑队例子的因果图（*A* 和 *B* 分别代表士兵 *A* 和 *B* 的行为）

图 1.4 所示因果图即概括了我刚才讲的故事。每个未知量（*CO*，*C*，*A*，*B*，*D*）都是一个真 / 假（true/false）变量。例如，*D* = 真，意思是犯人已死；*D* = 假，意思是犯人还活着。*CO* = 假，意思是法院的死刑命令未签发；*CO* = 真，意思则是死刑命令已签发，以此类推。

借助这个因果图，我们就可以回答来自因果关系之梯不同层级的因果问题了。首先，我们可以回答关联问题（一个事实告诉我们有关另一事实的什么信息）。一个可能的问题是，如果犯人死了，那么这是否意味着法院已下令处决犯人？我们（或一台计算机）可以通过核查因果图，追踪每个箭头背后的规则，并根据标准逻辑得出结论：如果没有行刑队队长的命令，两名士兵就不会射击。同样，如果行刑队队长没有接到法院的命令，他就不会发出执行枪决的命令。因此，这个问题的答案是肯定的。另一个可能的问题是，假设我们发现士兵 A 射击了，它告诉了我们关于 B 的什么信息？通过追踪箭头，计算机将断定 B 一定也射击了。（原因在于，如果行刑队队长没有发出射击命令，士兵 A 就不会射击，因此接收到同样命令的士兵 B 也一定射击了。）即使士兵 A 的行为不是士兵 B 做出某一行为的原因（因为从 A 到 B 没有箭头），该判断依然为真。

沿着因果关系之梯向上攀登，我们可以提出有关干预的问题。如果士兵 A 决定按自己的意愿射击，而不等待队长的命令，情况会怎样？犯人会不会死？这个问题其实已经包含矛盾的成分了。我在上一段刚刚告诉你士兵 A 仅在接收到命令时射击，而现在我却问你，如果他在没有接到命令的情况下射击会发生什么。如果你像计算机常做的那样，只知道根据逻辑规则进行判断，那么这个问题就是毫无意义的。就像 20 世纪 60 年代科幻剧《星际迷航》中的机器人在此状况下常说的：“这不能计算。”

如果我们希望计算机能理解因果关系，我们就必须教会它如何打破规则，让它懂得“观察到某事件”和“使某事件发生”之间的区别。我们需要告诉计算机：“无论何时，如果你想使某事发生，那就删除指向该事的所有箭头，之后继续根据逻辑规则进行分析，就好像那些箭头从未出现过一样。”如此一来，对于这个问题，我们就需要删除所有指向被干预变量（A）的箭头，并且还要将该变量手动设置为规定值（真）。这种特殊的“外科手术”的基本原理很简单：使某事发生就意味着将它从所有其他影响因子中解放出来，并使它受限于唯一的影响因子——能强制其发生的那个因子。

图 1.5 表示出了根据这个例子生成的因果图。显然，这种干预会不可避免地导致犯人的死亡。这就是箭头 A 到 D 背后的因果作用。

请注意，这一结论与我们的直觉判断是一致的，即士兵 A 擅自射击将导致犯人死亡，因为“手术”没有改动从 A 到 D 的箭头。同时，我们还能判断出：B（极有可能）没有开枪，A 的决定不会影响模型中任何不受 A 的行为的影响的其他变量。我们有必要重述一次刚才的结论：如果我们“看到”A 射击，则我们可以下结论——B 也射击了。但是如果 A 自行“决定”射击，或者如果我们强制“使”A 射击，那么在此种情况下，相反的结论才是对的。这就是“观察到”和“实施干预”的区别。只有掌握二者差异的计算机才能通过迷你图灵测试。

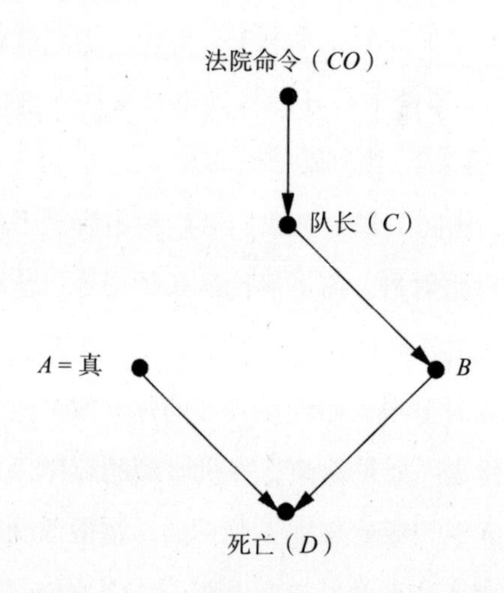

图 1.5 关于干预的因果推理（士兵 A 自行决定射击；从 C 到 A 的箭头被删除，并且 A 被赋值为真）

需要注意的是，仅凭收集大数据无助于我们登上因果关系之梯去回答上面的问题。假设你是一个记者，每天的工作就是记录行刑场中的处决情况，那么你的数据会由两种事件组成：要么所有 5 个变量都为真，要么所有都为假。在未掌握“谁听从于谁”的相关知识的情况下，这种数据根本无法让你（或任何机器学习算法）预测“说服枪手 A 不射击”的结果。

最后，为了说明因果关系之梯的第三层级，我们提出一个反事实问题。假设犯人现在已倒地身亡，从这一点我们（借助第一层级的知识）可以得出结论：A 射击了，B 射击了，行刑队队长发出了指令，法院下了判决。但是，假如 A 决定不开枪，犯人是否还活着？这个问题需要我们将现实世界和一个与现实世界相矛盾的虚构世界进行比较。在虚构世界中，A 没有射击，指向 A 的箭头被去除，这进而又解除了 A 与 C 的听命关系。现在，我们将 A 的值设置为假，并让 A 行动之前的所有其他变量的水平与现实世界保持一致。如此一来，这一虚构世界就如图 1.6 所示。

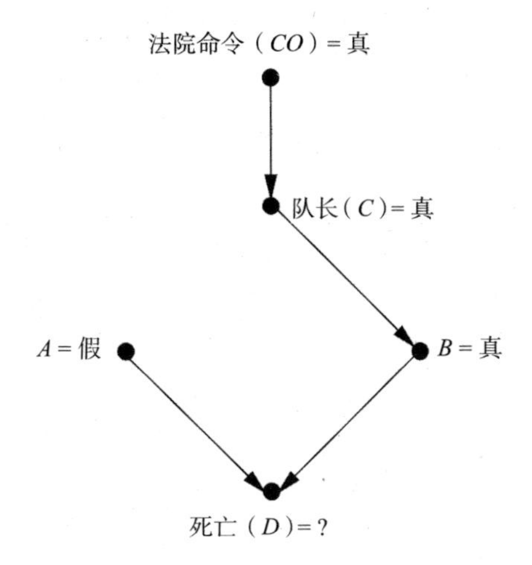

图 1.6 反事实推理（我们观察到犯人已死，据此，我们提出这样一个问题：假如士兵 A 决定不射击，会发生什么？）

为通过迷你图灵测试，计算机一定会得出这样的结论：在虚构世界里犯人也会死，因为 B 会开枪击毙他。所以，A 勇敢改变主意的做法也救不了犯人的命。实际上，这正是行刑队存在的一个原因：保证法院命令的执行，也为每个枪手个体减轻一些需要担负的责任，枪手可以（在一定程度上）问心无愧地说，并非他们的行动导致犯人的死亡，因为“犯人横竖都会死”。

看起来，我们刚刚像是花了很大一番力气回答了一些答案显而易见的小问题。我完全同意你的判断。因果推理对你来说很容易，其原因在于你是人类，你曾是一名三岁的儿童，你所拥有的功能神奇的大脑比任何动物或计算机都更能理解因果关系。“迷你图灵问题”的重点就是要让计算机也能够进行因果推理，而我们能从人类进行因果推断的做法中得到启示。如上述三个例子所示，我们必须教会计算机如何有选择地打破逻辑规则。计算机不擅长打破规则，这是儿童的强项。（穴居人也很擅长，不违背“什么头配什么身体”的规则，他们就不可能创造出狮人雕塑。）

不过，我们最好也不要过于得意于人类的优越性。在许多情境中，人类可能需要花费很大的努力才能找到那个正确的因果结论。例如，某些问题可能涉及更多的变量，并且它们很可能并非简单的二元（真 / 假）变量。

在日常生活中，我们更想预测的可能是如果政府提高最低工资标准，则社会失业率会上升多少，而不是预测犯人的死活。这种定量的因果推理通常超出了我们的直觉范畴。此外，在行刑队的例子中，我们实际上还排除了很多不确定因素，比如，也许行刑队队长在士兵 *A* 决定开枪后的瞬间下达了命令，或者士兵 *B* 的枪卡住了，等等。为了处理不确定因素，我们就需要掌握有关此类异常事件发生可能性的信息。

下面的例子就证明了概率的重要性。这个案例涉及欧洲首次引进天花疫苗所引发的大规模公开辩论。出人意料的是，数据显示有更多的人死于天花疫苗，而非死于天花。有些人理所当然地利用这些信息辩称，应该禁止人们接种疫苗，而不顾疫苗实际上根除了天花，挽救了许多生命的事实。为阐明疫苗的效果，解决争端，让我们来看一组虚拟数据。

假设 100 万儿童中有 99% 接种了疫苗，1% 没有接种。对于接种了疫苗的儿童来说，一方面，他有 1% 的可能性出现不良反应，这种不良反应有 1% 的可能性导致儿童死亡。另一方面，这些接种了疫苗的儿童不可能得天花。相对的，对于一个未接种疫苗的儿童来说，他显然不可能产生接种后的不良反应，但他有 2% 的概率得天花。最后，让我们假设天花的致死率是 20%。

看到这组虚拟数据，我想你很可能会赞同疫苗接种。因为接种后出现不良反应的概率要低于得天花的概率，而天花比接种不良反应更危险。但现在让我们仔细分析一下数据。按照假设，在 100 万个孩子中，99 万人接种了疫苗，其中有 9 900 人出现了接种后的不良反应，这之中有 99 人因此死亡。与此同时，那 1 万个没有接种疫苗的孩子中，有 200 人得了天花，其中的 40 人死于天花。这样一来，死于疫苗接种不良反应的儿童（99 人）就多于死于天花的儿童（40 人）了。

因此，对那些举着“疫苗杀人！”的标语，向卫生部游行示威的家长，我表示充分地理解。数据似乎恰恰支持了他们的观点——接种疫苗确实会造成比天花本身更多的死亡。但逻辑是否也站在他们那一边呢？我们应该禁止接种疫苗还是应该把疫苗挽救的生命也考虑在内？图 1.7 展示了此例的因果图。

在刚刚的假设中，我们提到过疫苗接种率是 99%。现在让我们问一个反事实问题："假如我们把疫苗接种率设为零会怎样？"利用上述虚拟数据中给出的概率，你可以得出如下结论：100 万孩子中 2 万人会得天花，4 000 人会死亡。将反事实世界与现实世界进行比较，我们就可以得出真正的结论：不接种疫苗会导致我们多付出 3 861（4 000 与 139 之差）个儿童的生命的代价。在此，我们应该感谢反事实的语言[①]让我们避免了付出如此惨重的代价。

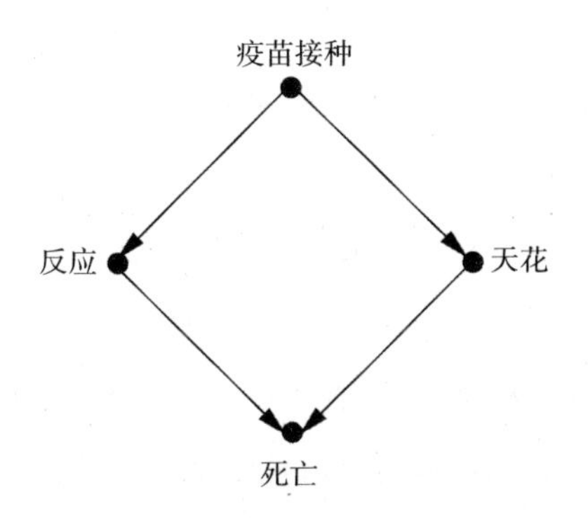

图 1.7　疫苗接种示例的因果图。疫苗接种是有益还是有害?

对学习因果论的学生来说，他们能从这个例子中学到的最重要的知识是：构建因果模型不仅仅是画箭头，箭头背后还隐藏着概率。当我们绘制一个从 X 指向 Y 的箭头时，我们是在暗指，某些概率规则或函数具体说明了"如果 X 发生改变，Y 将如何变化"。我们在某些情况下可能知道这个规则具体是什么，而在大多数情况下，我们不得不根据数据对这个规则进行估计。不过，因果革命最有趣的特点之一就是，在许多情况下，我们可以对这些完全不确定的数学细节置之不理。通常情况下，因果图自身的结构就足够让我们推测出各种因果关系和反事实关系：简单的或复杂的、确定的或概率的、线性的或非线性的。

---

① 作为补充，反事实还允许我们讨论个别病例中的因果关系：现实是，史密斯先生没有接种疫苗，他死于天花。假如史密斯先生接种了疫苗，那么他会怎样？这类问题是个性化医疗的根基，我们是无法从第二层级的信息中找到答案的。

从计算的角度来看，我们设计出的这种让机器通过迷你图灵测试的方案也很出色。在所有三个例子中，我们都使用了相同的程序：将故事转化成因果图，解读问题，执行与既定问题（干预问题或反事实问题）相对应的“手术”（如果问题是关联类的，则不需要进行任何“手术”），并使用修改后的因果模型计算答案。并且，每次改变故事的时候，我们也不必根据各种新的问题重新训练机器。这一方法具有足够的灵活性，只要我们能绘制出因果图，我们就能解决问题，无论这个问题是关乎长毛象狩猎、行刑队执行枪决还是关乎疫苗接种。这正是我们希望因果推断引擎具备的特性：一种为人类所独享的灵活性。

当然，因果图本身没有什么内在的魔力。它之所以如此好用，是因为它承载了因果信息，即在构建因果图时，我们会问“谁能直接导致犯人死亡”或者“接种疫苗的直接效应是什么”这些问题。如果我们仅仅通过提出关联问题来构建因果图，它就不会为我们提供这些问题的答案了。如图1.7所示，如果我们逆转“疫苗接种 → 天花”中的箭头，我们同样可以获得两组数据的关联，但同时我们会错误地断定罹患天花与否本身会影响某人是否进行疫苗接种。

针对这类问题几十年的研究经验使我确信，无论是在认知意义上还是在哲学意义上，因果观都比概率观更重要。在理解语言和任何数学运算之前，我们就开始学习因果知识了。（研究表明，三岁大的儿童已经能够理解整个因果关系之梯的图示。）同样，因果图所蕴含的知识通常比由概率分布编码的知识具有更强大的应用潜能。例如，假设随着时代改变，出现了一种更安全、更有效的疫苗。同时，由于卫生条件和社会经济条件的改善，人们感染天花的危险也减少了。这些变化将对前文提到的例子中的绝大部分变量的概率产生极大的影响；但显然，原有的因果图结构仍将保持不变。这正是构建因果模型的关键秘诀。此外，一旦我们完成了之前的分析工作，并从数据中找到了估算疫苗接种能带来多大益处的方法，我们就不必在条件改变时从头开始重复整个分析过程。如导言所述，同样的被估量（也就是回答相应问题的方法）将一直有效，并且只要因果图不变，该被估量就可以应用于新数据，并为特定问题生成新的估计值。我猜想，正是由于具备这种稳健性，人类的直觉才以因果关系而非统计关系为组织的核心。

论概率与因果关系

对我个人和大部分哲学家、科学家来说，“因果关系不能被简化为概率”这个认识来之不易。阐释“因”的含义一直是备受哲学家关注的话题之一，从 18 世纪的大卫·休谟和 19 世纪的约翰·斯图尔特·密尔，到 20 世纪中叶的汉斯·赖欣巴哈和帕特里克·萨普斯，再到今天的南希·卡特赖特、沃尔夫冈·斯普恩和克里斯托弗·希区柯克都曾发表过对于该问题的论述。特别地，从赖欣巴哈和萨普斯开始，哲学家们开始使用“概率提高”的概念来定义因果关系：如果 X 提高了 Y 的概率，那么我们就说 X 导致了 Y。

这个概念也存在于我们的直觉中，并且根深蒂固。例如，当我们说“鲁莽驾驶会导致交通事故”或“你会因为懒惰而挂科”时，我们很清楚地知道，前者只是增加了后者发生的可能性，而非必然会让后者发生。鉴于此，人们便期望让概率提高准则充当因果关系之梯第一层级和第二层级之间的桥梁。然而，正是这种直觉导致了数十年失败的探索。

阻碍这一探索获得成功的不是这种直觉本身，而是它被形式化表述的方式。哲学家几乎无一例外地使用了条件概率来表示“X 提高了 Y 的概率”，记作 $P(Y|X)>P(Y)$。你肯定注意到了，这种解释是错的，因为“提高”是一个因果概念，意味着 X 对 Y 的因果效应，而公式 $P(Y|X)>P(Y)$ 只涉及观察和手段，表示的是“如果我们观察到了 X，那么 Y 的概率就提高了”。但是，这种概率提高完全可能是由其他因素造成的，比如 Y 是 X 的因，或者其他变量（Z）是它们二者的因——这就是症结所在！这一形式表述将哲学家们打回原点，让他们不得不再一次尝试消除可能存在的“其他原因”。

用类似表达式 $P(Y|X)$ 所表示的概率位于因果关系之梯的第一层级，其不能（靠自己）回答第二层级或第三层级的问题。任何试图用看似简单

的第一层级的概念去“定义”因果关系的做法都必定会失败。这就是我在本书中不去定义因果关系的原因：定义追求约简，而约简迫使我们不得不降至较低的层级。与此相反，我追求的是一个更具建设性的最终方案，其能够解释如何回答因果问题，以及我们究竟需要获取哪些信息来回答这些问题。如果这看起来很奇怪，那就想想数学家研究欧氏几何所采用的完全相同的方法。在几何书中，你找不到关于“点”和“线”的定义。然而，根据欧几里得公理（或者更理想的是，根据欧几里得公理的各种现代版本），我们可以回答任何关于点和线的问题。[①]

让我们更仔细地研究一下概率提高准则，看看它究竟在哪里遭遇了阻碍。X 和 Y 共同的因或称混杂因子（confounder）[②] 问题，是令哲学家最为烦恼的问题之一。如果我们从表面意义上采用概率提高准则，那么面对在冰激凌热销的月份里，犯罪的概率也提高了这一事实，我们就必然得出冰激凌的热销会导致犯罪的结论。在这个特例中，这一现象实际上可以解释为，因为夏天天气炎热，所以冰激凌的销量和犯罪率同时提高了。然而，我们依然会有此疑问：是什么样的一般性的哲学准则，可以告诉我们犯罪率提升的原因是天气炎热而非冰激凌的热销？

哲学家努力尝试通过为他们所称的“背景因子”（混杂因子的另一种说法）设置限定条件来修复定义，并据此建构了表达式 $P(Y \mid X, K=k) > P(Y \mid K=k)$，其中 K 代表背景变量。事实上，如果我们把温度作为背景变量，那么这个表达式的确适用于冰激凌的例子。例如，如果我们只看温度为 30℃的日子（$K=30$），我们就会发现冰激凌的销售和犯罪率之间不存在任何残留的关联。只有把 30℃的日子和 0℃的日子进行比较，我们才会产生概率提高的错觉。

然而，对于“哪些变量要放入背景因子集合 K 中作为条件”这一问题，

---

① 更精确地说，在几何中“点”和“线”等未定义的术语是基元。因果推理中的基元则是箭头所指代的“听从”关系。

② 此概念也可译作“混杂因素”或“混淆因素”，本书将 confounder 和 confounding factor 皆译为“混杂因子”。——译者注

还没有一个哲学家能够给出一个令人信服的通用答案。原因显而易见：混杂也是一个因果概念，因此很难用概率来表示。1983 年，南希·卡特赖特打破了这一僵局，她利用因果要素丰富了我们关于背景语境的描述。她提出，我们应该将所有与结果有“因果关联”的因子都视为条件纳入考虑。实际上，她所借用的是因果关系之梯第二层级的概念，因而在本质上放弃了仅仅基于概率来定义因的观点。这是一种进步，然而不幸的是，该观点在被提出时招致了广泛的批判，被指责为“用因自身来定义因”。

关于 K 的确切内涵的哲学争论持续了 20 余年，并最终陷入僵局。事实上，我们会在第四章找到那个正确的定义，在此请允许我暂时按下不表。目前我能给出的提示是，离开因果图，我们是不可能阐明这个定义的。

总之，概率因果论总是搁浅于混杂的暗礁。每一次，当概率因果关系的拥护者试图用新的船体来修补这艘船时，这艘船都会撞到同一块岩石上，再次漏水。换句话说，一旦用条件概率的语言歪曲“概率提高”，即使再多的概率补丁也无法让你登上更高一层的因果关系阶梯。我知道这听起来很奇怪，但概率提高这个概念确实不能单纯用概率来表示。

拯救概率提高这一概念的正确方法是借助 *do* 算子来定义：如果 $P(Y \mid do(X)) > P(Y)$，那么我们就可以说 X 导致了 Y。由于干预是第二层级的概念，因此这个定义能够体现概率提高的因果解释，也可以让我们借助因果图进行概率推算。换言之，当研究者询问是否 $P(Y \mid do(X)) > P(Y)$ 时，如果我们手头有因果图和数据，我们就能够在算法上条理清晰地回答他的问题，从而在概率提高的意义上判断 X 是否为 Y 的一个因。

我热衷于关注哲学家对诸如因果关系、归纳法和科学推断逻辑等模糊概念的讨论。哲学家的优势在于能够从激烈的科学辩论和数据处理方面的现实困扰中解脱出来。相比其他领域的科学家，他们受统计学反因果偏见的毒害较少。他们有条件呼吁因果关系这一传统思想的复归，这种思想至少可以追溯到亚里士多德时代。谈起因果关系，他们也用不着不好意思，或者躲在“关联”标签的背后。

然而，在努力将因果关系的概念数学化（这本身就是一个值得称道的想法）的过程中，哲学家过早地诉诸其所知的唯一一种用于处理不确定性的语言，即概率语言。在过去的十多年的大部分时间里，他们都在致力于纠正这个大错，但遗憾的是，即便是现在，计量经济学家仍以“格兰杰因果关系”（Granger causality）和“向量自相关”（vector autocorrelation）之名追随着类似的理念。

现在我必须坦白一件事：我也曾犯过同样的错误。我并非一直把因果放在第一位，把概率放在第二位。恰恰相反！20 世纪 80 年代初，我开始踏足人工智能方面的研究，并认定不确定性正是人工智能缺失的关键要素。此外，我坚持不确定性应由概率来表示。因此，正如我将在第三章中解释的那样，我创建了一种关于不确定性的推理方法，名为“贝叶斯网络”，用于模拟理想化的、去中心化的人类大脑将概率纳入决策的方法。贝叶斯网络可以根据我们观察到的某些事实迅速推算出某些其他事实为真或为假的概率。不出所料，贝叶斯网络立即在人工智能领域流行开来，甚至直至今天仍被视为人工智能在包含不确定性因素的情况下进行推理的主导范式。

虽然贝叶斯网络的不断成功令我欣喜不已，但它并没能弥合人工智能和人类智能之间的差距。我相信你现在也能找出那个缺失的要素了——没错，就是因果论。是的，“因果幽灵”无处不在。箭头总是由因指向果，并且研究者与实践者常常能注意到，当他们反转了箭头之后，整个推断系统就变得无法控制了。但在很大程度上，他们认为这只是一种文化上的惯性思维，或者是某种旧思维模式的产物，并不涉及人类智能行为的核心层面。

那时，我是如此陶醉于概率的力量，以至于我认为因果关系只是一个从属概念，最多不过是一种便利的思维工具或心理速记法，用以表达概率的相关性以及区分相关变量和无关变量。在我 1988 年的著作《智能系统中的概率推理》（*Probabilistic Reasoning in Intelligent Systems*）中，我写道：“因果关系是一种语言，运用这种语言，人们可以有效谈论关联关系的某些结构。”如今，这句话令我备感尴尬，因为“关联”显然是第一层级的概念。实际上在此书出版时，我在心里已经意识到自己错了。对我的计算机科学家同行来说，我的书被视为不确定性下推理的圣经，而我自己却变成一个叛教者。

贝叶斯网络适用于一个所有问题都被简化为概率或者（用本章的术语来说就是）变量间的关联程度的世界，它无法自动升级到因果关系之梯的第二层级或第三层级。幸运的是，我们只需要对其进行两次修正就可以实现它的升级。第一次是1991年“图—手术”（graph-surgery）概念的提出，这一概念使贝叶斯网络能够像处理观察信息一样处理干预信息。第二次修正发生在1994年，这次修正将贝叶斯网络带到第三层级，使其能够应对反事实问题。这些进展值得我们在下一章进行更全面的讨论。在此，我想说明的主要观点是：概率能将我们对静态世界的信念进行编码，而因果论则告诉我们，当世界被改变时，无论改变是通过干预还是通过想象实现的，概率是否会发生改变以及如何改变。

第二章

从海盗到豚鼠：因果推断的起源

但它（地球）仍在动。

—— 出自伽利略（1564—1642）

弗朗西斯·高尔顿爵士在皇家学院展示他的“高尔顿板”(Galton board)或称“梅花机”(quincunx)。他将这种类似弹珠台的仪器看作对基因特性(如身高)遗传的类比。弹球会堆积成一个上边缘为钟形曲线的图案，该曲线与人类身高的分布曲线非常相似。那么，为什么人类一代传一代，其身高分布并没有像弹球那样散开？这一难题引领他走向了“向均值回归”(regression to the mean)现象的发现。(资料来源：由达科塔·哈尔绘制。)

近两个世纪以来，英国科学界最经久不衰的仪式之一便是在伦敦的英国皇家学院举办的“周五晚间演讲”。19 世纪，很多重大发现都是在这个会场上由演讲者首次对外宣布的：1839 年，迈克尔 · 法拉第发表了他的摄影原理；1897 年，约瑟夫 · 汤姆逊提出了电子理论；1904 年，詹姆斯 · 杜瓦公布了氢液化理论。

每场演讲会都是一次盛典，毫不夸张地说，演讲会就是把科学当作舞台，而台下的观众则是精心打扮（男人必须身着礼服，佩戴黑领带）的英国社会上层精英。到了指定的时间，钟声敲响，人们将迎接晚会的发言人步入礼堂。依照传统，发言人会省去自我介绍或开场白，直接开始演讲。实验和现场演示都是这一壮观场面的重要组成部分。

1877 年 2 月 9 日那天晚上的演讲者是弗朗西斯 · 高尔顿，英国皇家学院院士，他是查尔斯 · 达尔文的大表弟，著名的非洲探险家、指纹学创始人，维多利亚时期绅士科学家的典范。高尔顿演讲的题目是“典型的遗传规律”。当晚，他的实验仪器是一种奇怪的装置，他称之为“梅花机”，现在该装置常被称为“高尔顿板”。一个名为 Plinko 的类似游戏常出现在电视节目《价格猜猜看》中。高尔顿板由一块木板和其上按三角形阵列排布的大头针或钉子组成，操作者可以通过顶部的开口塞入小金属球。金属球会像弹球那样从上往下逐层弹跳下来，最后落进底部的一排插槽中（见章首插图）。对单个金属球来说，向左或向右弹落看上去完全是随机的。然而，如果你往高尔顿板里倒入很多小球，一个惊人的规律就出现了：在底部堆积的小球的上边缘总是会形成一个近似钟形的曲线。在最接近中心的插槽中，小球会堆得高高的，插槽中的球数从中间向两侧递减，直至为零。

这种规律性的图形模式有一个数学解释：单个球下落的整个路径就像一系列独立的硬币抛掷的结果一样。小球每撞上一根大头针，其或者弹向左边，或者弹向右边，表面上看，它的选择似乎是完全随机的。而所有结果之和，即往右弹落的次数与往左弹落的次数之差，则确定了小球最终会落于哪个插槽。根据 1810 年由皮埃尔 – 西蒙 · 拉普拉斯证明的中心极限定理[①]，任何此类随机过程，即多次硬币抛掷之总效，都会导向相同的概率分布，这种概率分布被称为正态分布（或钟形曲线）[②]。高尔顿板只是拉普拉斯中心极限定理的一个直观演示。

中心极限定理确实是 19 世纪的数学奇迹。试想一下：虽然单个球的路径是不可预测的，但 1 000 个球的路径的可预测性则非常高，这对《价格猜猜看》的制片人来说是一个很实用的事实。他们可以据此准确估算出在较长一段时间内参赛者在 Plinko 游戏中赢得的奖金数量。此外，尽管人类事物充斥着不确定因素，但同样的规律仍然让保险公司获利丰厚。

皇家学院中穿着考究的观众一定想知道这一切与遗传规律到底有什么关系，因为这是发言人约定的演讲主题。为了说明二者的联系，高尔顿向观众展示了他所收集的关于法国军队新兵身高的数据。这些数据也遵循正态分布：多数人是中等身材，特别高或特别矮的人很少。事实上，无论我们谈论的是 1 000 名新兵的身高还是高尔顿板上的 1 000 个小球的路径，相对应的插槽和身高类别中的数字几乎总是相同的。

因此，对高尔顿来说，梅花机就是一种关于身高遗传的模型，甚至可能也是关于许多其他遗传特征的模型。这是一个因果模型。简单来说，高

---

① 中心极限定理是概率论的“无冕之王”，高尔顿曾盛赞它所蕴涵的宇宙秩序之美妙无可比拟，可见其对人类认知的影响是多么深远。——译者注

② 也称作“高斯分布”，是高斯在研究误差理论时首次明确提出的，其密度函数曲线关于均值对称，中间高两边低。中心极限定理揭示了在一定的条件下为何正态分布是普遍存在的。——译者注

尔顿相信，就像人类会遗传他们上一代的身高一样，金属小球也会“遗传”它们在梅花机中的位置。

但是，如果我们暂且接受这个模式，就会出现一个难题，这也是高尔顿当晚的主题。钟形曲线的宽度取决于放置在钉板顶部和底部之间钉子的行数。假设我们将行数加倍，我们就构建了一个能够表示两代遗传的模型，其中上半部分代表第一代，下半部分代表第二代。此时你就会发现，第二代比第一代出现了更多的变异情况，而在随后的几代中，钟形曲线会变得越来越宽。

然而，人类身高的真实状况并未出现此种趋势。事实上，随着时间的推移，人类身高分布的宽度保持了相对的恒定。一个世纪前没有身高 9 英尺[①]的人类，现在依然没有。那么，是什么因素解释了这种总体基因遗传的稳定性呢？自 1869 年高尔顿的《世袭的天才》(*Hereditary Genius*) 出版以来，他已为这一谜题苦苦思索了八年。

正如书名所表明的，高尔顿真正感兴趣的不是弹珠游戏或人的身高，而是人类的智力。作为孕育了多位科学天才的大家族的成员之一，高尔顿自然乐意证明天赋在家族中代代相传。他在这本书中着手做的正是这项研究。他煞费苦心地编纂了 605 名英国“名门之秀”上溯 4 个世纪的家谱。但他发现，这些名门之秀的儿子和父亲并没有那么优秀，其祖父母和孙辈也并非都是卓越人才。

如今我们可以很容易地找到高尔顿研究方法中的缺陷。归根结底，卓越的定义究竟是什么？有没有这种可能，即名门望族的成员获得成功只是因为他们掌握的特权而不是因为其本身的才能？尽管高尔顿意识到了这种可能的解释，但他初心不改，反而以更大的决心徒劳地寻求一个的遗传学解释。

不过，高尔顿在此过程中还是有所发现的，特别是当他开始关注类似身高这样的遗传特征的时候。与“卓越”相比，身高特征更易测量，跟遗

① 1 英尺 ≈ 30.48 厘米。——编者注

传的关联也更强。高个子男性的儿子往往身高也比普通人高——但很可能不如他们的父辈高；矮个子男性的儿子往往身高比一般人矮——但很可能不如他们的父辈矮。一开始，高尔顿称这种现象为“复归”（reversion），后又改称为“向均值回归”（regression toward mediocrity）[①]。我们可以在许多其他的情境中观察到这种现象。如果让学生参加基于同样复习资料的两次不同的标准化测试，那么，第一次测试得分较高的学生在第二次测试中的得分通常仍然高于均值，但没有第一次那么高。这种向均值回归的现象普遍存在于生活、教育和商业领域的方方面面。比如，棒球赛中的“年度新秀”（第一赛季表现异常出色的球员）经常会遭遇“新秀墙”，即在次年的比赛中陷入表现欠佳的低谷。

当然，高尔顿并不知道这些，他认为他偶然发现的是一条遗传规律，而不是统计规律。他认为，向均值回归的背后一定存在某个因。在皇家学院的讲座中，他说明了自己的观点。他向听众展示了两层的梅花机装置（见图 2.1）。

经过第一组钉子阵列后，小球会通过一个斜槽向板子的中心集中，之后再通过第二组钉子阵列。高尔顿借助这一成功的演示，展示出斜槽的设置恰好抵消了正态分布的扩散趋势。这一次，钟形曲线在代代传递中保持了恒定的宽度。

因此，高尔顿推测，向均值回归是一个物理过程，一种自然方式，用以确保身高（或智力）的分布在代代相传中保持恒定。高尔顿告诉观众：“复归过程符合遗传变异的一般规律。”他将这一过程与胡克定律进行了比较，后者描述的是弹簧恢复到稳态长度的趋势。

请记住这个日子。1877 年，高尔顿致力于寻求一个因果解释，并认为向均值回归是一个因果过程，就像物理定律一样。他错了，但他的错误绝非个例。时至今日，许多人仍在继续犯着同样的错误。例如，棒球专家总是试图寻找球员遭遇新秀墙的因果解释。他们会抱怨，“他变得过度自信

① 回归“regression”一词在英语中还有退化、退步、衰退、倒退的意思。——译者注

了”，或者“其他球员搞清楚了他的弱点”。他们也许是对的，但新秀墙实际上并不需要一个因果解释，这种现象单凭概率规则就足以解释了。

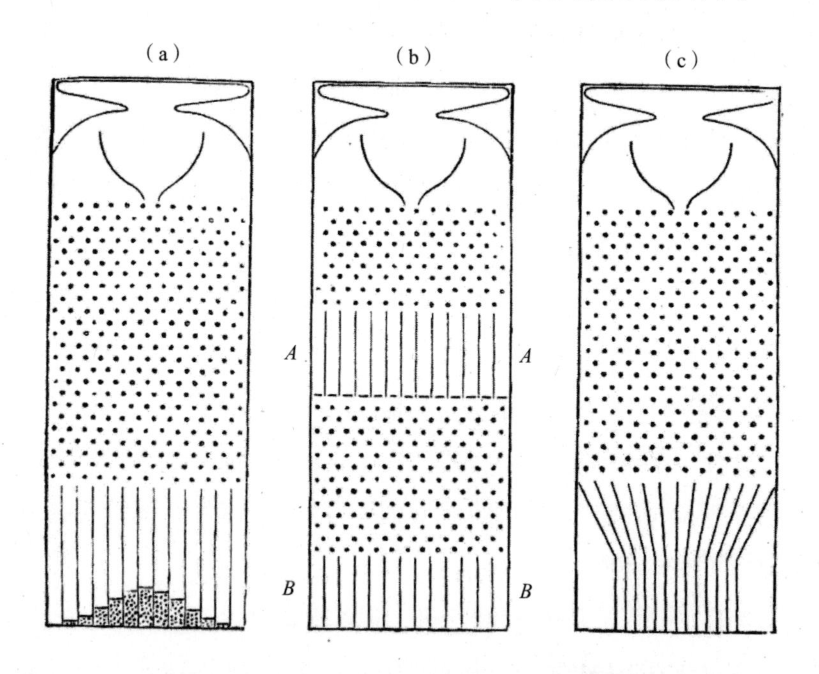

图 2.1 高尔顿板，弗朗西斯·高尔顿用以类比人类的身高遗传规律。(a) 将许多小球扔进弹球仪器，随机向下弹跳的小球堆积成钟形曲线。(b) 高尔顿指出，经过 *A* 和 *B* 两个通道，通过两层的高尔顿板（用以模拟两代人）下落的小球所堆积成的钟形曲线会变得更宽。(c) 为了抵消这种曲线变宽的趋势，他安装了斜槽，以使“第二代”小球回到中心。斜槽是高尔顿对“向均值回归”这一现象的因果解释（资料来源：弗朗西斯·高尔顿《自然遗传》，1889）

现代统计学的解释很简单。正如丹尼尔·卡尼曼在他的著作《思考，快与慢》中总结的：“成功 = 天赋 + 运气，巨大的成功 = 更多的天赋 + 更多的运气。”一个赢得年度最佳新秀奖的球员可能的确比一般人更有才华，但他（更）可能也有很多的运气。在下个赛季，他可能就没有那么幸运了，他的平均击球率也会因此下降。

到 1889 年，高尔顿已想通了这一点。在此过程中，他在统计学脱离因果关系的路上迈出了第一大步。这既让人失望，也令人着迷。他的推理过程是微妙而晦涩的，但值得我们付出努力去理解。这是作为新生学科的统计学发出的第一声啼哭。

高尔顿开始收集各种“人体测量”方面的统计数据：身高、前臂长度、头部长度、头部宽度等。他注意到，譬如当他根据前臂长度计算身高时，同样的向均值回归的现象又出现了：高个子男性通常有长度大于均值的前臂，但又不会像他的身高那样远高于均值。显然，身高不是前臂长度的因，反之亦然。如果存在一个原因的话，那么应该说二者都是由基因遗传决定的。高尔顿开始使用一个新的词来描述这种关系：身高和前臂长度是“共同相关的”（co-related）。之后，他又将这个词简化为一个更普通的英语单词——“相关的”（correlated）。

后来，他又意识到一个更令人吃惊的事实：在进行代际比较时，向均值回归的时间顺序可以逆转。也就是说，子辈的父辈的遗传特征情况也会回归到均值。即儿子的身高若高于均值，则其父亲的身高很可能也高于均值，但往往父亲要比儿子矮（见图 2.2）。在意识到这一点时，高尔顿不得不放弃了寻找向均值回归的因果解释的任何想法，因为子辈的身高显然不可能是父辈身高的因。

这种认识乍听起来可能自相矛盾。你可能要问：“等等！你是说，高个子的父亲通常有相较他们自己而言较矮的儿子，并且同时，高个子的儿子通常有相较他们自己而言较矮的父亲——这两种说法怎么可能同时为真？儿子怎么可能既比父亲高，又比父亲矮？”

答案是，我们谈论的并不是个体的父亲和个体的儿子，而是父辈和子辈两个总体。我们从身高 6 英尺的父辈总体开始算起。因为他们的身高高于均值，所以他们儿子的身高将出现向均值回归的现象，我们姑且假设他们儿子的平均身高为 5 英尺 11 英寸。然而，由父辈身高为 6 英尺的父子组合构成的总体有别于由子辈身高为 5 英尺 11 英寸的父子组合构成的总体。第一组中，所有的父亲都是 6 英尺高。但第二组中，父亲身高超过 6 英尺的较少，大部分身高不到 6 英尺，他们的平均身高要低于 5 英尺 11 英寸，再次显示了向均值回归的趋势。

另一种解释向均值回归的方法是使用所谓的散点图（见图 2.2）。每对父子组合都由一个点来表示，其中 x 坐标表示的是父亲的身高，y 坐标表示的是儿子的身高。因而，父亲和儿子的身高均为 5 英尺 9 英寸（或 69 英寸）

的组合可以由点（69，69）来表示，如图 2.2 所示，其位于散点图的中心。身高 6 英尺（或 72 英寸）的父亲和身高 5 英尺 11 英寸（或 71 英寸）的儿子的组合，则可以用点（72，71）表示，位于散点图的东北角。请注意，散点图的形状大致呈椭圆形，这一点对于高尔顿分析以及揭示两个变量的钟形分布特征而言至关重要。

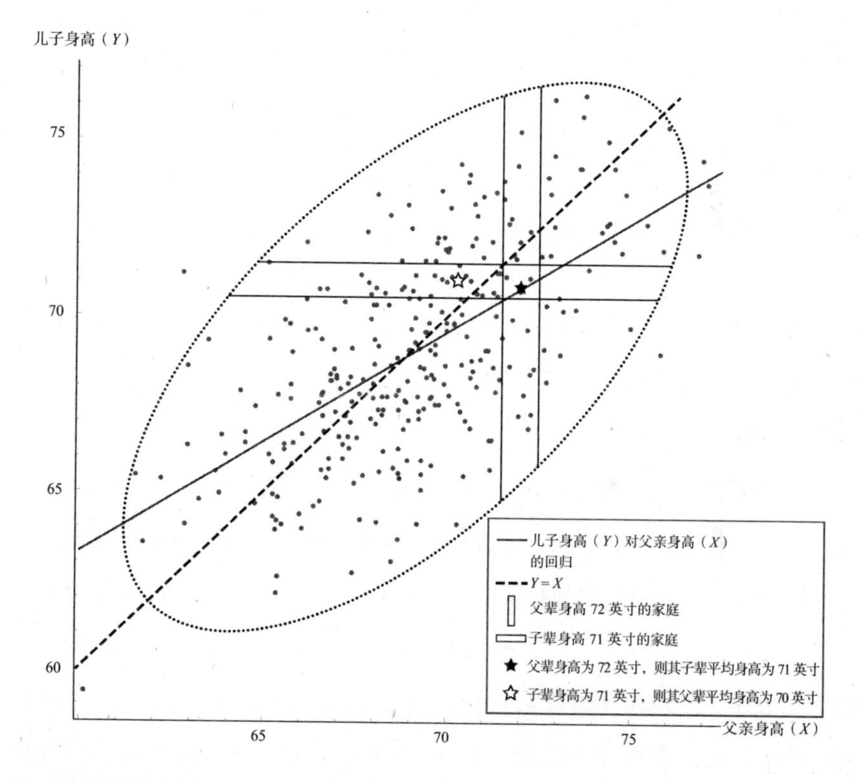

图 2.2 散点图显示了有关身高的数据集，每个点代表的是父亲的身高（x 轴）和他儿子的身高（y 轴）的组合。虚线与椭圆的主轴重合，而实线（我们称其为回归线）连接了椭圆最右边和最左边的点。二者之间的差异就是向均值回归的体现。例如，椭圆中的黑色星号显示，父辈身高为 72 英寸，则其子辈平均身高为 71 英寸，即图中垂直框中所有数据点的平均值为 71 英寸。水平框和白色星号显示的是在非因果方向（时间逆转方向）存在同样的身高损失现象（资料来源：马雅·哈雷尔绘图，克里斯托弗·布歇供稿）

如图 2.2 所示，父辈身高为 72 英寸的父子组合的点位于以 72 为中心的垂直框（或称“垂直切片”）内；子辈身高为 71 英寸的父子组合的点位于以 71 为中心的水平框（或称“水平切片”）内。通过观察可见，它们是两个不同的总体。如果只关注第一个总体，即父辈身高为 72 英寸的父子组合，我们可以问的问题是：其中子辈的平均身高是多少？这等于是在问垂直框的中心位置，通过观察可知其中心大约是 71。如果只关注第二个总体，即子辈身高为 71 英寸的父子，我们可以问的问题是：其中父辈的平均身高是多少？这等于是在问水平框的中心位置，通过观察可知其中心大约是 70.3。

我们可以更进一步考虑以同样的步骤分析每一个垂直框。这就相当于在问：对于身高为 x 的父辈，其子辈身高（y）的最佳预测是多少？或者，我们也可以取每个水平框，问它的中心在哪里，即对于身高为 y 的子辈，其父辈身高（x）的最佳“预测”（或倒推）是多少？

通过思考这个问题，高尔顿无意间发现了一个重要事实：预测总是落在一条直线上，他称这条直线为回归线，它比椭圆的主轴（或对称轴）的斜率小（见图 2.3）。事实上，这样的直线有两条，我们选择哪条线作为回归线取决于我们要预测哪个变量而将哪个变量作为证据。你可以根据父亲的身高预测儿子的身高，或者根据儿子的身高“预测”父亲的身高，这两种情况是完全对称的。这再次表明，对于向均值回归这一现象，因和果是没有区别的。

在已知一个变量的值的情况下，回归斜率能让你预测另一个变量的值。在高尔顿的父子身高问题中，0.5 的回归斜率意味着父亲的身高每增加 1 英寸，相应地，儿子的平均身高就增加 0.5 英寸，反之亦然。回归斜率为 1 表示两个变量呈完全相关，这意味着父亲每增高 1 英寸，这一变化都能完全地传递给儿子，使其平均身高增加 1 英寸。回归斜率不可能大于 1，否则高个子父亲的儿子其身高会进一步高于平均值，矮个子父亲的儿子其身高会进一步低于平均值，这将使得身高分布随时间的推移而变宽。这样一来，几代后可能就会出现身高 9 英尺的人和身高 2 英尺的人了，而这与现实并不相符。因此，只要身高分布在世代相传中保持不变，回归线的斜率就不能大于 1。

即使我们将两个不同类别的量关联起来，如身高和智力，回归定律依然适用。如果你在散点图中绘制这两个变量的数据点，并对坐标系进行适当的缩放，则关于两个变量之间关系的最佳拟合线的斜率总是具有相同的属性：只有当一个量可以准确地预测另一个量时，斜率才等于 1；而若预测结果几乎等同于随机猜测，则斜率等于 0。无论你是根据 Y 预测 X，还是根据 X 预测 Y，斜率（在对坐标系进行了适当缩放之后）都是相同的。换言之，斜率完全不涉及因果信息。一个变量可能是另一变量的因，或者它们都是第三个变量的果，而对于预测目标变量的值这一目的而言，这些并不重要。

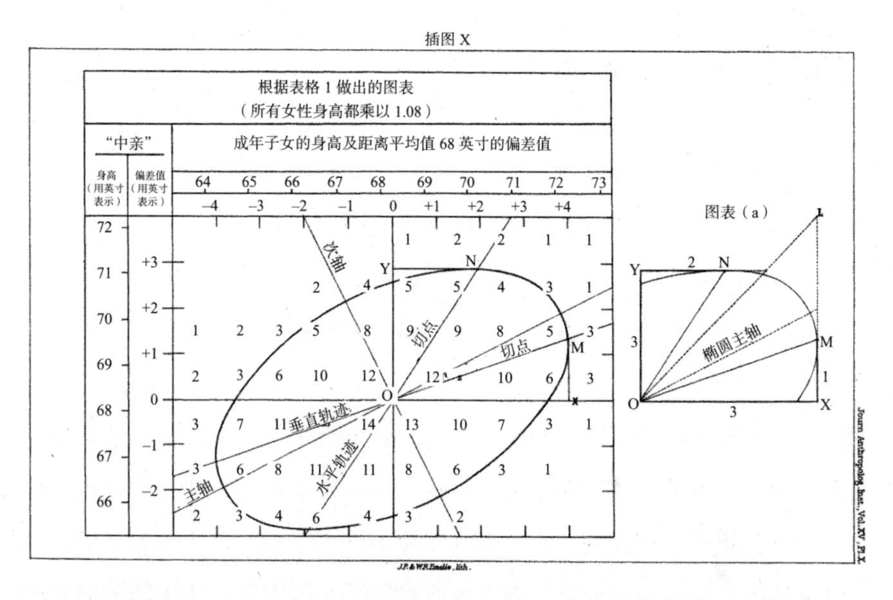

图 2.3　高尔顿回归直线。图中横轴显示的是子辈身高及偏差值，纵轴显示了“中亲”（mid-parents）① 的身高及偏差值。如果你知道父亲的身高，则直线 OM 将为你提供其儿子身高的最佳预测；如果你知道儿子的身高，则直线 ON 将为你提供其父亲身高的最佳预测。这两条直线都不同于散点图中的主轴（对称轴）（资料来源：弗朗西斯·高尔顿，《大不列颠和爱尔兰人类学学院学报》，1886，第 246–263 页，插图 X）

高尔顿提出的相关性概念首次在不依赖于人的判断或解释的前提下以客观度量说明了两个变量是如何关联的。这两个变量可以是身高、智力或者收入，它们可以是因果的、相互独立的或反因果的关系。相关性总是能够反映出两个变量间相互可预测的程度。高尔顿的弟子卡尔·皮尔逊后来推导出了一个（经过适当调整的）回归线斜率公式，并称之为“相关系数”。

① 女性的身高一般低于男性，因此高尔顿利用计算出的男女平均身高之比（1.08）将女性的身高乘以 1.08 换算成男性身高。高尔顿据此定义了“中亲”（mid-parents）身高 = 1/2（父亲的身高 + 1.08 × 母亲的身高），用来计算父辈的身高。本书为了讲述方便，将之简化为父子身高。——译者注

时至今日，当我们想了解一个数据集中两个不同变量的关联有多强时，相关系数依然是全世界统计学家计算的第一个数值。找到这样一种通用的方式来描述随机变量之间的关系，高尔顿和皮尔逊一定曾为此激动不已。尤其是皮尔逊，在他的眼中，与相关系数这种在数学上清晰且精确的概念相比，那些关于因果的模糊而陈旧的概念似乎已经完全过时而丧失科学性了。

高尔顿和被丢弃的探索

高尔顿以寻找因果关系为起点，最终却发现了相关性—— 一种无视因果的关系。这是一段颇具讽刺意味的历史。即便如此，他的著作仍留有使用因果思维的痕迹。他在 1889 年写道："很容易看出，（两个器官尺寸之间的）相关性一定是这两个器官共同变异的结果，而变异部分地归于相同的原因。"

被奉上相关性"祭坛"的第一个祭品就是高尔顿的梅花机，它是为解释总体遗传基因的稳定性而精心设计的。梅花机模拟了人类身高变异的产生，以及变异代代相传的过程。但高尔顿不得不在梅花机中设置斜槽，以控制总体中日益增加的变异。由于没有找到一个令人满意的生物机制来解释这种指向均值的复原力，高尔顿在 8 年后放弃了这一努力，并把注意力转向了危险而诱人的相关性。史学家斯蒂芬·施蒂格勒撰写了大量关于高尔顿的文章，他注意到了高尔顿在目标和志向上的这一突然转变："悄然消失的是达尔文、斜槽和所有的'适者生存'……极具讽刺意味的是，高尔顿尝试将《物种起源》的理论框架数学化的初衷最终导向了他对这部伟大著作的精髓的摒弃！"

但是在当下因果推断的语境下，对我们来说，最初的那个问题依然存在：根据达尔文的学说，变异是代代相传的，那么我们究竟应该如何解释总体的稳定性？

根据因果图回顾高尔顿的梅花机，我首先注意到的是其中装置构建的错误。那个让高尔顿不得不设置斜槽以施加反力的不断增长的分散力，从一开始就不该出现。事实上，如果我们追踪梅花机中从一层落到下一层的某个小球，我们会看到，小球在下一层的位移继承了其沿路撞到的所有钉子带给它的变化的总和。这就与卡尼曼的方程产生了明显的矛盾：

成功＝天赋＋运气

巨大的成功＝更多的天赋＋更多的运气

根据卡尼曼的方程，第二代的成功不会继承第一代的运气。按其定义，运气本身是一个只具有短暂影响的事件，因此其对后代没有影响。然而这一具有短暂影响的事件与高尔顿的梅花机是不兼容的。

为将这两个概念放在一起比较，让我们试着画出相应的因果图。在图 2.4（a）（高尔顿的概念）中，成功是世代相传的，运气的变化是无限累积的。如果“成功”等同于财富或显赫，那这个过程看起来还算合理。然而，对于像身高这样的物理特征的遗传，我们必须用图 2.4（b）中的模式取代高尔顿的模型。因为只有可遗传的成分（在此图示中以天赋代指）是世代相传的，而运气则独立地影响每一代，影响某一代的运气因素不会直接或间接地影响其后代。

这两种模型都与身高的钟形分布兼容，但是第一种模型不符合身高（或成功）分布的代际稳定性。而第二种模型则表明，要解释世代相传中的特征（成功）分布稳定性，我们只需要解释总体基因遗传（天赋）的稳定性即可。这种稳定性现在被称为哈代—温伯格平衡，是 1908 年由戈弗雷·哈罗德·哈代和威廉·温伯格在其研究中提出的，他们为这一现象给出了一个令人满意的数学解释。是的，他们借助的工具是另一个因果模型——孟德尔遗传理论。

现在回过头看，高尔顿不可能预料到孟德尔、哈代和温伯格的工作。1877 年高尔顿发表演讲时，格雷戈·孟德尔在 1866 年所做的工作早已被遗忘（直到 1900 年才被重新发现），而哈代和温伯格在其证明中所使用的数学理论工具则很可能在高尔顿的时代还无法被理解。然而颇为有趣的是，高尔顿曾经离发现这个正确的理论框架只差一步，而绘制一张因果图可以让他很容易地找到原假设中的错误——运气可以世代相传。遗憾的是，他被自己漂亮但有缺陷的因果模型误导，继而发现了相关性的美，并从此开始相信科学不再需要因果关系了。

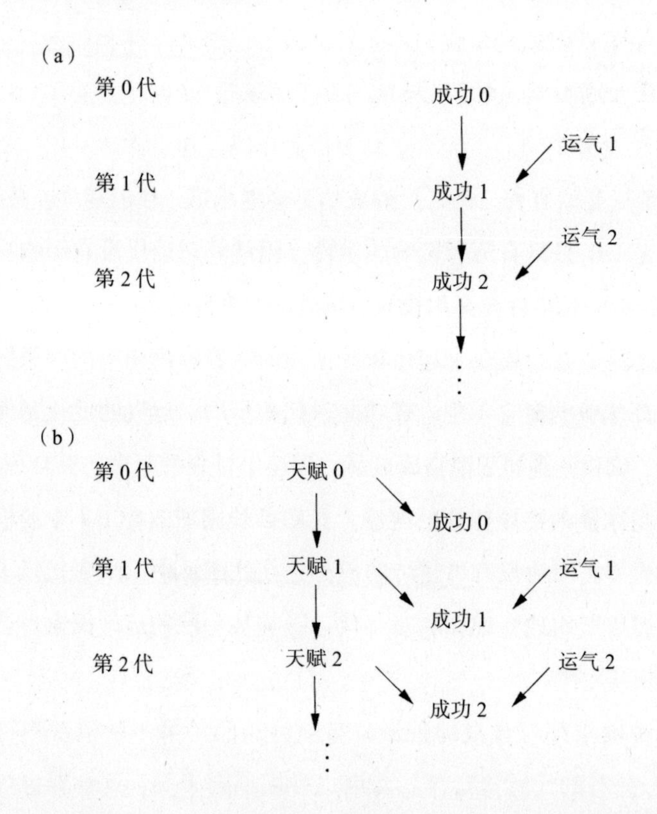

图2.4 关于遗传的两种模型。（a）高尔顿板模型，在这种模型下，运气世代相传，这就导致成功的分布不断变宽。（b）遗传模型，在这种模型下，运气不会累积，这就导致成功在代际间的稳定分布

作为对高尔顿的故事发表的最后一点个人评论，我承认我犯了历史写作的一项大忌，这也是我在本书中犯下的许多大忌之一。20世纪60年代，像我上面那样以现代科学的视角来书写历史的做法已经过时了。“辉格史观”（Whig history）就是一个针对此种做法的批判性术语，用于嘲弄事后诸葛亮式的历史写作风格——只关注成功的理论和实验，而对失败的实验和陷入僵局的理论发展几乎只字不提。现代风格的历史写作则变得更加民主，其给予化学家和炼金师同等的尊重，强调理解当事人身处的时代背景和社会

背景对相应理论发展的影响。

然而，在阐述因果关系被统计学驱逐出去的原因时，我欣然地继承了辉格史学家的衣钵。要想理解统计学是如何变成一个模型盲、以数据约简为其主要事业的学科，我们只能拿起因果透镜，以关于因果关系的新科学为视角重新叙述高尔顿和皮尔逊的故事，除此之外我们别无他法。事实上，正是通过这种方式，我纠正了主流科学史学家在其叙述中引起的歪曲。他们缺乏因果词汇，惊叹于相关性的发明，却没有注意到它带来的灾难——因果关系的死亡。

皮尔逊：狂热者的愤怒

从统计学中彻底抹去因果关系的任务留给了高尔顿的学生，卡尔·皮尔逊。然而，即使是他也未能完全成功。

对于皮尔逊的一生而言，一个关键事件就是他阅读了高尔顿的《自然遗传》。“我觉得自己像德雷克时代的海盗，或者就像字典里说的，‘不完全是海盗，但无疑有成为海盗的倾向’！”他在 1934 年写道，“我认为……高尔顿的本意是，存在一个比因果关系更广泛的范畴，即相关性，而因果关系只是被囊括于其中的一个有限的范畴。这种关于相关性的新概念在很大程度上将心理学、人类学、医学和社会学引向了数学处理的领域。是高尔顿第一次将我从偏见中解救出来。这种偏见就是：可靠的数学工具只能应用于解释因果关系范畴下的自然现象。”

在皮尔逊的眼中，高尔顿扩展了科学的词汇。因果关系被简化为仅仅是相关关系的一个特例（在这一特例中，相关系数为 1 或 –1，两个变量 x 和 y 之间的关系是确定的）。在《科学语法》（*The Grammar of Science*，1892）中，他清晰地表达了自己的因果观：“一个特定的事件序列在过去已经发生并且重复发生，这只是一个经验问题，对此我们可以借助因果关系的概念给出其表达式……在任何情况下，科学都不能证明该特定事件序列中存在任何内在的必然性，也不能绝对肯定地证明它必定会重复发生。”总而言之，因果关系对于皮尔逊来说仅仅是一种重复，在确定性的意义上是永不可证的。至于不确定性世界中的因果论，皮尔逊更是不屑一顾："描写两个事物之间关系的终极的科学表述，总可被概括为……一个列联表（contingency table）[①]。"换言之，数据就是科学的全部，毋庸赘言。在这个观点中，第一章所讨论的干预和反事实的概念并不存在，因果关系之梯的最底层就是科学家进行科学研究所需的一切。

从高尔顿到皮尔逊的这种思想飞跃是惊人的，皮尔逊也确实配得上海盗之名。高尔顿仅仅证明了一种现象，向均值回归，不需要因果解释。而皮尔逊则已准备好了将因果关系从科学中完全清除。那么，究竟是什么让他迈出了这一步？

历史学家泰德·波特在他的传记《卡尔·皮尔逊》里提出，皮尔逊对因果关系的怀疑早在他读到高尔顿的书之前就已经产生了。皮尔逊一直在设法解决物理学的哲学基础问题，例如他曾写道："力作为运动的因，与树神作为生长的因可等同视之。"更概括地说，皮尔逊属于一个名为实证主义的哲学学派，该学派认为宇宙是人类思想的产物，而科学只是对这些思想的描述。因此，因果关系被解释为一个发生在人类大脑之外的世界中的客观过程，不具有任何科学意义。有意义的思想只能反映观察结果中存在的特定模式，而这些模式完全可以通过相关关系描述出来。皮尔逊认定相关性是比因果关系更普遍的人类思维描述符号，由此，他便准备好了彻底摈弃因果关系。

波特生动地描绘了皮尔逊的一生，称其为自我标榜的"Schwärmer"，这是一个德文单词，可译为"爱好者"，但也可以被解读为程度更强的"狂热分子"。1879年皮尔逊从剑桥毕业后，在德国待了一年，爱上了德国文化，很快就将自己的名字由Carl改成Karl。皮尔逊早在成名之前就是一个社会主义者，1881年他曾写信给卡尔·马克思，主动提出要把《资本论》翻译为英文。皮尔逊可能也是英格兰最早的女权主义者之一，他在伦敦创办了"男性女性俱乐部"，专门讨论"女性问题"。他关注妇女的社会从属地

① 列联表检验是卡方检验的特例，是独立性假设检验的常用方法之一。——译者注

位，主张应为她们的工作支付合理的报酬。他对各种思想充满激情，同时对自己的激情又有着清醒的认识。他花了近半年的时间劝说他后来的妻子玛丽·夏普嫁给他。从他们二人的信件来往可以看出，玛丽曾经非常担忧自己达不到他对于伴侣智力的理想要求。

在发现高尔顿及其相关性后，皮尔逊终于找到了自己激情的聚焦点：一个他认为可以改变整个科学世界，并把数学的严谨性带入诸如生物学、心理学这样的领域的绝妙理念。他带着海盗般的使命感致力于完成这项任务。他的第一篇统计学论文发表于 1893 年，在高尔顿发现相关性的 4 年之后。1901 年，他创办了《生物统计学》(*Biometrika*)期刊，直至现在它仍是影响力最大的统计学期刊之一（说起来不可思议，正是该期刊于 1995 年刊载了我的第一篇关于因果图的完整论文）。1903 年，皮尔逊获得了服装商同业工会的拨款，在伦敦大学学院创办了计量生物学实验室。1911 年，高尔顿去世，同年该实验室正式成为伦敦大学学院的一个院系，高尔顿留下的一笔遗产被用于设置教授之职（并且遗嘱规定必须由皮尔逊担任院系的第一位教授）。在接下来的至少 20 年中，皮尔逊的计量生物学实验室一直是统计学世界的中心。

在获得教授之职后，皮尔逊的狂热表现得越来越明显。波特在其传记中写道："皮尔逊发起的统计学运动带有明显的派系斗争性质。他要求同事表示百分之百的忠诚，有奉献精神，并且曾迫使异议人士离开这个他所建立起的计量生物学的'教会'。"最早追随他的研究助手乔治·乌德尼·尤尔也是最先感受到皮尔逊的狂热和愤怒的人之一。1936 年，尤尔为英国皇家学会写了皮尔逊的讣告。这篇讣告虽然措辞委婉，但仍然明确地表达了尤尔在那些日子所遭受的精神折磨：

> 诚然，他的热情所带来的感染力是很可贵的，但他的强势，甚至包括他过于热切地给予帮助的行为，都给他人造成了伤害……这种支配欲，这种一切事都必须如他所愿的偏执，也体现在了别的方面，尤为突出的是编辑《生物统计学》的过程。可以说，这一期刊肯定是有

> 史以来学界公开发行的最能体现编辑者个人倾向的学术期刊……那些后来离开了他的团队并开始独立做研究的人曾指出，在发现双方观点存在分歧之后，继续维持友好的关系就变得非常困难，而表达批评就更不可能了，这种令人痛苦的事情已发生过很多次了。

即便如此强势，皮尔逊舍弃了因果论而建构起来的科学大厦还是出现了裂痕，或许在创建者手中，它出现的裂痕甚至还要多于其在门徒手中出现的裂痕。例如，皮尔逊本人就曾出人意料地撰写过几篇关于“伪相关性”的论文，而这正是一个不借助因果关系就无法理解的概念。

皮尔逊注意到，发现显然不合理的相关关系是相对容易的。例如，在皮尔逊之后的时代，有人曾提到过这样一个有趣的例子：一个国家的人均巧克力消费量和该国诺贝尔奖得主的人数之间存在强相关。这种相关性显然是很愚蠢的，因为不管我们怎么想象，吃巧克力看起来都不可能导致我们获得诺贝尔奖。一个更可靠的解释是，在富裕的西方国家，吃巧克力的人更多，而且诺贝尔奖得主也是优先从这些国家中选出的。但这是一个因果解释，对皮尔逊来说，这不是科学思维所必需的要素。对他而言，因果关系只是“对于现代科学中一些深奥难解的事物的一种迷信”，相关性才应该是科学理解的目标。但这种观点让他在不得不解释为什么一个相关性是有意义的而另一个就是“伪相关”时陷入了一种尴尬的境地。他解释说，真正的相关性能够表明变量之间的一种“有机关系”，而伪相关则不能。但什么是“有机关系”呢？这难道不是因果关系的另一种叫法？

皮尔逊和尤尔一起收集了几个伪相关的例子。其中一类典型的例子如今被称为“混杂”，巧克力—诺贝尔奖的故事就属此类。（经济情况和地理位置是混杂因子，或者说是巧克力消费与诺贝尔奖得奖频率的共因。）类似的“荒谬相关”的另一种类型往往出现在时间序列数据中。例如，尤尔发现英国某年的死亡率与由英国教堂主持婚礼的婚姻在总体中的比例之间有着极高的相关性（0.95）。这难道说明上帝要惩罚婚姻幸福的信徒吗？不！这只不过是两种独立的历史趋势在同一时间出现而已：该国的死亡率正在下降，同时，英国教会的成员人数也在下降。由于两者同时下降，因此两者之间出现了正相关，但两者并没有因果联系。

早在1899年，皮尔逊就发现了可能是最有趣的一种“伪相关”——当两个异质总体合二为一时，“伪相关”就出现了。皮尔逊和高尔顿一样，也是一个狂热的人体数据收集者，他获得了来自巴黎地下墓穴的806块男性颅骨和340块女性颅骨的测量数据（见图2.5）。他计算了颅骨长度和宽度的相关性。在只考虑男性或女性的数据时，二者的相关性可以忽略不计，也就是说颅骨长度和宽度之间没有显著的相关性。但在把两组不同性别的数据合并后，二者的相关系数就变成了0.197，这一数值通常被解读为较为明显的正相关。这一结论在某种意义上也是可以理解的，因为颅骨长度短可能表明它属于女性，因而其宽度可能也相对较窄。然而，皮尔逊认为这只是一个统计假象。相关系数为正这一事实并没有生物学意义或“有机”含义，而仅仅是不恰当地将两个不同的总体结合在一起的结果。

图2.5　卡尔·皮尔逊与巴黎地下墓穴的颅骨（资料来源：由达科塔·哈尔绘制）

这个例子是一种更为普遍的现象的一个特例，该现象被称作“辛普森悖论”。我们将在第六章讨论在何种条件下我们应该对数据进行分割，并解释为什么将异质总体的数据结合起来处理时会产生伪相关。但现在，让我们先看看皮尔逊是怎么说的："对于那些坚持把所有相关关系视为因果关系的人来说，这一事实定然令人震惊——通过人工混合两个类似种属，我们就能让两个毫不相关的特征 A 和 B 之间产生相关性。"正如斯蒂芬·施蒂格勒的评论所言："我禁不住猜测，他自己可能才是第一个对此感到震惊的人。"可以看出，皮尔逊实质上是在自责自己从因果关系的角度思考问题的倾向。

如果现在透过因果透镜再来看一下这个例子，我们只能说，皮尔逊真是错失了良机！在理想的世界里，这样的例子可能会促使一位天才科学家思考自己为此而震惊的原因，继而创建出一种科学方法用以预测在何种情况下这样的伪相关会出现。至少，他应该能够向大家揭示何时可以聚合数据，何时不可以。但皮尔逊给他的追随者提供的唯一指导意见就是"人造"的聚合（无论它意味着什么）都是不好的。讽刺的是，使用因果透镜，我们现在已经意识到了，在某些情况下，正确的分析结果只能来自聚合数据，而非来自分组数据。因果推断的逻辑能够在事实上告诉我们应该信任哪一个结果。我多么希望皮尔逊能与我们一起分享这一发现！

皮尔逊的学生并不都是对他亦步亦趋的。尤尔就因为一些其他的原因与皮尔逊闹翻了，他们在学术研究上就此分道扬镳。起初，尤尔属于强硬派阵营，相信相关性能够揭示我们在科学领域所需要理解的一切。然而，当他试图解释伦敦的贫困状况时，他的看法发生了改变。1899 年，他致力于研究"院外救济"（指不通过救济院向贫困家庭发放救济）是否提高了贫困率这一问题。数据显示，得到较多院外救济的区域反而有着较高的贫困率。但尤尔发现，这种相关性可能是伪相关，因为这些地区可能有更多的老年人，而这些人往往会越来越穷。不过，他紧接着就发现，即使将老年人占比相同的地区进行比较，院外救济和贫困率的相关性仍然存在。这一发现鼓励了他勇敢说出自己的结论：贫困率的提高可以归因于院外救济。但是，在"越界"做出了这个因果判定后，他再次回归"正轨"。在论文的一个脚注里，他写道："严格说来，'归因于'应当读作'与……相关'。"这句话为他之后的几代科学家设定了一个表述模式：虽然在心里想的是

“归因于”，但在论文写作时要把它说成“与……相关”。

皮尔逊和他的追随者对因果关系深怀敌意，而像尤尔这类不坚定的追随者害怕与他们的领袖正面对抗，这就为大洋彼岸的另一位科学家提供了机会，对回避因果的文化首次提出了正面挑战。

休厄尔·赖特、豚鼠和路径图

1912 年，当休厄尔·赖特刚刚来到哈佛大学时，其学术背景很难让人相信此后他会对科学界造成如此深远的影响。他曾就读于伊利诺伊州一个不起眼（现已解散）的大学——伦巴第学院。毕业时，他所在的班级只有 7 名学生。他的父亲菲利普·赖特曾是他的老师之一。菲利普·赖特是个学术多面手，甚至担任过学院打印社的经营者。休厄尔和他的兄弟昆西也曾在这家打印社帮忙，期间他们还代为发表了卡尔·桑德堡的第一首诗——后者当时尚未出名，只是伦巴第学院的一名普通学生。

大学毕业后很长一段时间里，赖特和他的父亲菲利普一直保持着密切的联系。在赖特搬到马萨诸塞州之后，菲利普也搬去了。之后，赖特前往华盛顿特区工作，菲利普也随之迁居，先是在美国关税委员会任职，然后是在布鲁金斯学院做经济学研究。尽管他们的学术兴趣有所不同，但他们还是找到了合作的方法：菲利普是第一个使用他儿子发明的路径图的经济学家。

赖特来到哈佛大学学习遗传学，这是当时最热门的学科之一，因为格雷戈·孟德尔的显性和隐性基因理论刚刚被重新发现。赖特的导师威廉·卡斯托已经确定了影响兔子毛色的 8 种不同的遗传因子（我们现在称之为基因）。卡斯托指派赖特对豚鼠进行同样的研究。1915 年获得博士学位后，赖特得到了一个特别适合他的工作岗位：在美国农业部负责饲养豚鼠。

后来的人可能很想知道，美国农业部在雇用赖特时是否预料到了他们会得到怎样的回报。或许农业部当时只是希望雇用一个手脚勤快的动物管理员，顺便帮他们整理好之前 20 年积累下来的混乱的饲养记录。赖特不仅完成了任务，而且做了很多额外的工作。赖特所饲养的豚鼠是他整个职业生涯的跳板，也是他提出其进化理论的基石，就如同激发了查尔斯·达尔文提出进化论灵感的加拉帕戈斯群岛的雀鸟一样。赖特是这一观点的早期倡导者：进化不是如达尔文假想的那样渐进地发生，而是一种相对突然的爆发。

1925年，赖特在芝加哥大学得到了一个终生教职。这个职位本来可能更适合一个拥有广泛理论兴趣的研究者，但他仍十分专注于豚鼠研究。有个广为流传的轶事是：有一次，赖特在上课时带来了一只豚鼠，其间一不留神就开始用它擦起了黑板（见图2.6）。尽管他的传记作者认为这个故事很可能是虚构的，但这至少说明，赖特对豚鼠的执着给公众留下了深刻的印象。

最令我感兴趣的是赖特在美国农业部所做的早期工作。赖特发现，豚鼠的毛色遗传与孟德尔遗传定律是相抵触的。事实证明，纯白或纯色的豚鼠根本无法培育出来，甚至连多代近亲交配的豚鼠家族的后代在毛色上也存在明显的变异，毛色从多半为白色到多半为彩色不等。这一事实与孟德尔遗传定律的预测是相矛盾的，该预测认为，多代近亲繁殖能够“固定”某种特质。

赖特开始怀疑毛发白色素的数量是由某个基因独立控制的，并据此提出一种假设：是母鼠子宫内存在的某种“发育因子”（developmental factors）导致了豚鼠某些特征的变异。我们现在已经知道赖特的这一假设是正确的。不同的毛色基因会表现在豚鼠身体的不同部位，毛色的图案不仅取决于豚鼠继承的基因，而且取决于这些基因的遗传表现出现在豚鼠的什么身体部位，以及它们以何种组合得以表达或抑制。

亟待解决的研究问题催生出了新的分析方法——该现象在科学界可谓屡见不鲜（至少对于具有独创性的研究者来说确实如此）。赖特开创的分析方法在他之后得到了极大的发展，其应用范畴远远超越了最初的豚鼠基因研究。不过，对当时的休厄尔·赖特来说，测算发育因子可能只是一个大学水平的问题，在伦巴第学院他父亲教授的数学课中就可以得到解决。在寻求某个未知量的值时，你可以先赋予该量一个符号，然后用数学方程的形式描述你对该量和其他相关量的认识，最后，如果你有足够多的耐心和足够多的方程，你就可以解出方程式，并算出目标量的值。

图 2.6 休厄尔·赖特首次建立了一套根据数据回答因果问题的数学方法，这种方法被称为路径图或路径分析。他对数学的热爱仅次于对豚鼠的热情（资料来源：由达科塔·哈尔绘制）

在赖特的例子中，未知的目标量是 d（见图 2.7），即“发育因子”对白色毛发的影响。被纳入方程式的其他表示因果关系的量（下文简称因果量）还包括“遗传因子” h，这也是一个未知量。赖特表示，如果知道图 2.7 中的因果量，我们就可以通过一个简单的图形规则推测出数据中的相关关系（图 2.7 中没有显示此部分内容）。这一方法正体现了赖特的独创性。这条规则在深奥而隐秘的因果关系世界和处于表层的相关关系世界之间架起了一座桥梁。这是研究者在因果论和概率论之间建立的第一座桥梁，其跨越了因果关系之梯第二层级和第一层级之间的障碍。在建造了这座桥梁之后，赖特就可以进行反向的实践，从根据数据测算出的相关性（第一层级）中发现隐藏在背后的因果量 d 和 h（第二层级）。他通过求解代数方程完成了这个任务。这一想法对赖特来说也许很简单，但实际上是一种极具革命性的思路，因为它首次证明了“相关关系不等于因果关系”这个判定应该让位于“某些相关关系确实意味着因果关系”。

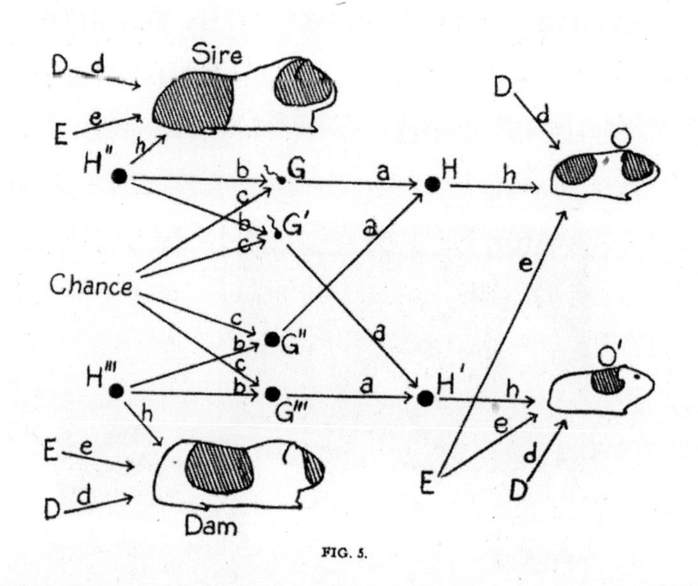

图 2.7 休厄尔·赖特的第一个路径图，其中西雷（Sire）和达姆（Dam）分别是豚鼠父母的名字，左侧“Chance”一词在此表示随机因子。该路径图说明了决定豚鼠毛色的因子。*D* = 发育因子（存在于豚鼠母亲怀孕以后，子鼠出生之前），*E* = 环境因子（存在于子鼠出生以后），*G* = 来自豚鼠父亲或母亲个体的遗传因子，*H* = 来自豚鼠父母双方的混合遗传因子，*O*、*O'* = 豚鼠后代。该分析的目的是估计 *D*、*E*、*H* 的影响强度（图中记作 *d*、*e*、*h*）（资料来源：休厄尔·赖特，《国家自然科学院学报》，1920，第 320–332 页）

最后，赖特的分析结果表明，假设中的发育因子比遗传因子发挥了更重要的作用。在随机繁殖的豚鼠中，42% 的毛色变异是由遗传因子引起的，58% 是由发育因子引起的。相比之下，在一个多代近亲繁殖的豚鼠家族中，白色毛发的变异只有 3% 是出于遗传因子的影响，而有 92% 是出于发育因子的影响。换言之，在经过的 20 代近亲交配后，由遗传因子引起的变异已被完全消除，但由发育因子引起的变异依然存在。

这一结果十分有趣，不过对于本书的主题而言，问题的关键还在于赖特阐述自己观点的方式。图 2.7 中的路径图就相当于一张导航地图，告诉了我们该如何通过第一层级和第二层级之间的桥梁。这是一场借助一张路径图完成的科学革命——可爱的豚鼠也做出了它的贡献！

注意，这张路径图显示了所有你能想到的可能影响后代豚鼠毛色的因子。字母 *D*、*E* 和 *H* 分别表示发育因子、环境因子和遗传因子。每个父鼠（西雷）或母鼠（达姆）及其每个子女（后代 *O* 和 *O'*）都有它自己的 *D*、*E*

和 H 因子集合。两代豚鼠的环境因子相同，但发育过程有所不同。该路径图也体现了当时孟德尔遗传学说的新见解：豚鼠父母的精子细胞和卵细胞（G 和 G''）决定了其后代的遗传因子（H），而精子细胞和卵细胞又是由豚鼠父母的遗传因子（H'' 和 H'''）经由某种尚未被理解的混合过程（因为当时学界还未发现基因的存在）决定的。不过，当时的人们已经认识到，这种混合过程包含一定程度的随机性（在图中标记为“Chance”，即随机因子）。

这张路径图中没有明确显示的是近亲繁殖家族和正常家族的区别。在近亲繁殖的豚鼠家族中，豚鼠父母的遗传因子存在强相关性，赖特用 H'' 和 H''' 之间的双向箭头来表示这种关系（图 2.7 中未显示）。除此之外，图中的每个箭头都是单向的，由因指向果。例如，从 G 到 H 的箭头表示，豚鼠父亲的精子细胞可能对其后代的遗传因子有直接的因果影响。从 G 到 H' 没有箭头，这表明决定了后代 O 遗传因子的精子细胞对后代 O' 的遗传因子没有因果影响。

当你以这种方式挨个拆分图中的箭头时，你就会发现每个箭头都有很明确的含义。另外请注意，每个箭头都附带一个小写字母（a、b、c 等）。这些字母被称为“路径系数”（path coefficient），代表了赖特想要求解的因果效应的强度。粗略地说，路径系数表示源变量（source variable）在多大程度上引起了目标变量中的变异。例如，一个显而易见的路径系数是，每个豚鼠后代的遗传性结构都应当有 50% 来自其父，50% 来自其母，所以 a 应该是 1/2。（出于便于数学计算方面的考虑，赖特倾向于采用平方根的方式表示路径系数，因此 $a = 1/\sqrt{2}$，$a^2 = 1/2$。）

就当时而言，这种根据由一个变量引起的另一个变量的变异的多少解释路径系数的说法是十分合理的。不过，现代因果推断科学的解释不同于此：路径系数表示的是对源变量进行一次假设的干预所得到的结果。而由于干预这一概念直到 20 世纪 40 年代才出现，因此在 1920 年赖特撰写这篇论文的时候，他是不可能预先考虑到这一点的。幸运的是，在他当时分析的那些较为简单的路径图中，这两种解释带来的结果是一样的。

我想在此强调的是，路径图不只是一张漂亮的图画，它更是一个强大的计算工具，因为计算相关关系的规则（从第二层级到第一层级的桥梁）就是追踪连接两个变量的所有路径，并将沿途所有的路径系数相乘。另外还需注意，箭头缺失所蕴含的假设实际上比箭头存在所蕴含的假设更重要。两个变量间箭头缺失这一事实将二者的因果效应限制为零，而箭头存在这一事实并不能告诉我们因果效应的大小具体为何（除非我们事先对路径系数赋值）。

赖特的论文是一篇杰作，理应被视为20世纪生物学发展的一个里程碑。当然，它也是因果关系科学发展史上的一个里程碑。图2.7是有史以来首次公开发表的因果图，标志着20世纪的科学迈向因果关系之梯第二层级的第一步。这不是试探性的一步，而是大胆、果断的一步！第二年，赖特发表了一篇命题更为宏观的论文，名为“相关关系和因果关系”，详细阐述了路径分析在豚鼠育种之外的其他情境中是如何运作的。

我不知道这位30岁的科学家对这篇论文的反响有怎样的期待，但我敢肯定这篇论文在当时实际引发的讨论一定让他大吃一惊。一个名叫亨利·尼尔斯的人于1921年发表了一篇针对这篇论文的反驳文章，他是美国统计学家雷蒙德·珀尔（特此声明，虽然姓氏相同，但此人并非我的亲戚）的学生，而雷蒙德·珀尔则是统计学教父卡尔·皮尔逊的门徒。

学术界充斥着以温文尔雅为表象的野蛮行径，我也有幸在自己原本平静如水的职业生涯中经受过一些考验。但即使如此，像尼尔斯给出的那种措辞如此激烈的批评仍然是极少见的。他首先根据他的英雄，卡尔·皮尔逊和弗朗西斯·高尔顿的一系列名言，证明了“因”这个词的多余和无意义性。他得出结论：“对比‘因果关系’和‘相关关系’是没有根据的，因为因果关系只是一种完全相关。”他的这句话直接呼应了皮尔逊在《科学语法》中所发表的论述。

尼尔斯进一步贬损了赖特的整个方法论。他写道：“该方法的基本谬误应当是认为有可能先验地建立起一个相对简单的图形系统，且该系统能够真实地反映多个变量作用于彼此及一个共同结果的方式。”由于根本没有费心去了解赖特的计算规则，尼尔斯通过对一些例子的分析以及笨拙的计算得出了完全相反的结论。最后，他宣称："我们因此得出结论，从哲学层面来看，路径系数方法在其建立基础上就存在严重的缺陷，而从应用层面来看，使用这种方法计算出的结果被证明是完全不可靠的。"

从科学的角度来看，尼尔斯的批评也许不值得我们花费时间详细讨论，但他的论文对作为正在探究因果关系科学发展史的我们来说是非常重要的。首先，这段话忠实地反映了他那一代人对于因果关系的态度，以及他的导师卡尔·皮尔逊对那个时代科学思维的霸权统摄。其次，我们今天仍能听到与尼尔斯持同样立场的反对之声。

当然，有时科学家无法掌握各个变量之间的关系网络的全部。在这种情况下，赖特认为，我们可以在探索模式下使用路径图，假设某些因果关系存在并据此计算出变量之间的相关强度估计值。如果这一估计值与实际数据相矛盾，那么我们就有证据说明我们假设的因果关系是错的。1953 年，赫伯特·西蒙（1978 年诺贝尔经济学奖得主）重新发现了这种使用路径图的方法，这为社会科学领域的许多研究工作带来了很大的启发。

虽然我们不需要知道各个变量之间的所有因果关系，仅利用部分信息也能够得出一些结论，但赖特非常清楚地指出了这一点：没有因果假设，就不可能得出因果结论。这与我们第一章的结论相呼应：只使用从因果关系之梯第一层级的数据，你是不可能回答属于因果关系之梯第二层级的问题的。

有时人们问我："这难道不会引起循环论证吗？你所做的难道不正是假设你想证明的东西？"答案是否定的。通过将非常中庸的、定性的、显而易见的假设（例如，豚鼠后代的毛色不会影响豚鼠父母的毛色）与 20 年的豚鼠培育数据相结合，赖特得出了一个定量的，且并不显而易见的结论：后代豚鼠毛色 42% 的变异来自遗传。从显而易见的事实中提取非显而易见的内容并不是循环论证——这是科学的胜利，我们理当为此鼓掌欢呼。

赖特的贡献是独一无二的，因为他得出结论（42% 的遗传性）所需要的信息分属于两种截然不同的、几乎不相容的数学语言：一种是图形语言，另一种是数据语言。这种将定性的"箭头指向信息"与定量的"数据信息"

（完全是两门外语！）相结合的独具创新的想法简直是一个奇迹，它完全迷住了我，将我这个计算机科学的研究者引向了一个全新的研究领域。

许多人仍然会犯尼尔斯的错误，认为因果分析的目的只是证明 X 是 Y 的因或从头开始找到 Y 的因。这的确是因果关系研究中的因果发现难题，也是我第一次投身于图形化建模时雄心勃勃地试图解决的问题，直到现在，这依然是一个充满活力的研究领域。相比之下，赖特的研究重点，以及本书的讨论重点，则是用数学语言表达看似合理的因果知识，将其与经验数据相结合，回答具有实际价值的因果问题。赖特从一开始就明白，解决因果发现问题要困难得多，甚至几乎可以说是不可能的。在对尼尔斯批评文章的回应中，他写道："作者（赖特本人）从未提出过这一荒谬的主张，即路径系数理论为因果关系的推导提供了通式。作者希望强调的是，将相关关系的知识与因果关系的知识相结合以获得某些结果的做法，与尼尔斯所暗示的从隐含的相关关系推导因果关系不是一回事。"

"但它仍在动！"

如果我是一个专业的史学家，我可能会在上一节就此打住。但作为一名自封的"辉格史学家"，我无法抑制自己对上节结尾中赖特言论的准确性表达由衷的钦佩，这句话在首次发表的90年后的今天也并未过时，因为它从根本上定义了现代因果分析的新范式。

我对赖特这段真知灼见的钦佩仅次于我对他的勇气和决心的钦佩。请大家想象一下1921年的情况：一个自学成才的数学家独自面对统计学界的霸权。他们告诉他："你的方法是基于对科学意义上因果关系本质的全然误解。"而他反驳说："并非如此！我的方法创造出了重要的事物，其价值超越任何你们可以创造的东西。"他们说："我们的专家在20年前就对这些问题进行了研究，并得出结论——你的分析方法完全是无稽之谈。你所做的只不过是把一些相关关系结合起来推导出另一个相关关系而已。等你'长大'了，你就会明白了。"而他继续说："我不是看不起你们的专家，但事实就是事实。我的路径系数不是相关关系，而是一种完全不同的事物：因果效应。”

试着想象自己是一个幼儿园小朋友，你的朋友都嘲笑你相信“3 + 4 = 7”，因为大家学到的都是“3 + 4 = 8”。再想象一下现在你去寻求老师的帮助，而她也说“3 + 4 = 8”。那么，你会不会在回家之后问自己，也许是你自己的思维方式出现了什么问题？即使是意志最坚定的人在这种情况下也会动摇信念。我就曾身处这所幼儿园，我对此感同身受。

但赖特并没有陷入自我怀疑。这场争论涉及的不仅仅是算术问题，因为算术问题至少可以借助某种独立的验证过程得到证明。只有曾经的哲学家敢于对因果关系的性质发表意见。那么，赖特是从哪里得到了这个内在的信念，确信他的确走在正确的轨道上，而幼儿园的其他人才是错的呢？也许他在美国中西部地区的成长经历和他所念的那所名不见经传的大学激发了他的自立精神，并教会了他，最可靠的知识就是由自己亲手构建的知识。

我在学校读到的最早的一本科学著作，其中就讲述了宗教法庭如何迫使伽利略放弃他的日心说，而伽利略又是怎样坚持己见的。他在最后的审判中曾低声为自己的信念辩护道，“但它（地球）仍在动”（“E pur si muove”）。我认为世界上没有哪个孩子在读过这个故事之后会不被他的勇气鼓舞。然而，尽管我钦佩他的坚持，我还是禁不住想，至少他还有天文观测数据可以依靠。而赖特只有一个未经检验的结论：发育因子引起的变异占比 58%，而非 3%。他无所依靠，除了内心的信念——路径系数能够阐释的事实是相关性所无法阐释的。而他依然选择公开宣布：“但它仍在动！”

在我的同事告诉我，我的贝叶斯网络与当时的人工智能主导理论发生了冲突（详见第三章）时，我表现得相当固执、执拗、毫不妥协。事实上，我记得自己完全相信自己的方法，没有丝毫犹豫。但当时的我也有概率理论作为支撑。而赖特甚至连一个可以依靠的定理都没有。科学家们在那时已经放弃了因果关系，因此赖特没有任何可以诉诸的理论框架。他也不能像尼尔斯那样从权威专家的观点中找到支持，因为他无从引述，毕竟这些专家早在 30 年前就宣布了他们的判决。

但对赖特来说，值得欣慰并且表明了他正身处正确道路的一个事实是，他确切地意识到他可以借助自己的方法回答借助任何其他方式都无法回答的问题。确定几个因子的相对重要性就属于这样的问题。另一个出色的例子可以在他 1921 年的论文《相关关系和因果关系》中找到。他在这篇论文中提出了这个问题：如果豚鼠在母鼠的子宫里多待了一天，这会对其出生体重产生多大的影响？让我们来仔细研究一下赖特的答案，以欣赏他的方法之美，并尽可能满足那些想了解路径分析的数学原理的读者。

请注意，我们不能直接回答赖特的问题，因为我们不能在子鼠还在母鼠子宫内时为其称重。不过，我们可以做的是，比较比如孕期 66 天和孕期 67 天的豚鼠的出生体重。赖特通过比较分析指出，在子宫里多待了一天的豚鼠其出生体重平均增加了 5.66 克。据此，有人可能会草率地得出结论，在出生之前，豚鼠胚胎每天增长大约 5.66 克体重。

"这是错的！"赖特会这样说。晚出生的幼鼠之所以晚出生通常是有原因的，比如同窝产仔数相对较少。这意味着，在母鼠怀孕期间，幼鼠有更有利的成长环境。例如，只有 2 个兄弟姐妹的幼鼠在母鼠怀孕 66 天时的体重通常会比有 4 个兄弟姐妹的幼鼠的体重要重。因此，出生体重的差异存在两个原因，我们需要将二者区分开来：增长的 5.66 克体重中有多少是由于子鼠在母鼠子宫内多待了一天，有多少是由于子鼠可以只与较少的兄弟姐妹竞争？

赖特通过绘制路径图回答了这个问题。如图 2.8 所示，X 代表幼鼠的出生体重。Q 和 P 代表出生体重的两个已知原因：妊娠时长（P）和产前子鼠在母鼠子宫内的生长速率（Q）。L 代表同窝产仔数，同时影响 P 和 Q（较多的同窝产仔数会导致子鼠生长缓慢，其待在子宫内的天数也会相应减少）。我们可以测量每只豚鼠的 X、P 和 L，但无法测量 Q，这一点非常重要。最后，A 和 C 是我们无法获得任何数据的外因（例如与同窝产仔数无关的影响产前子鼠生长速率和妊娠时长的遗传及环境因素）。还有一个重要假设是这些因素相互独立，这一假设在图中由它们彼此之间没有任何箭头也没有任何共同的祖先节点所明示。

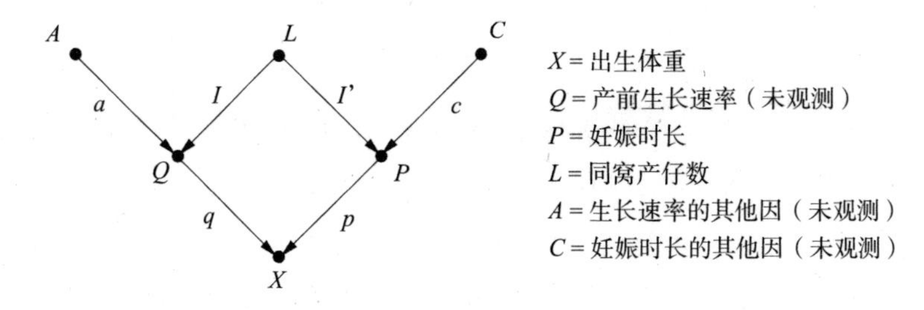

图 2.8　豚鼠出生体重示例的因果图（路径图）

现在，赖特面临的问题是："妊娠时长 P 对于出生体重 X 的直接效应是什么？"此前得到的数据（子鼠每天增加 5.66 克体重）并不能告诉你这一直接效应，它告诉你的是一个包含由同窝产仔数 L 带来的偏倚的总的相关性。为了得到直接效应，我们需要消除这个偏倚。

在图 2.8 中，直接效应由路径系数 p 表示，对应于路径 $P \to X$。同窝产仔数所引起的偏倚对应于路径 $P \leftarrow L \to Q \to X$。现在让我们展示一个代数魔法[①]：偏倚的大小等于其所涉路径沿途的路径系数的乘积（换言之，其值为 $l \times l' \times q$）。如此一来，总的相关性就是两条路径的路径系数之和：用代数表示就是，$p + l \times l' \times q = 5.66$ 克 / 天。

如果我们已知路径系数 l、l' 和 q，那么我们就可以算出偏倚的大小，而用 5.66 克 / 天减去它，我们就得到了我们想要的路径系数 p 的值。但我们并不知道路径系数 l、l' 和 q，因为 Q 无法测量。而这正是路径系数的巧妙之处。赖特的方法告诉我们如何用路径系数来表示每个需要测量的相关性。在对每组变量间的相关性（P, X）、（L, X）和（L, P）执行此操作之后，我们就会得到 3 个方程，并可以据此用代数方法求解未知路径系数 p、l' 以及 $l \times q$。然后问题就解决了，因为我们想要的路径系数 p 的值现在已经可以计算出来了。

今天，我们完全可以跳过中间的数学处理步骤，仅通过粗略查看该路

① 那些还想进一步阅读赖特论文原文的读者，我要提醒你们，他并没有用"克 / 天"为单位计算路径系数。他是用"标准单位"来计算路径系数的，在计算的最后才会将标准单位转换为"克 / 天"。

径图计算 p 的值。但在 1920 年，这是第一次有人提出可以利用数学来连接因果关系和相关关系的观点——它的确奏效了！赖特计算出的 p 的值是 3.34 克 / 天。换言之，如果所有其他的变量（A、L、C、Q）都保持不变，只是妊娠时长增加一天，那么幼鼠的出生体重平均增长 3.34 克 / 天。请注意，这个结果在生物学上是有意义的。它告诉了我们豚鼠幼崽出生前每天的生长速度有多快。相比之下，每天 5.66 克这个数字则没有生物学意义，因为它反映的是两个相互独立的过程合并后的影响，且其中之一（路径图中的 $P \leftarrow L$）不是因果关系，而是反因果（或诊断）关系。我们通过该例得到的第一个经验是：因果分析允许我们量化在现实世界中实际存在的某个过程（豚鼠幼崽每天增加 3.34 克而非 5.66 克体重），而非只能分析数据中的模式。我们得到的第二个经验是：无论是否采用数学处理，在路径分析中，你都能通过检查整个路径图得出关于单个因果关系的结论。而如果你想测算某个具体的路径系数，你可能就需要进一步分析路径图的整体结构了。

在科学按照理想逻辑一步步发展的世界里，赖特对尼尔斯的答复理应激发起广泛的科学兴趣，随之而来的则是科学家和统计学家纷纷采纳他的方法进行各自领域的科学研究的热潮。可惜事实并非如此。“1920 年到 1960 年，科学史上一件极为匪夷所思的事情发生了，这件事就是，除了赖特本人和研究动物育种的学者之外，路径分析没有得到广泛的应用，”遗传学家、赖特的同事詹姆斯 · 克洛写道，“虽然赖特已经阐明了这些方法适用于许多不同的问题，但没有人追随他的脚步。”

克洛不知道的是，他给出的这一评价在后来的社会科学领域也得到了普遍的认同。1972 年，经济学家亚瑟 · 戈德伯格感叹赖特的工作在那段时间被“可耻地忽略了”，他满怀对赖特的敬仰，写道：“（赖特的）方法……在近期的社会学领域掀起了因果建模的热潮。”

如果我们能回到过去，询问赖特同时代的研究者“你为什么不曾留意赖特的方法”就好了！克洛指出了一个原因：路径分析“不适合解决包含‘固定程序’的问题。其使用者必须先有一个假设，并设计出一张恰当的、包含多重因果序列的结构图”。的确，克洛指出了一个关键点：路径分析需要建立在科学思考的基础上，因果推断的每一次实践也都需要建立在科学思考的基础上。而统计学则一如既往地打压这种做法，鼓励采用“固定程序”解决问题。统计学家总是喜欢针对数据进行常规性的计算，而不喜欢接受那些挑战了他们已有知识体系的方法。

继高尔顿和皮尔逊之后，罗纳德·艾尔默·费舍尔成为当时统计学界无可争议的领袖，他简洁地描述了这种差异。1925年，他写道：“统计学可被视为……对数据约简方法的研究。”请注意这句话中的“方法”“约简”“数据”等字眼。赖特憎恶的恰恰就是将统计学仅仅作为收集数据处理方法的科学这种想法，而费舍尔则认同这种想法。因果分析绝不只是针对数据的分析；在因果分析中，我们必须将我们对数据生成过程的理解体现出来，并据此得出初始数据不包含的内容。但有一点费舍尔说得没错：一旦你从统计学中删除因果关系，那么剩下的就只有数据约简了。

虽然克洛没有提到，但赖特的传记作者威廉姆·普罗文指出了另一个可能造成路径分析不受欢迎的因素。20世纪30年代中期以来，费舍尔一直将赖特视为自己的敌人。我在前文曾引用过尤尔的话，其中提到如果有学者不赞同皮尔逊的观点，他们的关系就会立即紧张起来，而批评皮尔逊的观点就更不用说了。同样的说辞也适用于费舍尔。他与任何与其意见相左的人都有过激烈的辩论，这些人包括皮尔逊、皮尔逊的儿子埃贡、耶日·奈曼（我们将在第八章中谈到更多关于后两个人的事迹），当然还有赖特。

费舍尔和赖特之间争论的真正焦点不是路径分析而是进化生物学。费舍尔不同意赖特的理论（“基因漂变”理论），即一个物种在经历了种群瓶颈期后会迅速进化。这场争论的细节超出了本书的讨论范围，感兴趣的读者可以查阅普罗文的著作。与本书主题相关的部分是：从20世纪20年代到50年代，科学界的大部分人都把费舍尔视作统计学领域的权威。而我们可以肯定的是，费舍尔从未对任何人说过关于路径分析的半句好话。

20世纪60年代，事情开始发生变化。一群社会学家，包括奥蒂斯·邓肯、休伯特·布莱洛克，以及经济学家亚瑟·戈德伯格，重新发现了路径分析，将其视作预测社会政策和教育政策实施效果的有效方法。历史上另一个颇具讽刺意味的事件是，1947 年，赖特曾受邀向“考利斯委员会”中一群颇具影响力的计量经济学家发表演讲，但他没能完成向他们传达路径图究竟可以做什么用这一使命。只有当这些计量经济学家自己也产生类似的想法时，他们才能与这种方法建立起短暂的联系。

路径分析在经济学和社会学中有着不同的命运轨迹，但两者最终都走向了对赖特思想的背叛。社会学家将路径分析改名为结构方程建模（structural equation modeling, 简称 SEM），他们接纳了其中的图形表示法，并将其广泛应用于各类研究——直到 1970 年，一个叫作“LISREL”（线性结构关系模型）的计算机程序包被开发出来，用于自动计算（某些情境下的）路径系数。赖特很可能预测到了接下来发生的事：路径分析变成了一种生搬硬套的方法，研究者则变成了软件使用者，对后台发生的事情全无兴趣。20 世纪 80 年代末，统计学家大卫·弗里德曼对解释结构方程模型背后的假设提出了公开挑战，而无人能够做出有效回应，一些顶尖的结构方程模型专家甚至拒绝承认结构方程模型与因果论存在任何联系。

在经济学领域，路径分析的代数部分演变为联立方程模型（simultaneous equation models，没有简称）。经济学家几乎完全舍弃了路径图，且时至今日依然如此，他们更多地借鉴了数值方程和矩阵代数方面的内容。这样做的一个可怕后果就是，由于代数方程是没有方向性的（$x = y$ 与 $y = x$ 相同），经济学家也就无法利用符号表示法来区分因果关系和回归方程，因此即使在解出方程之后，他们仍然无法回答与估计策略效果有关的问题。直到 1995 年，大多数经济学家依然没能明确地赋予方程以因果意义或反事实意义。即使是那些利用结构方程来进行决策的人，也对图形表达法秉持着无可救药的怀疑态度，而不顾事实上图形表达法能够为他们节省一页纸又一页纸的计算量。受此传统观念的影响，一些经济学家直到今天仍然声称：“一切尽在数据之中。”

出于所有这些原因，直到 20 世纪 90 年代，路径图的科学使命才得到了部分实现。1983 年，赖特本人又一次被召回学术圈为路径图辩护，这一次是在《美国人类遗传学杂志》（*American Journal of Human Genetics*）上。

写这篇文章的时候，赖特已经年过 90。这篇文章的题目与他在 1923 年写的那篇文章的题目完全一样，因此阅读这篇文章让人悲喜参半。在科学史上，有幸在提出某理论的第一篇论文发表后的 60 年再次聆听这位理论开创者的讲述的机会能有几次？这就像 1925 年查尔斯·达尔文从坟墓里爬出来为斯科普斯猴子审判案做证一样。但这也是一种不幸，因为在这 60 年中，他的理论本该得到发展和壮大，而事实则是，自 20 世纪 20 年代以来，该理论几乎没有任何进展。

赖特撰写这篇论文的初衷是回应一篇对路径分析的批判文章。这一批判文章发表在同一本杂志上，是由塞缪尔·卡林（斯坦福大学数学家、1989 年美国国家科学奖章获得者，为经济学和种群遗传学做出了非常重要的贡献）和两个共同作者撰写的，其中最值得我们关注的是卡林的两个论点。

首先，卡林反对路径分析，其给出的原因是尼尔斯没有提到的：路径分析假设路径图中任意两个变量之间的所有关系都是线性的。这个假设允许赖特用一个数字，即路径系数来描述因果关系。如果方程不是线性的，那么 X 中一个单位的变化对 Y 的影响就取决于 X 的当前值，而不能用一个固定的系数来表示。卡林和赖特都没有意识到，这一观点包含着一般非线性理论的萌芽。（在这场争论的三年后，我的实验室中的一位优秀的研究者，托马斯·维尔玛，创建了这一理论。）

而卡林最值得关注的批评，也是他自己认为最重要的一条：“……最终，综合各方面的因素考虑，我们认为最有效的做法是采用一种无模型的方法，借助一系列的展示、指标和对比来交互地理解数据。该方法强调了在解释结果时‘稳健性’这一概念的重要性。”卡林的这句话清楚地显示了自皮尔逊时代以来统计学界的观念变化是多么微乎其微，以及皮尔逊思想的影响之巨直到 1983 年仍不减其威。卡林表达的是，数据本身就已经包含了所有的科学智慧，只需要（通过“展示、指标和对比”）对其进行稍加打磨，数据便会吐出那些智慧的珍珠。我们的分析不需要考虑数据生成的过程。使用“无模型方法”，我们也能做得一样好，甚至更好。如果皮尔逊今天依然健在，生活在我们现在这个大数据的时代，他一定会说：答案都在数据之中。

显然，卡林的说法违背了我们在第一章学到的所有内容。在谈论因果关系时，我们必须有一个关于真实世界的心理模型。“无模型方法”也许能把我们带到因果关系之梯的第一层级，但肯定不会让我们走得更远。

值得称赞的是，赖特意识到了“无模型方法”中蕴藏的巨大风险，并以明确的措辞指出：“卡林等人将无模型方法作为首选的替代方案……他们所要求的不仅是方法的改变，还包括放弃路径分析的本来目的，忽略对各种因的相对重要性的评估。因为没有模型，我们就不可能进行此类分析。对那些需要进行这种评估或分析的人，他们给出的建议就是：放弃吧，去做别的事情。”

赖特完全清楚他是在捍卫科学方法和数据解释的本质。在今天，我也想给大数据、无模型分析方法的爱好者提出同样的建议。当然，我们可以尽可能地梳理出数据所能提供的信息，但我们要问的是，这样做究竟能给我们带来多大的帮助。它永远无法让我们超越因果关系之梯的第一层级，也永远无法回答“各种因的相对重要性”这种简单的问题。让我们重复一遍伽利略的那句话：“但它仍在动！”

从客观性到主观性 —— 贝叶斯连接

在赖特的回应中，他所讨论的另一个主题很可能暗示了统计学家抵制因果关系的另一个原因。他在文章中一再指出，他不希望路径分析变成“陈规俗套”。赖特认为：“路径分析这种灵活的方法与为尽可能避免偏离客观性而设计的刻板的描述统计方法有很大的区别。”

这句话是什么意思？首先，赖特想说的是，路径分析的应用应该以研究者对因果过程的个人理解为基础，这种理解就反映在其所绘制的因果图或路径图中。它不能被简化为一个机械性的程序，就像统计手册里列出的那些操作方法一样。对于赖特来说，绘制路径图不是一种统计学实践，而是一种遗传学、经济学、心理学实践或其他诸领域的研究者在自己的专业领域所进行的一种实践。

其次，赖特将“无模型方法”的诱人之处归因于其客观性。自 1834 年 3 月 15 日伦敦统计学会成立伊始，客观性就是统计学家的圣杯。学会的创始章程规定，在所有的情况下，数据都优先于观点和解释。数据是客观的，而观点是主观的。这个规则的提出远远早于皮尔逊时代。为客观性而奋斗，完全根据数据和实验进行推理的思想，自伽利略以来一直是科学定义自身存在方式的一部分。

与相关性分析和大多数主流统计学不同，因果分析要求研究者做出主观判断。研究者必须绘制出一个因果图，其反映的是他对于某个研究课题所涉及的因果过程拓扑结构的定性判断，或者更理想的是，他所属的专业领域的研究者对于该研究课题的共识。为了确保客观性，他反而必须放弃传统的客观性教条。在因果关系方面，睿智的主观性比任何客观性都更能阐明我们所处的这个真实世界。

在上段中，我说“大部分”统计工具都力求完全客观，也就是说存在一个重要的例外。在过去的 50 多年里，作为统计学分支之一的贝叶斯统计越来越受人青睐。它曾被认为是一种异端邪说，如今则完全变身为主流思想。在今天的统计学会议上，你已经不会再见到“贝叶斯学派”和“频率派”（frequentists）之间发生激烈辩论的情形，而在 20 世纪 60 年代和 70 年代，此类争论曾频繁爆发。

贝叶斯分析的原型是这样的：先验判断 + 新的证据 → 经过修正的判断。例如，假设你抛掷 10 次硬币，发现其中有 9 次结果是正面朝上。那么此时你认为硬币抛掷是一个公平的游戏这一判断就可能会发生动摇，但你具体在多大程度上动摇了呢？一位正统的统计学家会说：“在没有任何额外证据的情况下，我倾向于认为这枚硬币掺有杂质，所以我敢打赌，下一次抛掷硬币时，硬币正面朝向的概率为 9：1。”

而一位贝叶斯统计学家会说：“等一下，我们还需要考虑一下我们对于这枚硬币的先验知识。”这枚硬币是从附近的杂货店买的，还是从一个名声不怎么样的赌徒那儿得来的？如果这只是一枚普通的硬币，那么大多数人是不会因为9次结果为正面朝上的巧合就发生动摇的。相反，如果我们可以合理怀疑这枚硬币被做了手脚，那我们会更愿意得出这一结论，即9次正面朝上的结果充分证明了偏倚的存在。

贝叶斯统计为我们提供了一种将观察到的证据与我们已有的相关知识（或主观判断）结合起来以获得修正后的判断的客观方法，借由这种方法，我们就可以对下一次硬币抛掷结果的预测进行修正。而频率派无法忍受的正是贝叶斯学派允许观念以主观概率的形式"入侵""纯洁"的统计学王国的做法。在贝叶斯分析被证明是一种优秀的工具，且适用于各种应用场景，包括天气预报和追踪敌方潜艇之后，主流的统计学家也只能勉强地承认对手的成功。此外，许多例子已经证明，随着数据量的增加，先验判断的影响会越来越小，乃至彻底消失，这就让我们最终得到的那个结论仍然是客观的。

遗憾的是，主流统计学界对贝叶斯学派的主观性的接受并没能促进其对因果主观性的接受，他们仍然排斥在分析问题之前先依据已有的因果知识绘制路径图的方法。为什么？答案在于表述语言上的巨大障碍。为了阐明主观假设，贝叶斯统计学家沿用了高尔顿和皮尔逊的"母语"——概率语言。而阐述因果推断的假设需要的是一种内涵更丰富的语言（如因果图），这对于贝叶斯学派和频率派而言同样陌生。贝叶斯学派与频率派之间的和解表明，哲学上的障碍还可以用善意和通用语言来弥合，而语言上的障碍则远没有那么容易克服。

此外，即使数据量增加，因果信息中的主观成分也不一定会随着时间的推移而减少。绘制出两个不同的因果图的两个人可以分析相同的数据，但很可能永远不会得出相同的结论，无论数据有多"大"。这对于科学客观性的倡导者来说是一个可怕的前景，也说明了他们拒绝依赖主观因果信息的确有其必然性。

从积极的一面说，因果推断在一个极其重要的意义上是客观的：一旦两个人就假设达成了一致，因果推断就为他们提供了一种百分之百客观的方法用以解释任何新出现的证据（或数据）。因果推断的这一属性与贝叶斯推断是一致的。因此，对于我在真正进入因果推断科学领域之前，曾以贝叶斯概率为起点，围着贝叶斯网络走了一大圈弯路的经历，内行的读者可能并不惊讶。我将在下一章讲述这个故事。

第三章

从证据到因：当贝叶斯牧师遇见福尔摩斯先生

二人若不同心，岂能同行？

狮子若非捕猎，岂会在林中咆哮？

——《阿摩司书》3:3

福尔摩斯遇见了他在当代的同行——一个配备了贝叶斯网络的机器人。双方以不同的方式解决了同样的问题：如何根据观察结果推断原因。机器人自带的屏幕上显示的公式就是贝叶斯法则。（资料来源：马雅·哈雷尔绘图。）

“这只是最基本的，亲爱的华生。”

夏洛克·福尔摩斯如是说，之后他便会用超凡脱俗的演绎推理将他忠实的助手搞得一头雾水。事实上，福尔摩斯所做的并非只是从假设推出结论的演绎，他的拿手本领是归纳。与演绎正好相反，归纳是从证据推出假设。

他的另一句名言暗示了他的惯用手法：“当你排除了所有不可能的，剩下的那个无论有多么不可思议，都一定是真相。”为推断出那个正确的假设，福尔摩斯会在归纳出几个可能的假设之后，一个接一个地进行排除。虽然归纳和演绎息息相关，但前者看起来要神秘得多。也正是掌握了归纳法才让福尔摩斯这样的侦探大有用武之地。

然而近年来，人工智能专家在从证据到假设以及从结果到原因的自动化推理方面取得了相当大的进展。我有幸借助开发了实现该功能所必需的一项基本工具（贝叶斯网络）参与了这一发展进程的最初阶段。在本章中，我将简略地对贝叶斯网络做一下介绍，考察当前该工具的一些应用实例，并向大家讲述我在最终进入因果关系研究领域之前所走过的曲折道路。

电脑侦探波拿巴

2014 年 7 月 17 日，马来西亚航空公司飞往吉隆坡的 17 号航班从阿姆斯特丹的史基浦机场起飞。令人心痛的是，这架飞机没能抵达目的地。起飞 3 小时后，飞机飞越乌克兰东部上空，被一枚俄罗斯制造的地对空导弹击落。机上的298人，包括283名乘客和15名机组人员全部遇难。

7月23日，第一批遇难者遗体抵达荷兰的那天，后来被荷兰政府确定为全国哀悼日。对于位于海牙的荷兰法医研究所（NFI）的调查人员来说，7月23日则是倒计时开始的日子。他们的工作是尽快明确遇难者遗体的身份信息，将他们送回亲人身边安葬。时间紧迫，因为分析结果一天不出来，遇难者家属就要继续痛苦一天。

调查人员面临着许多困难。尸体被严重烧毁，许多尸体由于不得不使用防腐剂储存，其DNA（脱氧核糖核酸）信息也遭到了破坏。此外，由于乌克兰东部是战区，法医专家只能不定时地进入坠机地点附近的有限范围内搜查。在长达10个月的时间里，不断有新的遗体被发现并送至法医研究所。而最大的困难是，调查人员没有遇难者DNA的记录，原因很简单，遇难者不是罪犯。他们必须依靠与遇难者家庭成员DNA的部分匹配来确定遇难者的身份。

幸运的是，法医研究所的科学家有一个强大的工具，这个工具名为“波拿巴”，它是目前最先进的遇难者身份识别程序。该软件是由荷兰奈梅亨市拉德堡德大学的一个研究小组于2000年年中开发的。利用贝叶斯网络，该软件能够综合比对来自遇难者几个不同的家庭成员的DNA信息。

法医研究所能最终在2014年12月识别出298名遇难者中294人的身份，很大程度上应归功于波拿巴的精确和高效。截至2016年，只剩下2名坠机事件的遇难者（均为荷兰公民）的遗体未能被找到和识别。

贝叶斯网络，作为波拿巴软件进行自动化推理的工具基础，其影响着我们生活的许多方面，尽管大多数人对此并不知晓。它广泛应用于语音识别软件、垃圾邮件过滤器、天气预报、潜在油井位置评估以及美国食品和药物管理局对医疗器械的审批过程。如果你在微软Xbox游戏机上玩电子游戏，那么你会发现贝叶斯网络还被用于对你的技巧水平进行排名。如果你有一部手机，那么从成千上万个电话中筛选出打给你的电话就是通过信念传播算法（belief propagation）来解码的，而信念传播是专为贝叶斯网络设计的一种算法。作为“互联网之父”之一的温顿·瑟夫曾说：“我们所有人都是贝叶斯方法的超级用户。”

在本章中，我将讲述贝叶斯网络的故事，从 18 世纪其发展根源讲起，一直讲到 20 世纪 80 年代其蓬勃发展，并列举多个应用案例。贝叶斯网络与因果图之间的关系很简单：因果图就是一个贝叶斯网络，其中每个箭头都表示一个直接的因果关系，或者至少表明了存在某个因果关系的可能性。反过来，并非所有的贝叶斯网络都是因果关系网络，而在很多实际应用中这一点并不重要。但是，一旦你想问关于贝叶斯网络的第二层级或第三层级的问题，你就必须认真对待因果论，一丝不苟地画出因果图。

贝叶斯牧师与逆概率问题

1985 年，我以托马斯 · 贝叶斯[①]的名字命名了我所创建的概率理论。托马斯 · 贝叶斯本人大概从来没有想过，他在 18 世纪 50 年代推导出的公式有一天会被用来识别遇难者的身份。当时，贝叶斯关心的只是关于两个事件的概率，其中一个事件（假设）发生在另一个事件（证据）之前。虽说如此，因果论在他心中还是非常重要的。事实上，对因果解释的追求是他提出“逆概率”（inverse probability）分析背后的驱动力。

托马斯 · 贝叶斯（1702—1761）是一位长老会牧师，但看上去更像个数学怪才。身为英格兰教会的反对者，他不能到牛津大学或剑桥大学学习，因而在苏格兰大学接受了高等教育。我们现在猜测，他在那里很可能学到了许多数学知识。回到英格兰后，他继续探索数学领域，并组织了一个数学讨论圈子。

在他去世之后才发表的一篇文章（见图 3.1）中，贝叶斯解决了一个很

① 贝叶斯留给后世的资料很少，他生前发表过的两篇文章都与概率论无关，但他的遗作《论有关机遇问题的求解》（1763）给他带来了无尽的荣耀。在这篇论文中，他推导出了逆概率公式，即著名的贝叶斯法则。很难评述贝叶斯本人对概率的哲学认识，他的学说被后继者们赋予了更广泛、更深刻的内涵，以致发展成为贝叶斯学派，甚至贝叶斯主义。频率派和贝叶斯学派对贝叶斯法则的理解是不同的，因而两派借助它来进行推断的手法也不相同。贝叶斯法则是贝叶斯推断的核心，拉普拉斯称之为“最基本原理”。——译者注

适合他本人来解决的问题，即数学与神学的较量。这篇文章的背景是，苏格兰哲学家大卫·休谟在1748年写了一篇题为“论神迹”的文章，其中他指出，目击者的证词永远无法证明神迹的发生。休谟所指的神迹显然是基督复活，但他很聪明，没有明确地把这件事说出来。（在这篇文章发表的20年前，神学家托马斯·伍尔斯顿就因为发表了类似言论被裁决为亵渎上帝而锒铛入狱。）休谟的主要观点是，本质上不可靠的证据是不能推翻衍生于自然法则的诸如“人死不能复生”这样的命题的。

PHILOSOPHICAL
TRANSACTIONS,
GIVING SOME
ACCOUNT
OF THE
Preſent Undertakings, Studies, *and* Labours,
OF THE
INGENIOUS,
IN MANY
Conſiderable Parts of the WORLD.

VOL. LIII. For the Year 1763.

LONDON:
Printed for L. DAVIS and C. REYMERS,
Printers to the ROYAL SOCIETY,
againſt *Gray's-Inn Gate*, in *Holbourn*.
M.DCC.LXIV.

[370]

quodque ſolum, certa nitri ſigna præbere, ſed plura concurrere debere, ut de vero nitro producto dubium non relinquatur.

LII. *An Eſſay towards ſolving a Problem in the Doctrine of Chances. By the late Rev. Mr.* Bayes, *F. R. S. communicated by Mr.* Price, *in a Letter to* John Canton, *A. M. F. R. S.*

Dear Sir,

Read Dec. 23, 1763.

I Now ſend you an eſſay which I have found among the papers of our deceaſed friend Mr. Bayes, and which, in my opinion, has great merit, and well deſerves to be preſerved. Experimental philoſophy, you will find, is nearly intereſted in the ſubject of it; and on this account there ſeems to be particular reaſon for thinking that a communication of it to the Royal Society cannot be improper.

He had, you know, the honour of being a member of that illuſtrious Society, and was much eſteemed by many in it as a very able mathematician. In an introduction which he has writ to this Eſſay, he ſays, that his deſign at firſt in thinking on the ſubject of it was, to find out a method by which we might judge concerning the probability that an event has to happen, in given circumſtances, upon ſuppoſition that we know nothing concerning it but that, under the ſame circum-

图3.1 《哲学汇刊》1763年第LIII卷杂志扉页。这期杂志刊载了托马斯·贝叶斯有关逆概率的遗作，并在首页中发表了理查德·普莱斯的推荐信

对于贝叶斯来说，休谟的观点很自然地引发了一个问题，有人可能会称其为福尔摩斯式的问题：需要多少证据才能让我们相信，我们原本认为不可能发生的事情真的发生了？在何种情况下，某个假设才会越过绝不可能的界限抵达不大可能，甚至变为可能或确凿无疑呢？虽然这个问题是用概率语言表述的，其含义却带有明显的神学色彩。理查德·普莱斯是与贝叶

斯同属一个教会的牧师。他在贝叶斯的遗物中发现了这篇文章后便送去杂志发表，并亲自写了一篇热情洋溢的推荐信，在信中他非常清楚地表明了这一点：

> 我的目的是要说明我们为什么要相信事物的形成自有其固定法则，从而说明我们为什么要相信这个世界的建构一定是某种具有高度智慧和力量的因导致的果，进而证实作为那个最终的因的上帝的存在。不难看出，本文所解决的逆向问题可以更直接地服务于这一目的；因为它清晰准确地告诉我们，在任何事件以某种特定的顺序发生或事件重复发生的情况下，为什么我们应该认为这种秩序或重复发生是源于某个自然稳定的因或规则，而不是源于任何偶然。

贝叶斯本人在他自己的论文中并没有讨论这一问题，是普莱斯自作主张凸显了其神学方面的意义，其目的或许是让他的朋友的论文产生更广泛的影响。但事实证明，贝叶斯并不需要这种帮助。大约250年后，他的论文被再次提起并引发了广泛争议，不是因为其神学方面的意义，而是因为它表明了我们可以从一个果推断某个因的概率。如果我们知道因，那我们很容易就能估计出果的概率，这是一个前向概率（forward probability）。而它的反面，也就是贝叶斯时代的“逆概率”推理，则难度要大得多。贝叶斯没有解释为什么它很困难，他认为这一点不言而喻，但他向我们证明了逆概率推理是可行的，并展示了如何操作。

为了解问题的本质，让我们看看他在这篇论文中提到的例子。不妨想象一下我们正在打台球，假设台球会在桌面上经多次反弹曲折行进，因此我们无法确定它会停在哪里。那么，球在距桌子左端 x 英尺这个范围内停下来的概率是多少？如果我们知道桌子的长度，而且桌子十分平滑，那么这就是一个非常简单的问题（见图3.2上部）。例如，在一个长12英尺的台球桌上，球在距桌边缘1英尺范围内停下来的概率是1/12。在一个长8英尺的台球桌上，这个概率就是1/8。

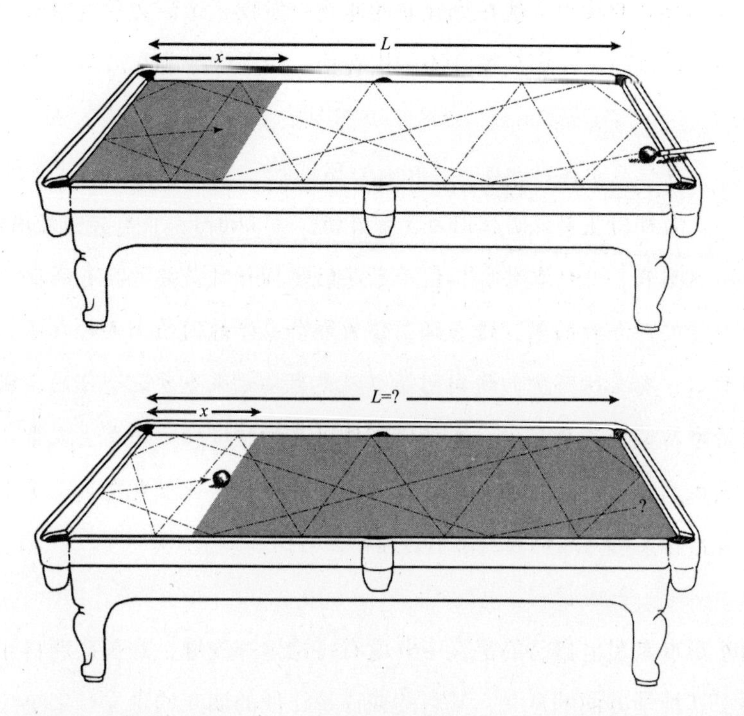

图 3.2　托马斯 · 贝叶斯的台球桌示例。其中上部的示意图对应于一个前向概率问题：已知台球桌的长度，要求计算球在距桌边缘 x 英尺范围内停止的可能性。下部的示意图对应于一个逆概率问题：我们已经观察到球在距桌边缘 x 英尺范围内停止了，现在要求估计桌子长度为 L 的可能性（资料来源：马雅 · 哈雷尔绘图）

对物理学的直观理解告诉我们，一般来说，如果桌子的长度为 L 英尺，球在距桌边缘 x 英尺范围内停止的概率是 x/L。一方面，桌子的长度越长，这个概率就越低，因为球可以停止的位置越来越多。另一方面，x 越大，这个概率就越高，因为球的可停止区域越来越大。

现在让我们考虑一下逆概率问题。我们观察到球的最后停止位置在距桌边缘 $x = 1$ 英尺的范围内，但我们不知道桌子的长度 L（见图 3.2 下部）。对此，贝叶斯牧师提出的问题是：桌子长度为 100 英尺的概率是多少？常识告诉我们，L 更可能是 50 英尺，而不是 100 英尺，因为桌子越长，我们就越难解释为什么球会停止在离桌边这么近的位置。但这个可能性具体有多大呢？对此，直觉或常识并不能给予我们明确的指导。

为什么前向概率（已知 L 求 x 的概率）比逆概率（已知 x 求 L 的概率）更容易估算？在这个例子中，这种不对称性来自 L 为因 x 为果这一事实。

若我们观察到一个因，如鲍比向窗户扔球，则大多数人可以预测到果（球可能会打破窗户）。人类的认知就是在这个方向上运作的。但若给定了果（窗户破了）要求我们推断因，则我们就需要更多的信息才能进行推断（是哪个男孩扔球打破了窗户？窗户是被球打破的吗？）。解决这个问题需要我们拥有福尔摩斯的头脑去追踪所有可能的因。贝叶斯致力于打破这种认知不对称，并提出了一种即使并非数学天才也能使用的估算逆概率的方法。

为阐释贝叶斯方法的工作原理，让我们从一个简单的茶室顾客的例子开始。在这个例子中，我们收集了关于茶室顾客个人偏好的数据。从第一章的讨论中我们已经知道，数据对于因果不对称是完全不敏感的，因此应该能为我们提供一种解决逆概率难题的方法。

假设光顾茶室的顾客中有 2/3 的人点了茶，点茶的人中还有 1/2 同时点了烤饼。那么，有多少顾客同时点了茶和烤饼？这个问题没什么技术含量，答案近乎显而易见。因为 2/3 的一半是 1/3，所以有 1/3 的顾客同时点了茶和烤饼。

我们借助一组虚拟数据来重新阐述一下这个例子。假设我们为接下来进店的 12 位顾客的订单列一个表。如表 3.1 所示，有 2/3 的顾客（编号为 1、5、6、7、8、9、10、12 的顾客）点了茶，其中又有 1/2 的人点了烤饼（编号为 1、5、8、12 的顾客）。因此，正如我们在看到具体数据之前所预测的那样，同时点了茶和烤饼的顾客比例是（1/2）×（2/3）= 1/3。

表 3.1　茶—烤饼示例的虚构数据

顾客	茶	烤饼	顾客	茶	烤饼
1	是	是	7	是	否
2	否	是	8	是	是
3	否	否	9	是	否
4	否	否	10	是	否
5	是	是	11	否	否
6	是	否	12	是	是

贝叶斯法则的提出就是源于贝叶斯注意到了我们可以反向地分析数据。即我们观察到有5/12的顾客（编号为1、2、5、8、12的顾客）点了烤饼，其中4/5的顾客（编号为1、5、8、12的顾客）点了茶。因此，同时点了茶和烤饼的顾客的比例就是（4/5）×（5/12）= 1/3。当然，两个结果的相同并非巧合，我们只是采用了两种不同的方法来计算同一个量。顾客下订单的时间顺序对此没有影响。

为了将这种解决思路拓展为一般法则，我们可以用$P(T)$表示顾客点茶的概率，用$P(S)$表示点烤饼的概率。如果我们已知一个顾客点了茶，那么$P(S|T)$就表示这位顾客点烤饼的概率。（我们之前说过，竖线意为"假设我知道"。）同样，如果我们已知某位顾客点了烤饼，则$P(T|S)$就表示这位顾客点茶的概率。如此一来，我们在上文做过的第一个计算就是：

$$P(S\text{且}T)=P(S|T)P(T)$$

第二个计算则是：

$$P(S\text{且}T)=P(T|S)P(S)$$

正如欧几里得在2 300年前说的，如果两个量分别等于第三个量，那么这两个量也相等。在此例中，这意味着：

$$P(S|T)P(T)=P(T|S)P(S) \tag{3.1}$$

这个看似简单的方程就是贝叶斯法则。如果仔细观察它所表达的内容，我们就能发现它提供了逆概率问题的一种通用解决方案。它告诉我们，如果我们知道给定T后S的概率，即$P(S|T)$，那么我们就应该能够计算出给定S后T的概率，即$P(T|S)$，当然前提是我们已知$P(T)$和$P(S)$。这也许是贝叶斯法则在统计学中最重要的应用：我们可以在我们的判断较

为可靠的一个方向上直接估算出条件概率，并利用数学工具推导出在我们的判断较为模糊的另一方向上的条件概率。在贝叶斯网络中，该方程也扮演了同样的角色：我们告诉计算机前向概率，在需要时，计算机告诉我们逆概率。

为了解贝叶斯法则在茶室例子中的工作原理，现在我们假设你没有费心计算 $P(T \mid S)$，而是将包含数据的电子表留在了家里。不过你碰巧记得，有 1/2 点了茶的顾客也点了烤饼，并且有 2/3 的顾客点了茶，有 5/12 的顾客点了烤饼。此时，店主突然问你："点了烤饼的顾客中还点了茶的顾客占比是多少？"不必惊慌，因为你可以根据已知的其他概率算出答案。根据贝叶斯法则，$P(T \mid S)(5/12) = (1/2)(2/3)$，所以，你的答案就是 $P(T \mid S) = 4/5$，因为对于 $P(T \mid S)$ 来说，4/5 是使这个等式成立的唯一值。

我们还可以将贝叶斯法则看作一种方法，用以更新我们对某一特定假设的信念。理解这一点非常重要，因为人类对未来事件的信念大多取决于该事件或类似事件在过去发生的频率。事实上，当一位顾客走进茶室大门时，根据我们过去与类似顾客的接触，我们会判断他可能想要喝茶。而如果他先点了烤饼，那我们就更确定他会点茶了。事实上，我们甚至可以主动建议："我猜你想点茶配烤饼。"贝叶斯法则所做的只是让我们能够将数字融入这个推理过程。从表 3.1 可以看出，顾客想点茶的先验概率（意思是顾客走进茶室后，在真正点餐之前他想要点茶的概率）是 2/3。而如果这位顾客点了烤饼，那么我们就掌握了更多以前所不知道的关于他的信息：鉴于他已经点了烤饼，那么现在他想点茶的更新（后）概率是 $P(T \mid S) = 4/5$。

从数学的角度来说，这就是贝叶斯法则的全部内容。看起来似乎平凡无奇，只涉及条件概率的概念以及少许古希腊逻辑常识。你可能会问，这么一个简单的招数是如何让贝叶斯就此扬名学界的？为什么人们为贝叶斯法则争论了 250 年之久？毕竟，数学知识是用来解决争议的，而不是用来制造争议的。

这里我必须承认，在茶室的例子中，我从数据推导出贝叶斯法则的过程有意掩盖了两条深刻的异议的存在，一条是哲学层面的，另一条是应用层面的。哲学层面的异议聚焦于将概率解释为一种信念度（degree of bclief）[1]的观点，我们在茶室例子中含蓄地使用了这种解释。但没有人明确说过，信念可以等同于或应该等同于数据中的比例。

这一哲学争论的关键在于，我们是否可以合法地将“假设我知道”这句表达翻译成概率语言。即使我们承认无条件概率 $P(S)$、$P(T)$ 和 $P(S$ 且 $T)$ 反映了我对这些命题的信念度，但谁能证明我对 T 的修正后的信念度就应该等于 $P(S$ 且 $T)/P(T)$，就像贝叶斯法则所规定的那样？“假设我知道 T”是否就等同于“在 T 发生的情况下”？以符号 $P(S)$ 作为表示法的概率语言，其根本目的是捕捉概率游戏中的“频率”这一概念。但“假设我知道”是一种认识论范畴的表达，受到知识的逻辑而非频率和比例的逻辑的约束。

从哲学的角度来看，托马斯·贝叶斯的成就在于他首次提出了条件概率的正式定义，即 $P(S|T)=P(S$ 且 $T)/P(T)$。但应当承认，他的阐释是晦涩的，他没有使用“条件概率”这个术语，而是使用“假设第一个事件发生了，第二个（事件）发生的概率”这种烦琐的描述。直到 19 世纪 80 年代，人们才意识到“假设”这种关系需要有它自己的表示符号。最终，哈罗德·杰弗里（多以地球物理学家而非概率论学者的身份为人所知）于 1931 年正式提出了现在我们在 $P(S|T)$ 中使用的标准竖线表示符号。

正如我们看到的，在形式上，贝叶斯法则只是贝叶斯给出的条件概率定义的一个初等推论。但在认识论上，它远远超出了初等概念的范畴。事实上，它作为一种规范性规则，能够应用于根据证据更新信念这一重要操作。换言之，我们不仅应该把贝叶斯法则看作“条件概率”这一新概念的便捷定义，而且应该将其视作一个实证性的指称，其忠实地表达了“假设我知道”这句短语。这句话断定，人们在观察到 T 之后对 S 的信念度，永远不会低于人们在观察到 T 之前对“S 且 T”的信念度。此外，它还暗示了

---

[1] 贝叶斯学派认为，随机事件（或不确定性事件）A 的概率仅是个体主观认为 A 会发生的信念度。例如，我认为“爱因斯坦在 1945 年 8 月 6 日早上掷过骰子”的概率是 90%，而显然没有可重复的随机试验能证实此事，它仅仅表达了我对这个陈述的相信程度。——译者注

证据 T 越出乎意料，即 P（T）越小，人们就越应相信它的因 S 存在或发生。难怪作为主教牧师的贝叶斯的朋友普莱斯认为这是对休谟的有效驳斥。如果 T 是一个发生概率极低的神迹（“基督复活了”），而 S 是一个与之密切相关的假设（“基督是上帝之子”），则当我们知道 T 真实发生了之后，我们对 S 的信念度就会大幅提升。神迹越是不可思议，在神迹发生后可以解释它为何发生的假设就越可信。这也说明了为何目击者证据给《新约全书》的作者留下了如此深刻的印象。

现在让我讨论一下贝叶斯法则的应用层面的异议——在人类逐步退出神学王国，进入科学世界之际，这一条异议可能更重要。如果我们尝试将贝叶斯法则应用到台球难题中，那么为了得到 P（L | x），我们就需要一个不能从实际存在的台球桌中得到的量：球桌长度 L 的先验概率，这一概率同我们想要的 P（L | x）一样难以估计。此外，这一概率还因人而异，完全取决于个体对不同长度的台球桌的过往经验。一个从来没见过斯诺克球桌的人很难相信 L 会超过 10 英尺。而一个只见过斯诺克球桌，没有见过普通台球桌的人，则会给“L 不足 10 英尺”一个很低的先验概率。这种变异性也被称为“主观性”，有时被看作贝叶斯推理的一个缺陷。但也有一些人认为这是贝叶斯推理的一个强大优势，它允许我们在数学上表达我们的个人经验，并以条理化的、易懂的方式将其与数据结合起来。在普通的直觉不起作用或情绪可能导致我们误入歧途的情况下，贝叶斯法则能引导我们进行正确的推理。我们之后将在一些大家熟悉的场景中展示这种力量。

假设你做了一项体检，想检查一下自己是否得了某种病，而体检结果是阳性的。那么，你有多大可能真的得了这种病？为了明确表述这一问题，我们假设疾病是乳腺癌，你所做的专项体检是乳房 X 光检测。在这个例子中，前向概率指的是，假设你的确患有乳腺癌，检测结果为阳性的概率：P(检测 | 疾病)。这一概率也就是医生所说的检测的“敏感度”(sensitivity)，或者说是检测手段准确探测到某种疾病的能力。一般来说，这个概率对所有类型的患者来说都一样，因为它只依赖检测仪器探测到与这种疾病相关的异常生理现象的技术灵敏度。逆概率显然是我们更关心的概率，在这个

例子中，逆概率指的是：假定检测结果为阳性，检测者确实得了乳腺癌的概率有多大？也就是 P（疾病 | 检测），它表示的是非因果方向的信息流动，根据检测结果推断疾病的概率。这个概率对于不同类型的患者就不一定相同了，因为相比没有这种疾病家族史的病人而言，有相应疾病家族史的病人如得到了阳性的检测结果肯定会引起我们更高的警惕。

请注意，我们现在已经开始讨论因果和非因果方向了。在茶室的例子中我们没有这样做，是因为在那个例子中，点茶或点烤饼哪个在前并不重要，哪个条件概率更容易估算出来才是关键。但因果关系的存在阐明了为什么我们更不情愿评估"逆概率"。贝叶斯在他的文章中明确指出，逆概率问题正是他感兴趣的一类问题。

现在，一位 40 岁的女性做了乳房 X 光检查以检测乳腺癌，其得到的检测结果为阳性。假设 D（代表"疾病"）指她得了癌症，证据 T（代表"检测"）指乳房 X 光检查的结果。那么，她应该在多大程度上相信这个假设？她应该做手术吗？

我们可以根据贝叶斯法则改写之前的方程来回答这些问题：

$$（D\text{ 的更新概率}）= P（D \mid T）=（\text{似然比}）\times（D\text{ 的先验概率}） \quad (3.2)$$

新术语"似然比"（likelihood ratio）由 $P（T \mid D）/ P（T）$ 给定。它衡量的是，该疾病的患者得到阳性检测结果的概率比一般群体要高多少。因此，方程 3.2 告诉我们的就是，不管先验概率是多少，新证据 T 都会通过一个固定的比率增加 D 的概率。

让我们通过下面这个例子说明"似然比"这个重要的概念的具体含义。对于一个典型的 40 岁女性来说，她在下一年患乳腺癌的概率约为 1/700，因此我们就用它作为我们的先验概率。

为了计算似然比，我们需要知道 $P（T \mid D）$和 $P（T）$。在这个例子中，$P（T \mid D）$指的是乳房 X 光检查的敏感度，即如果你的确得了癌症，检测结果为阳性的概率。根据乳腺癌监测联合会（BCSC）的数据，对于 40 岁的女性来说，乳房 X 光检查的敏感度为 73%。

分母 $P(T)$ 的估算略微有些棘手。我们知道，阳性检测结果 T 既可能来自患这种病的检查者也可能来自没有患这种病的检查者。因此，$P(T)$ 应该是 $P(T \mid D)$（患病者检测结果为阳性的概率）和 $P(T \mid \sim D)$（未患病者检测结果为阳性的概率）的加权平均，其中 $P(T \mid \sim D)$ 一般被称为假阳性率。根据 BCSC 的数据，40 岁女性做乳房 X 光检查的假阳性率约为 12%。

为什么我们需要的是加权平均值？因为健康女性（$\sim D$）的数量远多于患乳腺癌的女性（D）。事实上，在 700 名女性中，平均只有 1 人患有乳腺癌，另外 699 人则未患乳腺癌。因此，如随机选择 1 名女性进行检测，则其得到阳性结果的概率应该更容易受到那 699 名未患乳腺癌的女性的影响，而更少地受到那一个患乳腺癌的女性的影响。

在数学上，加权平均值的计算如下：$P(T) = (1/700) \times (73\%) + (699/700) \times (12\%) \approx 12.1\%$。如此进行权重分配的原因是，700 名女性中只有 1 人有 73% 的可能性得到阳性检测结果，另外 699 名则只有 12% 的可能性得到阳性检测结果。正如你所预期的，$P(T)$ 的值非常接近假阳性率。

现在我们得到了 $P(T)$，就可以计算 D 的更新概率了，也就是女性检查者得到阳性检测结果的前提下，其的确患有乳腺癌的可能性。似然比为 $73\%/12.1\% \approx 6$。正如我之前所说的，我们可以通过将似然比作为乘数乘以先验概率，来计算这名女性检查者患有癌症的更新概率。对于这名女性检查者而言，由于其先验概率是 1/700，因此其更新概率是 $6 \times 1/700 \approx 1/116$。换言之，在拿到阳性检测结果的前提下，这名检查者的确患有癌症的概率还不到 1%。

这一结论令人吃惊。我认为，大多数看到她们的乳房 X 光检查结果为阳性的 40 岁女性会惊讶地发现她们其实有很高的概率并没有患病。图 3.3 也许能让你更容易理解原因所在：假阳性结果的数量要压倒性地多于真阳性结果的数量。我们对这一结果的惊讶源于对前向概率和逆概率的认知偏差，即认为前者的得出经过了深入研究，支持资料翔实，而后者的得出则多涉及个人的主观决策。

2009年，美国预防服务特别小组建议40岁的女性不应每年进行乳房X光检查。而上文中提到的这种感知和现实之间的冲突在一定程度上解释了人们对这一建议的强烈抗议。特别小组了解很多女性所不了解的事实：对于这个年龄段的女性检测者来说，阳性检测结果更可能是虚惊一场，而不是真的诊断出检测者患有癌症，许多女性因此产生了不必要的恐慌，并忙于寻求获得不必要的治疗。

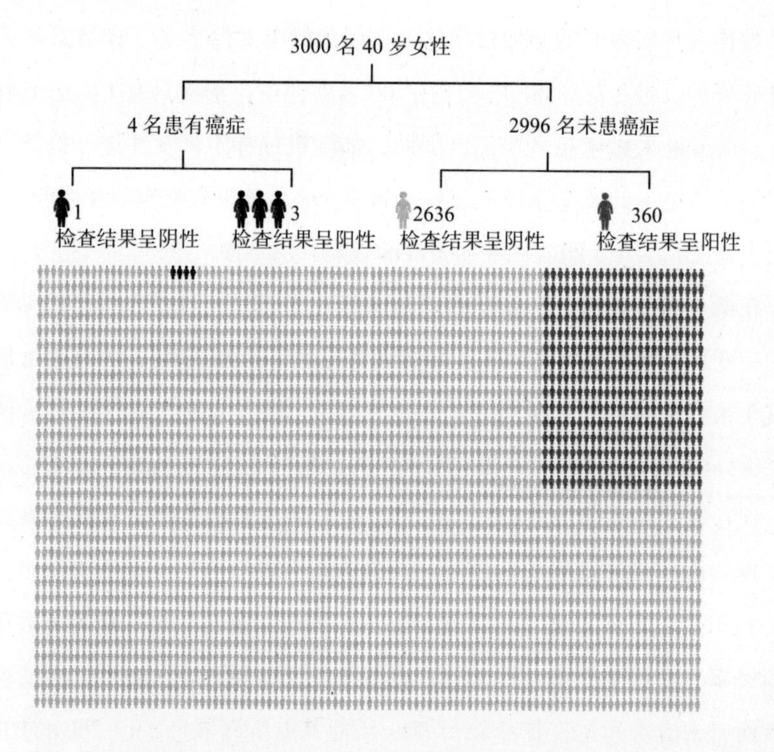

图3.3 该例中，根据乳腺癌监测联合会提供的假阳性率和假阴性率，在乳腺癌检测结果为阳性的363名40岁女性中，只有3人确实患有乳腺癌（因经过近似处理，图示中的比例与文本中的比例不完全相符）（资料来源：马雅·哈雷尔绘图）

然而，如果一名40岁的女性检测者本来就携带乳腺癌遗传基因，那么情况就会截然不同——此人在第二年会有1/20的可能性患乳腺癌，其得到阳性检测结果的概率将升至1/3。对符合此种情况的女性来说，检测提供重要警示信息的概率就要高得多了。因此，特别小组继续建议，乳腺癌高危女性仍然应该进行每年一次的乳房X光检查。

这个例子表明，P（疾病 | 检测）并非对所有人都一样，它取决于具体

情况。如果你知道自己本来就有很高的患病风险，那么贝叶斯法则就可以让你把这些信息作为影响因子考虑进去。相反，如果你知道自己具有对于某种疾病的免疫能力，那么根据贝叶斯法则，你就根本不必再费心去做检测了！相比之下，P（检测 | 疾病）并不取决于你是否属于高危群体，对于这类因素，它是“稳健的”，不会随之发生变化。这也在一定程度上说明了医生使用前向概率组织知识、与患者沟通的原因。前向概率涉及的是疾病本身的性质、发展阶段或检测仪器的灵敏度，其对患病原因（如流行病、饮食、卫生、社会经济地位、家庭史）是不敏感的。逆概率 P（疾病 | 检测）则对这些因素非常敏感。

还记得前一个台球桌例子的读者现在肯定想知道贝叶斯是如何处理 P（L）的主观性的。他的解决方案包括两个部分。第一，贝叶斯感兴趣的不是台球桌自身的长度，而是在特定球桌长度下某个未来事件的结果（下一球在桌子某一特定范围内停止的可能性）。第二，贝叶斯假设 L 机械地取决于从某个更远或更近的距离击球，比如说已知有人从 L^* 处击球，则我们就可以用 L^* 来替代 L。通过这种方式，他赋予了 P（L）以客观性，并将问题转化为从数据中估计先验概率，正如我们在茶室和癌症检测的例子中看到的那样。

从许多层面来说，贝叶斯法则都是对科学方法的提炼。教科书对科学方法的描述是这样的：（1）提出一个假设，（2）推断假设的可检验结果，（3）进行实验并收集证据，（4）更新对假设的信念。通常，教科书涉及的只是简单的正确和错误两种结果的检测和更新，证据要么证实了假设，要么驳斥了假设。但是生活和科学从来不会那么简单！所有的证据都包含一定程度的不确定性。贝叶斯法则告诉我们的正是如何在现实世界中执行步骤（4）。

从贝叶斯法则到贝叶斯网络

20 世纪 80 年代初，人工智能领域的研究走入了死胡同。自 1950 年阿兰·图灵在他的论文《计算机器与智能》中第一次提出图灵测试的挑战以来，人工智能的主导机制就一直是所谓的基于规则的系统或专家系统，它将人类知识组织为具体事实和一般事实的集合，并通过推理规则来连接两者。例如：苏格拉底是一个人（具体事实）。所有人都会死（一般事实）。从这个知识库中，我们（或一台智能机器）可以使用普遍推理规则推断出苏格拉底会死的事实，也就是：如果所有 A 都是 B，x 是 A，那么 x 也是 B。

这种方法在理论上是可行的，但硬性规则通常很难捕捉到真实生活中的知识。我们可能并没有意识到自己一直在应对例外情况和证据的不确定性。到了 1980 年，专家系统显然被证明难以从不确定的知识中做出正确的推断。计算机无法复制人类专家的推理过程，因为专家本身无法使用系统所使用的语言阐明他们的思维过程。

20 世纪 70 年代末，人工智能领域针对如何处理不确定性因素展开了激烈讨论，各种主张层出不穷。伯克利大学的罗特夫·扎德提出了“模糊逻辑”（fuzzy logic），其中，陈述既非真也非假，而是一系列可能的真实值。堪萨斯大学的格伦·谢弗提出了“信念函数”（belief functions），它给每个事实分配两个概率，一个表示其“可能”的概率，另一个表示其“可证明”的概率。爱德华·费根鲍姆和他斯坦福大学的同事则提出了“确定性因子”，将不确定性的数值度量融入用于推断的确定性规则之中。

遗憾的是，这些方法虽然具有独创性，却有一个共同的缺陷：它们模拟的是专家，而不是现实世界，因此往往会产生意外的结果。例如，它们不能同时在诊断模式（从结果推理原因）和预测模式（从原因推理结果）中运行，而这正是贝叶斯法则无可争议的优势。在确定性因子方法中，陈述“若起火，则冒烟（具有确定度 c_1）”与规则“若冒烟，则起火（具有确定度 c_2）”无法被合乎逻辑地结合在一起，强行结合只能引发信念的失控，导致主观性杂质的入侵。

当时的研究者们也考虑过借助概率来解决这一问题，但因为这种方法对存储空间和处理效率的要求非常高，以当时的条件来看根本不可能满足，此类主张一经提出就饱受诟病。我本人进入这个领域的时间相当晚，是在

1982年，当时我提出了一个表面上平淡无奇但实际上非常激进的建议：将概率视作常识的“守护者”，聚焦于修复其在计算方面的缺陷，而不是从头开始创造一个新的不确定性理论。更具体地说，我们不能再像以前那样用一张巨大的表格来表示概率，而是要用一个松散耦合的变量网络来表示概率。假设我们只让每个变量与它的几个相邻变量发生相互作用，那么我们就可以克服导致其他概率论者犯错的计算障碍。

这个想法并非凭空而来。它来自加州大学圣迭戈分校的大卫·鲁梅哈特的一篇文章。大卫·鲁梅哈特是一位认知科学家，也是神经网络的先驱。他在1976年发表的关于儿童阅读的一篇文章中明确指出，阅读是一个复杂的过程，其涉及许多不同层次的神经元同时发挥作用（见图3.4）。有些神经元仅负责识别个体特征，比如是圆圈还是线条。在它们之上，另一层神经元则负责将这些形状组合在一起，形成关于字母可能是什么的猜想。图3.4中，我们大脑中的神经网络正在为辨别第二个词语到底是什么而加班加点地工作。在字母层面上，它可能是“FHP”，但在词汇层面，这个字母串是没有意义的。在词汇层面上，这个词更可能是“FAR”、“CAR”或“FAT”。神经元将这些信息向上传递到句法层面，我们因此判断出在“THE”之后出现的应该是一个名词。最后，这些信息被传递到语义层面，我们进而意识到因为前一句提到了大众汽车，所以这个短语很可能是“THE CAR”，代指同一辆大众汽车。关键的一点是，所有的神经元都是同时来回传递信息的，自上而下，自下而上，自左向右，自右向左。这是一个高度并行的系统，与我们此前对大脑的认知，即它是一个单一的、集中控制的系统完全不同。

在阅读鲁梅哈特的论文时，我更确信了这一点，即任何人工智能都必须建立在模拟我们所知道的人类神经信息处理过程的基础上，并且不确定性下的机器推理必须借助类似的信息传递的体系结构来构建。但是，这些信息具体指的是什么呢？这个问题花了我好几个月才弄明白。我终于认识到，信息是一个方向上的条件概率和另一个方向上的似然比。

更确切地说，我认为网络应该是分层的，箭头从更高层级的神经元指向较低层级的神经元，或者从“父节点”指向“子节点”。每个节点都会向其所有的相邻节点（包括层次结构中的上级节点和下级节点）发送信息，告知当前它对所跟踪变量的信念度（例如，“我有 2/3 的把握认为这个字母是 R”）。接收信息的节点会根据信息传递的方向，以两种不同的方式处理信息。如果信息是从父节点传递到子节点的，则子节点将使用条件概率更新它的信念，如同我们在茶室例子中见到的那样。如果信息是从子节点传递到父节点的，则父节点将通过用自己的初始信念乘以一个似然比的计算得到更新信念，如乳房 X 光检查的例子所示。

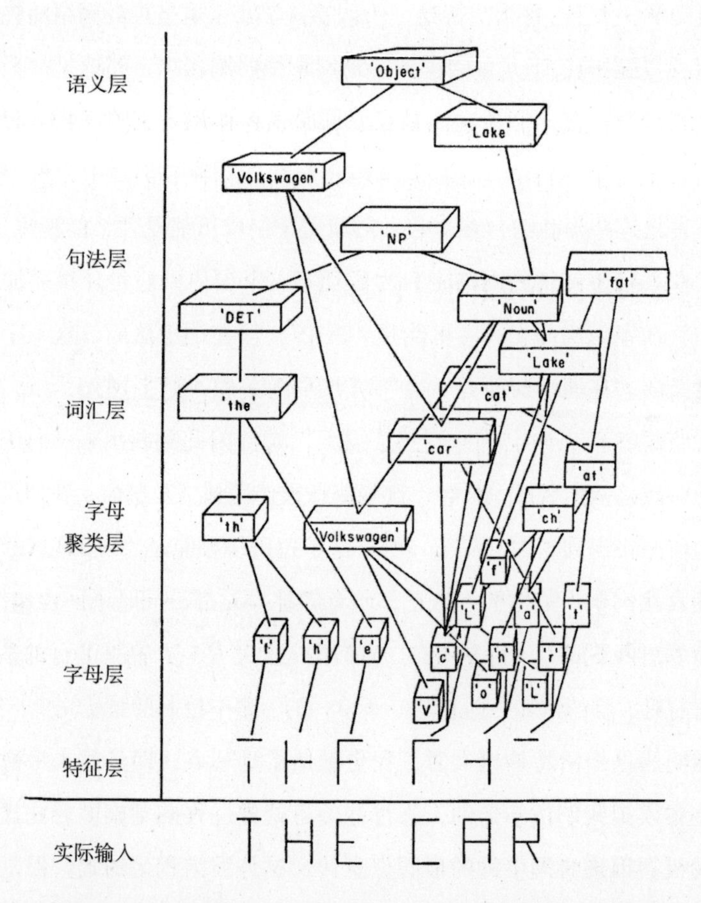

图 3.4　大卫·鲁梅哈特的神经网络草图，表明了我们大脑的信息传递网络是如何学会识别短语“THE CAR”的（资料来源：美国加州大学圣迭戈分校的大脑与认知中心）

将这两条规则反复应用于网络中的每个节点的做法就被称为信念传播。回想一下就能发现，这两条规则中并没有任何主观臆断或捏造的成分，它们严格遵守贝叶斯法则。真正的挑战是要确保无论这些信息以什么顺序发送出去，事情最终会达到一个恰到好处的平衡，并且最终的平衡将体现对所有变量的信念的正确状态。此处我所说的“正确”是指，最终的概率需要看起来像是我们根据统计教科书的方法计算出来的结果，而不是根据信息传递网络计算出来的结果。

应对这一挑战耗费了我和我的学生、同事数年的时间。而在 20 世纪 80 年代末，我们最终解决了这一难题，使贝叶斯网络成为机器学习的一个切实可行的解决方案。在接下来的 10 年中，贝叶斯网络在现实生活中的应用场景不断得到拓展，包括应用于垃圾邮件过滤器和语音识别工具等。然而，在那个时候，我已经开始尝试攀登因果关系之梯，将贝叶斯网络的概率研究委托给了其他人。

贝叶斯网络：应如何看待数据

贝叶斯的逆概率规则是一种形式最为简单的贝叶斯网络，虽然贝叶斯本人并不知道这一点。我们现在已经看到了这个网络的几种形式：茶 → 饼，疾病 → 检测，或者更具普遍意义的说法是：假设 → 证据。不同于贯穿于本书的因果图，贝叶斯网络并未假设箭头有任何因果意义，这里的箭头仅仅意味着我们知道前向概率，比如 P（烤饼 | 茶）或 P（检测 | 疾病）。贝叶斯法则告诉我们的是如何逆转正向推理的过程，具体做法就是用先验概率乘以似然比。

在形式上，信念传播采用了完全一致的处理方式，且并不考虑箭头是非因果的还是因果的。然而，你可能会有这样一种感觉，即相比非因果情形，我们在因果情形中做的事更有意义。这是因为我们的大脑被赋予了理解因果关系（如乳腺癌和乳房 X 光检查结果）的特殊机制，而非仅能察觉到关联（如茶和烤饼的关系）。

在介绍完只包含一个连接的两节点网络后，我们的下一步自然是引入包含两个连接的三节点网络，我称此种网络为“接合”（junction）。这是所有贝叶斯网络（以及因果网络）的构建模块。接合有三种基本类型或形式，借助这些基本形式，我们就可以在网络中表征出所有的箭头模式。

1. $A \to B \to C$。这种接合形式是被称为"链"接合或中介接合的最简单的表现形式。在科学中，人们常常将 B 视为某种机制，或"中介物"，它将 A 的效应传递给 C。一个熟悉的例子是"火灾 → 烟雾 → 警报"。虽然我们称这个系统为"火灾警报"，但实际上它应该叫烟雾报警。火灾本身并没有引起警报，所以这里也就没有从火灾直接指向警报的箭头。火灾也不会通过任何其他的变量，比如高温来引发警报，只有火灾向空气中释放的烟雾分子才会触发警报。如果我们禁用这个链中的第二个连接，例如我们利用通风管道吸走了所有的烟雾分子，那么警报就不会被触发了。

   这个观察引出了关于链接合的一个重要概念点：中介物 B"屏蔽"（screen off）了从 A 到 C 的信息或从 C 到 A 的信息（这一概念由德裔美籍科学哲学家汉斯·赖欣巴哈首次指出）。例如，一旦我们知道了烟雾的"值"，关于火的任何新信息便不会再以任何理由让我们增强或削弱对警报的信念。这种信念的稳定性是第一层级的概念，因此，当它可获取的时候，它就应该会体现在数据中。假设我们有一个数据库，这个数据库包含关于何时出现火灾、何时有烟雾、何时警报被触发的所有实例。如果我们只看"烟雾 = 1"的那些行数据，则无论是"火灾 = 0"还是"火灾 = 1"，我们都可以预料到该行满足"警报 = 1"。即使警报触发这一结果包含不确定性，这种屏蔽模式仍然成立。例如，假设现在有一个出故障的警报系统，它有 5% 的时间无法正确报警。此时如果我们仍然只看"烟雾 = 1"的那些行，那么我们会发现，对于"火灾 = 0"和"火灾 = 1"来说，"警报 = 1"的出现概率是一致的（都是 95%）。

   只看表中"烟雾 = 1"那些行数据的做法，被称为"以某个变量为条件"或"对某个变量进行控制"。同样地，若已知烟雾的值，我们就可以说火灾和警报是条件独立的（conditionally independent）[①]。如果你正在为一台机器编写程序以供其更新信念，那么知道这一点很重要。条件独立性赋予了机器关注相关信息而忽略其他信息的自由。在日常思考中，我们每个人都需要这种许可，否则我们会把很多时间花在寻找虚假的信号之上。但是，当每条新信息的出现都在改变着相关信息和无关信息的界限时，我们要如何决定忽略哪些信息呢？对人类来说，这种筛选的能力是与生俱来的，即使是刚刚三岁，还在蹒跚学步的幼童也能理解这种屏蔽效应，尽管他们叫不出它的名字。我相信，他们的本能一定来自某种心理表征，这种表征的形式很可能类似于因果图。但是机器没有这种本能，这也是我们必须给它们配备因果图的一个原因。

2. $A \leftarrow B \rightarrow C$。这种接合形式被称为"叉"接合，$B$ 通常被视作 A 和 C 的共因（common cause）或混杂因子（confounder）。混杂因子会使 A 和 C 在统计学上发生关联，即使它们之间并没有直接的因果关系。一个好例子（来自大卫·弗里德曼）是"鞋的尺码←孩子的年龄→阅读能力"。穿较大码的鞋的孩子往往阅读能力较强。但这种关系是非因果的——给孩子穿大一号的鞋不会让他有更强的阅读能力！相反，这两个变量的变化都可以通过第三个变量，即孩子的年龄来解释。越年长的孩子鞋码越大，他们的阅读能力也越强。

   正如卡尔·皮尔逊和乔治·乌德尼·尤尔所说的那样，我们可以通过"以孩子的年龄为条件"这一操作来消除这种虚假关联。例如，如果我们只看年龄为"七岁"的孩子，我们就会发现这些孩子的鞋码和阅读能力之间没有关系。正如在链接合的例子中，给定 B 之后，A 和 C 就是条件独立的。

   在介绍第三个接合形式之前，我们需要额外说明一点。我刚才提到的条件独立性是在我们孤立地看这些接合时才展现出来的。如果另有因

---

① 换句话说，P（火灾，警报 | 烟雾）$= P$（火灾 | 烟雾）P（警报 | 烟雾）。请注意，独立性只是概率测度的一种性质，而不是事件本身的性质。——译者注

果路径包围它们，那么我们就需要把这些路径也考虑在内。贝叶斯网络所创造的奇迹就在于，理解了我们现在分别介绍的这三种基本接合就足以让我们读取贝叶斯网络所蕴含的所有独立性，不管这个网络有多复杂。

3. $A \rightarrow B \leftarrow C$。这是最让人着迷的一种接合形式，被称作“对撞”（collider）接合。菲利克斯·艾尔威特和克里斯·文史普以好莱坞演员的三个特征为例阐释了这个接合的含义。这个例子是：才华 → 名人 ← 美貌。在此，我们认定才华和美貌都有助于演员的成功，但对于一般人而言，美貌和才华完全不相关。

可以看到，当我们以中间的变量 B 为条件时，这种对撞接合的运作方式与链接合或叉接合正好相反。如果 A 和 C 原本是相互独立的，那么给定 B 将使它们彼此相关。例如，如果我们只选取著名演员的数据（换言之，我们现在只观察“名人 = 1”的数据），那么我们就会看到才华与美貌之间出现了负相关，这种负相关可以解释为：发现某位名人并不美貌这一事实，会使我们更相信他富有才华。

这种负相关有时被称为对撞偏倚或“辩解”效应（explain-away effect）。为简单起见，我们假设成为名人不需要你既有才华又有美貌，你只需要具备其中的一个就足够了。也就是说，一方面，如果名人 A 是一个演技极佳的演员，那么光是这一点就足以“辩解”他的成功了，他也就不需要比普通人更漂亮了。另一方面，如果名人 B 是一个糟糕的演员，那么他获得成功的唯一原因就是他长得好看。因此，如果我们已知“名人 = 1”，那么才华和美貌就是负相关的，即使二者在一般人的总体数据中并不相关。甚至在更现实的情况下，即成功是美貌与才华经过某种复杂的结合形成的结果，辩解效应仍然存在。这个例子固然还存在可质疑之处，因为美貌和才华难以客观衡量，但它已经充分说明了对撞偏倚是真实存在的，我们在本书中还将看到许多这方面的例子。

这三种接合形式，链接合、叉接合和对撞接合，就像分隔因果关系之梯第一层级和第二层级大门的锁眼。透过锁眼向第二层级窥探，我们就可以发现观测数据背后的因果过程的秘密。每一种接合都代表了一个因果流的不同模式，并在数据中以条件独立性和非独立性的形式留下标记。在公开讲座中，我常称它们为“神的恩赐”，因为它们能让我们检测已有的因果模型，发现新的模型，评估干预效应，等等。尽管如此，它们仍然距离现在的我们很远，我们只能惊鸿一瞥，管中窥豹。我们需要一把能完全打开这扇门的钥匙，让我们真正登上第二层级。我们将在第七章了解到，这把钥匙叫作 d 分离（d-separation，也叫分隔定理），其涉及所有这三种基本接合形式。这个概念能够告诉我们，对于模型中任何给定的路径模式，我们应该期望在数据中看到怎样的概率依存模式。原因和概率之间的这一基本联系构成了贝叶斯网络对因果推断科学的主要贡献。

我的行李箱在哪里？从亚琛到桑给巴尔

到目前为止，我只着重阐述了贝叶斯网络的一个方面，即图示和其中的箭头，箭头从因恰当地指向果。事实上，图示就相当于贝叶斯网络的引擎。但与任何引擎一样，它也需要燃料来运行，这种燃料被称为“条件概率表”（conditional probability table，简称为 CPT）。

另一种说法是，图示以定性的方式描述了变量间的关系，但如果你想要定量的答案，你就需要定量的输入。在贝叶斯网络中，我们必须具体给出在给定了“父节点”的条件下每个节点的条件概率。（请记住，一个节点的父节点是指向它的所有节点。）这类概率就是前向概率，P（证据 | 假设）。

举个例子，在 A 为根节点（root node）时，由于不存在指向它的箭头，我们只需要为 A 的每个状态指定一个先验概率即可。在我们之前提到的第二个网络，“疾病→检测”中，“疾病”就是一个根节点。因此，我们所做的就是指定了一个人患有这种疾病的先验概率（1/700）和其未患这种疾病的先验概率（699/700）。

我们将 A 描述为根节点，并不是说 A 的发生不存在起因。实际上，几乎没有任何变量符合这种描述。我们真正的意思是，A 的任何先验的因都可以被适当地概括为先验概率 $P(A)$，其中 A 为真。例如，在“疾病 → 检测”的例子中，家族病史就可能是一个病因。但是，只要我们确信家族病史不会影响变量“检测”（在已知“疾病”的状态的前提下），我们就不必将它表示为图示中的一个节点。但是，如果“疾病”的一个因也直接地影响了“检测”，那么这个因必须在图示中明确地表示出来。

再举另一个例子，当节点 A 有父节点时，在决定其自身状态之前，A 必须先“听从于”其父节点。在乳房 X 光检查的例子中，“检测”的父节点是“疾病”。我们可以用一个 2×2 的表来表示这个“听从”过程（见表 3.2）。例如，如果“检测”“听到” $D = 0$（检查者未患病），则它在 88% 的情况下取值 $T = 0$，在 12% 的情况下取值 $T = 1$。请注意，此表的第三列包含的信息与我们先前从乳腺癌监测联合会那里得到的信息相同：假阳性率为 12%，检测敏感度为 73%。其余两格中所填数字使每行之和为 100%。

表 3.2 简单的条件概率表

概率 →，给定条件 ↓	$T = 0$	$T = 1$
$D = 0$	88	12
$D = 1$	27	73

在面对更复杂的网络时，条件概率表会相应地变得更加复杂。例如，如果某个节点有 2 个父节点，则条件概率表必须考虑到 2 个父节点的 4 种可能状态。我们来看一个具体的例子，该例是由贝叶斯实验室（BayesiaLab）的斯蒂芬·康拉迪和莱昂内尔·焦夫提出的。其中涉及了一个所有旅行爱好者都很熟悉的场景，我们可以称这个例子为：“我的行李箱在哪里？”

设想你离开了德国亚琛市，刚刚飞抵非洲的桑给巴尔，现在，你正等着你的行李箱出现在传送带上。其他乘客已经陆续拿到了箱子，而你一直在等，等，等……问题来了：你的行李箱没有被从亚琛运到桑给巴尔的概率有多大？答案显然取决于你等了多久。如果这架航班的旅客的行李箱刚刚开始出现在传送带上，那么也许你应该耐心一点儿，再稍等一会儿。而如果你已经等了很长时间，那么事情看起来就不太妙了。我们可以通过绘制一张因果图来量化你的焦虑（见图 3.5）。

这张图反映了一个直观的想法，即行李箱出现在传送带上有两个因。第一，它必须一开始就跟随你“上”了飞机上，否则它就肯定不会出现在传送带上。第二，只要行李箱的确“上”了飞机，那么随着时间的推移，它出现在传送带上的可能性就会越来越大。

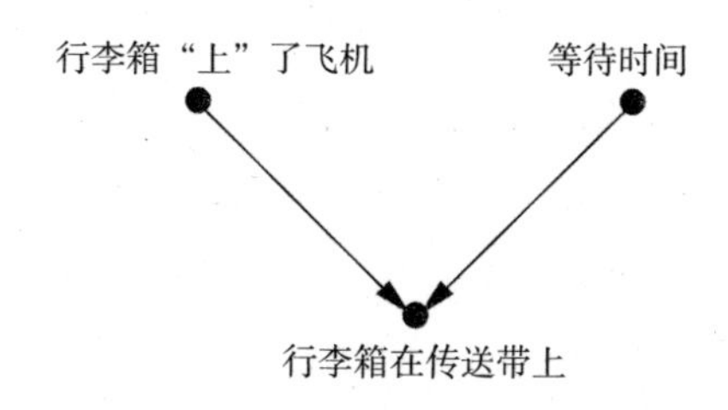

图 3.5　机场 / 行李箱例子的因果图

为了将因果图转化为贝叶斯网络，我们必须指定条件概率表。我们假设桑给巴尔机场某架航班的所有行李在 10 分钟内就能卸载完毕。（桑给巴尔的效率很高！）同时假设你的行李箱跟随你“上”了飞机的可能性，P（行李箱“上”了飞机 = 真）为 50%。（如果这冒犯了亚琛机场的工作人员，我道歉。我只是照搬了康拉迪和焦夫给出的数字。就我个人而言，我更愿意假设一个更高的先验概率，比如 95%。）

以下就是为解决“行李箱在传送带上”的概率这一问题创建的条件概率表（见表 3.3）。

这张表格虽然包含很多信息，但应该很容易理解。表格数字部分的前 11 行表示，如果你的行李箱没有“上”飞机（行李箱“上”了飞机 = 假），那么，无论你等待了多长时间，它都不会出现在传送带上（行李箱在传送带上 = 假），即 P（行李箱在传送带 = 假 | 行李箱“上”了飞机 = 假）为 100%。这就是前 11 行中所有的数字“100”的含义。

表 3.3 一个更复杂的条件概率表

概率→，给定条件↓		行李箱在传送带上=假	行李箱在传送带上=真
行李箱"上"了飞机	等待时间（分钟）		
假	0	100	0
假	1	100	0
假	2	100	0
假	3	100	0
假	4	100	0
假	5	100	0
假	6	100	0
假	7	100	0
假	8	100	0
假	9	100	0
假	10	100	0
真	0	100	0
真	1	90	10
真	2	80	20
真	3	70	30
真	4	60	40
真	5	50	50
真	6	40	60
真	7	30	70
真	8	20	80
真	9	10	90
真	10	0	100

表格数字部分的后 11 行表示，这些箱子从飞机上被工作人员以一个稳定的速度卸下来。如果你的行李箱确实"上"了飞机，那么它在第一分钟被卸下来的概率是 10%，在第二分钟被卸下来的概率也是 10%，以此类推。因此在等待了 5 分钟后，你的行李箱有 50% 的概率已被卸下来，也就是 P（行李箱在传送带上 = 真 | 行李箱"上"了飞机 = 真，等待时间 = 5）

为 50%。10 分钟后，所有的行李箱都被卸下来了，所以 P（行李箱在传送带上 = 真 | 行李箱“上”了飞机 = 真，等待时间 = 10）为 100%。因此，我们在表右下端的那个格看到的数字是 100。

像大多数贝叶斯网络一样，我们借助它所做的最有趣的事是解决逆概率问题：如果 x 分钟过去了，我还没有拿到我的行李箱，那么它“上”了飞机的概率是多少？对于这个问题，贝叶斯法则能够自动进行相应的计算，并且其计算结果揭示了一个有趣的模式。在等待了 1 分钟后，你的行李箱还有 47% 的概率跟随你“上”了飞机。（请记住，我们在之前的假设中给出的先验概率是 50%。）5 分钟后，这个概率降到了 33%。10 分钟后，这个概率降为 0。图 3.6 显示了这一概率随时间的变化趋势，我们可以称之为“放弃希望曲线”。对我来说，比较有趣的一点在于它是一条曲线，而我想在大多数人的设想中它可能是一条直线。因此，它实际上给我们带来了一个非常乐观的消息：不要太早放弃希望！根据这条曲线，在总期限（10 分钟）的前半段时间里，你只需要放弃 1/3 的希望。

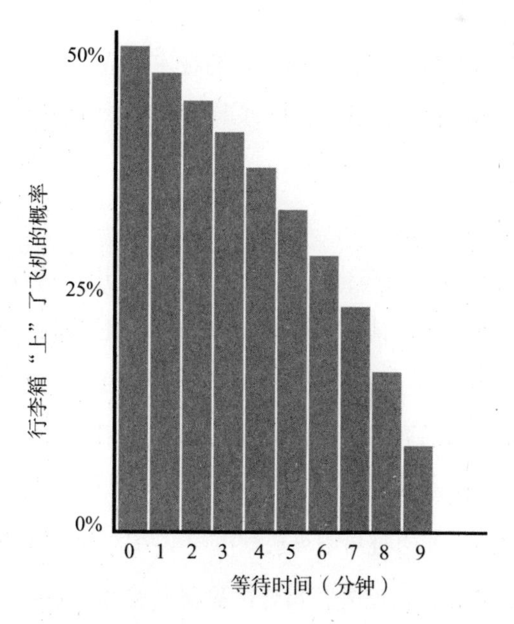

图 3.6　看到自己的行李箱出现在传送带上的概率一开始下降缓慢，之后则加速下降（资料来源：马雅·哈雷尔绘图，数据来自斯蒂芬·康拉迪和莱昂内尔·焦夫）

我知道，虽然你从这个例子中获得了一项宝贵的人生经验，但你肯定并不想自己动手绘制这张概率表。即使这个例子只是一个有3个节点的小型网络，它仍然包含 $2 \times 11 = 22$ 个父状态，且其中的每一个都为子状态的概率做出了贡献。然而，对于计算机来说，这样的计算只是非常初级的运算（在一定意义上我们可以这么说）。当然，如果这种运算不是以系统化的方式完成的，那么过高的运算次数仍然会压垮速度最快的超级计算机。如果一个节点有10个父节点，且每个父节点都有2个状态，则条件概率表将超过1 000行。如果10个父节点中的每一个都有10个状态，那么这张表将有100亿行！为此，人们通常会对网络中的连接进行筛选，只保留那些最重要的连接，让网络保持一个相对“稀疏”的状态。在贝叶斯网络的发展过程中，其中一项技术成果就是开发出了一种方法让我们可以利用网络结构的稀疏性实现合理的计算时间。

真实世界中的贝叶斯网络

如今，贝叶斯网络已经是一项成熟的技术，你可以从好几家公司买到现成的贝叶斯网络软件。此外，贝叶斯网络也被应用于许多“智能”设备。为了让你了解贝叶斯网络是如何应用于现实世界的，让我们回到本章开始提到的波拿巴 DNA 匹配软件。

荷兰法医研究所每天都会用到波拿巴，主要用于处理失踪人口案件、刑事调查和移民案件（申请难民庇护的人士必须证明他们在荷兰至少有15名亲属）。不过，波拿巴所做的最令人印象深刻的工作仍然是借助贝叶斯网络进行巨大灾难之后的遇难者身份识别，马来西亚航空17号航班坠机事件后的遇难者身份识别就是一例。

空难遇害者极少能通过与中央数据库中存储的 DNA 数据进行对比而确认出身份。除一些特殊情况外，最好的做法就是要求遇难者的家庭成员提供DNA信息，寻找与之形成部分匹配的空难遇害者 DNA。一些传统的（非贝叶斯的）方法也可以做到这一点，使用此类技术的软件辅助我们解决了在荷兰、美国和其他地方发生的多起惨案中的遇害者身份识别难题。例如，一个被称为“亲子关系指数”（Paternity Index）或“同胞关系指数”（Sibling Index）的简单公式就可以用于估计不明 DNA（遇难者）来自 DNA 提供者（可能的遇难者家属）的双亲或兄弟姐妹的概率。

然而，这些指数或公式是有局限性的，因为它们只适用于判定某种特定的关系，且只对近亲有效。波拿巴软件的设计初衷则是让人们能够使用来自远亲或多个亲属的 DNA 信息来判定遇难者身份。波拿巴通过将家谱（见图 3.7）转换成贝叶斯网络实现了这一目的。

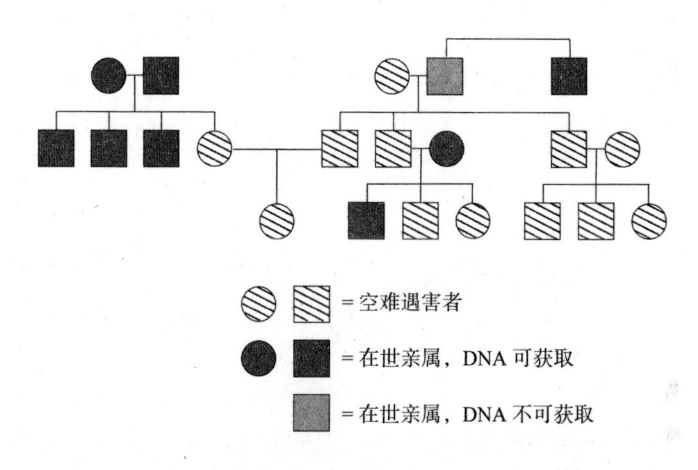

图 3.7　马航坠机事件中多名遇难者的真实家谱（资料来源：数据由威廉·伯格斯提供）

在图 3.8 中，我们看到了波拿巴是如何将家谱的一小部分转换为（因果）贝叶斯网络的。需要解决的核心问题是：在 DNA 测试中检测到的个体基因型同时包含了父亲和母亲的贡献，但我们不知道哪部分来自父亲，哪部分来自母亲。因而在贝叶斯网络中，父亲和母亲的基因贡献（被称为“等位基因”）不得不被视为隐藏的、不可测的变量。波拿巴的部分工作是从证据［例如，遇难者有一个蓝眼睛基因和一个黑眼睛基因；其父亲一方的堂兄弟（姐妹）都是蓝眼睛，而其母亲一方的表兄弟（姐妹）都是黑眼睛］推断出因（遇难者的蓝眼睛基因来自他的父亲）的概率。这是一个逆概率问题，也是贝叶斯法则被发明出来的原始目的。

一旦建立了这一关于家谱的贝叶斯网络，我们要做的最后一步就是输入遇难者的DNA，并计算出它与家谱中的特定位置相匹配的可能性。这一计算是借助基于贝叶斯法则开发的信念传播来完成的。该计算以对网络节点的每个可能陈述赋予一定的信念度为起点，随着新证据进入网络，网络中上上下下每个节点的信念度将发生连锁式的变化。因此，例如，一旦我们发现特定的样本可能与家谱中的某个人相匹配，我们就可以在网络中“四处传播”这个信息。如此，波拿巴就不仅能从在世的家庭成员的DNA中抓取信息，而且可以从它已经做出的鉴别中学习。

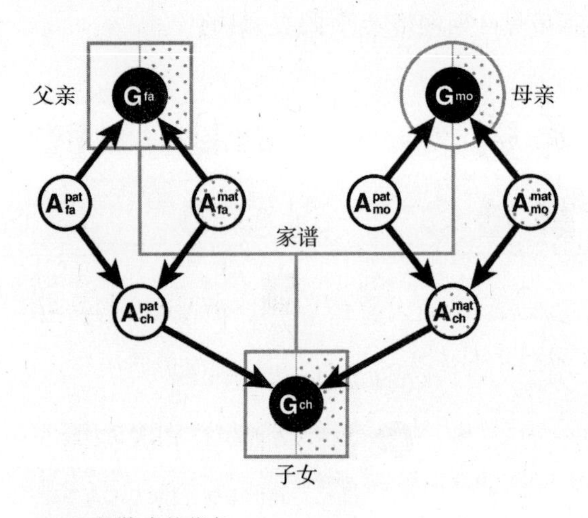

网络中的节点：

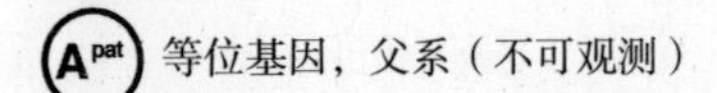

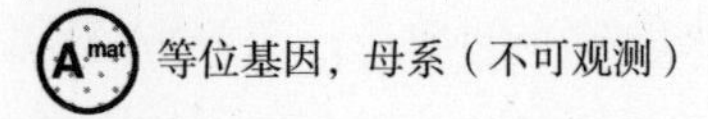

图3.8. 从DNA测试到贝叶斯网络。在贝叶斯网络中，白色节点代表等位基因，黑色节点代表基因型。只有黑色节点是有数据的，但基因型无法指明哪个等位基因来自父亲，哪个来自母亲。贝叶斯网络可以对不可观测的节点进行推理，同时也可以估计某一特定DNA样本来自图示谱系中的子女的可能性（资料来源：马雅·哈雷尔绘图）

这个例子生动地说明了贝叶斯网络的诸多优势。网络一经建立，调查员就不再需要对其进行干预，告诉它该如何评估新的数据片段。整个网络的升级更新可以很快完成。（贝叶斯网络尤其适合在分布式计算机上汇编和运行。）这个网络是一体化的，这意味着它作为一个整体对所有的新信息做出反应。这就是为什么即使是某位遇难者的姑妈或二表哥的 DNA 也能被用于识别遇难者身份。贝叶斯网络近乎一个有生命的有机体，这并不意外，因为这正是我竭力攻克各种难题以让它发挥作用时所想到的画面。我希望贝叶斯网络像人脑的神经细胞网络一样运作：触碰一个神经元，整个网络就会以向系统中的所有其他神经元传播信息作为回应。

贝叶斯网络的透明性使它有别于机器学习的其他模型，后者多倾向于制造高深莫测的“黑箱”。在贝叶斯网络中，你可以一个节点接一个节点地追踪，了解每一个新的证据是如何以及为何改变了整个网络中各个连接的信念的。

尽管波拿巴已经足够简洁优雅了，但必须指出的是，它仍然有一个缺陷：欠缺人类的直觉。一旦分析工作完成，它就可以为法医研究所的专家提供每个 DNA 样本与家谱中的各个节点的匹配程度（用似然比来表示）从高到低的排名。然后，调查人员就可以将 DNA 证据与从坠机现场搜集到的其他物证以及他们的直觉进行自由结合，做出最终决定。目前为止，还没有哪一种识别工作是由计算机独立完成的。而因果推断科学的一个目标就是创建更顺畅的人机接口，比如将调查人员的直觉也纳入信念传播的计算过程。

实际上，利用波拿巴进行 DNA 鉴别的例子只触及了贝叶斯网络在基因学中的一个浅显的应用。不过，我认为现在我们已经可以开始讨论贝叶斯网络在当今社会普遍存在的第二个应用形式了。事实上，很有可能你的口袋里现在就有一个贝叶斯网络，当然，我们一般把它叫作手机，每个手机都用到了基于信念传播的纠错算法。

首先，在你使用电话交谈时，它会将你动听的声音转换成一串 1 和 0（被称为比特），并使用无线电信号传送这一信息。遗憾的是，没有任何无线电信号拥有完美的保真度。当信号传到手机信号塔，然后再传到你朋友的手机时，一些比特将随机地从 0 跳到 1 或者从 1 跳到 0。

为了纠正这些错误，我们可以添加一些冗余信息。一个特别简单的纠错方案是将每个信息比特重复三次：将 1 编码为“111”，将 0 编码为

“000”。有效字符串“111”和“000”被称为码字。如果接收主体接收到无效的字符串，如“101”，其将搜索最可能的有效码字来解释它。相比于“101”中的两个1，0更可能是错误的，因此解码器便将这个消息解释为“111”，其得出的结论就是：该信息比特是1。

遗憾的是，这个代码效率很低，因为它让我们传递的所有信息在量上都增长了2倍。而为了不断优化纠错码，通信工程师已经努力了70年。

关于解码的问题与我们讨论过的另一个逆概率问题是类似的，因为我们再次希望从证据（收到的消息是“Hxllo wovld！”）推理出一个假设（发送的消息是“Hello world！”）的概率。看起来，应用信念传播的时机似乎已经成熟了。

1993年，一位名叫克劳德·贝鲁的法国电信工程师震惊了编码世界，他开发的纠错码表现出了近乎最优的性能。（换言之，其所需的冗余信息的数量接近于理论最小值。）他的构思被称为“turbo码”，非常适用于通过贝叶斯网络来解释。

图3.9（a）显示了一个传统纠错码是如何工作的。你对着电话所讲的话被转化为信息比特显示在第一行。这些信息比特被任意一套代码（我们称之为代码 A）编码为码字（第二行），然后携带着一些错误被接收（第三行）。这张图就是一个贝叶斯网络，我们可以使用信念传播从接收到的信息比特中推断出发送的信息比特是什么。但是，所有这些处理并不会改善代码 A。

贝鲁的绝妙想法是对每条消息进行两次编码，一次是直接编码，另一次是在对信息进行加扰之后编码。如此，我们就得到了两个分开的码字，并且让接收方也接收到了两条带噪音的信息［见图3.9（b）］。没有已知的公式可以直接解码这种双重信息，但贝鲁通过实验证明，如果你在这一贝叶斯网络上重复应用信念传播公式，两件特别神奇的事情就会发生：多数时间（我的意思是99.999%的时间）里，你都会得到正确的信息比特。不仅如此，你还可以使用更短的码字。简言之，使用两套代码 A 的效果要胜于使用一套。

我所讲述的这个故事是真实的，只有一件事例外：贝鲁当时并不知道他使用的是贝叶斯网络！他只是独立地发现了信念传播算法。直到 5 年后，剑桥大学的大卫·马凯才意识到这与他在 20 世纪 80 年代末使用的贝叶斯网络是同一种算法。这一发现将贝鲁的算法妥善地归于一个为我们所熟悉的理论语境中，使信息论学者得以借助以往的研究成果加深对其性能的理解。

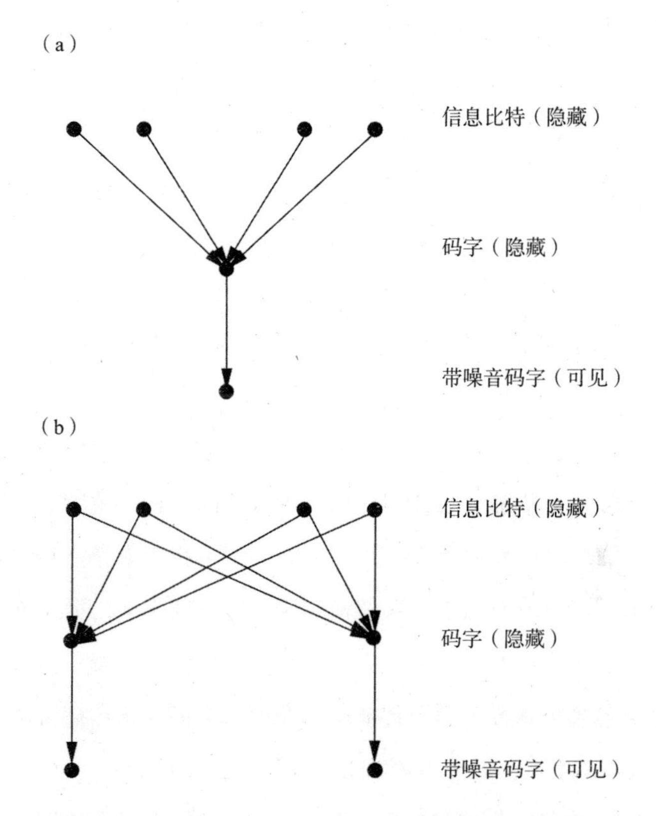

图 3.9 （a）传统纠错码编码过程的贝叶斯网络表示：信息比特被转化为码字，它们到达接收方的传输和接收过程都伴随着噪声（错误）。（b）turbo 码的贝叶斯网络表示：信息比特被加扰并被编码两次，然后通过在贝叶斯网络中重复应用信念传播进行解码。在一个迭代过程中，底部的每个处理器都能使用来自其他处理器的信息改进其对隐藏码字的猜测

事实上，早在 1960 年，另一位工程师，麻省理工学院的罗伯特·加拉格就使用信念传播（尽管当时它还不叫这个名字）发现了一个类似的代码。这一发现是如此之早，因而被马凯形容为“跨时代的发现”。从任何层面上说，这个代码都远远走在了时代之前。为应用这一代码，加拉格需要一个芯片，其载有数以千计的处理器，用以来回传递关于某个特定信息比特是 1

还是 0 的信念度的信息。在 1960 年，这显然是不可能的事，他的代码也因此几乎被所有人遗忘，直到 1998 年马凯重新发现了它。如今，它正活跃在我们的每部手机当中。

无论用哪种标准来衡量，turbo 码都取得了惊人的成功。在“turbo 革命”之前，2G 手机使用的是“软解码”（概率），而不是信念传播。3G 手机使用的是贝鲁的 turbo 码，4G 手机使用的是加拉格的类 turbo 码。从消费者的角度来看，使用了新代码的手机耗能更少，电池续航时间更长，因为编码和解码是一部手机中能耗最大的部分。另外，使用这种手机也意味着你不必靠近信号塔就能获得高质量的信号传输。换句话说，贝叶斯网络使手机制造商得以真正兑现了他们的承诺：沟通无处不在。

从贝叶斯网络到因果图

在用了一章的篇幅专门讨论了贝叶斯网络之后，你可能想知道它们与本书的其余部分，特别是与我们在第一章介绍的那种因果图有何联系。当然，我曾详细讨论过部分细节，因为它们恰恰是我个人最终转向因果关系科学的契机。但更重要的是，从理论和实践的角度来看，贝叶斯网络抓住了实现因果图与数据的交互的关键。贝叶斯网络的所有概率性质（包括本章前面讨论的接合形式）和在其基础上发展起来的信念传播算法在因果图中仍然有效。事实上，对于理解因果推理，它们不可或缺。

贝叶斯网络和因果图的主要区别在于它们的构造及用途。实际上，贝叶斯网络只不过是一张巨大的概率表的简洁表示形式。其中的箭头表示子节点的概率通过某个公式（条件概率表）与父节点的值相关联，并且此相关关系是充分的，即发现该子节点还有其他祖先节点不会改变这个公式。同样，一旦我们知道任意两个节点的父节点的值，那么这两个节点之间缺失的箭头就意味着它们是相互独立的。我们曾在讨论链接合的屏蔽效应时看到过这个命题的简单版本。在 $A \to B \to C$ 链中，一旦我们知道 A 和 C 二者父节点的值后，A 和 C 之间缺失的箭头就意味着 A 和 C 是相互独立的。

因为 A 没有父节点，而 C 的唯一的父节点是 B，因此，一旦我们知道 B 的值，A 和 C 就是（条件）独立的。

然而，如果同样的关系图被绘制成一张因果图，那么绘制因果图的思路和最终我们对图示的解释就会发生改变。在构建阶段，我们需要检查每个变量，比方说 C，然后在选择 C 的值之前弄明白它究竟"听从于"哪些其他变量。在 $A \rightarrow B \rightarrow C$ 链中，B 只听从于 A，C 只听从于 B，A 不听从于任何变量，即它是由外部力量决定的，这些外部力量不是我们所构建的模型的一部分。

这个听从隐喻浓缩了因果网络所传达的全部知识；其余的知识都可以借此被推导出来，其中在某些情况下我们还需要用到数据。请注意，如果我们反转链接合中箭头的顺序，从而得到 $A \leftarrow B \leftarrow C$，那么我们对该结构的因果解读将发生剧烈变化，但其条件独立性则保持不变。A 和 C 之间缺失的箭头仍然意味着，一旦我们知道 B 的值，A 和 C 就是相互独立的，就像在最初的那个链接合中一样。这一特性具有两个极其重要的含义：首先，它告诉我们，因果假设不能是心血来潮的虚构；它们必须经过数据的审查，并且是可证伪的。例如，以 B 为条件，如果我们观测到的数据并没有表明 A 和 C 是独立的，那么我们就可以很有把握地断定链模型与数据不兼容，我们必须放弃（或修复）这一假设。其次，因果图的图形属性决定了哪些因果模型可以借助数据来区分，哪些模型永远无法借助数据来区分，无论数据集有多大。例如，仅靠数据我们不能区分叉接合 $A \leftarrow B \rightarrow C$ 与链接合 $A \rightarrow B \rightarrow C$，因为这两种接合的因果图有相同的条件独立性。

解读因果模型的另一种便捷的方法是假设实验。因果图中的每个箭头可以被看作一个假设实验的结果陈述。从 A 到 C 的箭头表示，如果我们可以只调整 A，那么我们理论上就可以看到 C 的概率发生变化。从 A 到 C 的箭头缺失则表示，在同一个实验中，一旦我们保持 C 的父节点不变（换言之就是上例中的 B），我们在调整 A 后就不会看到 C 的任何变化。请注意，"一旦我们知道了 B 的值"这一概率表达，已经被"一旦我们保持 B 不变"这一因果表达取代，这意味着我们在这里所做的是在事实上阻止了 B 的变化，从而使从 A 到 B 的箭头失效。

建构因果网络时所使用的因果思维当然能够为你带来回报，你可以借此在网络中发现新的能够得到回答的问题类型。如果说贝叶斯网络只能告诉我们一个事件发生的可能性有多大，其前提是我们观察到了另一个事件（第一层级的信息），那么因果图就可以回答更高层级的关于干预和反事实的问题。例如，因果叉接合 $A \leftarrow B \rightarrow C$ 就非常明确地告诉了我们，调整 A 不会对 C 产生任何影响，无论调整的幅度有多大。与此相对，贝叶斯网络则不具备处理"调整"的能力，也不能辨别"观察到"和"实施调整"的区别，或者明确区分叉接合和链接合。换句话说，链接合和叉接合都能预测我们观察到的 A 的变化与 C 的变化有关，但二者都无法预测"调整" A 的效果是什么。

现在我们来谈谈刚刚提到的第二个意义，也是更为重要的一点，即贝叶斯网络对因果推断的影响。（被揭示出的）因果图的图形结构与它所代表的数据之间的关系，允许我们在不进行实际操作的情况下模拟调整。具体来说，利用一系列巧妙的控制变量操作，我们就可以在没有实际进行实验的情况下预测行动或干预的效果。为了论证这一点，我们可以再想想因果叉接合 $A \leftarrow B \rightarrow C$。首先，我们宣称 A 和 C 之间的相关是伪相关。我们可以通过一个实验来验证这一论断——调整 A，然后发现 A 和 C 之间没有相关关系。但我们还可以做得更好。我们可以利用因果图来模拟这个实验，让它告诉我们是否可以通过控制变量操作重现我们在实验中看到的关于相关性的结果。答案是肯定的：在对 B 进行变量控制之后，在因果图中测得的 A 和 C 之间的相关性将等同于我们在实验中得到的相关性结论。这种相关性可以从数据中估计出来，在这个例子中，相关性为零，它如实地确认了我们的直觉，即调整 A 不会影响到 C。

倘若贝叶斯网络的统计特性没有在 1980 年至 1988 年间被发现，我们就不可能获得这种通过智能化观测来模拟干预的能力。而现在，我们能够据此决定我们必须测量哪一组变量，以便通过观察性研究预测干预的效果。不仅如此，我们还可以回答一些关于"为什么"的问题。例如，有人可能会问，为什么调整 A 会使 C 发生变化，这种变化是源自 A 的直接效应，还是受到了中介变量 B 的影响？如果两者都有，那么我们是否可以评估变化的哪一部分是 B 介导的结果？

为了回答这种中介效应问题，我们必须设想两个同时进行的干预：调整 A 和保持 B 恒定（与“以 B 为条件”的控制变量操作有所区别）。如果我们能在物理上进行这种干预，我们就可以很容易地得到问题的答案。但是如果我们受到观察性研究的限制不能实际实施干预，我们就需要利用一系列巧妙的智能化观测手段来模拟这两项行动。再一次，因果图的图形结构将告诉我们模拟是否可能。

1988 年，当我开始思考如何将因果关系与图示结合起来时，所有这些功能都尚未被开发出来。我只知道根据我当初的设想，贝叶斯网络无法回答我提出的问题。意识到自己甚至不能仅依靠数据来区分 $A \leftarrow B \rightarrow C$ 和 $A \rightarrow B \rightarrow C$，实在令人感到挫败和痛苦。

我知道读者现在急于弄清因果图是如何让我们能够做出上述计算的，我将在第七章到第九章谈到这部分内容。但现在，我们还没有准备好，因为当我们开始谈论观察性研究与试验性研究的对比时，我们就离开了人工智能领域相对平静的水域，进入了波涛汹涌的统计学水域，这些汹涌的波涛正是由统计学与因果关系令人不快的恩断义绝激起的。回想起来，比起我不得不为科学界认同因果图所做的种种斗争，为人工智能领域接受贝叶斯网络所付出的努力简直是一次野餐——不，是一次豪华的巡游！这场战斗仍在继续，目前只剩下几个岛屿仍在负隅顽抗。

为了穿过这片新的水域，我们必须了解传统统计学家所掌握的处理因果关系的方法以及这些方法的局限性。我们上面提出的关于干预效果的问题，包括估计直接效果和间接效果，并不是主流统计学的一部分，主要原因就在于主流统计学的始创者们清除了因果语言。不过，统计学家会在一种特殊的情况下“赦免”因果关系的讨论：随机对照试验（RCT），其中“处理 A”被随机地分配给某些个体，而不分配给其他个体，之后我们需要对比在两组个体中观察到的结果变量 B 的变化的差异。在这里，传统的统计学和因果推断一致认同“A 导致 B”这句话的含义。

在转向由因果模型照亮的因果关系新科学之前，我们应该先试着理解旧的、模型盲科学的优势和局限性：为什么我们必须进行随机化处理才能得出 A 导致 B 的结论，以及随机对照试验试图消除的威胁（被称为“混杂”）的性质。我们将在下一章讨论这些话题。根据我的经验，大多数统计学家和当代的数据分析人员对这些问题中的任何一个都不会感到舒服，因为他们不能用以数据为中心的词汇来明确表达这些问题。事实上，他们对于“混杂”的含义都持有不同的意见！

在我们根据因果图梳理过这些问题之后，我们就可以将随机对照试验置于一个更为适当的理论框架中来讨论了。我们可以将其视为因果推断引擎的一个特例，也可以将因果推断视为随机对照试验的一个宽泛的扩展。两种观点都是对的，不过对于那些接受了大量传统统计学的培训，已经被训练为视随机对照试验为因果关系仲裁者的人来说，后者可能会让他们感觉更舒适吧！

第四章

混杂和去混杂：或者，消灭潜伏变量

如果随机对照试验的发明者能借鉴我们对因果效应的理解，那么其早在费舍尔之前的 500 年就应该被发明出来了。

—— 作者（2016）

有关丹尼尔的这个圣经故事常被认为是历史上第一个对照试验。丹尼尔（很可能是左数第三个）认识到，只有通过事先选择，让进行比较的两组个体尽可能相似，我们才可以对两种饮食的效果进行适当的比较。尼布甲尼撒国王（后方中央）被试验结果打动了。（资料来源：由达科塔·哈尔绘制。）

尼布甲尼撒国王王宫的太监长亚施毗拿遇到了一个棘手的问题。公元前597年，巴比伦王洗劫了犹大国，带回了数以千计的俘虏，其中许多是耶路撒冷的贵族。依照帝国传统，尼布甲尼撒希望他们中的一些人在王宫效力，因此他命令亚施毗拿去寻找“那些没有缺陷、相貌英俊、技能全面、通达知识、理解科学的孩子”。这些幸运的孩子将接受巴比伦语言和文化方面的教育，以便更好地服务于这个横亘在波斯湾与地中海之间的帝国。作为教育的一部分，他们都要吃皇家饭，喝皇家酒。

问题就出在这里。亚施毗拿最喜欢的一个叫丹尼尔的男孩拒绝吃这种食物。出于宗教原因，他不能吃犹太法律不允许吃的肉，他要求为他和他的朋友提供素食。亚施毗拿愿意实现男孩的愿望，但他害怕国王会表示不满，“一旦他看到你愁眉不展的脸，看到你跟你同龄的孩子表现得不同，我会掉脑袋的”。

丹尼尔试图向亚施毗拿保证吃素不会削弱他们服务国王的能力。作为“通达知识、理解科学”的人，他提出可以进行一次试验。“给我们10天时间，让我们4人只吃蔬菜，让另一组孩子吃皇家的肉，喝皇家的酒。10天后，让两组进行比较。”丹尼尔说，“之后就据你所见来做决定吧！”

即使你没有读过这个故事，你也能猜到接下来会发生什么。丹尼尔和他的三个同伴在素食饮食下健康成长。国王也为他们的智慧和学识（当然还有他们那健康美丽的外表）所打动，在王宫中给他们安排了最好的职位，而且“国王发现他们比所有的魔术师和占星家都还要强上10倍”。后来，丹尼尔成为国王的解梦人，并在一次被关进猛狮洞穴的考验中幸存下来，留下了一段传奇。

无论故事真假与否，这个关于丹尼尔的圣经故事都以一种深刻的方式概括了今天实验科学的做法。亚施毗拿问了一个关于因果关系的问题：素食饮食会让我的奴仆变得消瘦吗？丹尼尔则提出了处理此类问题的方法论：组织两组人，保证他们在所有相关方面的特征都相同或相似。给一组人以新的处理（饮食、药物等），而对另一组（称为对照组）要么给予以前的处理，要么不给予任何特殊处理。在经过一段适当的时间之后，如果你看到这两组各方面条件假定相同的人之间出现了可测量的差异，那么新的处理就必然是差异的因。

如今，我们称此类实验为对照试验（controlled experiment），其原则很简单。为了了解饮食的因果效应，我们需要比较一下丹尼尔本人在应用两种不同的饮食方法后的身体情况。但是我们不能回到过去重写历史，所以我们接下来可以采取的最佳措施是：将接受素食饮食的一组人与没有接受素食饮食的另一组条件类似的人进行比较。显而易见又十分关键的一点是，这两组人必须是可比较的，并且代表的是某一总体。在满足了这些条件的前提下，试验结果就应该能够迁移至整个总体。值得称赞的是，丹尼尔似乎完全清楚这一点。他不仅仅是为了自己的利益而要求素食，因为如果试验表明素食饮食更适合他们，那么接下来这些来自以色列的奴仆就都可以被允许选择素食饮食了。至少，这是我个人对“之后就据你所见来做决定吧”这句话的解释。

丹尼尔还明白，进行小组间的比较很重要。在这方面，他的理解比今天的很多人要成熟许多。例如，今天有许多人之所以选择某种流行的饮食法，往往只是因为他的一个朋友做了这样的选择，并且成功地减了肥。但如果你仅仅基于一个朋友的经验就选择尝试某种饮食法，那么你基本上就等于是在说，你相信你在所有相关的各方面条件上都与你的朋友相似：年龄、遗传、家庭环境、以往的饮食习惯等，这里面包含的假设就太多了。

丹尼尔的试验的另一个关键点是它具有前瞻性：两个小组是事先选择

的。相比之下，假设你在一个试用品广告中看到有 20 个人说他们因采用了某种饮食法而成功减了肥，这看起来似乎是一个相当大的样本，因而一些观众可能会认为这是一项令人信服的证据。但是，这实际上就等于将自己的决定建立在那些已经取得良好效果的人的经验之上。而你很可能并不知道的是，对每个减肥成功的人而言，都有另外 10 个跟他条件相似的人也尝试了这种饮食法却没有成功。而显然，这些人是不可能出现在广告里的。

从所有这些方面来看，丹尼尔的试验都极具现代色彩。前瞻性对照试验在今天仍然是可靠科学的一个标志。然而，丹尼尔忽略了一件事：混杂偏倚（confounding bias）。倘若丹尼尔和他的朋友在一开始就比对照组更健康，那么在这种情况下，他们在接受了 10 天的素食饮食之后的健康状态可能就与饮食本身无关，而是反映了他们原本的整体健康状况。换句话说，如果他们吃了皇家的肉，他们说不定会变得更健壮！

当一个变量同时影响到选择接受处理的对象以及试验结果时，混杂偏倚就产生了。有时混杂因子是已知的，另一些时候它们只是疑似存在，在分析中以“潜伏的第三变量”出现。在因果图中，混杂因子非常容易识别。在图 4.1 中，位于这个叉接合中心的变量 Z 就是 X 和 Y 的混杂因子。（稍后我们将看到一个对于混杂因子的更通用的定义，但这个三角形是最容易识别，也是最常见的一种情况。）

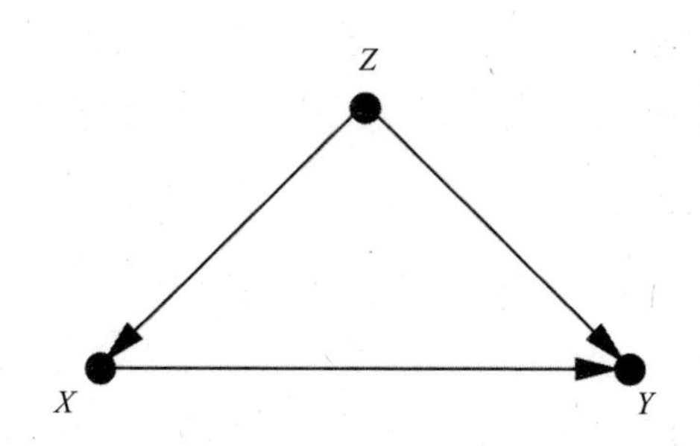

图 4.1　混杂的最基本形式：Z 是 X 和 Y 因果关系的混杂因子

“混杂”这一术语在英语中的原意是“混合”，我们可以从图中理解它为什么叫这个名字。在图 4.1 中，真正的因果效应 $X \rightarrow Y$ 与由叉接合 $X \leftarrow Z \rightarrow Y$ 诱导的 X 和 Y 之间的伪相关混合在一起。举个例子，假设我们准备测试一种药物，而在试验过程中，我们让比对照组平均年龄更低的一组患者服用了这种药物，那么年龄就成为这一试验的一个混杂因子，或者说潜伏的第三变量。如果我们没有关于年龄的数据，我们将无法从药物的虚假效果中区分出药物的真实效果。

不过，反过来也是正确的。如果我们确实测量了第三变量的数据，那么我们很容易就能区分出真实效果和虚假效果。例如，如果混杂因子 Z 是年龄，而我们分别比较每个年龄组的处理组（treatment group）和对照组（control group）。[①] 然后，根据各个年龄组在目标总体中所占的百分比对每个年龄组进行加权，我们就可以计算出药物的平均效果。这种补偿方法是所有统计学家都很熟悉的一种方法，它被称为"Z 调整"或"Z 控制"。

奇怪的是，统计学家既高估又低估了为可能的混杂因子进行统计调整的重要性。高估它，是指他们经常对过多的变量进行控制，甚至控制了不该控制的变量。最近，我偶然读到来自政治博客作者埃兹拉·克莱因的一段话，他在其中非常清楚地阐述了这种"过度控制"的现象："你在各种研究中都能看到它。'我们控制了……'，然后一张关于被控制的变量的列表就开始了，而且这个列表往往被认为越长越好：收入、年龄、种族、宗教、身高、头发颜色、性取向、健身频率、父母的爱、偏好可口可乐还是百事可乐……就好像你能控制的东西越多，你的研究就越有说服力，或者至少看起来如此。控制可以带来专一性和精确感……但有时，你控制的东西过多了，以至于在某些时候，你最终控制了你真正想要测量的东西。"克莱因提出了一个合理的担忧。统计学家对于应该控制和不应该控制哪些变量感到非常困惑，所以默认的做法是控制他们所能测量的一切。当今时代的绝大多数研究都采用了这种做法。这的确是一种可轻松遵循的、便捷的、简单的程序，但它既浪费资源又错误百出。而因果革命的一个关键成果就是终结这种混乱。

---

① "treatment group"也可译作"试验组"。本书沿用大卫·弗里德曼等人的名著《统计学》的中文译本（魏宗舒等人译，吴喜之校）对该术语的翻译，统一译为"处理组"。另外，"control group"也有人译作"控制组"，本书采用更常见的译法，即"对照组"。——译者注

同时，统计学家又在很大程度上低估了控制的意义，即他们不愿意谈论因果论，即使他们进行了正确的控制。这也与本章我希望传达的观点相悖：如果你在因果图中确定了去混因子（deconfounder）的充分集，收集了它们的数据，并对它们进行了适当的统计调整，那么你就有权说你已经计算出了那个因果效应 $X \to Y$（当然，前提是你可以从科学的角度清楚地阐释并捍卫你的因果图）。

统计学家处理混杂的传统方法则与之截然不同，这些方法大多建基于随机对照试验，这是费舍尔极力主张的观点。这一主张本身完全正确，但费舍尔提出这一主张并不是出于一个完全合理的原因。随机对照试验确实是一项极好的发明——但直到最近，追随费舍尔脚步的几代统计学家仍然无法证明他们从随机对照试验中得到的结果就是他们想要得到的东西。他们缺乏一种语言来说明他们所寻找的东西，也就是 X 对 Y 的因果效应。本章的目标之一就是从因果图的角度来解释，为什么随机对照试验能让我们估计出 $X \to Y$ 的因果效应，同时免除混杂偏倚的影响。一旦我们理解了随机对照试验起作用的原因，我们就没有必要再将之奉若神明，把它当作因果分析的黄金标准，要求所有其他方法都必须以此为参照。恰恰相反，我们会领悟到这一统计学家所谓的黄金标准实际上源自更基本的原则。

本章还将阐明，因果图使分析重心从混杂因子向去混因子的转变成为可能。前者引发了问题，后者则解决了问题。这两组因子可能存在部分重叠，但并非必须重叠。如果我们收集到了去混因子充分集的数据，那么即使我们忽略了一部分甚至所有的混杂因子也无关紧要了。

因果革命允许我们超越费舍尔的随机对照试验，通过非试验性研究推断因果效应，其主要途径就来自这种分析重点的转变。它使我们能够确定应该控制哪些变量，使其成为去混因子。这个问题曾让理论统计学家和应用统计学家困扰不已，几十年来，它一直是该领域的一个致命弱点。这是因为混杂与数据或统计学无关，它是一个因果概念，属于因果关系之梯的第二层级。

发明于 20 世纪 90 年代的因果图方法已经完全解决了混杂问题。特别是我们很快就会介绍的一种被称为“后门标准”（back-door criterion）的方法，它可以明确识别出因果图中哪些变量是去混因子。如果研究者能够收集到这些变量的数据，那么他就可以对这些变量进行统计调整，从而在不真正实施干预的情况下对干预的结果做出预测。

事实上，因果革命比这走得更远。在某些情况下，即使我们没有去混因子充分集的数据，我们也可以控制混杂。在这些情况下，我们可以使用不同的统计调整公式（不是传统的统计调整公式，因为传统的公式只适用于后门标准）消除混杂。我们将在第七章讲述这些令人振奋的进展。

在几乎所有的科学领域中，混杂都是一个历史悠久的问题，但直到最近，我们才认识到这个问题需要因果的而非统计的方法来解决。直至 2001 年，某权威期刊的一位审稿人还在批评我的一篇论文时坚称“在标准统计学中，混杂处理有着坚实的理论基础”。幸运的是，这类审稿人的数量在过去 10 年急剧下降。现在，至少在流行病学、哲学和社会科学领域，研究者已经达成了普遍的共识：（1）混杂需要，也具备一个因果解决方案；（2）因果图提供了一种完整的、系统的方法引领我们找到那个解决方案。我在此宣布，深受混杂困扰的时代已经结束了！

对混杂的长期恐惧

1998 年，《新英格兰医学杂志》的一项研究显示，退休男子经常散步和其死亡率下降之间存在关联。研究人员使用了檀香山心脏计划的数据，该计划自 1965 年以来追踪记录了 8 000 名有日本血统的男性的健康状况。

由弗吉尼亚大学生物统计学家罗伯特·阿伯特领导的研究小组希望弄清楚的问题是，那些更勤于运动的人是否更长寿。他们从计划追踪的 8 000 人中选择了 707 人作为调查样本，这些人的健康状况都能满足步行活动的要求。阿伯特的团队发现，在为期 12 年的追踪期中，每天散步不到 1 英里[①]

① 1 英里 ≈ 1.61 千米。——编者注

的男性（可以称他们为“偶尔步行者”）比每天步行超过2英里的男性（“经常步行者”）的死亡率高出2倍。准确地说，在12年追踪期之后，43%的偶尔步行者已经去世，而经常步行者中只有21.5%的人去世。

然而，因为研究者并没有提前规定谁来做偶尔步行者，谁来做经常步行者，所以我们必须考虑到存在混杂偏倚的可能性。一个明显的混杂因子可能是年龄：调查样本中的年轻男性可能更愿意进行积极的锻炼，那么其在12年追踪期内的死亡率自然相对较低。因此，我们可以画一个如图4.2所示的因果图。

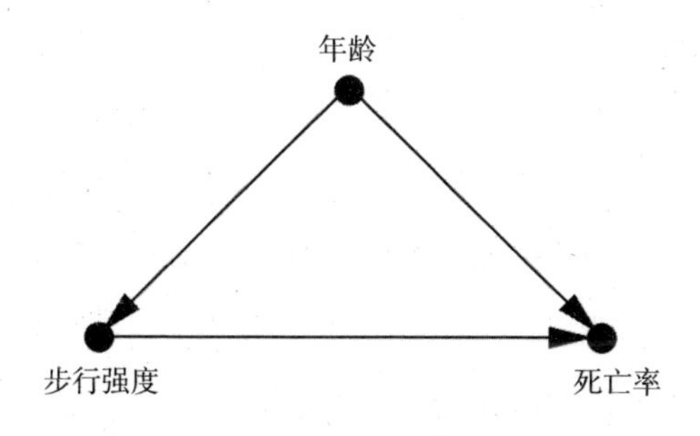

图4.2　步行例子的因果图

以“年龄”为中间节点的经典叉接合结构告诉我们，年龄是步行强度和死亡率的混杂因子。我相信你还能想到其他可能的混杂因子，比如，也许偶尔步行者本身生性懒散，也许他们出于某些原因走不了那么多路。因此，身体条件可能也是一个混杂因子。我们还可以如此这般地继续猜测下去：如果步行少的人是饮酒者呢？如果他们有暴饮暴食的习惯呢？

好消息是，研究人员考虑了所有这些因素。这项研究采集了每个可能存在的影响因素的相关信息，包括年龄、身体状况、饮酒习惯、饮食习惯以及其他几种因素，并据此逐一进行了统计调整。例如，数据显示，经常步行者的确会稍微年轻一些。因此，研究人员就根据年龄调整了死亡率，并发现在调整之后，偶尔步行者和经常步行者之间的死亡率差异仍然很大。（经过年龄调整的偶尔步行者的死亡率是41%，经常步行者为24%。）

但即便已经进行了所有这些统计调整处理，研究人员对他们的结论仍然非常谨慎。在文章的末尾，他们写道：“当然，我们的研究并未解决的一个问题是，那些体力充沛的老年男性有意增加每天步行的路程对其寿命有何影响。”用第一章的话来说就是，对于“假设受试者 *do*（锻炼），那么他们在 12 年追踪期过后的生存概率是多少”这一问题，他们拒绝做出任何回答。

公平而论，阿伯特和他的团队成员有充分的理由秉持这种谨小慎微的态度。这是关于该问题进行的第一次研究，他们的样本相对较小且相对同质。然而，这种谨慎也反映了一种更为普遍的态度，其远远超越了样本同质性和样本规模问题。研究人员一直以来被教导相信，一项观察性研究（其中受试者自行选择是否接受处理）永远不能阐明一个因果结论。我认为这种谨慎过于夸张了。为什么不去消除关联中的虚假部分，从而更好地理解因果效应，而要费劲地根据所有的混杂因子进行统计调整呢？

我们不应该像他们那样说“我们当然不能”，我们应该公开声明，我们完全可以谈论关于刻意干预的话题。如果我们相信阿伯特的团队识别出了所有重要的混杂因子，那么我们就必须相信，（至少对有日本血统的老年男性来说）刻意增加步行强度的确有可能延长寿命。

这一初步结论的前提是假设在所发现的关系中，不存在其他混杂因子发挥主要作用。这是一条极其宝贵的信息，它准确地向有散步意向的人说明了这一结论所包含的不确定性，而这种残余的不确定性并不比存在未被考虑的其他混杂因子的概率要高。它对关于该课题的未来研究也具有指导意义，即未来的研究应侧重于寻找其他的影响因子（如果它们的确存在的话），而不是当前研究中被控制的这些因子。简言之，掌握既定结论背后的假设比试图用随机对照试验来规避这些假设更有价值，而且我们在之后会发现，随机对照试验自身也存在局限性。

对自然的巧妙询问：随机对照试验为何有效

正如我已经提到的，只有一种情况会让科学家不再沉默，转而谈论因果论，这种情况就是他们已经进行了随机对照试验。你可以在维基百科或其他很多地方读到这句话："随机对照试验通常被认为是临床试验的黄金标准。"对此，我们要感谢费舍尔。他的至亲曾写过一篇文章阐述费舍尔提出随机对照试验的理由，这篇文章读起来非常有趣，虽篇幅略长，但值得全文引用：

> 科学实验的全部艺术和实践都被一种对自然的巧妙询问囊括其中了。观察活动为科学家提供了关于大自然某些方面的图景，而其中包含着主动陈述所具有的全部瑕疵。科学家希望通过提出旨在建立因果关系的具体问题来检查对于该陈述的解释。他的问题以实验操作的形式出现，因而必然是特殊的。他必须依赖大自然的内在一致性，根据大自然在特定情况下给出的回答推导出一个一般性的推论，或预测在其他场合中进行类似操作的可能结果。他的目的是从所找到的证据中得出具有确定精度和概括性的有效结论。
>
> 然而，大自然远没有她表现出来的那么稳定，她给出的回答似乎总是显得摇摆不定、似是而非、模棱两可。她回答问题的方式就好像问题是从地里冒出来的，而非出自科学家在头脑中设定好的框架；她也不会做出解释，不提供任何无偿的信息，而是固守准确性。其结果是，希望借助实验操作比较两种肥料作用效果的科学家所付出的努力完全白费了。他把田地分成两等份儿，每一半施以一种肥料，种植一种庄稼，然后比较两块田地的产量。他的问题是这样表述的：地块 A 在接受第一种处理（施第一种肥料）下的产量与地块 B 在第二种处理（施第二种肥料）下的产量有何区别？他没有问，在相同的处理下，地块 A 与地块 B 是否会有相同的产量，因此他无法将土地本身的效应从处理效应中区分出来，因为自然不仅按照要求记录了不同的肥料对地块产量的影响，还记录了不同的土壤肥力、质地、排水性、地貌、微生物和无数其他变量对地块产量的影响。

这篇文章的作者是罗纳德·艾尔默·费舍尔的女儿琼·费舍尔·博克斯，

文章出自她为她声名赫赫的父亲所写的传记。她并不是统计学家，但她显然深刻地把握住了统计学家面临的主要挑战。她毫不含糊地指出，他们提出的问题“旨在建立因果关系”，而阻碍他们的是混杂，虽然她并没有使用这个术语。他们想知道肥料（或那个时代所谓的“肥料处理”）的效应，即一种肥料相比另一种肥料对于土地预期产量的影响有何不同。然而，自然告诉他们，肥料的效应与很多其他的因混合（还记得吗，这是“混杂”一词的原始含义）在了一起。

我喜欢费舍尔·博克斯在上一段文字中给出的意象：自然就像一个精灵，她回答的正是我们提出的问题，但这个问题并不一定等同于我们真正打算问的那个问题。但我们必须相信，正如费舍尔·博克斯所做的那样，我们想问的问题的答案确实存在于自然界中。我们的实验是发现答案的粗略方法，它们并不能以任何方式明确定义那个答案。如果我们完全按照琼在这段文字中给出的比喻来做，那么我们首先要考虑的做法就是 $do(X=x)$，因为它是一种自然的属性，表示的正是我们想问的问题：使用第一种肥料对整片土地的影响是什么？随机化处理则是接下来才要考虑的做法，因为它只是为引出这个问题的答案而采取的一种人为手段。就像温度计的量规，量规只是一种表示温度的方法，而不是温度本身。

费舍尔早年在洛桑实验站工作时，常采用一种非常详尽的、系统的方法，用以将肥料的效用从其他变量的效用中分离出来。他将田地划分成一系列子块，并会进行一番仔细的规划以便每种肥料都能与某种特定的土壤类型和某种特定的农作物结合起来（见图 4.3）。这样做的目的是确保样本的可比性。然而在现实中，他永远不可能准确预料到决定某一地块肥力的所有可能的混杂因子。聪明的自然精灵可以轻松打败对于一块田地的任何结构化的布局。

大约在 1923 年或 1924 年，费舍尔开始意识到，精灵不能击败的唯一一种实验设计就是随机试验。想象一下，在一块肥力未知的土地做 100 次同样的试验。每一次为所有的子地块随机分配肥料。有时你可能会非常不走运，把 1 号肥料全部用在了最贫瘠的那些子地块上。另一些时候，你可能运气很好，将 1 号肥料全部用在了最肥沃的那些子地块上。但无论如何，每一次试验都会产生一个新的随机分配，这就保证了在大部分的时间里你既不是特别幸运，也不是特别倒霉。在这些情况下，1 号肥料将被用于能代表整块田地的一些子地块，而这正是你想要的对照试验。因为在你的一系列试验中，这块土地的肥力分布是固定的，即便是自然精灵也不能改变它，因此，（在大部分时间里）它就被哄骗着回答了那个你想问的因果问题。

图 4.3　费舍尔与他的诸多创新之一：拉丁方设计，旨在确保每行（肥料类型）和每列（土壤类型）中都有种植了全部农作物类型的地块。这类设计如今仍被用于现实实践中，但后来费舍尔令人信服地指出，还是随机设计更加有效（资料来源：由达科塔·哈尔绘制）

从我们的角度来看，在随机试验被认为是黄金标准的时代，所有这些试验方法的发明似乎都是顺理成章的。但在当时，随机试验这一想法的提出吓坏了费舍尔的统计学同事。费舍尔所做的实际上就是用抽签的方式来决定分配给每种肥料哪些子地块，这种做法让他们备感沮丧：科学难道不得不屈从于运气的反复无常？

但是费舍尔意识到，得到对正确问题的不确定答案比得到对错误问题的高度确定的答案要好得多。如果你向自然精灵提出了一个错误的问题，那么你就永远不会得到你想知道的答案。如果你提出了正确的问题，那么偶尔得到一个错的答案就完全不成问题了。你可以估计出答案的不确定性，因为这种不确定性来自随机化的过程（这一过程是已知的）而不是土壤各个方面的特性（这一点是未知的）。

因此，随机化实际上带来了两个好处。第一，它消除了混杂偏倚（它向大自然提出了正确的问题）。第二，它使研究者能够量化不确定性。而根据史学家斯蒂芬·施蒂格勒的说法，第二个好处正是费舍尔提倡随机化的主要原因。他是量化不确定性的大师，为此研发出了许多新的数学工具。相比之下，他对去混杂的理解则完全是直觉性的，因为在当时，他缺乏相应的数学符号用以表达他所追求的东西。

好在，90 年后的今天，我们可以用 *do* 算子来填补费舍尔想要表达但无从表达的内容。让我们从因果的角度来考察一下随机化是如何让我们向自然精灵提出正确的问题的。

像往常一样，让我们从绘制因果图开始。模型 1，如图 4.4 所示，描述了在正常条件下，每个地块的产量是由哪些因素确定的。在正常情况下，农民对于每个地块最适合使用哪种肥料是根据心血来潮的想法或偏见来决定的。他想对自然精灵提出的问题是，“对整片土地均匀施撒肥料 1（相比于施撒肥料 2）的产量是多少？”或者，用 *do* 算子来表示就是，*P*（产量 | *do*（肥料 = 1））的值是多少？

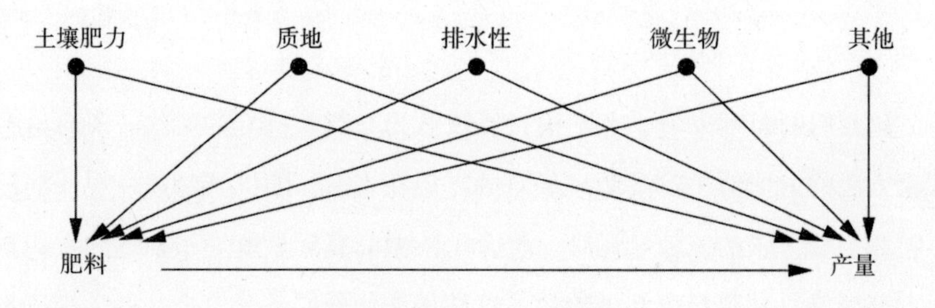

图 4.4　模型 1：一个错误的对照试验

如果这位农民鲁莽地执行了这个试验，例如在地块高处使用肥料 1，低处使用肥料 2，那么他可能就引入了排水性这个混杂因子。或者，如果他在第一年使用肥料 1，在下一年使用肥料 2，那么他可能就引入了天气这个混杂因子。无论哪种情况，他都会得到一个有偏倚的比较结果。

农民想要知道的世界实际上是由模型 2 描述的。在这个模型中，所有地块都接受同样的肥料处理（见图 4.5）。根据第一章所介绍的内容，*do* 算子在这个例子中的作用是清除所有指向肥料的箭头，并强制赋予这个变量一个特定的值，比如，肥料 = 1。

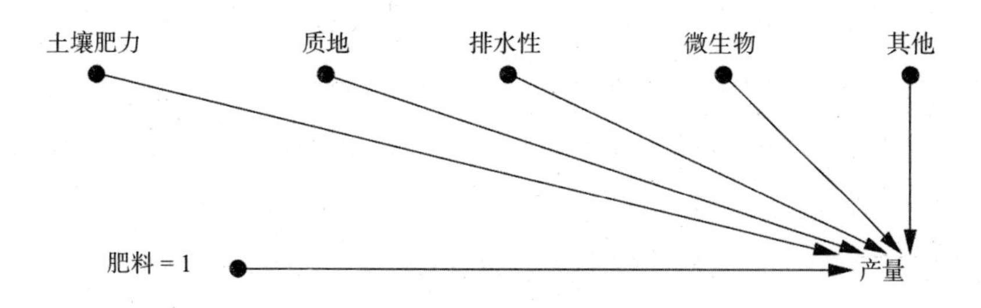

图 4.5　模型 2：我们想知道的世界

最后，让我们看看应用随机化处理的世界是怎样的。我们让一些地块接受 *do*（肥料 = 1），让其他地块接受 *do*（肥料 = 2），但让哪些地块接受哪种处理是随机的。由此模拟出的世界见图 4.6，它描述了"肥料"变量从一种随机设备那里获取赋值，比如费舍尔的扑克牌。

请注意，所有指向肥料的箭头都已被清除，这反映了农民在决定使用何种肥料时只听从于抽签结果。同样重要的是，图示中没有从随机抽签指向产量的箭头，因为农作物并不能读懂抽签的结果。（对于农作物来说，这是一个相当安全的假设，但对随机化试验中的人类受试者来说，这就是一个应予以严肃考虑的问题了。）因此，模型 3 描述了这样一个世界，其中肥料和产量之间的关系不存在混杂（换句话说，肥料和产量没有共因）。这意味着，在图 4.6 所描述的世界中，观察到"肥料 = 1"和实际实施"肥料 = 1"是没有区别的。

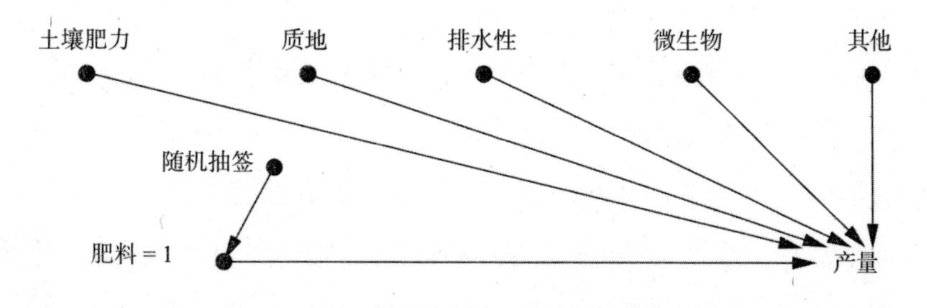

图 4.6　模型 3：由随机对照试验模拟的世界。

这一结论揭示出了关键的一点：随机化处理是模拟模型 2 的一种方法。它让所有旧的混杂因子都失效了，同时并没有引入任何新的混杂因子。这就是随机化处理的关窍所在，没有什么神秘色彩。如琼·费舍尔·博克斯所说，它只不过是一种“对自然的巧妙询问”。

然而，如果我们允许试验者使用自己的判断选择肥料或试验对象，那么试验就无法达到模拟模型 2 的目标。在这种情况下，农作物就能“读懂”它们对应的抽签结果了。对人类受试者进行临床试验时，研究者必须不遗余力地向病人和主试隐瞒处理信息（该试验操作被称为双盲试验），其原因正在于此。

我还想再补充一个关键点：我们还有其他的方式可以用来模拟模型 2。如果你知道所有可能存在的混杂因子，那么一种方法就是测量它们并根据它们进行统计调整。不过相比之下，随机化处理确实有一个很大的优势：它切断了接受随机处理的那个变量的所有传入连接，包括我们不知道或无法测量的那些（如图 4.4 至图 4.6 中的“其他”因素）。

相比之下，在非随机研究中，试验者必须依靠他对试验主体的知识做出判断。如果他相信自己的因果模型中有充足的去混因子，并且收集到了相应的数据，那么他就可以客观估计出肥料对产量的影响。但危险在于，他很可能忽略了一个混杂因子，这样一来他的估计结果就是有偏倚的。

就像走钢丝的人需要安全网一样，在所有条件都满足的情况下，随机对照试验仍是观察性研究的首选。但是很多时候，我们无法满足所有的条件。在某些情况下，干预可能在事实上不可行（例如在研究肥胖对心脏病的影响时，我们不能随机安排病人肥胖与否），或者干预可能是不道德的（例如研究吸烟的影响，我们也不能要求随机选择的一些人抽上 10 年的烟）。再或者，对于某些较为复杂、参与起来不方便的试验，我们可能会在招募受试者时遇到困难，而勉强找到的志愿参与者又无法代表我们的目标总体。

幸运的是，*do* 算子为我们提供了一种科学的方法，让我们能够在非试验性研究中确定因果效应。这一方法挑战了随机对照试验一直以来的霸主地位。正如我们在步行与死亡率那个例子中所讨论的那样，根据观察性研究得出的这种因果估计很可能会被标记为“暂时的因果关系”，即因果关系取决于我们绘制的因果图所反映的一组假设。重要的是，我们不应当把这些研究当作“二等公民”来对待，它们的优势在于能够应用于目标人群的自然生活场所，而非必须应用于人工打造的实验室环境，它不受伦理问题或可行性问题的污染，从这个意义上说，这样的研究是“纯净的”研究。

现在我们已经明白随机对照试验的主要目的是消除混杂，接下来让我们看看因果革命带来的其他消除混杂的方法。这个故事开始于我的两个老同事在1986年发表的一篇论文，这篇论文开启了重新评估混杂含义的进程。

混杂的新范式

“虽然混杂被广泛认为是流行病学研究的核心问题之一，但文献回顾显示，学界对混杂或混杂因子的定义几乎始终未曾达成一致。”通过这句话，加州大学洛杉矶分校的桑德·格林和哈佛大学的杰米·罗宾斯指出了自费舍尔以来为控制和消除混杂所做的努力并未取得实际进展的原因所在。由于缺乏对混杂本质的清晰理解，科学家无法在物理控制处理行不通的观察性研究中给出任何有意义的陈述。

那么在以往，混杂是如何被定义的，又应该被如何定义呢？在掌握了我们现在已经有所了解的因果论的逻辑之后，找出第二个问题的答案就很简单了。我们观察到的是给定处理效应的条件概率 $P(Y|X)$，我们要问自然的问题是 X 和 Y 之间的因果关系，该因果关系可以通过干预概率 $P(Y|do(X))$ 获得。如此一来，混杂就可以简单地定义为导致 $P(Y|X) \neq P(Y|do(X))$，即两个概率出现差异的所有因素。是不是很简单明了？

遗憾的是，在20世纪90年代之前，事情并没有那么简单，因为那时 *do* 算子这一表达形式还未被提出。即使是在今天，如果你在街上拦住一个统计学家，问他：“混杂对你来说意味着什么？”你仍然可能会得到一个你能从科学家那里听到的最令人费解和困惑的答案。最近出版的一本由几位权威的统计学家合著的新书，就花了整整两页的篇幅试图解释这个概念，而我到现在还没有发现哪个读者真的理解了他们的话。

定义困难的原因就在于混杂并非统计学概念。它代表了我们想要评估的内容（因果效应）和我们实际使用统计方法所评估的内容之间的差异。如果你不能在数学上表达出你想评估的内容，那你就无法定义是什么构成了这种差异。

历史上，“混杂”的概念演变围绕着两个相关概念展开——不可比性和潜伏的第三变量。这两个概念都很“抵制”形式化。在丹尼尔的试验中，当我们谈到可比性时，我们说的是，处理组和对照组应该在所有相关方面都相同，但这就要求我们必须从不相关的属性中区分出相关的属性。在步行与死亡率的研究中，我们要如何知道年龄是否相关？要如何知道参与者名字的字母顺序是否相关？你可能会说这是显而易见的或者完全是常识性的，但是几代科学家一直致力于实现在数学上表达这种常识，否则我们就无法要求机器人在没有人类的常识可以依靠的情况下采取正确的行动。

对于潜伏的第三变量的定义也存在同样的模糊性。混杂因子是 X 和 Y 的共因吗？还是仅仅与它们每个都相关？今天，我们可以借助因果图来检查是哪些变量导致了 $P(X \mid Y)$ 和 $P(X \mid do(Y))$ 之间的差异，从而回答这个问题。而在没有因果图或 *do* 算子的时代，大约有五代的统计学家和医学专家不得不尝试找到某种替代定义，而这些定义没有一个令人满意。想到你药柜里的药物可能是基于混杂因子的某个可疑的替代定义开发的，你应该多少为此感到担忧才对。

让我们来看看这些关于混杂的替代定义。它们主要分为两大类，即声明性定义和过程性定义。一个典型的（错误的）声明性定义是“混杂因子是与 X 和 Y 都相关的任何变量”。而过程性定义则试图根据统计检验来描述混杂因子的特征。这种定义尤其吸引那些喜欢直接检验数据而忽视建构模型的统计学家。

下面是一个过程性定义，它有一个可怕的名字——“非溃散性”（noncollapsibility）。这个定义出自挪威流行病学家斯文·亨伯格 1996 年的论文："在形式上，你可以将天然的相对死亡风险和根据潜在混杂因子进行统计调整后得到的相对死亡风险进行比较。二者的差异即表明混杂存在，在这种情况下，你就应该使用调整后的相对死亡风险评估结果。如果二者没有差异或只有微不足道的差异，那么混杂就不是问题，我们首选粗略估计。"换句话说，如果你怀疑存在某个混杂因子，你可以据其进行统计调整，并比较调整后的估计和未经调整的估计。如果二者有区别，那么这个因子就是混杂因子，因而你应该采用那个校正值。如果二者没有区别，那么你就摆脱了混杂的困境。亨伯格绝不是第一个提倡这种做法的人，而这种做法误导了一个世纪的流行病学家、经济学家和社会学家，并且仍然统治着应用统计的某些领域。我之所以单独挑出亨伯格的陈述，是因为他的这个定义非常清晰明确，也因为他是在因果革命已经开始之后的 1996 年发表的这篇文章。

最为流行的一个声明性定义经历了一段时期的发展和演变。《流行病学方法与概念史》（*A History of Epidemiologic Methods and Concepts*）一书的作者阿尔弗雷多·莫拉比亚称之为"混杂的经典流行病学定义"，它包含两个条件。*X*（处理）和 *Y*（结果）的一个混杂因子 *Z*，满足（1）在整个总体上与 *X* 相关，（2）在未接受处理 *X* 的人群中与 *Y* 相关。近年来，该定义又增加了第三个条件：（3）*Z* 不应当出现在 *X* 和 *Y* 之间的因果路径上。

请注意，"经典"版本的定义［只包含条件（1）和（2）］中的所有术语都是统计学的。其中条件（1）体现得尤为明显，即 *Z* 只是被假定为与 *X*、*Y* 相关，而不是 *X* 和 *Y* 的因。1951 年，爱德华·辛普森在此基础上提出了相当复杂的条件（2）："在未接受处理的人群中 *Y* 与 *Z* 相关。"从因果的角度来看，辛普森的想法似乎是要去除由 *X* 对 *Y* 的因果效应引起的 *Z* 与 *Y* 的那部分相关；换句话说，他想说的是 *Z* 对 *Y* 的影响不依赖于 *Z* 对 *X* 的影响。他认为表达这种"去除"的唯一方法就是通过聚焦对照组（$X = 0$）来对 *X* 进行变量控制。统计学剥夺了"效应"这个词，让他无法用其他方式来表达这一想法。

如果这个定义令你感到困惑的话，那就对了！如果他能简单地画出如

图 4.1 所示的因果图，并据此说明“Y 并没有通过 X 与 Z 发生关联”，那事情就会简单明了得多。但他没有这个工具，也无从谈论路径，因为这是一个被禁用的概念。

混杂因子的“经典流行病学定义”还有其他缺陷，如以下两个例子所示：

$$(\text{i})\ X \to Z \to Y$$

和

$$(\text{ii})\ X \to M \to Y, \quad M \to Z$$

在例（i）中，Z 满足条件（1）和（2），但它不是一个混杂因子，而应该被称为“中介物”（mediator）。它是解释 X 对 Y 的因果效应的变量。如果你试图找出 X 对 Y 的因果效应，那么控制 Z 将带来一场灾难。如果你只看处理组和对照组中 $Z = 0$ 的那些个体，那么你就完全阻断了 X 的影响，因为它是通过改变 Z 来起作用的。如此一来你就会得出错误的结论——X 对 Y 没有影响。埃兹拉·克莱因所说的“你最终控制了你真正想要测量的东西”正是这个意思。

在例（ii）中，Z 是中介物 M 的替代物。当实际的因果变量无法测量时，统计学家通常会选择控制其替代物。例如，党派归属就可能被视为政治信仰的替代物。而因为 Z 并不是 M 的完美度量，所以如果你控制了 Z，则 X 对 Y 的影响就可能会部分地被“遗漏”掉。实际上，控制 Z 本身仍然是一个错误，虽然它带来的偏倚可能会小于控制 M，但偏倚仍然存在。

因此，后来的统计学家，特别是大卫·考克斯在他的教科书《实验设计》（*The Design of Experiments*，1958）中发出警告说，除非你有一个“令人信服的先验理由”相信 Z 不受 X 的影响，否则你就不应该控制 Z。这种“令人信服的先验理由”恰恰是一个因果假设。他补充道：“这种假设可能表面上看起来完全合理，但科学家应该在采纳这些假设时保持警惕。”请不要忘了，这可是在严禁因果论的1958年提出的。考克斯的意思其实是，在根据混杂因子进行统计调整的时候，你可以偷偷喝上一大口因果的私酿酒，只要注意别告诉牧师就行——多么大胆的建议！我为他的勇气表示由衷的钦佩。

到1980年，辛普森和考克斯的条件被合并成了我上面提到的对混杂的三部分测试。这个定义就像一艘通往因果关系领域的独木舟，只不过它仍然有三处漏洞。尽管它确实在条件（3）中半遮半掩地提到了因果关系，但定义的前两个部分都可以被证明是不必要且不充分的。

格林兰和罗宾斯在1986年发表的具有里程碑意义的论文中就得出了这一结论。他们对混杂采用了一种全新的界定方法，并称之为“可互换性”（exchangeability）。他们回到最初的思路，即对照组（$X = 0$）应与处理组（$X = 1$）进行比较。但他们在此之上增加了一种反事实的扰动。（我在第一章曾指出，反事实位于因果关系之梯的第三层级，它十分强大，足以处理混杂。）可互换性要求研究者针对处理组，想象如果这组患者没有得到处理，其成员会发生什么，然后判断这一想象中的结果与那些实际上没有接受处理的小组的情况是否一致。只有在二者一致时，我们才能说这项研究中不存在混杂。

在1986年面对流行病学家谈论反事实多少还是需要一些勇气的，因为他们中的大部分仍然深受古典统计学的影响，认为所有的答案都存在于实际的数据中——而不是存在于想象的数据中，因为后者永远无法被观测。然而，由于另一位哈佛统计学家唐纳德·鲁宾的开创性工作，统计学界或多或少地做好了倾听这类“异端邪说”的准备。在鲁宾于1974年提出的“潜在结果”（potential outcomes）理论框架中，反事实变量就像血压这样的传统变量一样合法，如“假如个体X服用了药物D后，他的血压”或“假如个体X没有服用过药物D，他的血压”，它们同真正被观测到的血压数值一样有效，尽管这些反事实变量永远不会被观测到。

格林兰和罗宾斯开始从潜在结果的角度表述他们对混杂的定义。他们把研究中的目标总体分成 4 种类型：注定的、因果的、预防的和免疫的。这种说法比较含蓄，打个比方，我们可以把处理 X 当作接种流感疫苗，将结果 Y 当作得流感。"注定的"群体类型是指疫苗对其不起作用的那些人，他们无论是否接种疫苗都会患上流感。"因果的"群体（可能在现实中并不存在）是指因为接种疫苗而患上流感的那些人。"预防的"群体由接种了疫苗从而预防了流感的人组成。也就是说，如果没有接种疫苗，他们就会得流感，如果接种了疫苗，他们就不会得流感。最后，"免疫的"群体指在任何情况下都不会得流感的那些人。表 4.1 概括了这些群体类型。

理想的情况是，每个人的额头上都有一个贴纸，标明他属于哪个群组。可互换性意味着处理组和对照组的成员中 4 种类型的人数比例（d，c，p，i）相同。如果我们将处理组和对照组进行互换，相等的比例可以确保互换后的结果不变。相对的，如果处理组和对照组的相应比例不同，我们对疫苗结果的估计就会受到混杂的影响。请注意，处理组和对照组可能在许多方面有所不同，比如在年龄、性别、健康状况和各种其他特征上存在差异，但只有 d、c、p、i 相等才能决定它们是否是可互换的。因此，可互换性就相当于两组中 4 个比例相等，这种方法不必评估造成两个群体存在差异的无数因素，从而大大降低了处理的复杂程度。

表 4.1　根据反应类型进行的个体分类

群组	在总体中的比例	若接种疫苗的结果	若不接种疫苗的结果
注定的	d	得流感	得流感
因果的	c	得流感	未得流感
预防的	p	未得流感	得流感
免疫的	i	未得流感	未得流感

借助这一通俗易懂的定义，格林兰和罗宾斯表明了以往关于混杂的"统计学"定义，无论是声明性定义还是过程性定义，都给出了错误的答案。某个变量可能满足了混杂的"经典流行病学定义"的三个条件，但根据该变量进行统计调整仍然可能增加偏倚。

格林兰和罗宾斯给出的定义是一项伟大的科学成就，因为该定义使他们能够举出一些明确的例子，表明以前的混杂定义是不恰当的。但是，该定义无法付诸实践。简言之，那个“额头上的贴纸”是不存在的。我们甚至无从了解 d，c，p，i 的值。事实上，这正是自然精灵一直锁在她的神灯里不想示人的信息。由于缺乏这方面的信息，研究者只能将处理组和对照组是否可互换这个问题留给直觉去判断。

现在，我希望我的叙述激发起了你对于这个问题的好奇心：因果图是如何将混杂这个大麻烦转变成了一个有趣的游戏呢？诀窍在于对混杂进行操作测试，这个测试被称为“后门标准”。这个标准将定义混杂、识别混杂因子和根据混杂因子进行统计调整这些问题转变成了一个比迷宫问题还简单的智力游戏。如此，这个古老而棘手的问题就得到了圆满的解决。

do 算子和后门标准

为了理解后门标准，我们需要先直观地了解信息是如何在因果图中流动的，这对我们后续的理解会有所帮助。我喜欢将连接看作一个管道，这个管道将信息从起点 X 传递到终点 Y。记住，正如我们在第三章看到的那样，信息传递是双向的，既在因果方向传递，也在非因果方向传递。

事实上，非因果路径恰恰是混杂的根源。大家应该还记得我将混杂定义为任何使 $P(Y|do(X))$ 不同于 $P(Y|X)$ 的因素。*do* 算子会清除指向 X 的所有箭头，这样它就可以防止有关 X 的任何信息在非因果方向流动。随机化处理具有相同的效果。如果我们选择合适的变量进行统计调整，那么这种统计调整也具有相同的效果。

在上一章，我们研究了接合的 3 种形式（或 3 条信息流通规则），这些规则告诉了我们应该如何阻断信息在某个接合中流动。为了加以强调，我现在重复一下这些规则：

（a）在链接合 $A \to B \to C$ 中，控制 B 可防止有关 A 的信息流向 C 或有

关 C 的信息流向 A。

（b）同样，在叉接合或混杂接合 $A \leftarrow B \rightarrow C$ 中，控制 B 可以防止有关 A 的信息流向 C，或有关 C 的信息流向 A。

（c）最后，在对撞接合 $A \rightarrow B \leftarrow C$ 中，信息流通规则与前两种是完全相反的。变量 A 和 C 原本是独立的，所以关于 A 的信息不能告诉你任何关于 C 的信息。但是，如果你控制了 B，由于辩解效应的存在，信息就会开始在“管道”中流通。

我们还必须牢记另一条基本规则：

（d）控制一个变量的后代节点（或替代物）就如同“部分地”控制变量本身。控制一个中介物的某个后代节点意味着部分地关闭了信息管道；控制一个对撞变量的某个后代节点则意味着部分地打开了信息管道。

现在，如果我们有更长的管道和更多的接合单元，就像这样：

$$A \leftarrow B \leftarrow C \rightarrow D \leftarrow E \rightarrow F \rightarrow G \leftarrow H \rightarrow I \rightarrow J$$

那么我们应该如何阻断信息的流通？答案很简单：如果这条路径中的一个接合被阻断，那么 J 就无法通过这条路径“找到” A。因此，我们有许多方式来阻断 A 和 J 之间的交流：控制 B，控制 C，不控制 D（因为它是一个对撞变量），控制 E，等等，并且我们只需要做到其中的任何一项就足够了。这就是为什么常规统计过程——控制我们可以测量的一切，造成了如此严重的误导。事实上，对这条路径来说，在我们不去控制任何变量的前提下，该路径本身就是被阻断的！D 和 G 的对撞在没有任何外部帮助的情况下阻断了这条路径。而控制 D 和 G 将打开此路径，使 J 能够听从于 A。

最后，为了去除 X 和 Y 中的混杂，我们只需要阻断它们之间的每个非因果路径，而不去阻断或干扰所有的因果路径就可以了。更确切地说，我们将后门路径（back-door path）定义为所有 X 和 Y 之间以指向 X 的箭头为开始的路径；如果我们阻断了所有的后门路径（因为这些路径允许 X 和 Y 之间的伪相关信息在管道中流通），则我们就完成了对 X 和 Y 的去混杂。如果我们试图通过控制某一组变量 Z 来实现这一点，那么我们还需要确保 Z 的任何成员都不是 X 的后代，否则我们就可能部分或完全地关闭这条 X 与 Y 之间的因果路径。

这就是关于混杂和去混杂的一切！有了这些规则，去混杂就会变得非常简单和有趣，你可以把它当成一个游戏。我鼓励你用下面几个例子练习一下，目的是掌握它的窍门，体会一下这种方法是多么简单明了。如果你仍然发现它很困难，那也不用担心，因为已被开发出来的许多算法都可以在瞬间破解所有这些问题。在所有此类问题中，我们的目标都是指定一组变量，它们将能够去除变量 X 和 Y 中的混杂。换言之，它们首先不应该是 X 的后代，其次必须能够阻断所有的后门路径。

游戏 1

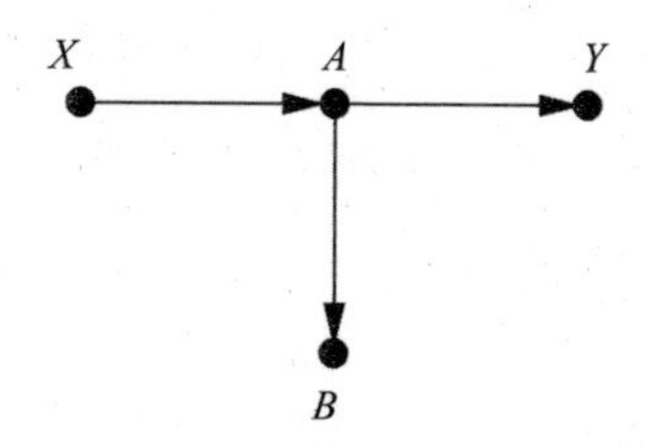

这个例子很简单！该图示中没有箭头指向 X，因此也就没有后门路径。在此例中，我们不需要控制任何事物。

不过，一些研究人员可能会认为 B 是混杂因子。首先，B 与 X 相关联，因为存在链接合 $X \to A \to B$。其次，在 $X=0$ 的个体中，B 与 Y 相关联，因为存在一个不经过 X 的开放路径 $B \leftarrow A \to Y$。最后，B 不在因果路径 $X \to A \to Y$ 上。因此，它满足了混杂的"经典流行病学定义"的三个条件。但是，它并没有通过后门标准，因此控制 B 将导致灾难。

游戏 2

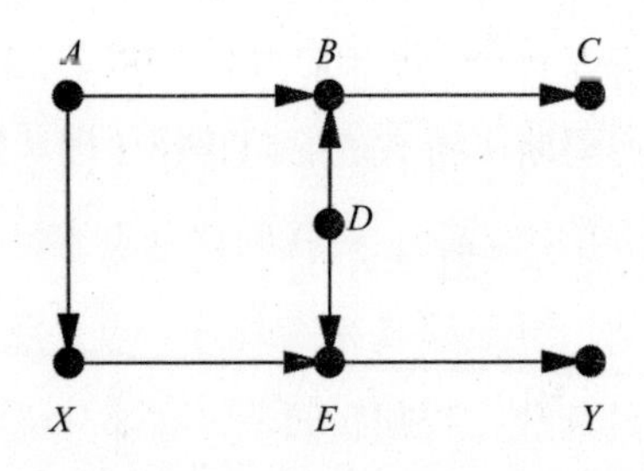

在这个例子中，你应该把 A、B、C、D 看作“预处理”变量。（与以往的例子一样，处理是 X。）现在存在一个后门路径 $X \leftarrow A \rightarrow B \leftarrow D \rightarrow E \rightarrow Y$。这条路径已经在 B 处被一个对撞接合挡住了，所以我们仍然不需要控制任何事物。许多统计学家会选择控制 B 或 C，认为只要在实施处理（X）之前完成了控制，这样做就没有坏处。最近，一位颇具影响力的统计学家甚至这样写道：“逃避对观察到的协变量进行变量控制……是一种非科学的欺诈。”他错了。控制 B 和 C 或以 B 或 C 为条件是一个糟糕的想法，因为这么做会打开非因果路径，从而引入 X 和 Y 之间的混杂。请注意，在这种情况下，我们可以通过控制 A 或 D 重新关闭路径。这个例子表明，去混杂可能有不同的策略。一些研究者可能会选择采取简单的方式，不控制任何事物；而另一些较为传统的研究者可能会选择控制 C 和 D。两者都是正确的，得到的结果也应该是相同的（前提是我们依据假设建构的模型是正确的，并且我们有足够大的样本）。

游戏 3

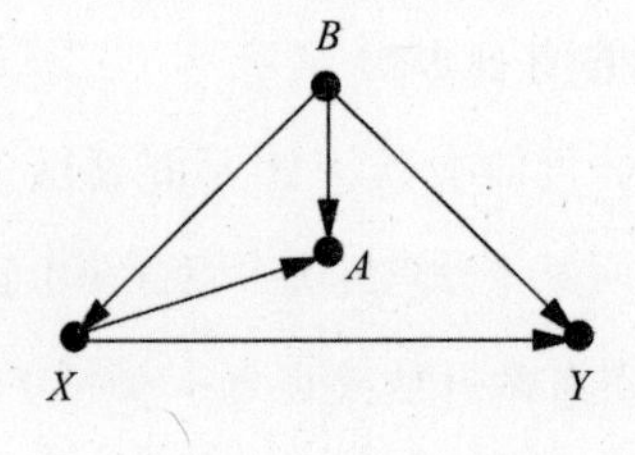

在游戏 1 和 2 中，你不必做任何事情就能阻断非因果路径，但这一次，你需要做出行动了。该图示中存在一个从 X 到 Y 的后门路径，$X \leftarrow B \rightarrow Y$，只能通过控制 B 来阻断。如果 B 无法被观测，那么不进行随机对照试验的

话，我们就无法估计 X 对 Y 的因果效应。在这种情况下，一些（事实上是大多数）统计学家会选择控制 A，将其作为不可观测的变量 B 的替代物，但这种做法只能部分消除混杂偏倚，并引入新的对撞偏倚。

游戏 4

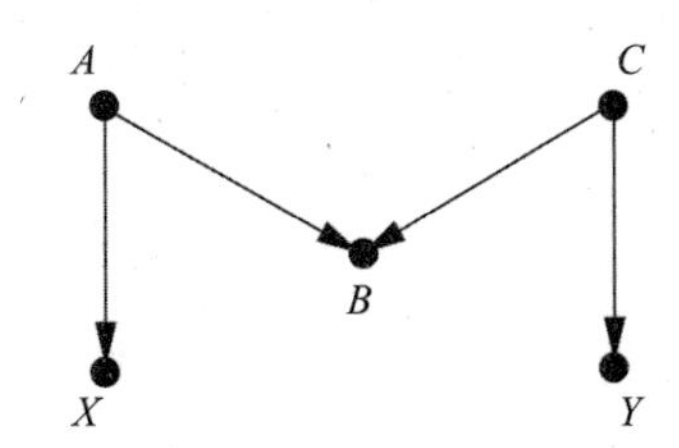

这个游戏引入了一种新的偏倚，名叫“M 偏倚”（以图的形状命名）。同样，该图示中也只有一条后门路径，它已经被 B 处的对撞阻断，所以我们不需要控制任何事物。然而，1986 年之前所有的统计学家以及当下的许多统计学家都认为 B 是一个混杂因子。它与 X（通过 $X \leftarrow A \rightarrow B$）相关联，并通过一条不经过 X 的路径（$B \leftarrow C \rightarrow Y$）与 Y 相关联。它并不在因果路径上，也不是因果路径上任何变量的后代节点，因为从 X 到 Y 没有因果路径。因此，B 通过了混杂因子传统的三部分测试。

M 偏倚指出了传统方法的错误所在。仅仅因为某个变量与 X 和 Y 都相关就将变量（如 B）视为混杂因子是错误的。要重申的是，如果我们不控制 B，则 X 和 Y 就是未被混杂影响的。只有当你控制了 B 时,B 才会变成混杂因子！

20 世纪 90 年代，当我开始向统计学家展示这张图时，他们中的一些人对此付之一笑，说这种图在实践中根本用不上。对此我不赞同！就以游戏 4 的因果图为例，安全带的使用（B）对吸烟（X）或肺部疾病（Y）没有因果影响，它仅仅反映了一个人对于社会规范的态度（A）与对于安全和健康相关措施的态度（C），而其中一些态度可能会影响此人对于肺部疾病的易感性（Y），另一些态度则可能影响人们是否选择吸烟（X）。在实际数据中，人们发现安全带的使用（B）与 X 和 Y 相关。事实上，在 2006 年一项关于烟草诉讼的研究中，安全带的使用甚至被列为需要控制的首要变量之一。而如果你接受了我在游戏 4 中给出的模型，那么你就能意识到单独控制 B

是错的。

请注意，如果你同时还控制了 A 或 C，那么控制 B 就没什么问题。因为控制对撞因子 B 打开了“管道”，而控制 A 或 C 会再次关闭它。遗憾的是，在安全带的例子中，A 和 C 是与人们的态度有关的变量，很难被直接观测。而如果你不能观测它，你就不能根据它进行统计调整。

游戏 5

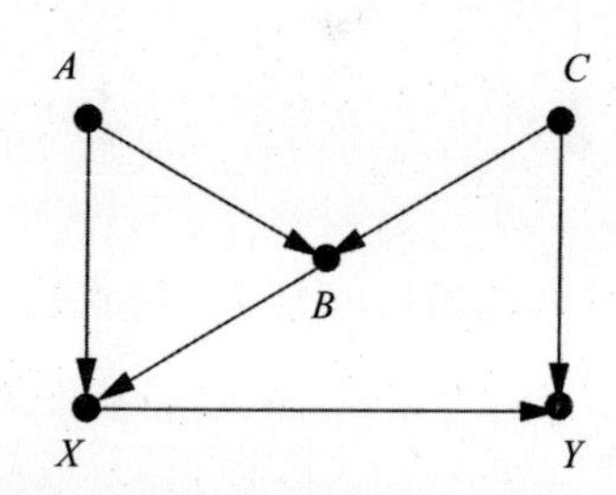

游戏 5 在游戏 4 的基础上额外增加了一点儿难度。现在，我们需要关闭第二个后门路径 $X \leftarrow B \leftarrow C \rightarrow Y$。如果我们通过控制 B 来关闭这条路径，那么我们就打开了 M 形路径 $X \leftarrow A \rightarrow B \leftarrow C \rightarrow Y$。而要关闭这一路径，我们还必须控制 A 或 C。然而，请注意，我们可以仅控制 C，这样一来我们就关闭了路径 $X \leftarrow B \leftarrow C \rightarrow Y$，而且不会影响另一条路径。

游戏 1 至 3 来自美国国立卫生研究院副院长克拉丽斯 · 温伯格 1993 年的一篇论文，文章的标题为“对混杂的更明确定义”。这篇文章发表于 1986 年至 1995 这段过渡时期，当时格林兰和罗宾斯的论文已经发表，但人们对因果图仍知之甚少。因此，温伯格在上述的每个案例中都通过一系列计算验证了各个例子的可互换性。尽管她使用了图示来表示不同的情境，但她并没有使用图示的逻辑来帮助她区分混杂因子和去混因子。她是我所知道的唯一设法完成了这一壮举的学者。2012 年，她以合著者的身份发表了另一篇升级版的文章，其中她使用因果图分析了同样的例子，并验证了她在 1993 年那篇论文中得到的所有结论都是正确的。

在温伯格的两篇论文中，作者具体讨论的一个医学案例是估计吸烟（X）对流产或“自发性流产”（Y）的影响。在游戏 1 中，A 代表吸烟引起的潜在身体异常，这是一个不可观察的变量，因为我们不知道异常具体是什么。B 代表孕妇的既往流产史。在估计孕妇未来流产的可能性时，流行病学家很容易想到既往流产史这个因素并据其进行统计调整。但在这个例子中，这样做是错误的！如果对 B 进行了变量控制，我们就部分地阻断了吸烟（X）对流产（Y）的影响通道，从而低估了吸烟的真正影响。

游戏 2 是这个例子的一个更复杂的版本，其中有两个不同的关于吸烟的变量：X 代表孕妇现在是否吸烟（从第二次怀孕开始算起），A 代表孕妇第一次怀孕时是否吸烟。B 和 E 是吸烟引起的潜在身体异常，同样，它们是无法被直接观测的，D 代表了这些身体异常的其他生理原因。请注意，这个图示考虑到了这样一个事实，即孕妇在怀孕期间可能会改变自己的吸烟行为，但她的其他生理条件并不会改变。许多流行病学家再一次选择根据既往流产史（C）进行统计调整，但这依然是一个糟糕的想法，除非你同时控制了孕妇第一次怀孕时的吸烟行为（A）这一变量。

游戏 4 和 5 来自 2014 年发表的一篇论文，作者是澳大利亚莫纳什大学的生物统计学家安德鲁 · 福布斯和几位合作者。他感兴趣的是吸烟对成人哮喘的影响。在游戏 4 中，X 代表某人的吸烟行为，Y 代表某人是否为成人哮喘患者。B 代表此人儿童时期是否患有哮喘，这是一个对撞变量，因为它同时受到父母吸烟行为（A）和潜在的（无法被观测的）哮喘体质（C）的影响。在游戏 5 中，各个变量含义不变，但福布斯为了让图示更加贴近现实又增加了两个箭头。（游戏 4 的提出只是为了引入 M 形结构。）

事实上，福布斯论文中的完整模型包含更多的变量，如图 4.7 所示。注意，变量 A、B、C、X 和 Y 之间的关系与游戏 5 所示的情况完全一样，从这个角度来说，游戏 5 被嵌入了这个模型。因此，我们也可以将之前的结论移植过来，即我们必须控制 A 和 B 或只控制 C，但由于 C 不可观测，因此它是一个无法控制的变量。此外，我们还有 4 个新的混杂变量：D = 父母是否患有哮喘，E = 慢性支气管炎，F = 性别，G = 社会经济地位。读者可能会发现，我们必须控制 E、F 和 G，而没有必要控制 D。如此，对于这个例子而言，去混变量的充分集就是 A、B、E、F、G。

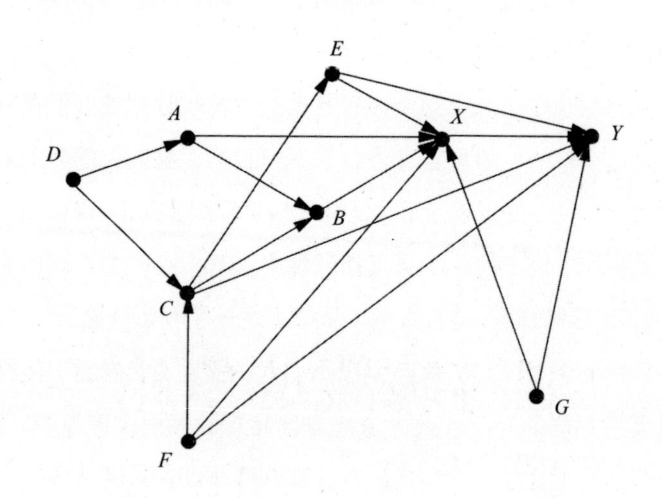

图 4.7 安德鲁·福布斯的吸烟（X）和哮喘（Y）模型

最后，福布斯发现，在原始数据中，吸烟与成人哮喘的关联很小且统计上不显著。在根据混杂因子进行统计调整后，这一关联变得更小、更不显著了。然而，无效结果无损于这篇论文的质量，因为这篇论文正是“对自然的巧妙询问”的一个典范。

关于这些“游戏”的最后一点评论是：当你开始把变量指定为诸如吸烟、流产这些因素时，显然，这已经不再是游戏，而是严肃的科学研究了。我把它们说成游戏，是因为迅速而有意义地解决它们所带来的喜悦，和一个孩子破解了之前难倒他的谜题时所感受到的那种纯粹的快乐一模一样。

在整个科学研究的生涯中，我们很少能享受到此类令人满足的时刻：将让前辈们困惑不解的问题简化为一个简单的游戏或算法。我认为，混杂问题的完整解决方案是因果革命的主要亮点之一，因为它终结了一整个混乱的时代，我们曾在这个时代做出了许多错误的决策。同时，这又是一场悄无声息的革命，激烈的争辩主要发生在研究实验室中和科学会议上。而在掌握了这些新工具，理解了这些新见解之后，科学界终于可以着手处理一些更困难的问题，无论这些问题是理论上的还是实践中的。我们在后续章节会注重介绍这些内容。

第五章

烟雾缭绕的争论：消除迷雾，澄清事实

最后，船上的人彼此说："来吧！我们掣签，看看这灾临到我们是因谁的缘故。"

——《约拿书》1:7

“亚伯和雅克”（左和右）对吸烟的危害持相反立场。跟同时代的其他人一样，两个人都吸烟（尽管亚伯用的是烟斗）。对许多参与了吸烟与癌症之关系这场辩论的科学家来说，这场辩论有着非同寻常的个人色彩。（资料来源：由达科塔·哈尔绘制。）

20世纪50年代末60年代初，统计学家和医生就整个20世纪最引人注目的一个医学问题产生了意见冲突：吸烟会导致肺癌吗？在这场辩论过去了半个世纪之后的现在，我们认为答案是理所当然的。但在当时，这个问题完全处于迷雾之中。众多科学家乃至家庭成员之间都因此问题产生了分歧。

雅各布·耶鲁沙米一家就是这样一个发生了意见分歧的家庭。加州大学伯克利分校的生物统计学家耶鲁沙米（1904—1973），可能是学术界最后一位支持烟草的人士。许多年后，他的侄子大卫·利连菲尔德写道："耶鲁沙米一直到临终都不赞同吸烟导致癌症这一说法。"而利连菲尔德的父亲亚伯·利连菲尔德，约翰·霍普金斯大学的流行病学家，则是吸烟致癌这一观点的公开支持者。小利连菲尔德曾回忆"雅克"（雅各布的简称）和他父亲坐在一起辩论吸烟是否致癌的情景：书房内始终烟雾缭绕，"烟从雅克的香烟和亚伯的烟斗里不停地冒出来"（见章首插图）。

如果亚伯和雅克能借此发起一场因果革命消除这场迷雾就好了！正如本章将要介绍的，驳斥吸烟致癌假说的一个最重要的科学主张是可能存在某些不可测量的因素，同时导致了人对尼古丁的渴求和人患肺癌。我们在上一章刚刚讨论过这种混杂模式，并指出因果图已经消除了混杂的威胁。但那时是20世纪50年代和60年代，桑德·格林兰和杰米·罗宾斯发表那篇论文的20年前，*do*算子问世的30年前。因此，研究一下那个时代的科学家如何处理这个问题，并证明那个可能存在某个潜在的混杂因子的主张不过是误导人们的烟幕弹是件颇为有趣的事。

毫无疑问，亚伯和雅克烟雾缭绕的辩论中有很多主题既不关乎烟草也不关乎癌症，而是关乎一个人畜无害的词——“导致”。这已经不是医生第一次面对令人费解的因果问题了，医学史上的很多里程碑式的发展成果都与特定病原体的识别有关。18世纪中叶，詹姆斯·林德发现柑橘类水果可以预防坏血病。19世纪中叶，约翰·斯诺发现被粪便污染的水导致了霍乱。（后来的研究发现了二者更具体的病因：缺乏维生素C会导致坏血病，霍乱杆菌会引起霍乱。）这些杰出的发现都蕴含着一个幸运的巧合——其原因与结果恰巧是一对一的关系。霍乱杆菌是霍乱的唯一原因；或者，用我们今天的话来说，霍乱杆菌是霍乱的充分必要因。如果你没接触过霍乱杆菌，你就不会得病。同样，缺乏维生素C也是坏血病的必要因，而如果你缺乏维生素C的时间足够长，那么它也将是充分因。

吸烟与癌症之关系的辩论挑战了这种单一的因果关系概念。许多人吸了一辈子的烟，却从未患肺癌。相反，有些人从不吸烟却依然患上了肺癌。他们中的一些人可能是因为家族遗传而得了肺癌，另一些则是因为接触到了致癌物，还有一些人两个方面的原因都有。

当然，统计学家当时已经掌握了一种在更普遍的意义上确立因果关系的绝妙方法：随机对照试验。但是在吸烟的案例中，这个研究方法既不可行，也不合乎职业道德。你怎么可能让随机挑选出来的一些人吸上数十年烟，冒着很可能损害他们身体健康的风险，只为了看看他们是否会在30年后患上肺癌呢？

而如果没有随机对照试验，我们就无法说服像耶鲁沙米和费舍尔这样的怀疑论者。他们坚信这种观点，即所观察到的吸烟和肺癌之间的关系是一种伪相关。对他们来说，潜伏的第三个因素可能才是我们所观察到的这种关联背后的原因所在。例如，可能存在一种吸烟基因既让人们更渴望吸烟，也使他们更有可能患上肺癌（也许是通过间接影响他们对于生活方式的选择达成的）。他们提出的混杂因子并没有什么说服力，但证明不存在混杂因子的责任并不在他们身上，而在禁烟派身上——而要证明一个否定性的结论，费舍尔和耶鲁沙米深知这几乎不可能完成。

这一僵局最终的打破既是一次伟大胜利，又是一次良机错失。一方面，对于公共卫生来说，它是一次胜利，因为流行病学家最终得出了正确结论。美国卫生局局长在 1964 年的报告中明确指出："在男性中，吸烟与肺癌[①]有因果关系。"这一直言不讳的声明彻底终结了"不能证明吸烟致癌"的说法。美国男性的吸烟率在报告发表后的第二年开始下降，现在，吸烟者的数量已经不及 1964 年的一半。毫无疑问，该声明挽救了千百万人的生命，同时大大延长了更多人的寿命。

另一方面，这场胜利是不完整的。如果科学家能够找到一种更有力的因果关系理论，那么确定上述结论所用的时间（大约从 1950 年到 1964 年）就可能被大大缩短。以本书的观点来看，胜利的不完整主要体现在 20 世纪 60 年代的科学家没能真正建立起这种理论。为了证明吸烟致癌的说法是合理的，卫生局局长委员会依据的是一系列非正式的指导方针，其被称为"希尔标准"，是以伦敦大学统计员奥斯汀·布莱德福·希尔的名字命名的。实际上，这套标准中的每一条都存在显而易见的反例，不过总体而言，它仍然体现出了一种令人信服的常识价值甚至智慧。从费舍尔过分强调方法论的世界中走出来，希尔标准将我们带入了一个与前者完全相反的领域——一个没有方法论的世界。在这个世界中，因果关系是根据统计趋势的定性模式决定的。因果革命在这两个极端世界之间架起了一座桥梁，为我们的因果直觉赋予了数学的严谨性。可惜的是，这项工作被留给了他们的下一代来完成。

烟草：一种人为的流行病

1902 年，香烟仅占美国烟草市场的 2%，且烟草消费最普遍的标志在当时还是痰盂而不是烟灰缸。但是两股强大的力量一起改变了美国人的习惯：

① 当时关于女性群体中的相应证据比较模糊，主要原因在于 20 世纪初，女性吸烟者比男性吸烟者少得多。

自动化和广告。由于实用性强和成本低廉，机器制造的香烟轻松战胜了手工制作的雪茄和烟斗。与此同时，烟草业开创并完善了许多广告销售技巧（见图 5.1）。20 世纪 60 年代的电视观众可以很容易地记住那些朗朗上口的香烟广告，不管是“你会钟情万宝路”，还是“宝贝，你已走过漫漫长路”。

到 1952 年，烟草市场的香烟份额已从 2% 飙升至 81%，烟草市场本身也在急剧扩大。美国人民消费习惯的重大改变给公共卫生带来了意想不到的影响。早在 20 世纪早期，人们就开始怀疑吸烟有害健康，会引发咽炎和咳嗽。而到了 20 世纪中叶，负面性的证据越来越多。在香烟出现之前，肺癌是一种十分罕见的疾病，医生从业一辈子可能只会遇到一例。但是在 1900 年到 1950 年间，这种曾经的罕见疾病的发病率翻了两番。到 1960 年，肺癌已成为男性群体中最常见的癌症。一种致死疾病的发病率发生了如此巨大的变化，这迫切需要专业人士做出解释。

图 5.1 精心制作的广告意在让公众安下心来，相信香烟对他们的健康没有害处。图中显示的就是一则刊登在 1948 年《美国医学协会杂志》上针对医生所做的广告，其中显示香烟有提神醒脑之效，是医生治病救人的必备用品（资料来源：来自斯坦福大学关于烟草广告影响的研究论文集）

事后看来，这一灾难性的变化显然应该归咎于吸烟。如果我们用图示表示出肺癌和烟草消费的比例关系（见图 5.2），二者的关联就是不言而喻的。但时间序列数据对于因果关系的证明是一种非常糟糕的证据。1900 年到 1950 年，许多其他的事情也发生了变化，它们同样有可能是罪魁祸首，比如道路铺设、含铅汽油尾气排放以及普遍的空气污染。英国流行病学家理查德·多尔在 1991 年说："汽车的普及就是一个新因素，如果我必须在当时所有那些因素中挑出一个真正的致癌物的话，我肯定会把赌注下在汽车尾气或者用于铺设公路的柏油上。"

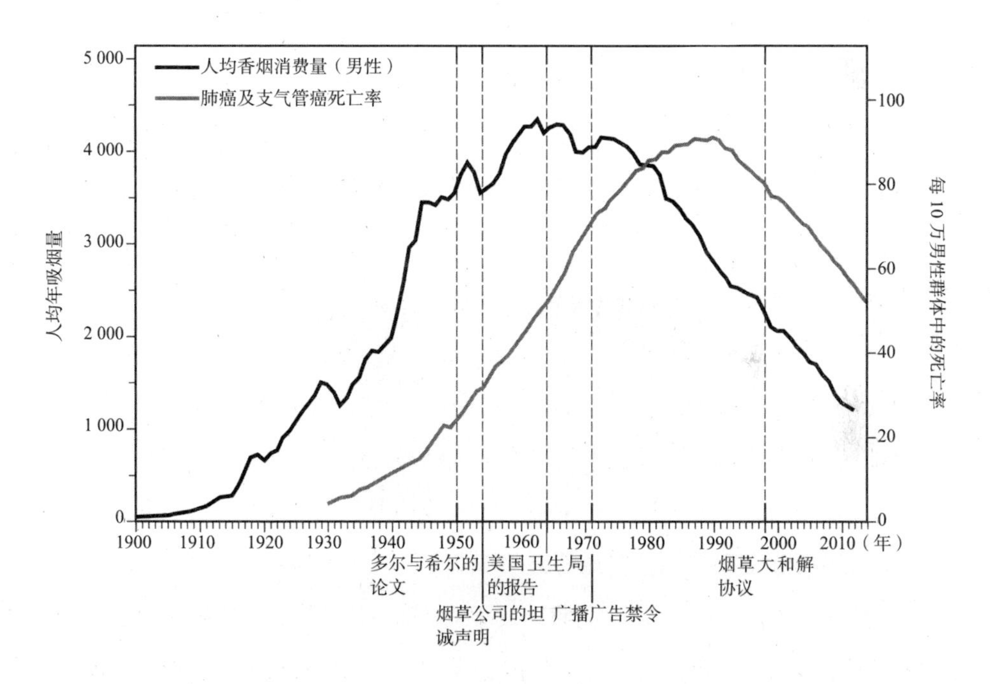

图 5.2　美国人均香烟消费量（黑色曲线）和肺癌及支气管癌死亡率（灰色曲线）的变化趋势显示出了惊人的相似：癌症死亡率曲线比香烟消费量曲线延迟了大约 30 年，其形状几乎是后者的复制。然而，这种证据是间接的，不能证明因果关系。图中还标出了一些关键日期，包括理查德·多尔和奥斯汀·布莱德福·希尔 1950 年发表的论文，这篇论文首次面向医学专家揭示了吸烟与肺癌之间的联系（资料来源：马雅·哈雷尔绘图，数据来自美国癌症协会、疾病控制中心和卫生局局长办公室）

科学的工作是把假设放在一边，研究事实。1948 年，多尔和希尔进行了研究合作，共同探索癌症流行的原因。希尔作为首席统计学家，在当年的早些时候发表了一项非常成功的随机对照试验。试验证明，链霉素（最早的抗生素之一）对结核病有效。这一发现是医学史上的一个里程碑，它不仅为医学界带来了一种“特效药”，而且提高了随机对照试验的声誉，使其很快成为流行病学临床研究的标准范式。

希尔当然知道，在对吸烟是否致癌这一问题的研究上，随机对照试验是不适用的，但是他已经认识到了对比处理组和对照组这一方法的优势所在。因此，他建议将已经被诊断为癌症的病人与由健康志愿者组成的对照组进行比较，采访每一组的成员，了解他们过去的行为和病史。为避免偏倚，他没有告知采访者其采访对象是处理组的癌症患者还是对照组的健康志愿者。

研究结果令人震惊。在649名接受采访的肺癌患者中，除两人外其余均为吸烟者。这一结果在统计学上与随机水平相去甚远，是一件极不可能发生之事。多尔和希尔情不自禁地计算出了该结果的精确度：1 500 000∶1。此外，平均而言，肺癌患者的吸烟量也比对照组成员的吸烟量更大，但采访也显示，肺癌患者吸入烟雾的比例相对较小（注意，在之后的辩论中，费舍尔就抓住这一结果中的矛盾进行了激烈的攻击）。

多尔和希尔将“病例”（患有疾病的人）与对照组进行了比较，因此这种研究类型现在也被称为“病例—对照研究”（case-control study）。相对于时间序列数据而言，借助这种方法搜集数据显然是一种进步，因为研究人员可以控制包括年龄、性别和所接触的环境污染物等混杂因子。然而，病例—对照设计也存在一些明显的弊端。首先，它是回顾性的，这意味着我们已知研究对象患有癌症，在此前提下我们要回顾过去找出原因。其次，它的概率逻辑也是反向的，这些数据告诉我们的是癌症患者是吸烟者的概率，而不是吸烟者患癌症的概率。对于那些想知道是否应该吸烟的人，吸烟者患癌症的概率才是他们真正关心的概率。

此外，病例—对照研究承认存在几种可能的偏倚来源。其中之一被称为“回忆偏倚”：虽然多尔和希尔确保了采访者不知道其采访对象是否患有癌症，但被采访者本人肯定知道他们自己是否患有癌症，而这一事实很可能会影响他们的回忆。另一个来源是选择偏倚：已入院就医的癌症患者绝不是整个人口总体的代表性样本，甚至不能作为吸烟者总体的代表性样本。

简而言之，多尔和希尔的结果非常具有启发性，但仍然不能被当作吸烟致癌的有力证据。这两位研究人员起初很谨慎地将这种相关性称为“关联”。在去除了几个混杂因子后，他们大胆地提出了一个更有力的观点：“吸烟是肺癌形成的一个因素，一个非常重要的因素。”

接下来的几年里，在不同国家进行的 19 个病例—对照研究基本上都得出了类似的结论。但正如费舍尔毫不在意地指出的那样，一项有偏倚的研究重复 19 次也不能证明任何事情，它仍有偏倚。费舍尔在 1957 年写道，这些研究“仅仅是同类证据的重复，因此，我们有必要尝试检验一下这种研究方法是否足以得出任何科学结论”。

多尔和希尔意识到，如果病例—对照研究中的确存在隐藏的偏倚，那么仅仅靠重复研究肯定是无法消除偏倚的。因此，他们于 1951 年开始了一项前瞻性研究，向 6 万名英国医生发放调查问卷，采集关于其吸烟习惯的信息，并对他们进行追踪调查。（美国癌症协会也在同一时间发起了一项类似的、规模更大的研究。）在短短的 5 年里，一些戏剧性的差异就出现了。在接受了追踪调查的医生中，重度吸烟者患肺癌死亡的概率是不吸烟者的 24 倍。在美国癌症协会发表的研究结果中，情况甚至更加严峻：一方面，吸烟者死于肺癌的概率是不吸烟者的 29 倍，而重度吸烟者死于肺癌的概率更是不吸烟者的 90 倍。另一方面，曾经吸烟，然后戒烟的那些人，其患病风险降低了一半。所有这些结果都表明了一个一致的结论：吸烟越多，患肺癌的风险就越高，而戒烟能降低这种风险。这是一个强有力的因果证据。医生们称此类结论为“剂量—响应效应”（dose-response effect）：如果物质 A 会导致生物反应 B，则通常而言（但不是百分之百），更大剂量的 A 会导致更强的反应 B。

然而，像费舍尔和耶鲁沙米这样的怀疑论者是不会被就此说服的。前瞻性研究仍未能将吸烟者与其他各方面都相同的不吸烟者进行比较。事实上，这种比较是否可行值得怀疑。毕竟，吸烟是吸烟者的一种自我选择。在许多方面，他们都可能与不吸烟者有着基因或“体质”上的不同，比如有更多的冒险行为，更易饮酒过量等。其中一些行为同样可能会对健康造成不良影响，而这些不良影响可能被错误地归咎于吸烟。对于怀疑论者来说，这是一个特别便利的论据，因为体质假说几乎不可检验。直到2000年人类基因组测序工程开启之后，寻找与肺癌相关的基因才成为可能。（具有讽刺意味的是，费舍尔的主张被证明是正确的，尽管只是非常有限的正确：这种基因确实存在。）对于体质假说，杰尔姆·康菲尔德与亚伯·利连菲尔德于1959年共同发表了一篇论文，逐一驳斥了费舍尔的论据。在许多医生看来，这篇论文已经解决了问题。在美国国立卫生研究院工作的康菲尔德是吸烟与癌症之关系这场辩论的一名不寻常的参与者。他既不是统计学家，也不是生物学者，他大学时期主修历史，后来在美国农业部学习统计。自学成才的他最终成为一位备受欢迎的顾问，并担任了美国统计协会主席。他还是一个一天要抽两包半香烟的大烟鬼，但当他看到有关肺癌的数据时，他就戒烟了。（有趣的是，有关吸烟与癌症之关系的这场辩论与参与其中的科学家的个人生活息息相关。费舍尔从来没有丢开过他的烟斗，耶鲁沙米也不曾放弃自己的香烟。）

康菲尔德把目标直接对准了费舍尔的体质假说，并在费舍尔的领域——数学中阐述了他的驳斥。他认为，假设存在一个混杂因子，比如吸烟基因，它完全地解释了吸烟者患肺癌的风险。如果吸烟者患肺癌的风险为常人的9倍，那么在吸烟者中，这种混杂因子存在的概率也需要至少比常人高出9倍，如此才能解释这种患病风险的差异。让我们思考一下这意味着什么：如果有11%的不吸烟者携带“吸烟基因”，那么就至少有99%的吸烟者一定携带吸烟基因。而如果有12%的不吸烟者碰巧携带这种基因，那么从数学的角度看，“吸烟基因”就不可能完全解释吸烟和癌症之间的相关。对生物学家来说，这个被称为“康菲尔德不等式”（Cornfield's inequality）的论证瓦解了费舍尔的体质假说。因为在现实中，我们很难想象基因方面的某个差异可以如此紧密地与某人选择吸烟这种复杂的、不可预知的行为和意愿联系在一起。

康菲尔德不等式实际上是因果论证的雏形：它提供了一种标准，让我们可以在因果图5.1（此种情况下，体质假说无法完全解释吸烟与肺癌之间的关联）和因果图 5.2（此种情况下，吸烟基因的存在能充分解释我们观察到的关联）中做出裁定。

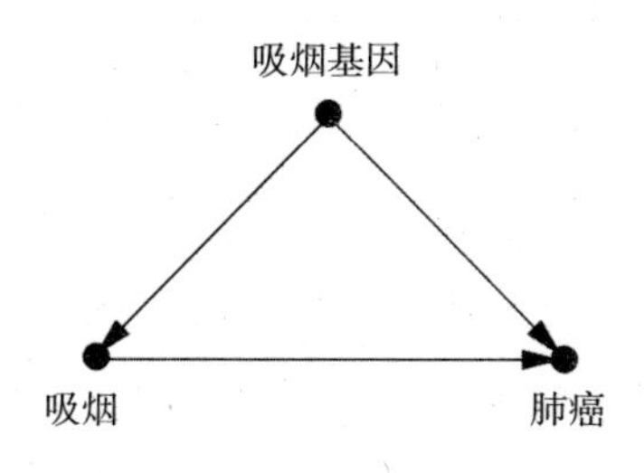

图 5.1　反体质假说因果图

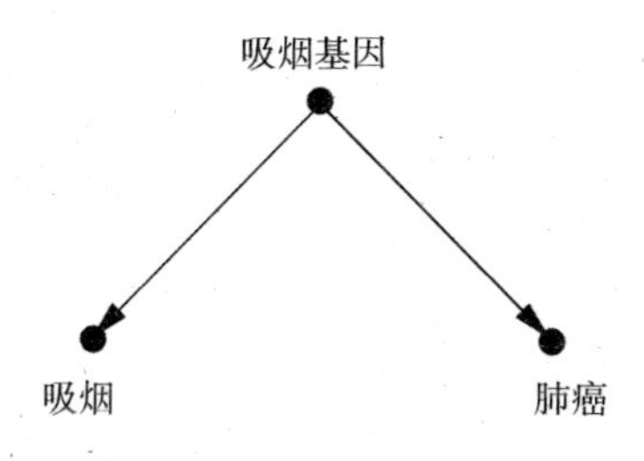

图 5.2　体质假说因果图

如上文所述，吸烟与肺癌之间的关系极其紧密，因而不能用体质假说来解释。

事实上，康菲尔德的方法为一种名为"敏感度分析"的非常有效的分析方法的提出埋下了种子，后者对我们在导言中描述的由因果推断引擎得出的结论进行了补充。该分析方法的使用者不是通过假设模型中缺少某些因果关系而进行进一步的推断，而是对这些假设直接提出挑战，并评估在解释所观察到的数据时，新的假设所内含的相关性应该达到怎样的强度，之后对此定量结果进行似然性判断，就像假设在这些因果关系不存在的情况下进行的初步判断那样。不用说，如果我们想要对康菲尔德的方法进行推广，将其用于分析包含超过 3 个或 4 个变量的模型，那么我们就需要特定的算法和估算工具，而这些方法只有在图示工具的基础上才有可能被开发出来。

20 世纪 50 年代的流行病学家面临的批评是，他们的证据"只是统计学证据”，其结论缺乏“实验室证据”的支持。但简单回顾一下医学史我们就能发现，这种说法并不可靠。如果将（只有）“实验室证据”（才有效）的标准应用于坏血病研究中，那么在20世纪30年代之前，水手们就会不可避免地接二连三地死亡，因为在发现维生素C之前，我们并没有关于食用柑橘类水果可以预防坏血病的“实验室证据”。此外，在20世纪50年代，一些有关吸烟影响的实验室证据已经开始出现在医学期刊上，包括身体被涂抹了香烟焦油的老鼠会患上癌症，以及香烟烟雾被证明含有苯并芘，后者是一种已知的致癌物。这些实验室证据增强了吸烟致癌假说的生物学合理性。

到了50年代末，大量此类证据的积累使该领域的几乎所有专家都开始相信吸烟确实会致癌。值得注意的是，甚至连烟草公司的研究人员也被说服了。但这一事实一直被隐藏得很深，直到20世纪90年代，越来越多的诉讼案件和行业内的揭发者的出现最终迫使烟草公司公开了数以千计的关于吸烟致癌研究的秘密文件，其中就包括1953年雷诺兹烟草公司的化学家克劳德·提格给该公司的高管写的一封信，信中指出烟草是“诱导原发性肺癌的重要致病因素”，这几乎是一字不落地重复了希尔和多尔的结论。

在公共场合，香烟公司则一直高唱反调。1954年1月，几家龙头烟草公司（包括雷诺兹烟草公司）在全国发行的报纸上发布了一篇题为“对吸烟者的坦诚声明”的文章。声明是这样说的：“我们相信我们的产品不会损害健康。我们一直并且将来也会一直与那些维护公共健康的人密切合作。”在1954年3月的一次演讲中，菲利普·莫里斯公司的副总裁乔治·韦斯曼说：“如果我们认为或者获知我们销售的产品对消费者有害，我们一定会立即停业关店。”60年过去了，我们仍在等待菲利普·莫里斯践行这一诺言。

烟草公司的这些公开声明揭开了关于吸烟与癌症之关系这场争论中最令人痛心的一幕：烟草公司在烟草对健康的危害方面蓄意欺骗公众。如果说大自然是一只难以掌握的精灵，但仍能实事求是地回答问题的话，那么我们可以想象一下，当科学家面对的是一个蓄意欺骗我们的对手时，其面临的挑战会有多大。这场关于香烟的战争是科学界首次遭遇有组织的对抗，对此谁都没有做好准备。烟草公司夸大了它们能找到的任何一点科学争议，还成立了自己的烟草工业研究委员会，向科学家提供资金，委托他们研究关于癌症或烟草的问题，但永远不去涉及真正的核心问题。烟草公司找到的科学家都是像费舍尔和雅各布·耶鲁沙米这样的吸烟致癌论怀疑者，他们会支付给这些研究者一笔咨询费供其发表文章。

在这件事上，费舍尔的做法尤其令人痛心。我并不否认，怀疑论在科学领域自有其重要意义。可以说，统计学家的工作就是质疑，他们是科学的良心。但是，合理的怀疑论与不合理的怀疑论是有区别的。费舍尔的做法则越过了这条底线。他一直不承认自己的错误，当然这也受到他长期吸烟的个人习惯的影响。他拒绝承认已有大量的证据驳斥了他的观点。他的论证变得越发极端。他在希尔和多尔的第一篇论文中发现了一个有违常理的结果，即根据肺癌患者中吸烟者的口述，其吸入的烟雾比对照组的少（但该差异几乎没有任何统计意义），继而紧抓不放。而事实上，在随后的研究中类似的结果再也没有出现过。虽然费舍尔和其他人一样知晓“统计显著”的结果有时无法重复，但他依然仅凭借这一点就对所有其他的研究结果嘲讽不已。他辩称，多尔和希尔的研究表明，吸入香烟烟雾可能反而是对身体有益的，并呼吁进一步研究这个“极其重要的结果”。对费舍尔在辩论中所扮演的角色，我们所能给出的唯一一项正面评价可能是，烟草公司的贿赂恐怕并没有对他造成什么影响，他自己的顽固性格就已经足够他做到这一切了。

尽管流行病学家早已对此问题达成了共识，但在此后很长一段时间里，鉴于上述这些原因，吸烟与癌症之关系在公众眼中仍然存在争议。即使是本该更积极地响应科学号召的医生们也心存疑虑：美国癌症协会在 1960 年进行的一项民意调查显示，美国只有 1/3 的医生认同吸烟是“肺癌的主要原因”，而 43% 的医生自己就是吸烟者。

虽然我们现在可以公正地批评费舍尔的顽固和烟草公司的蓄意欺骗，但也必须承认，当时的科学家一直是在一种僵化的思想框架下开展工作的。费舍尔提倡随机对照试验，并将其视为评估因果效应的一种高效的方法，这完全没错。然而，他和他的追随者没有意识到的是，我们从观察性研究中也可以学到很多东西。这就是因果模型的好处：它能够调用研究者业已掌握的科学知识来分析新问题。费舍尔的方法实际上是在假设研究者对所要测试的假设没有预先的知识或看法。他们把无知强加给科学家，而这正是吸烟致癌论怀疑者在这场争论中乐于利用的优势。

由于科学家不具备对“导致”这个词的明确定义，也无法在随机对照试验不适用的情况下确定因果效应，因此，对于吸烟是否会导致癌症的争论，他们的准备是不充分的。他们被迫摸索着寻找一个定义，这一寻找过程贯穿了整个20世纪50年代，并最终导向了一个于1964年提出的戏剧性的结论。

美国卫生局局长委员会和希尔标准

康菲尔德和利连菲尔德的论文为美国卫生局发表关于吸烟影响的明确声明铺平了道路。英国皇家内科医学院一马当先，于1962年发表了一份报告，其结论就是吸烟是肺癌的致病因素。此后不久，美国卫生局局长卢瑟·特里（很可能是在肯尼迪总统的敦促下）宣布他打算成立一个特别顾问委员会专门研究这个问题（见图5.3）。

委员会的人员组成非常平衡，包括5位吸烟者和5位不吸烟者，其中2人由烟草行业推荐，所有成员此前都没有公开支持或反对过吸烟。鉴于此标准，利连菲尔德和康菲尔德这类持有明确立场的学者都是没有资格入会的。委员会成员都是医学、化学或生物学方面的杰出专家，除了其中一位成员，哈佛大学的威廉·科克伦，他是一位统计学家。事实上，科克伦在统计学方面的资历可能是当时最顶尖的：他是卡尔·皮尔逊的学生的学生。

委员会为编写报告准备了一年多的时间，其中一个需要解决的主要问题就是“导致”这个词的使用。委员会成员不得不舍弃19世纪关于因果关系的明确观念，同时还不得不撇开统计学。正如他们在报告（很可能是由科克伦执笔的）中所写的那样：“统计方法无法为在关联中确定因果关系提供证据。关联的因果显著性属于判断的范畴，超出了统计概率的表述范围。为了判断或评估某种属性或病原体与疾病或健康之间的关联的因果显著性，我们必须使用一系列标准，其中没有任何一条标准可以单独构成完全充分的判断依据。”委员会列出了 5 条这样的标准：一致性（在针对不同目标总体的多项研究中得到了类似的结果），关联强度（包括存在剂量—响应效应：吸烟多与更高的肺癌患病风险相关），关联的特异性（一个特定的病原体应该有一个与之对应的特殊的效果，而非带来一连串的影响），时序关系（果应该跟随因）和连贯性［具有生物学的合理性和与其他类型的证据（如实验室证据和时间序列数据）的一致性］。

图 5.3 1963 年，美国卫生局局长委员会为如何评估吸烟的因果效应问题而费尽心思。该图描绘的是威廉·科克伦（委员会中的统计学家）、卫生局局长卢瑟·特里和化学家路易斯·费瑟。根据该插图中曲线图的图例，黑线对应人均吸烟率，深灰线对应肺癌发病率，浅灰线对应其他癌症的发病率（资料来源：由达科塔·哈尔绘制）

1965 年，奥斯汀·布莱德福·希尔（非委员会成员）尝试用一种可推广至分析其他公共卫生问题的方式概括这些论据，并在该清单的基础上又增加了 4 条标准。如此，这个包含 9 条标准的清单就成为此后为人所熟知的“希尔标准”。实际上希尔本人称它们为“观点”，而不是一种强制要求，并强调在特定情况下，任何一条标准都有可能无法被满足。他写道：“我的9个观点中的任何一项都不能为支持或反对因果假设提供无可争辩的证据，而且也没有任何一项可以构成必要条件。”

事实上，驳斥希尔的清单或局长委员会那张稍短的清单里的任何一条标准都很容易。一致性本身证明不了任何事，如果30项研究都忽略了相同的混杂因子，那么所有研究就都存在偏倚。出于同样的原因，关联强度的局限性也很明显，正如前面指出的，儿童的鞋子码数与他们的阅读能力密切相关，但二者并没有因果关系。特异性一直是一条颇具争议的标准，在传染病研究的背景下，这条标准是有意义的，因为通常的情况就是某种病原体会导致某种特定的疾病，但在涉及环境因素的研究背景下，这条标准就不那么有意义了。吸烟会导致多种疾病患病风险的增加，如肺气肿和心血管疾病，但这一点是否真的削弱了吸烟致癌的证据呢？时序关系也存在一些例外，例如此前提到的公鸡打鸣不会导致太阳升起，尽管公鸡打鸣总是出现在太阳升起之前。最后，与已有的理论或事实具有一致性当然很好，但科学史中充满了被推翻的理论和错误的实验室发现。

不过，作为一种描述某个学科应该如何通过使用各种证据来接受因果假设的方法，它仍是有用的，只不过缺少将其应用于实践的方法论。例如，具有生物学的合理性以及与实验结果的一致性被认为是好事，但我们究竟应该如何衡量这些证据？我们应该如何将业已掌握的知识带入问题分析的情境？显然，对此每个科学家都必须自己做出决定。但是，这个直觉性的决定很可能是错的，尤其是当存在政治压力或金钱利益，或者科学家对研究内容本身有主观偏好的时候。

但我没有丝毫要贬低委员会的工作的意思。在缺乏讨论因果关系机制话语的大环境中，委员会的成员已经做出了他们最大的努力。他们承认非统计学的标准是必要的，这本身就是一项巨大的进步。委员会中的吸烟者所做出的艰难的个人决定也从侧面证明了其结论的严肃性。曾经习惯抽香烟的卢瑟·特里改用烟斗，伦纳德·舒曼宣布戒烟，威廉·科克伦则承认的确可以通过戒烟来降低患癌风险，但他认为“香烟带来的慰藉”足以补偿这种风险。最令人惋惜的是路易斯·费瑟，这位每天要抽 4 包烟的重度吸烟者在委员会的报告发布之后的一年内被确诊为肺癌。他在给委员会的信中写道：“虽然吸烟致癌的证据已非常充分，但你们可能还记得，在委员会的讨论会上，我仍在不停地吸烟，还东拉西扯了所有那些吸烟者一贯使用的借口……对我个人而言，我被确诊为肺癌这一事实比任何统计资料都更有说服力。”在接受了摘除一叶肺的手术之后，他终于戒烟了。

从公共卫生的角度看，咨询委员会的这份报告是一个里程碑。在报告发表后的两年内，美国国会便提出要求烟草制造商在所有卷烟包装上标明“吸烟有害健康”的警示。1971 年，政府规定广播电视禁止放送香烟广告。美国成年人中吸烟者的比例从 1965 年的峰值 45% 下降到 2010 年的 19.3%。尽管进展缓慢且不够彻底，禁烟运动仍然是历史上规模最大、最成功的公共卫生干预行动之一。委员会的工作还为科学共识的达成提供了一个有价值的示范，成为未来美国卫生局发表的关于吸烟影响的进一步报告和关于许多其他议题的报告的典范（包括 20 世纪 80 年代的一个主要议题——二手烟）。

但从因果关系的角度看，这份报告充其量只取得了有限的成功。它明确了因果问题的重要性，并且确定了单凭数据本身无法回答这些问题。但作为未来科学研究的路标，它的指导方针既不明晰也不周密。希尔标准最多只能作为一份历史文献来参考，其概括了 20 世纪 50 年代出现的证据类型，并最终说服了医学界接受了吸烟致癌的主张。但作为未来科学研究的指南，这些标准显然是不够的。对于除了最广泛的因果问题之外的其他问题，我们还需要一种更精确的分析工具。回想起来，康菲尔德不等式正是朝着这个方向迈出的一步，它埋下了敏感度分析的种子。

吸烟对新生儿的影响

即便是在吸烟与癌症之关系的争论已经平息之后，一个重要的悖论仍未得到解决。20 世纪 60 年代中期，雅各布·耶鲁沙米指出，如果婴儿碰巧存在出生时体重不足的问题，那么其母亲在怀孕期间吸烟似乎反而有益于新生儿的健康。这个被称作“出生体重悖论”的难题与当时有关吸烟的医学新共识相悖，直到 2006 年，耶鲁沙米的论文发表后的 40 多年，这一悖论才得到了一个令人满意的解释。我确信，解决这个难题之所以花了这么长时间，是因为在 1960 年至 1990 年这个时期，科学界缺乏因果论的语言。

1959 年，耶鲁沙米开展了一项长期的公共卫生研究，收集了旧金山湾区超过 1.5 万名儿童的产前和产后数据。这些数据包括其母亲的吸烟习惯，以及婴儿出生后第一个月的体重和死亡率。

研究表明，吸烟母亲的婴儿其出生时的平均体重比不吸烟的母亲的婴儿轻，一个很自然的推断是，出生体重偏低将导致存活率下降。事实上，一项关于低出生体重婴儿（定义为出生时的体重不足 5.5 磅[①] 的婴儿）的全国性研究表明，这些婴儿的死亡率比正常出生体重婴儿高出 20 倍。因此，流行病学家提出了一个假设的因果关系链：吸烟 → 低出生体重 → 婴儿死亡率。

而耶鲁沙米在数据中发现的另一个事实完全超出了包括他本人在内的所有人的预料。的确，吸烟母亲的婴儿平均比不吸烟母亲的婴儿轻 7 盎司[②]。然而，吸烟母亲的低出生体重婴儿的存活率要比不吸烟母亲的婴儿高。这就好像母亲的吸烟习惯真的具有某种保护作用一样。

假如费舍尔发现了这个事实，他很可能会大声宣布这正显示了吸烟的好处之一。而耶鲁沙米的可贵之处就在于他没有这么做，而是更谨慎地总结道：“这一矛盾的发现对以往的结论提出了质疑，它驳斥了这样的主张，即母亲的吸烟行为是干扰胎儿宫内发育的外因。”简言之，从吸烟到婴儿死亡率的因果路径是不存在的。

现代流行病学家认为耶鲁沙米是错的。大多数人认为母亲吸烟确实会增加婴儿死亡率，其原因包括吸烟会妨碍胎盘的氧气传输等。但是我们怎

① 1 磅 ≈ 0.45 千克。——编者注

② 1 盎司 ≈ 28.35 克。——编者注

样才能让这个假设和数据协调一致呢？

统计学家和流行病学家坚持用概率术语来分析这个悖论，并将其看作出生体重所特有的一种异常现象。事实证明，异常的出现只与对撞偏倚有关，而与出生体重无关。从这个角度来看，这个难题并非自相矛盾，反而颇具启发性。

事实上，只要我们在原来的因果路径"吸烟 → 出生体重 → 婴儿死亡率"之上再增加一点儿要素，耶鲁沙米的数据就完全符合更新后的模型了。对于婴儿来说，吸烟很可能仍然是有害的，因为它会导致婴儿出生体重偏低，但低出生体重本身还有一些其他的先决条件，如严重或致命的遗传畸形或先天缺陷，这些因素危害更大。对于某个低出生体重婴儿来说，其出生体重偏低有两种可能的解释：他可能有一个吸烟的母亲，或者，他可能受到了某个其他因素的影响。如果我们发现这个婴儿的母亲是吸烟者，则根据"辩解"效应，该因素就有力地解释了婴儿的低出生体重，从而减少了先天缺陷或其他因素存在的可能性。但是，如果婴儿的母亲不吸烟，那么我们就有更充分的理由说明，婴儿出生体重偏低的原因是遗传畸形，而根据这一结论，这名婴儿的预后诊断就会更糟。

和以前一样，因果图能让一切都变得更加清晰。在吸收了上述这一新的假设之后，更新后的因果图就如图 5.4 所示。我们可以看到，出生体重悖论是对撞偏倚的一个完美的例子。对撞因子是"出生体重"。只观察低出生体重的婴儿，就相当于是在控制对撞因子，从而也就打开了"(母亲)吸烟"和"婴儿死亡率"之间的后门路径，吸烟 → 出生体重 ← 出生缺陷 → 婴儿死亡率。这条路径是非因果的，因为其中一个箭头指错了方向。这一路径导致了"吸烟"和"婴儿死亡率"之间的伪相关，造成对于实际（直接）的因果效应，吸烟 → 婴儿死亡率的估计存在偏倚。事实上，其带来的估计偏倚很大，以致吸烟看起来似乎从有害变成了有益。

因果图的美就在于它们让偏倚的源头变得显而易见。而正因为缺少因果图，流行病学家为这一悖论争论了 40 年。事实上，他们直至今天仍在讨论这个问题，《国际流行病学杂志》(*International Journal of Epidemiology*)

就于 2014 年 10 月刊载了有关这个话题的几篇文章。其中哈佛大学泰勒·范德维尔的文章为这一悖论给出了一个完美的解释，其中就包含一张如图 5.4 所示的图示。

当然，这张图可能过于简单了，无法捕捉到母亲吸烟、出生体重和婴儿死亡率背后的完整故事。但无论如何，对撞偏倚的存在都是肯定的。在此例中，偏倚之所以被发现是因为受其影响得出的表面结论太不可信了。由此我们也可以想象，如果有偏倚的结论与已有理论不存在冲突，将有多少对撞偏倚无法被发现。

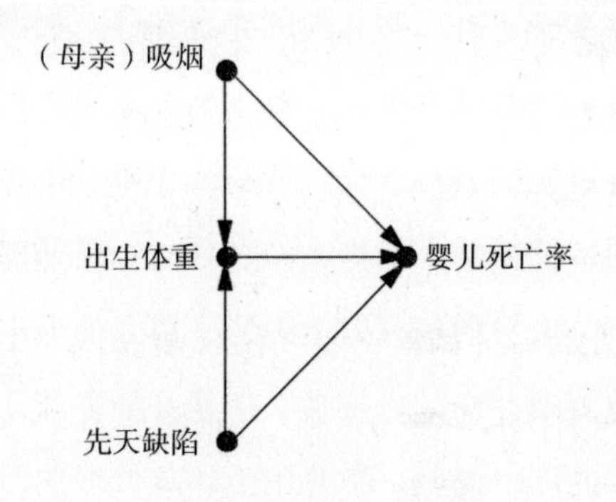

图 5.4　出生体重悖论因果图

激烈的辩论：科学与文化

在开始撰写这一章之后，一个偶然的机会让我与艾伦·维尔考克斯取得了联系，他可能是与这个悖论关系最为密切的一位流行病学家。针对图 5.4，他提出了一个非常棘手的问题：我们如何知道低出生体重才是导致婴儿死亡的直接原因？他认为医生一直对婴儿的低出生体重这个问题存在误解。因为它与婴儿死亡率有很强的关联，医生就把它解释为病因。而事实上，这个关联可能完全是由混杂因子引起的。（在图 5.4 中，这个混杂因子由“先天缺陷”来表示，但维尔考克斯当时并没有明确指出这个混杂因子具体是什么。）

关于维尔考克斯的论点，有两点需要说明。首先，即使我们删除“出

生体重 → 婴儿死亡率”中的箭头，对撞仍然存在。因此这张因果图仍然可以成功地解释出生体重悖论。其次，维尔考克斯重点研究的因果变量不是吸烟而是种族，而种族问题在当今社会仍在持续地引发激烈的辩论。

事实上，在黑人母亲的婴儿中，我们也观察到了同样的出生体重悖论，即黑人女性比白人女性更容易生出体重不足的婴儿，而且她们的婴儿死亡率更高。然而，她们的低出生体重婴儿的存活率要高于白人女性的低出生体重婴儿。对此，我们应该得出什么结论呢？我们可以告诉怀孕的吸烟者，戒烟对她的婴儿有益，但我们不能告诉怀孕的黑人女性不要成为黑人。

相反，我们应该解决的是导致黑人母亲的婴儿死亡率相对更高的社会问题。这一主张已经不存在争议了。但具体而言，我们应该着手解决哪些因，又应该如何衡量所取得的进展呢？暂且不论事实如何，许多种族平等的拥护者都认为出生体重是链接合“种族 → 出生体重 → 婴儿死亡率”的一个中介物。不仅如此，他们还将出生体重作为婴儿死亡率的替代物，并假设改善一种情况就会自动导致另一种情况的改善。很容易理解他们这么做的原因：测量平均出生体重比测量婴儿死亡率更容易实现。

现在让我们想象一下，一个像维尔考克斯这样的人出现了，他坚称低出生体重本身不是一种表示身体状况的基本特性，与婴儿死亡率并没有因果关系。这一主张扰乱了整个局面。维尔考克斯于 20 世纪 70 年代第一次提出这个想法时曾被指控为种族歧视，这让他不敢继续发表进一步的观点，且这一局面一直持续到 2001 年。而即使到了 2001 年，他发表的文章仍然饱受指责，其中一篇评论文章再次提到了种族问题。芝加哥库克郡医院的理查德·戴维在这篇文章中写道：“在当今社会中占支配地位的群体往往会通过辩称其所支配的群体本身就基因低劣来维护自己的立场，在这种社会背景下，研究者很难保持中立。在追求‘纯粹的科学’的过程中，一位出于善意的研究者很可能会被看作或者在事实上用他的研究维护和巩固了他所憎恶的某种社会秩序。”

科学家因阐明了可能导致不良社会后果的真理而受到道德斥责，类似的事件在历史中屡见不鲜。罗马教廷对伽利略思想的批判无疑是出于对当时社会秩序的真诚的关注和维护。查尔斯·达尔文的进化论和弗朗西斯·高尔顿的优生学也遭受了同样的待遇。然而，此类由新的科学发现带来的文化冲击，最终往往是通过消化了这些发现的文化重组，而不是通过对这些发现的拒斥和掩盖来解决的。这种文化重组的一个先决条件是，在各种观点派生出无数衍生主张并产生激烈交锋之前，我们要先将科学从文化中梳理出来。幸运的是，如今，因果图这种语言为我们提供了一种冷静看待因果的方式，其不仅适用于问题较为简单的情景，也适用于问题相当复杂的情况。

第六章

大量的悖论！

谁能直面矛盾，谁就能触摸现实。

——弗里德里希·迪伦马特（1962）

“蒙提·霍尔悖论”是一个存在已久、令很多人恼火不已的难题，它让人们注意到在应当使用因果推理而又没能做到这一点时，我们的大脑是如何被概率推理愚弄的。（来源：马雅·哈雷尔绘图。）

我们以对出生体重悖论的解决结束了第五章，这一悖论代表了成员众多的一大类悖论，其反映了因果关系和相关关系之间的张力。这种张力源自二者处于因果关系之梯的两个不同的层级之上，又因为人类的直觉在因果逻辑下运作，而数据遵从的是概率和比例的逻辑而进一步加剧。当我们将在一个领域所学到的规则误用到其他的领域时，悖论就出现了。

我们将在本章介绍概率统计领域中最有名、最令人费解的几个悖论。首要原因在于，它们很有趣。如果你以前没有听说过蒙提·霍尔悖论和辛普森悖论，那我可以保证在这一章你的大脑将得到充分的锻炼。即使你自认为了解这些悖论，我也希望你试着通过因果透镜重新审视它们，因为你会发现一切看起来焕然一新。

当然，我们研究悖论并不只是因为它们是一种有趣的智力游戏。就像视错觉现象一样，它们也揭示了大脑的工作方式、运作捷径以及被大脑认为是互相矛盾的事物。因果悖论突出强调了直觉性的因果推理模式与概率统计逻辑相冲突的地方。统计学家一直试图解决这些因果悖论，但始终不得要领，从这方面来说，它是一个警示信号，表明如果不用因果透镜看世界，我们很可能会出差错。

令人费解的蒙提·霍尔悖论

20 世纪 80 年代末，一位名叫玛丽莲·沃斯·莎凡特的作家开始在《大观》（*Parade*）杂志上撰写固定专栏，该杂志是《星期日报》的增补本，在美国许多城市发行。她的专栏“问玛丽莲”连载至今，其主要内容是为读者提出的各种难题、脑筋急转弯和科学问题提供她的解答。这本杂志将她称为“世界上最聪明的女人”，这无疑激发了众多读者的斗志，纷纷尝试提出能难倒她的问题。

在她回答的所有问题中，一个引发了激烈争论的问题是出现在 1990 年 9 月的专栏中的这个问题：“假设你参加了一个竞猜游戏类电视节目，在这个游戏中，有三扇门供你选择，其中一扇门后面是一辆车（奖品），另外两扇门后面是山羊。你挑了一扇门，比如说 1 号门，而主持人知道门后面是什么。现在，他打开了另一扇门，比如说 3 号门，你看到这扇门的后面是一只山羊。此时，如果他问你：‘你想重新选择，改选 2 号门吗？’那么，选择换门是否对你赢走奖品更有利？”

对于美国读者来说，这个问题显然改编自一个当时十分流行的电视游戏节目，叫作“让我们做个交易”，节目主持人蒙提·霍尔常和参赛者玩这类心理游戏。沃斯·莎凡特在她的解答中认为参赛者应该选择换门。若不换，则参赛者只有 1/3 的概率获胜；若换，则其获胜的概率将翻倍，变为 2/3。

我想，这位“世界上最聪明的女人”大概也没有预料到接下来发生的事情。在接下来的几个月里，她收到了 1 万多封读者来信，他们中的大多数人都不同意她的解答，其中许多读者自称拥有数学或统计学的博士学位。这些人的评论包括：“你搞砸了，彻底搞砸了！”（来自斯科特·史密斯，博士）“我建议你找本标准的概率论教科书参考一下，然后再试着回答这类问题。”（来自查尔斯·里德，博士）“你搞砸了！”（来自罗伯特·萨克斯，博士）“你完全错了！”（来自雷·波波，博士）总的来说，批评者认为，无论参赛者是否选择换门，由于游戏中只剩下两扇门，而参赛者完全是在随机选择，所以不管参赛者选哪扇门，门后面是车的概率一定都是 1/2。

谁对？谁错？为什么这个问题引发了如此激烈的讨论？这三个问题的每一个都值得我们进行更细致的考察。

让我们先来看一看沃斯·莎凡特是如何解决这个难题的。她的解决方案实际上极其简单，比我在许多教科书中看到的方法更令人叹服。她列出了一张关于门和山羊的三种可能安排的清单（见表 6.1），以及"换门"策略和"不换门"策略下的相应结果。三种情况都假设作为参赛者的你先选择了 1 号门。因为表中列出的所有三种关于山羊和汽车位置的可能组合（在最初）是等可能的，所以如果你选择换门，则你获胜的概率是 2/3，而如果你仍然选择 1 号门，则你获胜的概率只有 1/3。请注意，沃斯·莎凡特的表格并没有明确说明主持人打开的是哪扇门，该信息隐含在表的第 4 列和第 5 列中。例如，在第 2 种组合中，我们知道主持人打开的必然是 3 号门，因为只有在此种情况下，参赛者选择换 2 号门才会获胜。同样，在第 1 种组合中，主持人打开的门可以是 2 号门或 3 号门，而第 4 列信息则明确地告诉我们，只要你选择换门，则无论如何换门，你都会输。

即使是今天，许多人在第一次看到这个谜题时仍然会对这一结果感到难以置信。为什么？我们的直觉到底哪里出了错？ 1 万个读者可能有 1 万个不同的理由，但我认为，其中最有说服力的理由是："沃斯·莎凡特的解决方案似乎迫使我们相信了心灵感应的存在。如果无论我在最初选择了哪扇门，我都应该在之后换门，那就意味着制片人在某种程度上读懂了我的心思。否则他们是怎样安排汽车的位置，将其准确地放到了我最初更不可能选择的那扇门的后面呢？

表 6.1　"让我们做个交易"的概率表

1 号门	2 号门	3 号门	换门的结果	坚持的结果
车	山羊	山羊	输	赢
山羊	车	山羊	赢	输
山羊	山羊	车	赢	输

解决这一悖论的关键是，我们不仅需要考虑数据（主持人打开某个特定门的事实），而且要注意数据生成的过程，也就是游戏规则。数据生成的过程告诉了我们一些关于数据的事实，这些事实是我们本可以观测到但没

有观测到的。难怪统计学家对这个谜题的答案尤为不解，因为他们已经习惯了“数据约简”（据费舍尔1922年所言）和忽略数据的生成过程。

首先，让我们试着略微改变游戏规则，看看会对结论产生什么影响。试着想象存在另一个游戏节目，叫作“让我们假装交易”，游戏中蒙提·霍尔同样会打开你没有选择的两扇门之一，但他的选择是完全随机的。换句话说，他可能会打开那扇背后有车的门——真不走运！

像以前一样，我们假设在游戏的一开始你选择了1号门，而主持人打开的是3号门，门的后面是山羊，之后主持人给了你一个选择换门的机会。那么，你应该换门吗？通过分析我们将会发现，虽然游戏情节看似相同，但根据新的规则，这一次选择换门并不会增加你的胜率。

为了证明这一点，我们可以绘制一个与前面类似的概率表，考虑到有两个随机、独立事件——车的位置（3种可能性）和蒙提·霍尔选择打开的门（2种可能性），这个表需要有6行，并且每行所代表的事件是等可能的，因为这些事件是相互独立的（见表6.2）。

表6.2 “让我们假装交易”的概率表

你选的门	车所在的门	主持人打开的门	换门的结果	不换门的结果
1	1	2（山羊）	输	赢
1	1	3（山羊）	输	赢
1	2	2（车）	输	输
1	2	3（山羊）	赢	输
1	3	2（山羊）	赢	输
1	3	3（车）	输	输

现在，如果蒙提·霍尔打开了3号门，看到了一只山羊，那么会发生什么呢？首先，这句话告诉了我们一条重要的信息：我们现在位于表格数据部分的第2行或第4行。现在，只关注第2行和第4行，我们可以看到，换门的策略不会再给我们带来任何额外的好处，无论是否换门，我们都只有1/2的获胜概率。因此，在“让我们假装交易”的游戏中，所有那些对玛丽莲·沃斯·莎凡特的批评都是正确的！但需要注意的是，两个游戏的数据

是一样的。我们从这两个例子中得到的教训很简单：获得信息的方式和信息本身一样重要。

现在，让我们尝试一下我们最喜欢的方法——绘制因果图，用以清晰地说明两个游戏的不同之处。首先，图 6.1 显示的是真正的“让我们做个交易”游戏的因果图，其中蒙提·霍尔必须打开一扇背后没有汽车的门。在“你选的门”和“车的位置”之间没有箭头，表明你选择的门和制片人放置汽车的门是相互独立的。这就意味着我们明确排除了制片人可以读懂你的想法的可能性（或者你可以读懂他们的想法的可能性），更重要的是出现在图中的两个箭头。它们表明，“主持人打开的门”受你的选择和制片人对汽车位置的选择的影响。这是因为蒙提·霍尔所选的门必须不同于“你选的门”和“车的位置”，他必须考虑这两个因素。

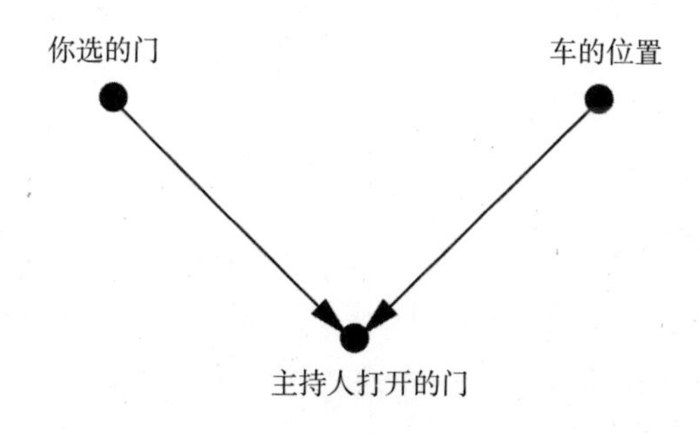

图 6.1　“让我们做个交易”的因果图

如图 6.1 所示，“主持人打开的门”是一个对撞因子。一旦我们获得了关于这个变量的信息，图示中所有的概率就都变成了关于这一信息的条件概率。但是，当我们以对撞因子为条件时，我们就会在两个父节点之间制造出一种虚假的依存关系。这种依存可以体现在根据数据得到的概率中：在主持人打开了 3 号门的前提下，如果你最初选择了 1 号门，则车在 2 号门后面的可能性是其在 1 号门后面的 2 倍；如果你最初选择了 2 号门，则车在 1 号门后面的可能性是其在 2 号门后面的 2 倍。

这无疑是一种匪夷所思的依存关系，我们大多数人都不习惯处理这种类型的依存关系。这是一种没有原因的依存。它不涉及制片人和参赛者之间的物理沟通，也不涉及心灵感应。它纯粹是贝叶斯式的变量控制带来的产物，不涉及因果关系的神奇的信息传递。我们的大脑会自发抵制这种信息传递，因为从幼年起，我们就学会了将相关性和因果关系联系起来。如果身后的汽车与我们在同一方向转弯，我们会首先认为它在跟踪我们（因果关系），其次会认为我们要去同一个地方（我们每一次转弯的背后都存在一个共因）。但无缘无故的相关性则违背了我们的常识。因此，可以说蒙提·霍尔悖论就像视错觉或魔术把戏一样，它利用我们自己的认知机制欺骗了我们。

为什么我说蒙提·霍尔打开 3 号门是一次“信息传递”呢？毕竟，这一举动并没有提供任何证据，说明你最初选择的 1 号门是否正确。你事先就知道他要打开一扇藏着山羊的门，他也这样做了。如果你见证了这一必然事件的发生，那么谁都不该要求你改变信念。这样一来，你对 2 号门的信念又是怎么从 1/3 上升到 2/3 的呢？

答案是，在你选择了 1 号门之后，蒙提·霍尔就不能再打开它了——他本可以打开 2 号门，但他没有这样做，而是打开了 3 号门，这一事实表明他很有可能是不得不这样做的，因为 2 号门后面可能是汽车。因此，我们就有了比之前更多的证据表明汽车在 2 号门。这是贝叶斯分析的一个普遍主题：任何通过了威胁其有效性的测试的假设，其可能性都会变得更大。威胁越大，幸存下来的假设的可能性就越大。2 号门很容易被驳斥（蒙提本可以打开它），而 1 号门则不然。因此，2 号门后面更可能是汽车，而 1 号门后面则更可能不是汽车，汽车在 1 号门后的概率仍是 1/3。

现在，为了进行比较，我们用图 6.2 来表示“让我们假装交易”的因果图。在这个游戏中，蒙提·霍尔选择了一扇你没选的门，但他是随机选择的。这张图仍然存在一个箭头从“你选的门”指向“主持人打开的门”，因为他必须确保他打开的门与你的不同。然而，从“车的位置”指向“主持人打开的门”的箭头被删除了，因为他不再关心汽车在哪里。在这张图中，以“打开的门”为条件是一种完全无效操作，因为“你选的门”和“车的位置”原本就是相互独立的，在我们看到蒙提打开的门其背后的情形之后，它们仍然保持独立。因此，在“让我们假装交易”中，如表 6.2 的数据所示，汽车被放置于你最初选择的门后和被放置于另一扇门后的可能性是一样的。

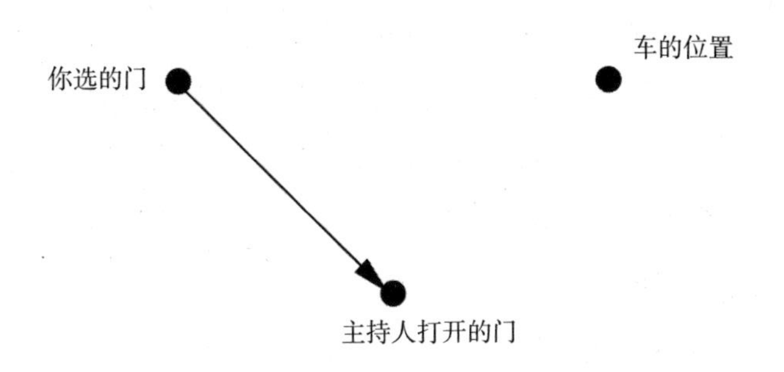

图 6.2 “让我们假装交易”的因果图

从贝叶斯的角度来看，这两个游戏的区别在于，在“让我们假装交易”中，1 号门容易被驳斥。因为蒙提·霍尔可以打开 3 号门并发现门后的汽车，以此证明你选择的门是错的。而因为你最初选择的门和 2 号门同样容易被驳斥，所以二者背后有车的概率仍然相同。

以上这些分析虽然纯粹是定性的，但我们也可以利用贝叶斯法则或将图示视作一个简单的贝叶斯网络对其进行量化分析。该操作将问题放在一个统一的框架中，使用这个框架，我们可以思考许多其他的问题。我们不需要特意发明一种方法来解决这个难题，第三章介绍过的信念传播算法就能为我们提供正确的答案，即在“让我们做个交易”中，P（车在 2 号门）= 2/3，在“让我们假装交易”中，P（车在 2 号门）= 1/2。

请注意，关于蒙提·霍尔悖论，我实际上给出了两个解释。第一个解释借助因果推理说明了为什么我们观察到在“你选的门”和“车的位置”之间存在虚假的依存关系，第二个解释借助贝叶斯推理说明了为什么在“让我们做个交易”中车在 2 号门背后的概率会增大。这两种解释都很有价值。贝叶斯解释描述了现象，但并没有真正说明为什么我们在主观上认为它如此矛盾。在我看来，要想真正解决一个悖论，我们应该首先解释为什么我们会把它看成一个悖论。为什么读沃斯·莎凡特专栏的读者中有那么多人都如此坚信她是错的？毕竟，反对她的可不仅仅是那些自作聪明的人。现代最杰出的数学家之一，保罗·埃尔德什，直到借助计算机模拟得出了换门更有利这一答案，才终于接受了这个解决方案。那么，它究竟揭示了我们对世界的直观看法存在着怎样的重大缺陷呢？

斯坦福大学的统计学家佩尔西·戴康尼斯于 1991 年在接受《纽约时报》采访时说："我们的大脑的确不能很好地处理概率问题，所以对于错误的出现我并不感到惊讶。"这句话没错，但事实不止于此。我们的大脑不擅长处理概率问题，但对因果问题则相当在行。而这种因果性的思维方式会导致系统性的概率错误，就像视错觉一样。因为"你选的门"和"车的位置"之间没有因果联系（无论这一因果联系是直接的还是由共因带来的），所以我们对于在数据中发现的概率关联就完全无法理解。我们的大脑没有准备好去接受无缘无故的相关性，我们需要经过特殊训练，通过分析和学习如蒙提·霍尔悖论或我们在第三章中讨论的例子，才能辨别出这种相关性可能出现的场合。一旦我们完成了"大脑重塑"，能够识别出对撞接合，悖论就不会再令我们感到困惑了。

更多的对撞偏倚：伯克森悖论

1946 年，梅奥诊所的生物统计学家约瑟夫·伯克森指出了在医院进行的观察性研究的一个特性：两种疾病即使在一般人群中彼此不存在实际联系，在医院的病人中也会形成某种似是而非的关联。

为了理解伯克森的观察，让我们从因果图开始（见图 6.3）。不妨先设想一种非常极端的可能情况：无论是疾病 1 还是疾病 2 都没有严重到足以让患者必须住院的地步，但两者的结合会导致患者必须住院。在这种情况下，我们的预测是在住院病人这个总体中疾病 1 与疾病 2 高度相关。

在此前提下，在针对住院病人进行研究时，我们就相当于控制了"住院"这个因子。正如我们所知，以对撞因子为条件这一操作制造了"疾病 1"和"疾病 2"之间的伪相关。在我们以往提到的许多例子中，因为辩解效应的存在，这种伪相关多呈负相关，但在这个例子中，这种伪相关是正向的，因为患者住院的前提就是同时患有两种疾病（而不是只患有一种疾病）。

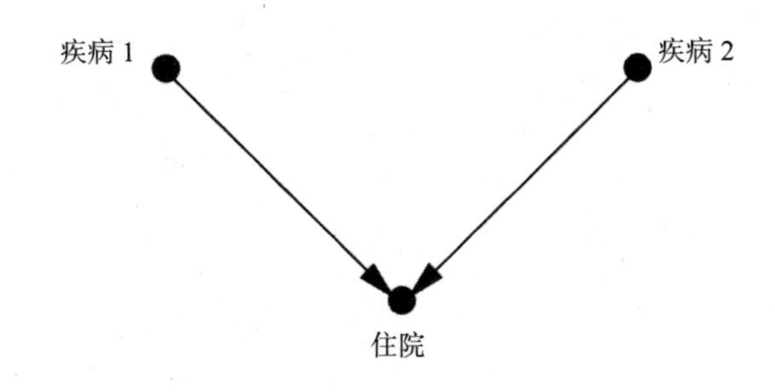

图 6.3　伯克森悖论的因果图

然而长期以来，流行病学家拒不相信这一悖论的存在。直到 1979 年，麦克马斯特大学的一位研究统计偏倚的专家，大卫·萨克特，提供了强有力的证据证明了伯克森悖论是真实的。在一个案例中，他研究了两组疾病：呼吸系统疾病和骨骼疾病（见表 6.3）。在一般人群中，大约有 7.5% 的人患有骨骼疾病，这一比例与患者是否患有呼吸系统疾病无关。但是，对于患有呼吸系统疾病的住院患者而言，其骨骼疾病的患病率会升至 25%！萨克特称这种现象为"住院率偏倚"或"伯克森偏倚"。

表 6.3　萨克特的数据阐释伯克森悖论

	一般总体			过去 6 个月内住院治疗的病人		
呼吸系统疾病？↓	骨骼疾病？↓			骨骼疾病？↓		
	是	否	百分比	是	否	百分比
是	17	207	7.6	5	15	25.0
否（对照）	184	2 376	7.2	18	219	7.6

萨克特承认，我们不能明确地将这种效应归因于伯克森偏倚，因为也可能存在其他的混杂因子。在某种程度上，对该问题的争论还在持续。然而，与 1946 年和 1979 年的情况有所不同的是，今天的流行病学研究者已经理解了因果图以及其中包含的偏倚。关于该问题的讨论焦点已经转移到

技术方面的细节，即偏倚可以是多大，以及它是否大到可以在包含更多变量的因果图中被观察到。这就是进步！

对撞引起的相关性并不新鲜。1911 年，英国经济学家亚瑟·塞西尔·庇古在其进行的一项研究中也发现了这一现象，他对父母酗酒和父母不酗酒的孩子进行了比较。巴巴拉·伯克斯（1926）、赫伯特·西蒙（1954），当然还有伯克森也在各自的研究中发现了这一伪相关现象，尽管他们使用的称谓各不相同。在这些人的研究里，这种伪相关现象看起来似乎没有刚刚那个例子那么深奥难懂。我们可以做一下这个试验：同时抛掷两枚硬币 100 次，只在至少一枚硬币正面朝上时记下结果。现在看一下你列出的结果表格，其中会包含大约 75 个记录，根据这些记录，你会发现两枚硬币的抛掷结果并不独立。每次当硬币 1 为反面落地时，硬币 2 必为正面落地。这怎么可能？这些硬币是以光速互通消息了吗？当然不是。事实上，这些结果是你删去了所有两枚硬币都是背面朝上的结果后得到的，换句话说，你对这个对撞因子进行了变量控制。

1956 年，哲学家汉斯·赖欣巴哈的遗作《时间的方向》（*The Direction of Time*）出版了。赖欣巴哈在这本书中提出了一个大胆猜想，并称其为“共因原则”（common cause principle）。为反驳“相关关系并不等于因果关系”这个说法，赖欣巴哈提出了一个更激进的设想：“没有不含因果关系的相关关系。”他的意思是，两个变量 X 和 Y 之间的相关不是偶然发生的，要么是一个变量导致另一个变量，要么是第三个变量，比如说 Z，Z 出现在两个变量之前，导致两者发生。

我们简单的硬币抛掷试验证明赖欣巴哈的说法有些过于偏激了，因为他没有考虑到这样一个过程，在该过程中，观察结果是被选择的。两枚硬币的抛掷结果没有共因，一枚硬币也不会将其结果告诉另一枚硬币。然而，在我们的列表中，两枚硬币的抛掷结果是相关的。赖欣巴哈的错误在于他没有考虑到对撞结构，也即数据选择背后的结构。这个错误对我们来说特别有启发性，因为它精确地说明了我们大脑思考机制的缺陷。我们在实际生活中似乎就是遵循着共因原则行事的，无论何时，只要观察到某种模式，我们就会去寻找一个因果解释。事实上，我们本能地渴望根据数据之外的某个稳定机制对观察结果做出解释。其中最令人满意的解释是直接因果关系：X 导致 Y。当实际情况不能满足直接因果关系时，如果能找出 X 和 Y 的共因，那么我们也会感到满意。相比之下，对撞结构太难以捉摸，无法满足我们的因果解释欲。我们想知道两枚硬币协调反应的机制，而答案非常令人失望——它们根本不会互相沟通。在最纯粹、最本质的意义上，我们观察到的相关就是一种错觉，甚至可能是一种自欺欺人：我们选择哪些事件进入数据集同时忽略另一些事件的做法给我们自己带来了错觉。重要的是要认识到，我们并非总能意识到自己做出了这个选择，这就是为什么对撞偏倚总是能轻易欺骗那些粗心的人。在抛掷两枚硬币的试验中，这种选择是有意识的：我明确告诉过你不要记录两枚硬币同为背面朝上的结果。但在很多场合，我们没有意识到我们做出了选择，或者没有意识到选择已经为我们做好了。在蒙提·霍尔悖论中，主持人为我们打开了门；在伯克森的悖论中，一个粗心的研究者可能为了方便而选择以住院病人为研究对象，却没有意识到这种做法为自己的研究带来了偏倚。

对撞的扭曲棱镜在日常生活中同样普遍存在。正如乔丹·埃伦伯格在《魔鬼数学》(*How Not to Be Wrong*) 中提出的问题：你有没有注意到，在你约会的人当中，那些有魅力的人往往是混蛋？与其为解释这一现象而费力构建复杂的社会心理理论，不如考虑一种更简单的解释。你对约会对象的选择取决于两个因素：魅力和个性。你会冒险约会一个刻薄而有魅力的人，或者一个和蔼但缺乏魅力的人，你当然也会与既和蔼又有魅力的人约会，但你肯定不会与既刻薄又没有魅力的人约会。换句话说，你删掉了所有“负—负”的结果，这与你在抛掷两枚硬币的例子中所做的筛选是相同的，而正是这种筛选造成了魅力和个性之间的伪负相关。可悲的事实是，没有魅力的人可能会和有魅力的人一样刻薄，但你永远意识不到这一点了，因为你永远不会约会既刻薄又没有魅力的人。

辛普森悖论

到目前为止，我们已经证明了电视节目主持人没有真正的心灵感应能力，以及硬币之间无法沟通，那么接下来，我们还能破解哪些难解之谜呢？让我们从坏 / 坏 / 好药物（bad/bad/good drug，简称 BBG 药物）之谜开始。

假设有一名医生，我们称其为辛普森医生，他在办公室阅读文献时发现了一种很有前途的新药（药物 D），这种新药似乎可以降低心脏病发作的风险。于是，他兴奋地在网上查找起了研究人员公布的实验数据。当他看到男性患者的数据时，他注意到如果这些患者服用了药物 D，则他们的心脏病发作风险反而变得更高了。他的兴奋程度因此略有下降。“哦，好吧，”他想，“这样的话，药物 D 一定对女性非常有效。”

但随后，当他转向下一张表格时，他的失望变成了困惑。“这是怎么回事？”辛普森医生大叫道，“这份数据显示，服用药物 D 的女性患者的心脏病发作风险也变高了！我一定是神志不清了！这种药物似乎对女性有害，对男性也有害，但对人类有益。”

你是不是也被弄糊涂了呢？如果是的话，那么别担心，有很多人都跟你一样感到困惑。这一悖论是在 1951 年由一位叫爱德华·辛普森的统计学家发现的，它困扰了统计学家 60 多年，时至今日仍未得到彻底解决。甚至在 2016 年我写作本书的时候，学术期刊仍在刊载相关论文，当年有 4 篇新近发表的文章（包括一篇博士论文）分别从 4 种不同的视角尝试解释辛普森悖论。

1983 年，梅尔文·诺维克写道：“一个表面的解决方案是，当我们知道病人的性别是男性或者是女性时，我们不采用这种药物疗法，但如果病人的性别是未知的，我们就应该采用这种疗法！但显然，这个结论是荒谬的。”我完全同意他的判断。药物对男性有害，对女性有害，但对人类有益，这太荒谬了，这三句话中一定有一句是错的。但错的是哪一句？为什么？这种令人迷惑不解的情况究竟是如何发生的呢？

为了回答这些问题，我们首先需要研究一下令辛普森医生困惑不已的（虚构）数据。这项研究是观察性的，不是随机对照研究的，其观察对象是60名男性和60名女性。患者自己决定是否服用药物。表6.4显示了服用药物 *D* 的两种性别的患者的人数，以及随后出现心脏病发作情况的患者数。

让我再次强调一下悖论之所在。如你所见，在女性患者中，对照组中有5%（1/20）的患者后来心脏病发作，而服用该药的患者中有7.5%的人后来心脏病发作。因此我们认为，这种药物与女性患者中较高的心脏病发作风险有关。在男性患者中，对照组中有30%的患者后来心脏病发作，而处理组中有40%的患者后来心脏病发作。因此我们认为，这种药物与男性患者中较高的心脏病发作风险有关。辛普森医生是对的。

表6.4 辛普森悖论的虚构数据说明

	对照组（未服药）		处理组（服药）	
	心脏病发作	无心脏病发作	心脏病发作	无心脏病发作
女性	1	19	3	37
男性	12	28	8	12
总数	13	47	11	49

但现在让我们看看表6.4的最后一行。在对照组中，有22%的人后来心脏病发作，但处理组中的这一比例仅为18%。因此，如果我们仅根据最后一行判断，则药物 *D* 似乎的确降低了整个患者群体的心脏病发作风险——欢迎来到辛普森悖论的离奇世界！

近20年来，我一直在试图说服科学界，辛普森悖论所引发的困惑是出于错误地将因果原则应用于解释统计比例。而借助因果符号和因果图，我们就可以清楚明确地判断药物 *D* 是能预防心脏病发作还是会导致心脏病发作了。从根本上讲，辛普森悖论是一个关于混杂的难题，因此我们可以用此前我们解决混杂问题的方法来解开这个谜团。不过令人好奇的是，我刚刚提到的于2016年发表的4篇相关论文中，有3篇坚持抵制这一解决方案。

任何声称能够解决悖论（特别是那些经过几十年仍未得到解决的悖论）

的方法都应该符合一些基本标准。第一，正如我上面讨论蒙提·霍尔悖论时说的那样，它应该能够解释为什么悖论会令人困惑或让人拒绝相信。第二，它应该能够确定悖论可能出现的场景类别。第三，它应该能够告诉我们，在哪些情况下悖论不可能发生（如果确实存在这种情况的话）。第四，当悖论真的发生，而我们必须在两个看似合理但矛盾的陈述中做出选择时，它应该能够告诉我们哪个说法是正确的。

让我们从辛普森悖论为何会令人困惑这一问题开始。为了解释这一点，我们必须先区分两个概念：辛普森逆转和辛普森悖论。

辛普森逆转是一个纯粹的数字事实：在合并样本时，两个或多个不同的样本关于某一特定事件的相对频率出现反转，如表 6.4 所示。在我们的例子中，我们可以看到两组相对频率：$3/40 > 1/20$（这是女性患者中服用 D 药者和未服用 D 药者的心脏病发作的相对频率），和 $8/20 > 12/40$（这是男性患者中用药者与不用药者的心脏病发作的相对频率）。然而，当我们把男女样本的数据合并在一起时，不等式的方向就发生了逆转：$(3+8)/(40+20) < (1+12)/(20+40)$。如果你认为这样的逆转在数学上是不可能的，那么你很可能是误用或记错了分数的属性。很多人似乎相信，如果 $A/B > a/b$ 且 $C/D > c/d$，那么 $(A+C)/(B+D) > (a+c)/(b+d)$ 就是自然成立的。但这种民间智慧是完全错误的。我们刚才给出的例子就明确驳斥了这一判断。

在真实采集的数据集中，我们同样可以找到辛普森逆转。对于棒球爱好者来说，这里有一个关于两个明星棒球运动员，大卫·贾斯蒂斯和德雷克·杰特的有趣例子。1995 年，贾斯蒂斯的平均击球率比杰特的要高，二人的击球率之比是 25.3%：25%。1996 年，贾斯蒂斯依然有相对较高的击球率，二人的击球率之比是 32.1%：31.4%。1997 年，贾斯蒂斯在第三赛季的击球率仍然高于杰特，二人的击球率之比是 32.9%：29.1%。然而，当我们把所有三个赛季的击球率数据合并时，结果却显示，杰特有更高的击球率！表 6.5 为想要查看数据的读者展示了计算细节。

一个球员在 1995 年、1996 年和 1997 年三年的时间里都比另一个球员打得差，他在三年里的总体表现怎么可能反而优于对方呢？这种逆转与BBG药物的治疗效果很相似。事实上，这是不可能的，问题出在我们使用了一个过于简单的词（“更好”）来描述不均匀赛季中复杂的平均过程。请注意，总打数（表6.5中各分数的分母）在不同年份中并非均匀分布。一方面，杰特1995年的打数很少，所以他在那年很低的击球率几乎没有影响到他的整体平均成绩。另一方面，贾斯蒂斯在他击球率最低的1995年里的打数更多，这就拉低了他的整体击球成绩。实际上，一旦你意识到“更好的击球手”不是由两位击球手之间的正面交锋来定义的，而是由将每位击球手的上场频率计算在内的加权平均成绩来定义的，那么我想这种对于逆转结果的诧异就会很快消退。

表6.5　辛普森逆转的（非虚构）数据说明

	击中/打数			
	1995年	1996年	1997年	三年汇总
贾斯蒂斯	101/411 = 0.253	45/140 = 0.321	163/495 = 0.329	312/1 046 = 0.298
杰特	12/48 = 0.250	183/582 = 0.314	190/654 = 0.291	385/1 284 = 0.300

毫无疑问，辛普森逆转令包括棒球迷在内的许多人感到吃惊不已。每年我都有一些学生在一开始不相信它的存在，但在弄懂了我在本书中所展示的那些例子后，他们就慢慢接受了它。了解辛普森逆转的原理不过是他们迈出对数字（尤其是聚合统计）运作方式的新的、更深层次的理解的第一步。我不认为辛普森逆转是一个悖论，因为它最多只是纠正了人们对“平均表现”的错误观念。而悖论的含义不止于此：它应该能够引起两种为绝大部分人深信不疑的信念之间的冲突。

对于那些每天都与数字打交道的专业统计学家来说，他们就更没有理由认为辛普森逆转是一个悖论了。一个简单的算术不等式不可能让他们如此困惑和着迷，以至于60年后还在撰写关于这个问题的文章。

现在让我们回到那个最重要的例子，BBG药物悖论。当“对男性有害”“对女性有害”“对人类有益”这三个陈述被理解为比例增减时，它们在数学上并不矛盾，我已经解释了其中的原因。然而，你可能仍然认为这种情况在现实世界中不可能出现，因为一种药物不可能既导致心脏病发作又防止心脏病发作。这种直觉是普遍的，我们在2岁左右就发展出了这种直觉，远远早于我们开始学习数字和分数的年龄。因此在接下来的讨论中，我猜当你发现自己不必放弃直觉的时候，你一定会觉得如释重负。BBG药物确实不存在，也永远不可能被发明出来，我们可以在数学上证明这一结论。

第一个注意到这一直观原则存在的人是统计学家伦纳德·萨维奇，他在1954年称其为“确凿性原则”（sure–thing principle）。他阐述道：

> 假设一位商人正在考虑购买某处房产。他认为下一届总统选举的结果与之有重大关系。因此，为了弄清楚这件事，他问自己，如果他知道民主党候选人将获胜，他是否愿意购买此处房产，他的答案是他会购买。同样，他又问自己，如果他知道共和党候选人将获胜，他是否愿意购买此处房产，他发现他仍然会选择购买。当得知无论竞选结果如何他都会选择购买之后，他便决定这处房产是一定要购买的，即使他不知道哪个事件会出现，或将要出现。在现实生活中，基于这个原则做决定的情况是非常少见的，但是……据我所知，没有哪一种其他的外在于逻辑的原则在支配决策这方面能比该原则更被我们如此心甘情愿地接受。

萨维奇的最后一句话特别有见地：他意识到“确凿性原则”是外在于逻辑的。实际上，正确的解释建立在因果逻辑之上，而非建立在经典逻辑之上。此外，“据他所知，没有哪一种……原则……被我们如此心甘情愿地接受”这句话意味着，很显然，他已经和很多人讨论过了，而这些人都认为这一推理过程很有说服力。

为了将萨维奇的确凿性原则与我们之前的讨论联系起来，我们假设这位商人实际上需要在两处房产A和B之间做出选择。如果民主党获胜，则该商人就有 5% 的概率在房产 A 上赚到 1 美元，有 8% 的概率在房产 B 上赚到 1 美元，所以此种情况下 B 是首选。如果共和党获胜，则他有 30% 的概率在房产 A 上赚到 1 美元，有 40% 的概率在房地产 B 上赚到 1 美元，此时 B 再次成为首选。根据确凿性原则，他绝对应该买房产 B。但目光敏锐的读者可能会注意到，这些数值具有和辛普森逆转例子中的数据一样的特征，这一点提示我们，购买房产 B 可能是一个过于草率的决定。

事实上，购买房产 B 这一结论有明显的瑕疵。如果商人的购买决定可以改变选举的结果（比如借助媒体对其行为的曝光），那么购买房产 A 可能对他最有利。因为一旦选举结果公布，选错总统带来的危害可能会远远超过他从这笔交易中可能获得的经济收益。

为确保确凿性原则的有效性，我们必须坚持商人的购买决定不会影响选举结果。只要商人确信他的决定不会影响民主党或共和党获胜的可能性，他就可以继续购买房产 B。否则，一切就另当别论了。

请注意，确凿性原则中缺失的成分（萨维奇对此未做明确说明）实际上是一个因果假设。该原则的正确版本应当这样表述：假设无论事件 C 是否发生，某个行动都会增加某一结果的可能性，则该行动也将在我们不知道 C 是否发生的情况下增加这个结果的可能性，条件是该行动不改变 C 的概率。换句话说，BBG 药物这种东西是不存在的。这一修正版本的萨维奇确凿性原则不遵循经典逻辑：为了证明它，你需要进行引入了 *do* 算子的因果演算。我们认为 BBG 药物是不可能存在的这一强烈的直觉，表明人类（以及模仿人类思维的智能机器）也是利用类似 *do* 演算的方式来引导直觉的。

根据修正后的确凿性原则，下面三句陈述之一必定为假：药物 D 增加了男性患者和女性患者的心脏病发作的概率；药物 D 降低了整个总体的心脏病发作的概率；这种药物不会改变男性和女性的数量。因为药物改变病人性别的事不太可能发生，所以前两句陈述中一定有一句为假。

那么，哪句陈述是假的？在此处寻求表 6.4 的指导是徒劳的。要回答这个问题，我们必须在数据范围之外探寻数据生成的过程。一如既往，如果没有因果图，那么讨论这一数据生成过程就几乎是不可能的。

图 6.4 对性别不受药物影响这一关键信息进行了编码，此外，这张图也对性别对心脏病发作风险的影响（男性患者的风险更大），以及患者是否选择服用药物 *D* 这些信息进行了编码。在这项研究中，女性显然更倾向于服用药物 *D*，而男性则相反。因此，性别就是是否服用药物和心脏病发作的混杂因子。为了客观估计药物对心脏病发作的影响，我们必须对混杂因子进行控制。我们可以通过单独查看男性和女性的数据然后取平均值来做到这一点。

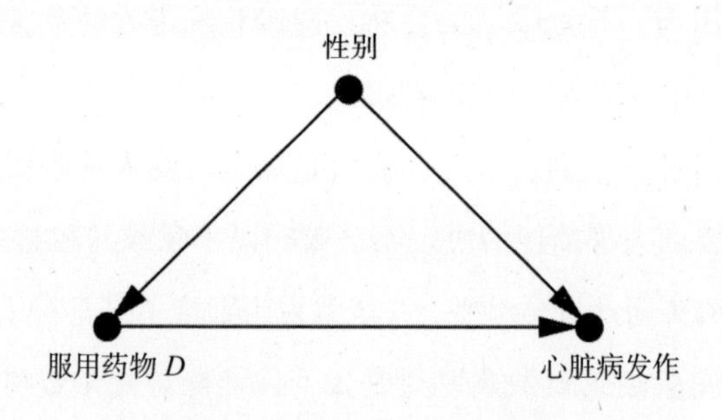

图 6.4 辛普森悖论示例的因果图

- 对女性患者而言，未服用药物 *D* 者心脏病发作的概率为 5%，服用药物 *D* 者心脏病发作的概率是 7.5%。
- 对男性患者而言，未服用药物 *D* 者心脏病发作的概率是 30%，服用药物 *D* 者心脏病发作的概率是 40%。
- 取算术平均值（因为男性和女性在一般总体中比例接近 1 : 1），未服用药物 *D* 者心脏病发作的概率为 17.5%（5 和 30 的平均值），服用药物 *D* 者心脏病发作的概率为 23.75%（7.5 和 40 的平均值）。

这就是我们所寻找的对于这个问题的清晰、明确的答案。药物 *D* 不是 BBG 药物，它是 BBB 药物：对女性有害，对男性有害，对人类有害。

当然，我并不想让你从这个例子中得到这样的印象：聚合数据总是错误的，或者分割数据总是正确的。哪种做法更合适取决于数据的生成过程。

在蒙提·霍尔悖论中，我们看到改变游戏规则就改变了结论。此处同样的原则也适用。接下来我将借助另一个不同的故事来演示何时适合汇总数据进行分析。在数据本身完全相同的前提下，如果“潜伏的第三变量”所扮演的角色发生了变化，则我们得到的结论也会因此而改变。

让我们先假设高血压是心脏病发作的可能原因，而药物 B 能降低血压。自然而然，药物 B 的研究人员想看看这种药物是否也能降低心脏病发作的风险，因此他们在病人服药后测量了病人的血压，并观察病人是否出现心脏病发作的情况。

表 6.6 显示了这项关于药物 B 的研究数据。这些数据看起来应该会让你感到非常熟悉：其中的数字与表 6.4 是一致的！然而，我们从该研究中得出的结论与上一个例子正好相反。正如你所看到的，服用药物 B 成功地降低了病人的血压：在服用该药的患者中，血压降低的人数增加了一倍（处理组 60 人中有 40 人血压降低，对照组 60 人中有 20 人血压降低）。换句话说，它确实起到了抗心脏病药物应该起到的作用：将患者的心脏病发作风险从高变为低。这一因素的影响胜过其他所有因素，因此我们可以合理地得出结论，表 6.6 的聚合数据给出了那个正确的结果。

表 6.6　血压例子的虚拟数据说明

	对照组（未服药）		处理组（服药）	
	心脏病发作	无心脏病发作	心脏病发作	无心脏病发作
血压降低	1	19	3	37
血压升高	12	28	8	12
总数	13	47	11	49

对于此例，因果图一如既往地破除了迷雾，并允许我们仅根据图示的内在逻辑得出结果，甚至不必考虑数据或者药物是否真的能够降低血压。在此例中，“潜伏的第三变量”是血压，如图 6.5 所示。在这里，血压是中介物而不是混杂因子。从图示结构可知，“服用药物 B → 心脏病发作”这一

因果关系中没有混杂因子（或者说没有后门路径），所以数据分层是不必要的。事实上，以血压为条件这一操作会使其中一条因果路径（而且很可能是最重要的那条因果路径）失效，导致药物无法通过这条因果路径发挥作用。鉴于这两方面的原因，我们的结论与在药物 D 例子中得到的结论完全相反：药物 B 能有效预防心脏病发作，聚合数据揭示了这一事实。

值得注意的是，从历史的视角来看，辛普森在他 1951 年发表的那篇引发了广泛争论的论文中所做的事情与我刚才做的完全相同。他用完全相同的数据讲了两个故事。一个例子直观清晰地显示，聚合数据提供了"合乎情理的解释"；而在另一个例子中，根据分层数据得到的结论则更合乎情理。因此辛普森明白，这是一个悖论，而不仅仅是逆转。然而，除了借助常识进行分辨之外，他并没有提出真正能够解决这种悖论的办法。最重要的是，他没有指出，如果故事中包含的某个额外信息才是造成"合乎情理"和"不合乎情理"二者差异的原因，那么统计学家也许应该在分析中将这一额外信息纳入考量。

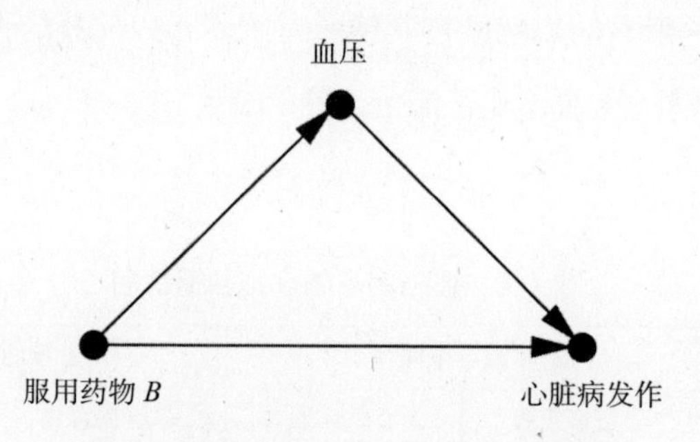

图 6.5 辛普森悖论示例（第二个版本）的因果图

丹尼斯·林德利和梅尔文·诺维克在 1981 年考虑了这个建议，但他们无法接受这一观点，即正确的决定取决于因果叙述，而非数据。他们承认，"有一种可能的方式是使用因果关系的语言……我们没有选择这样做，也不去讨论因果关系，因为这个概念虽然被广泛运用，但似乎没有明确的定义"。他们用这些话概括了近五代统计学家的挫败感，并且认识到了我们非常需要因果信息，但我们用来表达它的语言匮乏得无可救药。林德利在 90 岁时去世，2009 年，即他去世的 4 年前，他曾向我坦言，如果我的书在

1981 年就出版了的话，他可能就不需要写上面那段话了。

一些读过我的其他著作和文章的读者认为，数据的聚合和分割完全是由处理（治疗）的时序和“潜在的第三变量”掌控的。他们认为，对于血压，我们应该使用聚合数据，是因为血压测量发生在病人服药后；但对于性别，我们应该使用分层数据，因为性别是在病人服药前就确定了的。虽然这条规则在许多情况下都能奏效，但并非万无一失。一个简单的反例就是 M 偏倚（第四章中的游戏 4）。在包含 M 偏倚的例子中，B 可以发生在 A 之前，但我们仍然不能对 B 进行变量控制，因为这将违反后门标准。我们应该看的是故事的因果结构，而不仅仅是时序信息。

最后，你可能想知道辛普森悖论是否会出现在现实世界中。答案是肯定的。当然，对于统计学家来说，此类悖论不太常见，但也并非完全陌生，而且其出现的频率很可能比期刊论文所报告的更高。以下就是两个记录在案的案例：

- 1996 年发表的一篇观察性研究报告表明，对于摘除小型肾结石而言，开腹手术比内窥镜手术的成功率高，对于摘除较大的肾结石而言，开腹手术也有更高的成功率。然而就总体而言，开腹手术的成功率反而较低。正如我们在第一个辛普森悖论的例子中所做的分析，在这个例子中，我们发现手术方式的选择与病情的严重程度有关：较大的肾结石更可能需要通过开腹手术来摘取，并且有较大肾结石的病人本身的预后也更差。
- 在 1995 年发表的一份关于甲状腺疾病的研究报告中，数据显示吸烟者的存活率（76%）比不吸烟者的存活率（69%）更高，寿命平均多出 20 年。然而，在样本的 7 个年龄组中，有 6 个年龄组中不吸烟者的存活率更高，而第 7 个年龄组中二者的差异微乎其微。年龄显然是吸烟和存活率的混杂因子：吸烟者的平均年龄比不吸烟者小（很可能是因为年老的吸烟者已经死了）。根据年龄来分割数据，我们就可以得出正确的结论：吸烟对存活率有负面影响。

由于人们对辛普森悖论的理解一直很肤浅，一些统计学家便试图采取预防措施有意避免悖论的出现。但这些方法往往仅避开了“症状”，即辛普森逆转，对于疾病本身，即混杂，却无能为力。我们应该关注症状而非抑制症状的表现。辛普森悖论提醒我们，在某些情况下，至少存在一个统计趋势（无论是来自聚合数据、分层数据还是同时来自两者）无法代表真正的因果效应。当然，混杂的存在还有一些其他的警示信号。例如，根据聚合数据估计出的因果效应大于根据分层数据估计出的每一层的因果效应，而如果我们恰当地控制了混杂因子，此类误差就不会出现。然而，与这些警示信号相比，人们更难忽视辛普森逆转，因为这是一种逆转，一种因果效应表征的质变。即便是 3 岁的孩子也会怀疑 BBG 药物的存在——而且理当如此。

图示中的辛普森悖论

到目前为止，我们讨论过的大多数辛普森逆转和辛普森悖论的例子涉及的都是二元变量：病人要么服用了药物 D，要么没有；病人要么心脏病发作，要么没有。但是，逆转也可能发生在包含连续变量的情况中，对此，我们可以绘制相应的图示，以便更好地理解。

假设有一项关于各年龄段群体每周的运动时间与其体内胆固醇水平之关系的研究。如图 6.6（a）所示，我们以 x 轴表示运动时间，以 y 轴表示胆固醇水平。一方面，我们在每个年龄组中都看到了向下的趋势，表明运动可能的确有降低人体胆固醇水平的效果。另一方面，如果我们使用相同的散点图，但不按年龄对数据进行分层，如图 6.6（b）所示，那么我们就会看到一个明显向上的趋势，表明运动得越多，人体胆固醇水平就越高。看起来我们再次遇到了 BBG 药物的情况，其中运动就是那个药物：它似乎对每个年龄组都产生了有益的影响，却对整个总体有害。

像往常一样，要决定运动是有益的还是有害的，我们需要考察数据背后的故事。数据显示，总体中年龄越大的人运动得越多。因为更可能发生的是年龄影响运动，而不是反过来。同时，年龄可能对胆固醇水平也有因果效应。因此我们得出结论，年龄可能是运动时间和胆固醇水平的混杂因子，我们应该对年龄进行变量控制。换言之，我们应该看的是按照年龄组别进行分层后的数据，并据其得出结论：无论年龄大小，运动都是有益的。

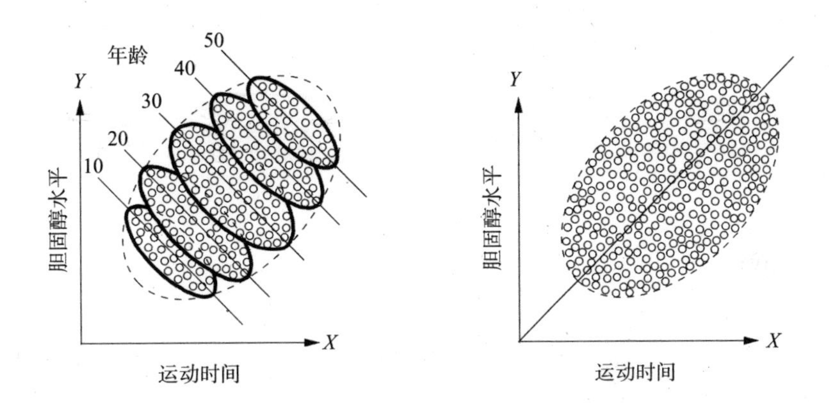

图 6.6　辛普森悖论：对于每个年龄组来说，运动似乎都是有益的（向下的趋势线），但对整个总体而言，运动似乎是有害的（向上的趋势线）。

与辛普森悖论类似的一个悖论也在统计学文献中潜伏了数十年，而借助图示，我们同样可以很好地解释这个悖论。弗雷德里克·罗德于 1967 年首次陈述了这个悖论，其中的数据仍然是虚构的，但这类使用虚构数据的例子（就像爱因斯坦的思想实验）总能为拓展人类认知的边界提供一些很好的方法。

罗德假设一所学校想研究其餐厅所提供饮食的效果，特别是它对女生和男生是否有不同的影响。为此，该校在当年 9 月和下一年的 6 月测量了学生的体重。图 6.7 绘制了两次体重测量的结果，椭圆仍然表示数据的散点图。这所大学有两位统计学家，而他们在看到数据后得出了相反的结论。

第一位统计学家研究了女生整体的体重分布情况，并注意到第二年 6 月和第一年 9 月女生的平均体重是一样的。（可从围绕直线 $W_F = W_I$ 分布的散点图的对称性中得出，该直线表明最终体重 = 初始体重。）当然，个别女生可能存在增重或减重的情况，但平均而言女生的体重变化为零。对男生来说，观察结果也显示了同样的结论。因此，这位统计学家认为，饮食对男生和女生的影响没有差异。

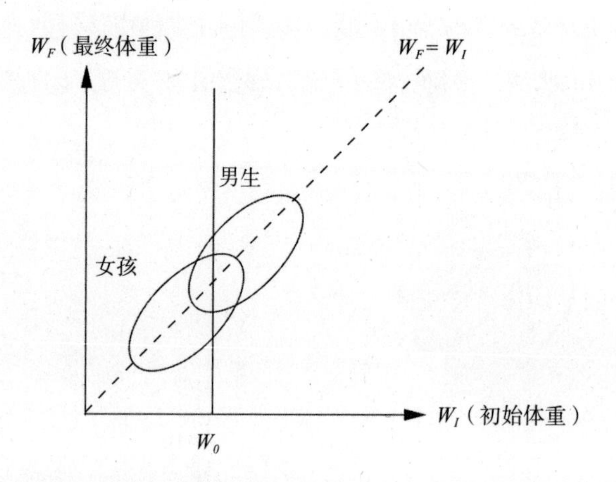

图 6.7 罗德悖论（椭圆表示数据的散点图）。总的来说，男生和女生在一年后都没有增加体重，但是在初始体重的每一层中，男生增加的体重都比女生增加的体重多

与此相反，第二位统计学家认为，由于学生的最终体重受到其初始体重的影响很大，因此我们应该将学生的初始体重进行分层。如果对两个椭圆取一个垂直切片，也即只看具有特定初始体重值的男生和女生（比如图 6.7 中的 W_0），你就会注意到，虽然有一定程度的重叠，但这条垂直线与男生椭圆的相交点位置比其与女生椭圆的相交点位置要高。这就意味着，平均而言，初始体重为 W_0 的男生的最终体重（W_F）比初始体重为 W_0 的女生的最终体重要高。因此，罗德写道："第二位统计学家据此得出结论：总的来说，在适当考虑男女生初始体重差异的情况下，男生的增重明显高于女生。"

那么，学校的营养师该怎么做呢？罗德写道："两位统计学家的结论显然都是正确的。"换句话说，你不必计算任何数字，就能找到分别导致两种不同结论的两个可靠的论证，只需要看看这张图就可以了。在图 6.7 中，我们可以看到，在初始体重的每一层（每个垂直切片）中，男生都比女生增重得更多。然而，同样明显的是，男生和女生的体重在总体上都没有增加。怎么会这样呢？整体增益难道不应该等于所有特定层增益的平均值吗？

既然我们对辛普森悖论的分析和对确凿性原则的运用已经很熟练了，我们应该很容易就能意识到问题出在什么地方。只有当每个子总体（每个初始体重级别）的相对比例（男女生比例）在各群组之间一致的情况下，确凿性原则才起作用。然而，在罗德的例子中，“处理”（性别）对每个体重级别里学生的百分比的影响非常大。

因此，我们不能依赖确凿性原则解决这个悖论，这就把我们带回到问题的起点。哪位统计学家才是对的？在适当考虑两性初始体重的差异时，男生和女生的平均体重增长是否有差别？罗德的结论非常悲观：“此类研究试图回答的问题，通常无法根据现有的数据以任何严谨的方式得到解答。”罗德的悲观情绪甚至蔓延至统计学之外，在流行病学和生物统计学领域引发了广泛的消极论调，尤其是在研究涉及如何比较在“基线水平”上存在差异的群组时。

现在，我要阐明为什么罗德的悲观并不合理。营养师的问题完全可以用一种严谨的方式得到解答。一如既往，我们从绘制因果图开始，如图 6.8 所示。在这张图中，我们看到性别（S）是初始重量（W_I）和最终重量（W_F）的因。另外，W_I 独立于性别而影响 W_F，因为在第一次测量时体重较重的学生，无论其性别为何，在第二次测量时其体重通常仍然较重，如图 6.7 所示。所有这些因果假设都是常识性的，我想罗德本人也不会反对。

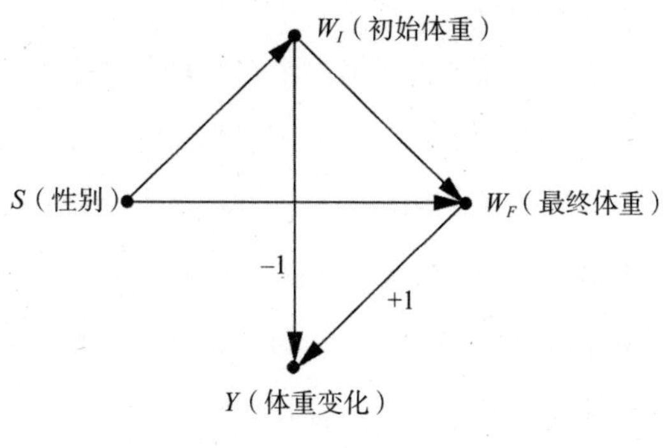

图 6.8 罗德悖论的因果图

罗德的目标变量是体重变化情况，在这个图中表示为 Y。请注意，Y 与 W_I 和 W_F 的关系是纯数学的确定关系：$Y = W_F - W_I$。这意味着 Y 和 W_I（或

Y 和 W_F）之间的相关性等于 –1（或 1），我在这张因果图上用系数 –1 和 +1 表示了相关信息。

第一位统计学家简单地比较了男女生之间体重增加情况的差异。由于在 S 和 Y 之间没有需要阻断的后门，因此我们所测量的聚合数据的确为我们提供了该问题的答案：S 对 Y 没有影响，正如第一位统计学家总结的那样。

相比之下，明确表述第二位统计学家想要回答的问题则困难得多（具体可参见导言中我对“正确的表述问题”这一话题的讨论）。他希望确保学校“适当考虑男生和女生在初始体重上的差异”，这是统计学家在控制混杂因子时经常使用的一种语言。但 W_I 并不是 S 和 Y 的混杂因子。如果我们将性别看作该例中的“处理”的话，那么 W_I 实际上是一个中介变量。因此，通过控制 W_I 所回答的问题并没有一个因果效应解释。这种控制充其量只能提供性别对体重的“直接效应”的估计，我们将在第九章讨论这一点。然而，上面这段论述不太可能是第二位统计学家的实际所想，他更可能只是出于习惯而做出了统计调整。然而，他的论点很容易让人陷入误区——“整体增益难道不应该等于所有特定层增益的平均值吗？”事实上，如果处理（性别）给层本身的情况带来了改变，那么这个问题的答案就是否定的。请记住，“性别”（而不是“饮食”）才是该例中的“处理”，而且“性别”无疑影响了 W_I 各层的相对比例。

相比于传统分析，上面的论述引出了有关罗德悖论的一个更有趣的观点。虽然学校营养师的明确意图是“确定饮食的影响”，但罗德在他初次提出该悖论的论文中并没有提及控制饮食这个变量。因此，我们完全无法根据对于上述问题的阐释说明任何关于饮食的影响。霍华德·魏纳和丽莎·布朗在 2006 年发表的论文中试图弥补这一缺陷。他们改变了故事，将目标量设定为饮食（而非性别）对学生体重变化的影响，不再考虑性别差异。在新的故事中，该校学生分别在两个提供不同饮食的餐厅就餐。两个椭圆形分别代表了两个餐厅，每个餐厅提供不同的饮食，如图 6.9（a）所示。请注意，初始体重较重的学生倾向于在 B 餐厅就餐，而初始体重较轻的学生

则倾向于在 A 餐厅就餐。

现在，有待解决的问题终于被恰当地定义为饮食对增重的影响，其涉及的罗德悖论也因此得到了更加清晰的展示。第一位统计学家以对称性为考量依据，认为从饮食 A 到饮食 B 的转换对体重变化没有影响（在两个椭圆中，$W_F - W_I$ 的分布相同）。第二位统计学家将初始体重为 W_0 的学生在饮食 A 下的最终体重与其在饮食 B 下的最终体重进行了比较，并得出结论，接受饮食 B 的学生体重增加得更多。

和之前一样，数据［见图 6.9（a）］本身不能告诉你到底该相信谁，而这也的确就是魏纳和布朗的结论。但是，因果图［见图 6.9（b）］可以帮助我们解决此问题。相比于上一例的因果图，此例的因果图有两个显著的变化。第一，因果变量变成了 D（饮食），而不再是 S（性别）。第二，最初从 S 指向 W_I 的箭头现在反转了方向：因为初始体重会影响饮食的选择，所以箭头从 W_I 指向 D。

在这张图中，W_I 是 D 和 W_F 的混杂因子，而不是中介物。因此，在该例中，第二位统计学家的结论无疑是正确的。控制初始体重对于去除 D 和 W_F（以及 D 和 Y）之间的混杂必不可少。第一位统计学家错在只测量了统计关联，而没有考虑因果效应。

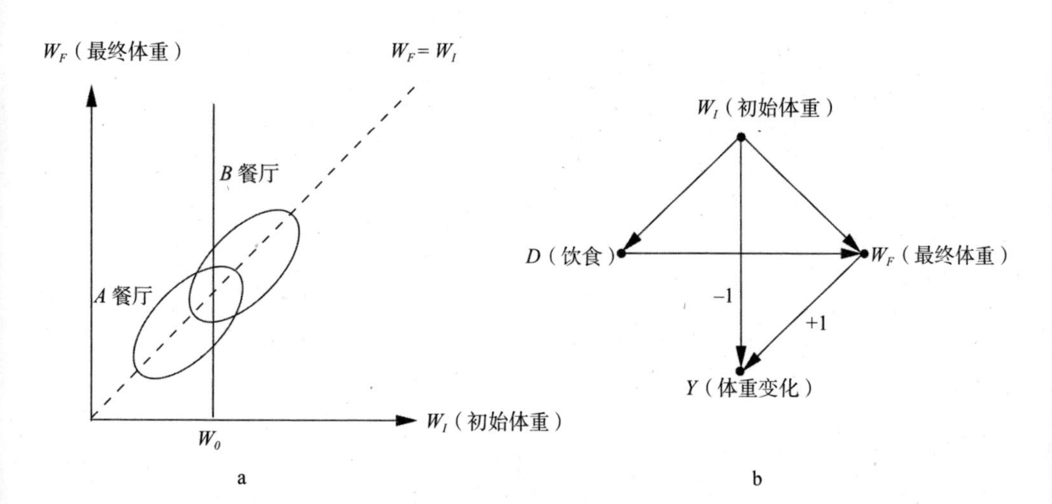

图 6.9　魏纳和布朗修订版的罗德悖论及其因果图

简言之，我们从对罗德悖论的分析中得到的关键结论是：它并不比辛普森悖论更荒谬。一个悖论涉及关联逆转，另一个悖论涉及关联消失。而无论哪种情况，因果图都能告诉我们应该使用哪种数据处理程序。然而，对于那些接受过“传统”（模型盲）方法的训练并回避使用因果透镜的统计学家来说，在一种情形下正确的结论在另一种情形下却是错误的，而得出两个结论的数据看起来完全相同——这一自相矛盾的现象实在难以理解。

到目前为止，我们已经对对撞因子、混杂因子以及二者对数据分析构成的威胁有了充分的了解，也就是说，我们终于可以准备收获我们的劳动成果了。在下一章，我们将开始攀登因果关系之梯的第二层级：干预。

第七章

超越统计调整：征服干预之峰

行动超越了言论的人，其言论将经久不衰。

——拉比·哈宁拿·本·杜沙（公元1世纪）

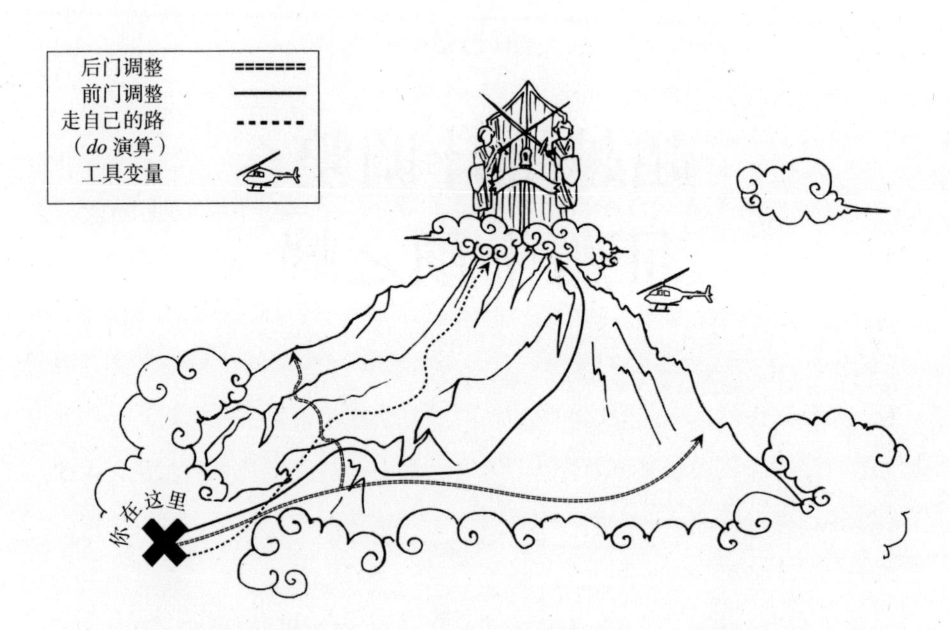

攀登“干预之峰”。面对混杂因子，估计干预效果最常见的方法是后门调整和工具变量。在引入因果图之前，前门调整的方法是不存在的。我的一名学生实现了 *do* 演算的完全自动化，这使得统计调整方法能够适应任何特定的因果图。（资料来源：由达科塔·哈尔绘制。）

在这一章，我们终于勇敢地登上了因果关系之梯的第二层级，干预——自古至今因果思考的圣杯。从医疗到社会事业，从经济政策到个人选择，这一层级所涉及的内容是对未尝试过的行动和策略的效果进行预测。混杂因子是导致我们混淆“观察”与“干预”的主要障碍。在用“路径阻断”工具和后门标准消除这一障碍后，我们就能精确而系统地绘制出登上干预之峰的路线图。对于攀岩新手来说，最安全的路线是后门调整和由此衍生的诸多同源路线，它们有些可以归于“前门调整”名下，有些则可以归于“工具变量”名下。

但是这些路线并非在所有情况下都可行，因此对富有经验的登山者来说，我将在本章最后介绍一种通用的绘图工具，我们称之为“*do* 演算”（*do-calculus*），它允许研究者探索并绘制出通往干预之峰的所有可能的路线，无论这些路线有多曲折。一旦路线图绘制好，绳索、安全锁和岩钉就位，我们这场攀岩之旅的结局就必定是成功地征服这座山峰！

最简单的路线：后门调整公式

对于许多研究者来说，最常用的（可能也是唯一的）预测干预效果的方法是使用统计调整公式“控制”混杂因子。如果你确信自己已掌握了变量的一个充分集（我们称之为去混因子）的数据可以用来阻断干预和结果之间的所有后门路径，那么你就可以使用此方法。为了做到这一点，我们首先需要估计去混因子在每个“水平”或数据分层中产生的效应，并据此测算出干预的平均因果效应。然后，我们需要计算这些层的因果效应的加权平均值，为此我们需要对每个层都按其在总体中的分布频率进行加权。例如，如果去混因子是性别，那么我们首先要估计男性群体和女性群体中的因果效应。如果总体中一半是男性一半是女性（像通常情况一样），那么我们只需要计算二者的算术平均值即可。如果两个群体在总体中所占比例不同，假设，总体中有 2/3 为男性，1/3 为女性，那么我们就需要取相应的加权平均值来估算平均因果效应。

后门标准在这一过程中所起的作用是，保证去混因子在各层中的因果效应与我们在这一层观察到的趋势相一致。如此一来，我们就可以从数据中逐层估计出因果效应。如果没有后门标准，研究者就无法保证所有的统计调整都是合理的。

我们在第六章讨论过的关于药物 *D* 的例子是最简单的一种情况：一个处理变量（药物 *D*），一个结果（心脏病发作），一个混杂因子（性别），而且所有这三个变量都是二元变量。这个例子显示了在每个性别层中，我们应该如何对条件概率 *P*（心脏病发作 | 药物 *D*）进行加权平均。但上述处理步骤也可以用于处理更复杂的情况，比如包括多个（去）混杂因子和多个数据分层的情况。

然而，在更多的情况中，变量 *X*、*Y* 或 *Z* 都是数值变量，比如常见的收入、身高以及出生体重等。我们在辛普森悖论的几个例子中也遇到了这种情况。对于变量可以（或者至少是为了某个实用目的）取无限多个可能的值的情况，我们就不能像之前在第六章所做的那样将所有的可能性都罗列出来了。

一个显而易见的补救办法是将数值分成有限并且数目可控的类别。这种处理方式原则上没有错，但我们对分类方式的选择可能存在主观性。不仅如此，如果需要进行统计调整的变量比较多，那么类别的数量就会呈指数增长，这将使计算过程变得难以执行。更糟糕的是，在分类完成后，我们很可能会发现许多层缺乏样本，因此我们无法对其进行任何概率估计。

为应对这种“维度灾难”问题，统计学家设计了一些颇为巧妙的方法，其中大多数都涉及某种数据外推法，即通过一个与数据拟合的光滑函数去填充空的层所形成的“洞”。

运用最为广泛的光滑函数当然是线性近似，它是20世纪社会科学和行为科学中大多数定量分析的主要工具。我们已经知道休厄尔·赖特是如何将他的路径图嵌入线性方程组的应用场景的，并注意到了这种嵌入带来了一个计算上的优势：每个因果效应都可以用一个数字（路径系数）来表示。线性近似的第二个同样重要的优势是，根据统计调整公式进行计算的过程非常简单。

我们已经介绍过弗朗西斯·高尔顿发明的回归线，它涉及由大量数据点组成的数据点云以及一条穿过这团数据点云的最佳拟合直线。对于只有一个处理变量（X）和一个结果变量（Y）的情形，回归线的方程是：$Y = aX + b$。参数 a（被称为 Y 在 X 上的回归系数或二者的相关系数，经常表示为 r_{YX}）告诉我们的是观察到的平均趋势：X 增加一个单位通常会导致 Y 产生 a 个单位的增量。如果 Y 和 X 之间没有混杂因子，那么我们就可以把这一参数当作对让 X 增加一个单位这一干预所做的效果估计。

但是，如果存在一个混杂因子 Z 会怎样？在这种情况下，相关系数 r_{YX} 不会告诉我们平均因果效应，它只会告诉我们观察到的平均趋势。这实际上就是赖特的豚鼠出生体重问题的例子，我们在第二章讨论过。在那个例子中，妊娠期每多一天所带来的幼鼠体重的表面增量（5.66克）是存在偏倚的，因为它被同窝产仔数对幼鼠体重的影响所混杂。对此，我们仍然有一个摆脱困境的方法：将所有这三个变量放在一起绘制趋势图，三个变量的每个值（X，Y，Z）都可以用三维空间中的一个点来表示。如此，我们采集到的数据就构成了 XYZ 空间中的一团点云，在三维空间中，与回归线对应的概念是回归平面，它的方程可以表示为 $Y = aX + bZ + c$。我们可以很容易地从数据中计算出 a、b、c。此时，一件美妙的事发生了，对此高尔顿并没有意识到，但卡尔·皮尔逊和乔治·乌德尼·尤尔肯定意识到了。系数 a 给出了 Y 在 X 上的回归系数，并且这两个变量都已根据 Z 进行了统计调整。

（该系数也被称为偏回归系数，写作 $r_{YX.Z}$）①。

由此，我们就可以跳过烦琐的过程，不需要再在 Z 的每个层上求 Y 对 X 的回归系数，然后计算回归系数的加权平均了。大自然已经为我们做好了所有的平均！我们只需要计算出与数据点云最为匹配的那个平面即可。我们可以借助统计工具包很快地算出这个平面。平面方程 $Y = aX + bZ + c$ 中的系数 a 将自动根据混杂因子 Z 调整所观察到的 Y 对 X 的趋势。如果 Z 是唯一的混杂因子，那么 a 就是 X 对 Y 的平均因果效应。真是奇迹般地简单！你也可以轻松地将这一处理过程扩展应用于包含多个变量的问题。如果一组变量 Z 恰好满足后门标准，那么回归方程中 X 的系数 a 就是 X 对 Y 的平均因果效应。

鉴于此，好几代研究者开始相信，经过统计调整的回归系数（或偏回归系数）在某种程度上被赋予了因果信息，这正是未经过统计调整的回归系数所缺乏的。但事实并非如此。无论是否经过统计调整，回归系数都只表示一种统计趋势，其自身并不能传递因果信息。我们能够说出是 $r_{YX.Z}$ 而非 r_{YX} 表示了 X 对 Y 的因果效应，完全是基于我们所绘制的一张关于此例的因果图，其显示 Z 是 X 和 Y 的混杂因子。

简言之，回归系数有时可以体现因果效应，有时则无法体现，而其中的差异无法仅依靠数据来说明。我们还需要具备另外两个条件才能赋予 $r_{YX.Z}$ 以因果合法性。第一个条件是，我们所绘制的相应的因果图应该能够合理地解释现实情况；第二个条件是，我们需要据其进行统计调整的变量 Z 应该满足后门标准。

这就是为什么休厄尔·赖特将路径系数（代表因果效应）从回归系数（代表数据点的趋势）中区分开来的做法很重要。尽管路径系数可以根据回归系数计算出来，但二者有着本质的区别。然而赖特及其后所有的路径分析者和计量经济学家没有意识到的是，他们的计算过程有着不必要的复杂性。如果赖特当初知道，通过对图示结构进行简单的分析就可以从路径图

① 偏回归系数（partial regression coefficient）$r_{YX.Z}$ 就是暂时固定 Z 时，Y 在 X 上的回归系数。即在根据 Z 对（X，Y，Z）数据进行分层之后，再考虑 Y 和 X 之间的相关性。——译者注

本身识别出恰当的统计调整所需的变量集，那么他本来是可以根据偏相关系数计算出路径系数的。

还要记住，基于回归的统计调整只适用于线性模型，这涉及一个非常重要的建模假设。一方面，一旦使用线性模型，我们就失去了为非线性的相互作用建模的能力，比如处理 X 对 Y 的效应取决于 Z 的不同水平这种情况。而另一方面，即使我们不知道因果图中箭头背后的函数是什么，后门调整仍然是有效的。只不过在这种所谓的非参数问题中，我们需要使用其他的数据外推法来对付维度灾难。

综上所述，后门调整公式和后门标准就像硬币的正反面。后门标准告诉我们哪些变量集可以用来去除数据中的混杂。统计调整公式所做的实际上就是去混杂。在线性回归最简单的例子中，偏回归系数在暗中执行了后门调整。而在非参数问题中，我们必须公开地根据后门调整公式做出统计调整，要么直接对数据进行统计调整，要么对数据的某个外推版本进行统计调整。

你可能认为，我们对干预之峰的征服即将大功告成。但遗憾的是，如果我们因缺乏必要的数据而无法阻断某条后门路径，统计调整公式就会完全失灵。不过，对于这种情况，我们仍然有可以采用的解决方案。在下一节，我会告诉你我最喜欢的方法之一，这种方法也被称为“前门调整”（front-door adjustment）。尽管这种方法在20年前就被提出了，但只有少数研究者曾利用这一捷径成功登顶干预之峰，而且我确信，我们仍未发掘出它的全部潜力。

前门标准

对因果图而言，关于吸烟的因果效应那场争论出现得太早，因而因果图没能为此做出什么贡献。我们已经看到了康菲尔德不等式是如何被用于说服研究者相信吸烟基因或“体质假说”是不成立的。但是借助一种更为彻底的方法——因果图，我们本可以对吸烟基因这一假设有更深入的了解，并彻底将其从后续的研究选择中清除出去。

我们假设研究人员可以测量吸烟者肺部的焦油沉积量。早在20世纪50年代，焦油沉积的形成就被怀疑是肺癌发展的一个可能的中间阶段。就像美国卫生局局长委员会所做的那样，我们也希望排除费舍尔的假说，即吸烟基因是吸烟行为和肺癌的混杂因子。如此，我们就得到了图7.1中的因果图。

图7.1包含了两个非常重要的假设，我们假设在这个例子中它们都是有效的。第一个假设是，吸烟基因对焦油沉积物的形成没有影响，焦油沉积只与香烟烟雾的物理作用有关。（这一假设以“吸烟基因”和“焦油沉积”之间没有箭头来表明；不过，它并不能排除与“吸烟基因”无关的其他随机因素对“焦油沉积”的影响）。第二个重要的假设是，只有通过焦油沉积的积累，“吸烟”才会导致“癌症”。因此，我们假设从“吸烟”到“癌症”之间没有直接箭头，也没有其他间接路径。

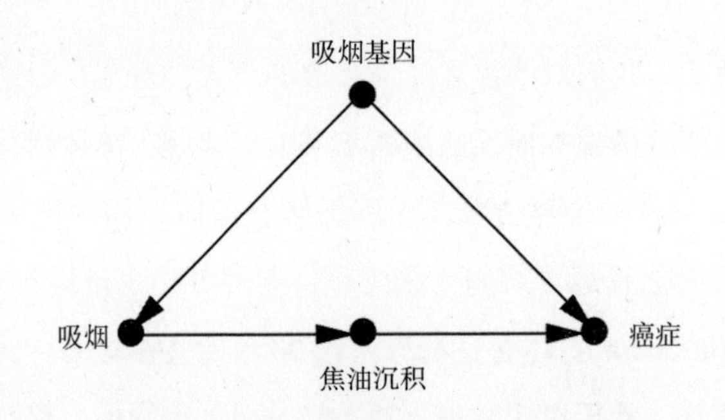

图7.1 关于吸烟与癌症之关系假设的因果图，前门调整适用于此例

假设我们正在做的研究是一项观察性研究，我们收集了每个志愿者关于“吸烟”、“焦油沉积”和“癌症”的数据。遗憾的是，我们无法收集关于“吸烟基因”的数据，因为我们不知道这种基因是否存在。由于缺乏混杂因子的数据，我们不能阻断“吸烟 ← 吸烟基因 → 癌症”的后门路径。因此，我们不能使用后门调整来控制混杂因子的影响。

所以我们必须寻找另一种方式。这一次我们不从后门进去，而是从前门进去！在这个例子中，前门指的是直接的因果路径“吸烟 → 焦油沉积 →

癌症”，而且我们的确已经收集到了全部三个变量的数据。根据我们的直觉，推理过程如下：首先，我们可以估计出“吸烟”对“焦油沉积”的平均因果效应，因为“吸烟”和“焦油沉积”之间没有未被阻断的后门路径，其中在“癌症”处的对撞已经阻断了路径“吸烟 ← 吸烟基因 → 癌症 ← 焦油沉积”。我们甚至不需要对其进行后门调整，因为这条后门路径已经被阻断了。我们只需要观测 *P*（焦油沉积 | 吸烟）和 *P*（焦油沉积 | 不吸烟），二者的差别就是吸烟对焦油沉积的平均因果效应。

同样，该图也允许我们估计“焦油沉积”对“癌症”的平均因果效应。要做到这一点，我们可以通过对“吸烟”进行统计调整来阻断从“焦油沉积”到“癌症”的后门路径：焦油沉积 ← 吸烟 ← 吸烟基因 → 癌症。我们在第四章学到的知识在此处就派上了用场：我们只需要收集一个去混因子充分集的数据（在此例中就是变量“吸烟”的数据），就可以借助后门调整公式得到 *P*（癌症 | *do*（焦油沉积））和 *P*（癌症 | *do*（无焦油沉积））。二者的差别就是“焦油沉积”对“癌症”的平均因果效应。

现在，我们已经知道了吸烟导致焦油沉积的概率的平均增量和焦油沉积致癌的概率平均增量。那么，我们是否可以用某种方式将这些信息结合起来，得出吸烟致癌的概率的平均增量呢？是的，我们可以。理由如下：癌症的产生有两种不同的情况，其一为“焦油沉积”存在的情况，其二为“焦油沉积”不存在的情况。如果我们强迫一个人吸烟，那么这两种情况的概率就分别是 *P*（焦油沉积 | *do*（吸烟））和 *P*（无焦油沉积 | *do*（吸烟））。如果“焦油沉积”的情况继续发展下去，那么“焦油沉积”导致“癌症”的可能性就是 *P*（癌症 | *do*（焦油沉积））。而如果“无焦油沉积”的情况继续发展下去，那么其导致“癌症”的可能性就是 *P*（癌症 | *do*（无焦油沉积））。我们可以在 *do*（吸烟）这一前提下，根据两种情况发生的概率对其进行加权，这样就能计算出吸烟导致癌症的总概率。如果我们阻止一个人吸烟，即前提条件为 *do*（不吸烟），则相同的论证同样有效。两者之间的差异就表示了相对于不吸烟，吸烟对于癌症的平均因果效应。

正如我刚才解释的，我们可以从数据中估计出我们讨论的每个 *do* 概率。即我们可以用纯数学的方式在不引入 *do* 算子本身（不进行实际干预）的情况下算出概率结果。由此，数学就为我们解决了科学界长达 10 年的争论和国家的官方声明都没能解决的那个问题：量化吸烟对癌症的因果效应——当然，前提是我们的假设成立。

我刚才所描述的这个过程，即在不引入 *do* 算子的前提下表示 P（癌症 | *do*（吸烟））就被称作前门调整。它不同于后门调整的地方是，我们需要调整两个变量（吸烟和焦油积沉）而不是一个变量，并且这些变量处于从吸烟到癌症的前门路径，而不是后门路径。对那些更习惯“用数学语言说话”的读者，我忍不住要向你们展示一个在普通统计教科书中找不到的公式（公式 7.1）。在这里，X 代表“吸烟”，Y 代表“癌症”，Z 代表“焦油沉积”，U（在此例中显然没有出现在公式中）代表不可观测的变量，即“吸烟基因”。

$$P(Y|do(\mathrm{X}))=\sum_z P(Z=z,X)\sum_x P(Y|X=x,Z=z)P(X=x) \quad (7.1)$$

对数学有兴趣的读者可能会发现，将这个公式与后门调整公式进行比较会得到一个很有趣的结果，其中后门调整公式如下所示。

$$P(Y|do(\mathrm{X}))=\sum_z P(Y|X,\ Z=z)P(Z=z) \quad (7.2)$$

对于那些不习惯使用数学语言的读者，我们也可以从公式 7.1 中找到几个颇为有趣的发现。首先是最重要的一点，你在公式中的任何地方都看不到 U（“吸烟基因”）的存在。这是整个问题的关键。我们甚至在未采集到任何数据的时候就成功地排除了混杂因子 U。费舍尔那一代的任何一位统计学家都会将此视为一个天大的奇迹。其次，在导言中我曾提到被估量，并将其视作一种针对问题中的目标量的计算方法。而公式 7.1 和公式 7.2 就是两个特别复杂而有趣的被估量。公式的左边代表问题“X 对 Y 的影响是什么”，右边则是被估量，也即回答问题的一种方法。请注意，被估量以条件概率的形式表示，其不包含关于实际干预的数据，只包含观测到的数据。这意味着它可以直接根据数据估计出来。

此时此刻，我相信一些读者会想知道这个虚构的例子与现实情况的关系究竟有多密切。一项观察性研究和一张因果图是否就能彻底解决关于吸烟与癌症之关系的争论？如果图 7.1 的确准确反映了癌症的因果机制，那么这个问题的答案就是肯定的。但我们现在需要讨论的正是我们的假设在现实世界中是否有效。

我的一位老朋友、伯克利大学的统计学家大卫·弗里德曼带领我解决了这个问题。他认为，图 7.1 中的模型在三个方面是不合乎现实的。首先，如果存在这样的吸烟基因，那么它很可能也会影响人体去除肺部异物的方式，从而导致携带这种吸烟基因的人其肺部更易形成焦油沉积，而不携带这种基因的人则更有这方面的抵抗力。因此，他会从"吸烟基因"画一个箭头到"焦油沉积"，在这种情况下，前门公式就失效了。

其次，"吸烟"不太可能仅仅通过"焦油沉积"引发"癌症"。我们可以很容易想到其他可能存在的机制，比如吸烟会导致慢性炎症，继而引发癌症。最后，我们实际上无法精准测量一个活人的肺部焦油沉积量，所以我刚刚提出的这项观察性研究根本无法在现实世界中开展。

针对这一特定案例，我无法反驳弗里德曼的批评。我不是癌症专家，因此对于这张因果图是否能够准确地反映真实世界中实际存在的机制，我不得不听从专家的意见。事实上，因果图的一个主要优势就是让假设变得透明，以供专家和决策者探讨和辩论。

然而，我之所以举这个例子，并不是为了提出吸烟影响的新机制，而是要证明在假设正确的情况下，即使我们没有混杂因子的数据，我们照样可以用数学的方式消除混杂因子的影响。适用于此种处理方式的情况可以很清楚地识别出来——X 对 Y 的因果效应被一组变量（C）混杂，又被另一组变量（M）介导（见图 7.2），并且中介变量 M 不受 C 的影响。当你看到满足上述条件的问题时，你就知道你可以从观测数据中估计出 X 对 Y 的影响。一旦科学家意识到这一事实，在面临无解的混杂因子时，他们就应该立即着手寻找不受混杂因子影响的中介变量。正如路易·巴斯德说的："幸运总是眷顾准备好的人。"

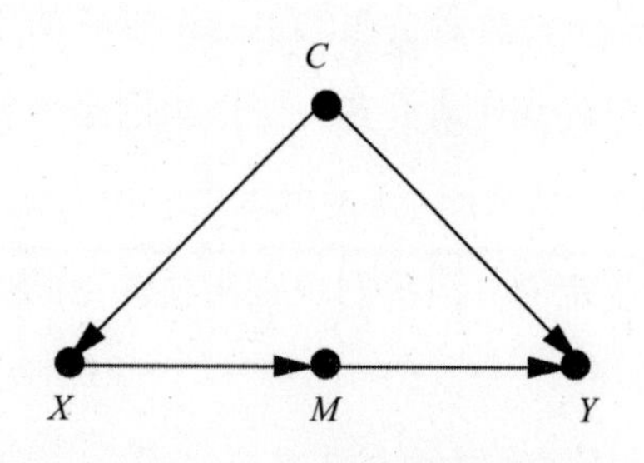

图 7.2 前门标准的基本设置

幸运的是，前门调整的价值并未被完全忽视。亚当·格林和康斯坦丁·卡申都是哈佛大学的政治学家（格林后来去了埃默里大学）。2014 年，他们写了一篇获奖论文，这篇论文是所有定量社会学家的必读论文。他们在 1987 年至 1989 年将一种新方法应用于分析由社会学家仔细审查过的一组数据，这项研究被称为"职业培训合作法（JTPA）研究"。作为 1982 年 JTPA 推行的成果之一，劳工部制订了一项职业培训计划，除其他服务之外，该计划还为参与者提供职业技能、求职技能方面的培训和可以积累工作经验的项目。研究者收集了项目报名者的数据、实际使用服务的报名者的数据，以及所有这些人在接下来的 18 个月里的收入数据。值得注意的是，这项研究包括一项随机对照试验以及一项观察性研究。在前者中，研究者随机分配部分参与者接受服务，在后者中，参与者可自行选择是否接受服务。

格林和卡申并没有绘制因果图，但根据他们对研究的描述，我自行绘制了一张如图 7.3 所示的因果图。变量"报名"记录的是某人是否报名了该项目，变量"出席"显示的是项目报名者是否确实使用了服务。显然，只有在报名者实际使用了服务之后，服务项目才可能影响参与者的收入，所以很容易证明从"报名"到"收入"不存在直接箭头这一假设是正确的。

格林和卡申回避了对混杂因子的性质做具体说明，但我在这里将其归纳为"动机"。很明显，一个热切希望提高收入的人更有可能报名参加该项目，而且不管是否真的出席，此人在 18 个月后的收入水平都更有可能有所提高。当然，此项研究的目的是排除这个混杂因子的影响，找出服务项目本身为参与者提供了多少帮助。

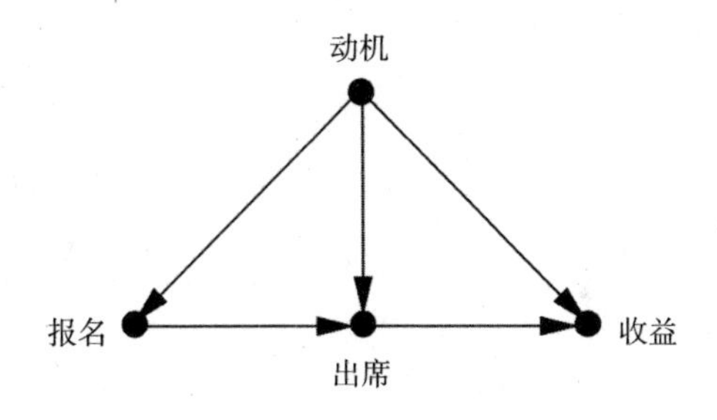

图 7.3　JTPA 研究的因果图

将图 7.2 与图 7.3 进行比较，我们可以看到，如果没有从“动机”到“出席”的箭头，则该问题的情况就满足我在前面提到的中介变量“屏蔽”了混杂因子的影响的状态，因而也就适合用前门标准来解决。在许多情况下，我们都可以证明该箭头不存在才是更合理的假设。例如，如果这些服务只能通过报名者亲自前往某地预约登记的方式来提供，而人们错过预约通常是因为一些与“动机”无关的偶然事件（比如公共汽车罢工，脚踝扭伤等），那么我们就可以抹去这个箭头，使用前门标准。

但这项研究的实际情况是，服务是随时提供的，所以我们很难论证箭头不存在这一假设的合理性。然而，这正是让事情变得非常有趣的地方——在此种情况下，格林和卡申仍然在该研究中测试了前门标准。我们可以把他们所进行的测试看作一个敏感度测试。如果我们猜测这个箭头的影响微不足道，那么视其不存在所带来的偏倚可能会非常小。从他们得到的结果来看，情况就是这样。

通过做出某些合理的假设，格林和卡申推导出了几个不等式，用以说明统计调整是否太过或不足，以及这种太过或不足的程度。最后，他们将前门预测和后门预测与在同一时期运行的随机对照试验的结果进行了比较。其得到的结论令人印象深刻。采用后门标准（控制已知的混杂因子，如“年龄”“种族”“地点”）所做出的对于收入的估计很不准确，与对照试验的结果相差了数百美元乃至几千美元。如果的确存在一个未被观测到的混杂因子，比如这里的“动机”，那么这个结果就正是你期望看到的。并且我们无法使用后门标准来对它进行统计调整。

另一方面，采用前门估计进行的估算则成功地消除了几乎所有的“动机”效应。对男性来说，前门估计的准确性很不错，即使的确存在格林和卡申所预测的微小的正偏倚，该结果也仍在随机对照试验结果的误差范围内。对女性参与者来说，前门估计的准确性更高，据此得出的估计收入几乎完全与试验结果相匹配，不存在显著的偏倚。格林和卡申所做的工作提供了经验性和方法性两方面的证据，证明了如图 7.2 所示，只要 C 对 M 的影响足够微弱，前门调整就可以给出一个相当合理的关于 X 对 Y 影响的估计。这个估计比在不控制 C 的情况下所做的估计要好得多。

格林和卡申的结果说明了前门调整之所以是一个强大工具的原因所在：它允许我们控制混杂因子，并且这些混杂因子可以是我们无法观测（如“动机”）甚至无法命名的。也正是出于同样的原因，随机对照试验被认为是估计因果效应的“黄金标准”。前门估计所做的事与随机对照试验大体类似，并且还有一个额外的优点，即它的研究对象可以存在于自然的生活环境而非实验室的人造环境。所以，如果前门估计此后发展为随机对照试验的主要竞争对手，我是不会感到惊讶的。

do 演算，或者心胜于物

前门调整公式和后门调整公式的最终目标是根据 $P(Y|X, A, B, Z, \cdots)$ 此类不涉及 *do* 算子的数据估算干预的效果，即 $P(Y|do(X))$。如果我们成功消除了计算过程中的 *do* 概率，那么我们就可以利用观测数据来估计因果效应，这样一来，我们就从因果关系之梯的第一层级踏上了第二层级。

我们此前在两种情况（应用前门调整的情况和应用后门调整的情况）中的成功带来了一个问题：是否还存在其他的门，通过这些门，我们可以消除所有的 *do*。从一个更宏观的视角，我们也可以这样问，即是否存在某种方法可以用来事先确定一个给定的因果模型是否适用于这种消除处理。

如果存在这种方法，那么我们就可以对适用的因果模型进行此类处理，从而在不进行实际干预的情况下估算出因果效应。而对于不适用的模型，我们至少可以知道，我们在模型中嵌入的假设不足以让我们仅根据观测数据来揭示因果效应，同时对此种情况，我们也将意识到，无论我们有多聪明，要解决这个问题，进行某种干预性试验都是在所难免的。

即使干预性试验实际可行，也被法律许可，任何了解随机对照试验的成本和操作难度的研究者显然还是更希望通过纯数学的手段做出这些判断。20 世纪 90 年代初，这个想法也让我（并非作为一名试验者，而是作为一名计算机科学家和业余哲学家）着迷不已。当然，对于一名科学工作者而言，其所能获得的最美妙的体验之一，可能就是坐在办公桌前，意识到自己终于即将弄清在现实世界中什么是可能的，什么是不可能的，尤其是当这个问题对整个人类社会而言非常重要，并且曾令那些试图解决该问题的前辈困扰许久的时候。当尼西亚城的希帕克发现不必攀登金字塔，只根据金字塔落在地面上的影子就能计算出金字塔的高度时，他的感受想必就是如此——心胜于物。

事实上，古希腊人（包括希帕克）及其几何学形式逻辑系统的发明对我所采用的方法产生了极大的启发。在古希腊逻辑系统的核心，我们总会发现存在一组公理或不言而喻的真理，例如"经过任意两点有且仅有一条直线"。在这些公理的帮助下，古希腊人得以建构起许多更为复杂的表述，这些表述也被称为定理，其正确性远非公理那样显而易见。例如这一表述：一个三角形，无论大小或形状，其内角和为 180°（或两个直角的度数和）。这一表述的真实性绝非不言而喻，而公元前 5 世纪的毕达哥拉斯学派的哲学家们则能将那些不证自明的公理当作原料，用它们来证明这一表述的普遍正确性。

如果你还记得高中几何，哪怕只记得一些要点，你或许会想起，定理的证明总是涉及一些辅助构造：例如，画一条平行于三角形某个边的直线，将某些角度标记为相等，以给定线段为半径画圆，等等。我们可以将这些辅助构造看作对所画图的性质做出论断（或声明）的临时性的数学命题。

每一个新的辅助构造的绘制都得到了以前的辅助构造以及几何公理和一些已经得到证明的定理的许可。例如，绘制一条平行于三角形某个边的线，就得到了欧几里得的第五公设的许可，该公设的内容是：过直线外的一点有且只有一条该线的平行线。绘制这些辅助构造就类似于进行一种机械的“符号操作”运算，即获取先前写过的命题（或先前绘制出的图）并以新的格式重写它，前提是重写得到了公理的许可。欧几里得的伟大之处在于确定了一张包含五大基本公理的简短清单，据此我们可以推导出所有其他的正确的几何陈述。

现在回到我们的核心问题，即一个模型何时可以取代一个试验，或者一个“干预”量何时可以简化为一个“观察”量。在古希腊几何学家的启发下，我们希望将这个问题简化为符号操作，并以这种方式从奥林巴斯山上夺回因果关系，使其为普通研究者所用。

首先，让我们用证明、公理和辅助构造的语言，即欧几里得和毕达哥拉斯的语言重述 X 对 Y 的效应。我们从目标句 $P(Y \mid do(X))$ 开始。如果我们能成功地消除它的 do 算子，只留下像 $P(Y|X)$ 或 $P(Y|X, Z, W)$ 这样的经典条件概率表达式，那么我们的任务就完成了。当然，我们不能随意操作我们的目标表达式，我们所进行的操作必须符合 $do(X)$ 作为一项实际干预行动的基本含义。因此，我们必须通过一系列合法的操作来转化表达式，且每个操作都必须得到公理和模型假设的许可。操作应该保留接受操作的表达式的本来含义，只更改它所使用的格式。一个“保留本来含义”只变换格式的例子是将 $y = ax + b$ 转换为 $ax = y - b$ 的代数变换，其中 x 和 y 之间的关系保持不变，只有格式发生了变化。

我们已经了解了一些“合法”的 do 表达式变换。例如，规则 1 为：如果我们观察到变量 W 与 Y 无关（其前提可能是以其他变量 Z 为条件），那么 Y 的概率分布就不会随 W 而改变。例如，在第三章，我们看到，一旦我们知道了中介物“烟雾”的状态，变量“火灾”就与变量“警报”不相关了。这种不相关的认定转化为符号处理，就是：

$$P(Y|do(X),Z,W)=P(Y|do(X),Z)$$

上述等式成立的条件是，在我们删除了指向 X 的所有箭头后，变量集 Z 会阻断所有从 W 到 Y 的路径。在“火灾 → 烟雾 → 警报”的例子中，W= 火灾，Z= 烟雾，Y= 警报，Z 阻断了所有从 W 到 Y 的路径（此例中没有变量 X）。

在此前关于后门调整的讨论中，我们还了解到另一个合法的变换。我们知道，如果变量集 Z 阻断了从 X 到 Y 的所有后门路径，那么以 Z 为条件（对 Z 进行变量控制），则 $do(X)$ 等同于 $see(X)$。因此，如果 Z 满足后门标准，这种变换就可以写作：

$$P(Y|do(X),Z)=P(Y|X,Z)$$

我们将此作为我们公理系统的规则 2。和规则 1 相比，尽管规则 2 没有那么不言自明，但其最简单的形式实际上就是汉斯 · 赖欣巴哈的共因原则的修正版本（经过修正后，我们就不会再把对撞因子误认为混杂因子了）。换言之，这个等式的意思是，在控制了一个充分的去混因子集之后，留下的相关性就是真正的因果效应。

规则 3 很简单，它实质上是说，如果从 X 到 Y 没有因果路径，我们就可以将 $do(X)$ 从 $P(Y|do(X))$ 中移除。即，如果不存在只包含前向箭头的从 X 到 Y 的路径，则：

$$P(Y|do(X))=P(Y)$$

这个规则可以这样解释：如果我们实施的干预行动（do）不会影响 Y，那么 Y 的概率分布就不会改变。除了像欧几里得公理一样不言自明，规则 1 到 3 还可以利用 do 算子的“删除所有指向……的箭头”定义和概率的基本法则对其进行数学上的证明。

注意，规则 1 和规则 2 涉及 X 和 Y 之外的辅助变量 Z 的条件概率。这些辅助变量可以充当一种概率计算的语境。有时，此语境本身的存在就许可了变换操作。规则 3 也可能涉及辅助变量，但为了简单起见，我在此省略了它们。

注意，每条规则都附带一个简单的句法解释。规则 1 允许增加或删除某个观察结果。规则 2 允许用观察替换干预，或者反过来。规则 3 允许删除或添加干预。所有这些操作都必须在适当的条件下进行，并且必须在关于特定情况的因果图中得到证实。

现在，我们已经准备好论证规则 1 到 3 是怎样让我们得以将一个表达式变换为另一个，最终得到我们想要的那个表达式的。虽然操作步骤有些复杂，但我认为要想真正理解如何运用一系列 *do* 演算规则推导出前门调整公式，展示这一论证过程是必需的（见图 7.4）。你不需要遵循所有的步骤一一照做，我的目的只是希望你体会一下 *do* 演算究竟是什么。我们从目标表达式 $P(Y \mid do(X))$ 开始。我们需要引入辅助变量，将目标表达式转换为一个没有 *do* 的公式，当然我已经知道，我们最终得到的表达式将与前门调整公式一致。我们需要绘制一张包含 X、Y 和辅助变量的因果图，论证过程的每一步都必须得到因果图的许可。在某些情况下，论证步骤还需要从因果图的子图中获得许可，这些子图以删除箭头的形式表明混杂消除的不同情况。这些子图显示在图 7.4 右侧。

我对 *do* 演算有着特别的偏爱。有了这三条简单的规则，我就能推导出前门调整公式。这是科学史上第一个不以控制混杂因子为手段来估计因果效应的方法。我相信，不用 *do* 演算，没有人可以做到这一点。所以在 1993 年伯克利大学举办的一次统计学研讨会上，我把它作为一个挑战提出来，甚至提供了 100 美元的奖金，用以奖励解决它的人。同样参加了这次研讨会的保罗·霍兰德曾对我说过，他把这个问题作为课堂作业布置下去了，并会在有了结果后把解决方案发给我。（我的同事们告诉我，他最终在 1995 年的一次会议上提出了一个非常复杂的解决方案，如果他的论证是正确的，我可能就欠了他 100 美元。）经济学家詹姆斯·赫克曼和罗德里戈·平托在

2015 年进行了另一次尝试，他们希望利用“标准工具”来证明前门调整公式。他们的辛勤劳动最终得到了回报，尽管其论证过程不得不用长达 8 页的论文来解释清楚。

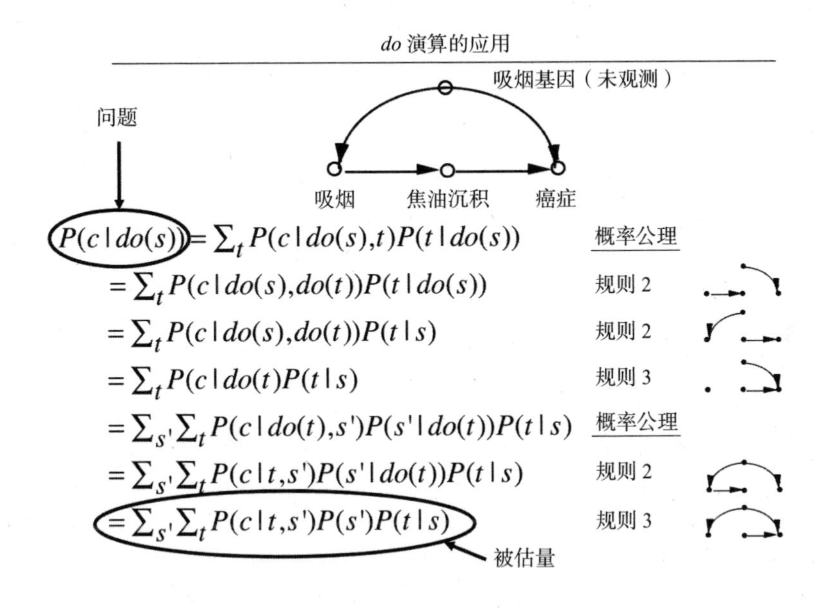

图 7.4　利用 *do* 演算规则推导前门调整公式

实际上，在那次研讨会的前一天晚上，我在一家餐馆中只用了一张餐巾纸就写完了论证过程（与图 7.4 很类似），并把它递给了大卫·弗里德曼，可惜后来他写信给我说他把那张餐巾纸弄丢了。他无法重建整个论证过程，并询问我是否保存了一份副本。第二天，杰米·罗宾斯从哈佛大学写信给我说，他从弗里德曼那儿听说了这个“餐巾纸问题”，并提出打算立即乘飞机来加利福尼亚，与我一起核实这个论证。我很高兴与罗宾斯分享 *do* 演算的秘密，我相信这次洛杉矶之行是他之后热情接纳因果图方法的关键。在他和桑德·格林兰的推动下，因果图逐渐发展成为流行病学家的第二语言。这也从侧面说明了我为什么对这个“餐巾纸问题”这么着迷。

前门调整公式的论证是一个惊喜，它指出了 *do* 演算所具有的重要价值。然而，我无法确定 *do* 演算的这三条规则是否充分。我们是否遗漏了第四条规则，而它可以帮助我们解决这三条规则所不能解决的问题？

1994年，当我第一次提出*do*演算时，我之所以选择这三条规则，是因为它们足以处理我所知道的所有不同类型的情况。我不知道这些规则是否会像阿里阿德涅之线[①]一样能永远带领我走出迷宫，又或者终有一天我会遇到一个极其复杂、无法逃脱的迷宫。当然，我抱着乐观的希望。我猜想，只要因果效应可以从数据中估计出来，我们就可以利用这三条规则通过一系列处理步骤消除*do*算子。但我还没能证明这一论断。

这类问题在数学和逻辑学中有许多先例。我想证明的这种性质在数学逻辑上通常被称为"完备性"。一个完备的公理系统有这样一种特性，即其中的公理足以推导出使用该公理系统的语言书写的任何正确表述。的确存在一些非常出色的公理系统是不完备的，比如概率论中描述条件独立性的菲利普·戴维公理。

在这个关于完备性猜想的迷宫故事中，有两个研究小组在我这个徘徊的忒修斯面前扮演了阿里阿德涅的角色：南卡罗来纳大学的黄一鸣（音）、马尔科·瓦尔托塔，和加州大学洛杉矶分校的伊利亚·斯皮塞，他也是我的学生。这两个研究小组同时独立地证明了，规则1至3足以让我们走出任何一个确有出口的*do*迷宫。我不确定学界是否曾屏息等待他们的完整证明，因为那时，大多数研究者都满足于仅使用前门标准和后门标准。好在，这两个研究小组的成果都得到了公开的认可，在2006年的人工智能大会上同时获得了有关不确定性研究的最佳学生论文奖。

我承认我本人就曾对这一证明结果屏息以待。这一对于完备性的证明告诉我们，如果我们在规则1到3中找不到根据数据估计$P(Y|do(X))$的方法，那么对于这个问题，解决方案就是不存在的。在此情况下，我们就能意识到除了进行随机对照试验，我们别无选择。它还能告诉我们，对于某个特定的问题，什么样的额外假设或试验可以使因果效应从不可估计变为可估计。

在宣布全面胜利之前，我们应该尝试使用*do*演算来讨论一个问题。就

---

① 古希腊神话中，忒修斯在克里特公主阿里阿德涅的帮助下，用一个线团破解了迷宫，从此，人们就用"阿里阿德涅之线"来比喻在困惑中得到的指点。——译者注

像其他运算一样，它可以让某种有效的理论建构得到证明，但它并不能帮助我们找到理论建构本身。它是一个优秀的解决方案验证工具，但并不是一个很好的解决方案搜索工具。如果你知道变换的正确顺序，你就可以很容易地向其他人（熟悉规则 1 到 3 的人）证明 *do* 算子可以被消除。但是，如果你不知道正确的变换顺序，你就很难找到消除 *do* 算子的方法，甚至无法确定 *do* 算子是否可以消除。用几何证明来类比的话，就是我们需要确定下一步应该使用哪种辅助构造，是画一个以 *A* 点为圆心的圆？还是画一条与 *AB* 平行的线？可能的辅助构造有无限多个，并且公理本身不会对我们下一步该进行何种尝试提供任何指导。就像我的高中几何学老师常说的，你需要借助“数学眼镜”自己去发现它。

在数理逻辑中，这类问题被称为“决策问题”。许多逻辑系统在构建过程中都经历过棘手的决策问题的阻挠。例如，假设有一堆尺寸不等的多米诺骨牌，我们没有一个简易的方法来确定是否可以将其以某种方式排列，以严丝合缝地填满一个指定大小的正方形。然而，一旦某个排列方法被提出来，我们就能在极短的时间内验证它是否可以构成一个解决方案。

幸运的是（再一次），对 *do* 演算来说，这一决策问题已被证明是可解决的。基于我另一个学生田进（音）所做的前期工作，伊利亚·斯皮塞发现了一个算法，该算法可以用于确定某个解决方案是否存在“多项式时间”（polynomial time）。这是一个比较专业的术语，如果用走出迷宫来类比的话，该算法的提出意味着，同尝试所有可能的路径相比，的确存在一种更有效的方法用以找到迷宫的出路。

斯皮塞提出的这种找出某一问题所涉及的所有因果效应的算法，并没有削减我们对 *do* 演算的需要。事实上，我们变得比以往更加需要它，主要是出于以下几个独立的原因：首先，我们需要借助它来超越观察性研究。假设出现了最糟糕的情况，即我们的因果模型不允许我们仅通过观测数据来估计 $P(Y \mid do(X))$ 的因果效应，并且我们也不能进行随机分配处理 X 的随机化试验。此时，聪明的研究者可能会问，我们是否可以通过随机化其他变量（如 Z，因为 Z 比 X 更易于控制）来估计 $P(Y \mid do(X))$？例如，如果我们想评估胆固醇水平（X）对心脏病（Y）的影响，我们也许可以尝试操纵受试者的饮食（Z），而不是直接控制受试者血液中的胆固醇水平。

于是，我们接下来要问的问题就变成了，我们是否能找到这样一个让我们得以回答因果问题的替代变量 Z。在 *do* 演算的世界中，该问题就等同于，我们是否可以找到一个变量 Z，让我们得以将 $P(Y \mid do(X))$ 变换为一个新的表达式，其中 *do* 算子的限制目标变成了 Z，而不再是 X。这是斯皮塞的算法没有覆盖到的一个全新的问题。幸运的是，它也有一个完备的解决方案，其中涉及的新算法是由伊莱亚斯·巴伦拜姆（现为普渡大学教授）于 2012 年在我的实验室中发现的。当我们考虑某个实验结论的可移植性或外部有效性（评估在与原始研究环境存在几处关键方面的差异的新环境中，实验结果是否仍然有效）时，更多类似的问题就出现了。此类更具挑战性的问题触及了科学方法论的核心，因为只要是科学就会涉及结论的普遍化。然而，关于普遍化问题的论证至少在此前的两个世纪中都没有丝毫进展。用于生成对于该问题的解决方案的工具一直未被发现。2015 年，巴伦拜姆和我向国家科学院提交了一篇论文，在其中我们给出了这个问题的解决方案，前提是研究者可以用因果图来表示其对这两个环境的假设。在满足此前提的条件下，*do* 演算规则提供了一种系统化的方法，用以确定在研究环境中发现的因果效应是否能帮助我们估计目标环境中的因果效应。

do 演算的另一个重要价值在于其透明性。在我写作这一章的时候，巴伦拜姆给我发来了一个新的难题：假设现在有这样一个因果图，其中只包含 4 个可观测变量 X、Y、Z、W 和 2 个无法观测的变量 U_1、U_2（见图 7.5）。我需要回答的问题是，如何确定 X 对 Y 的效应是可估计的。我们没有阻断后门路径的方法，且此种情况也不适合应用前门调整。我尝试了所有我知道的捷径和其他可靠的直观论据，正反两面都有，仍不知道怎么解决这个问题。我找不到走出迷宫的路。但当巴伦拜姆低声对我说，“不如试试 *do* 演算”时，我豁然开朗，立即找到了答案。这一解决方案的每一个步骤都是清晰而有意义的。以下是关于此例的一个最简单的模型，其中对于因果效应的估计需要我们找到一个超越前门调整和后门调整的方法。

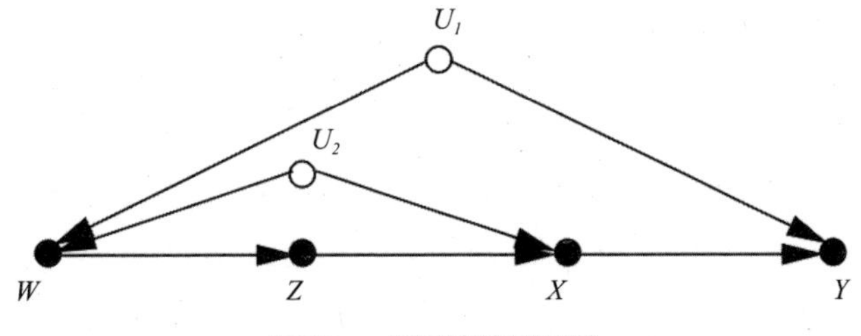

图 7.5　一个新的餐巾纸问题？

为了避免给读者留下 *do* 演算只是纸上谈兵或脑力游戏的印象，我将以一个实际问题来展示这一解决方案，这个问题是两位杰出的统计学家南尼·维尔穆斯和大卫·考克斯在最近提出的。它论证了那句亲切的耳语——“不如试试 *do* 演算”是如何帮助老练的统计学家解决实际难题的。

大约在 2005 年，维尔穆斯和考克斯对一类被称为“序贯决策”（sequential decisions）或“时变处理”（time–varying treatments）的问题产生了兴趣。在医学治疗领域，这种问题很常见。以艾滋病治疗为例，通常，艾滋病治疗是在较长的一段时间内进行的，并且在每个治疗阶段，医生都会根据患者的实际情况调整后续治疗的强度和用药剂量。同时，患者的病情也会受到此前治疗方案的影响。因此，我们就得到了一个类似于图 7.6 所示的因果图，其中展示了两个治疗阶段和两种治疗方案。第一种治疗方案（*X*）是完全随机的，第二种治疗方案（*Z*）则由中期结果的观测值（*W*）决定，其中 *W* 取决于 *X*。根据收集到的数据，考克斯和维尔穆斯的任务是在保持 *Z* 恒定不变且独立于观测值 *W* 的前提下，预测治疗方案 *X* 对结果 *Y* 的影响。

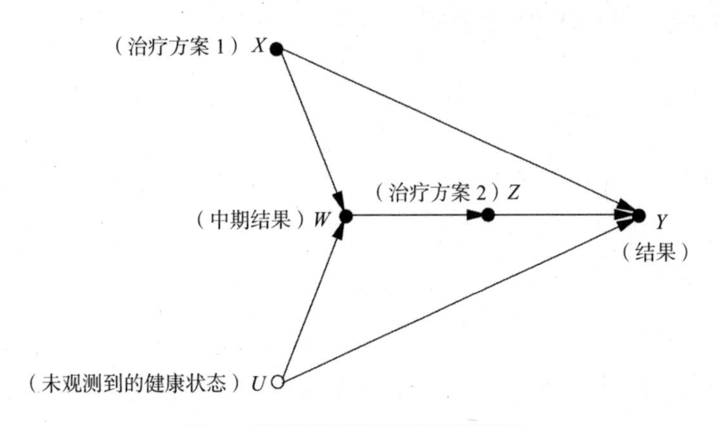

图 7.6　维尔穆斯和考克斯的时变处理例子

杰米·罗宾斯于1994年发表的关于该问题的讨论文章首次引发了我对时变处理问题的注意。在*do*演算的帮助下，通过调用后门调整公式的一个序贯版本，我们最终推导出了一个通用的解决方案。但维尔穆斯和考克斯不知道这个方法，他们称其遇到的问题为“间接混杂”，并接连发表了三篇分析该问题的论文（2008年、2014年和2015年）。由于找不到一个通用的解决方案，他们只能诉诸线性近似，但即便是在经过了线性近似处理的情况下，他们仍然发现该问题很难解决，因为标准的回归分析法不适用于此种情况。

幸运的是，那句低语，“不如试试*do*演算”，再一次在我耳边响起，我得以发现他们的问题在三行计算中就能解决，其背后的逻辑推理如下所示：我们的目标量是$P(Y|do(X), do(Z))$，而我们可以采集到的数据以$P(Y|do(X), Z, W)$和$P(W|do(X))$为表示形式。这两个表达式反映了这样一个事实：此研究中的Z并不取决于某个外部因素，而是遵循某种（未知的）机制随W的变化而变化。因此，我们的任务就是将目标表达式变换为另一个表达式，以反映*do*算子仅适用于X而非Z这一研究条件。如此一来，我们就可以通过简单地运用*do*演算的三条规则来解决这个问题了。这个故事有效地证明了，能够解决艰深的理论问题的数学工具，在现实中也能发挥作用。

*do*乐队中隐藏的演奏者

我已经提到了在构建*do*演算的理论系统的过程中，我的一些学生做出的重要贡献。与任何其他的理论系统一样，它也以一种浑然一体的状态呈现出来，而这很可能掩盖了在构建它的过程中诸多贡献者所进行的尝试和所付出的努力。*do*演算理论系统的构建花费了20多年的时间，其中我的好几位学生和同事都为之做出了自己的贡献。

首先是托马斯·维尔玛，我遇到他时他还是一个16岁的男生。有一天，他的父亲把他带到我的办公室，对我说：“给他点儿事做吧。”他太聪明了，高中教学内容完全无法引起他的兴趣，而他最终在学术上取得的成就也的确令人惊叹。维尔玛证明了广为人知的 *d* 分离性（简而言之，指你可以使用路径阻断规则来确定哪些独立性应该在数据中成立）。而且更令人惊讶的是，他告诉我，他在证明 *d* 分离性时把它当成了一道家庭作业题，而不是一个尚待证明的重要猜想！不得不说，有时候年轻和天真确有其优势。现在，你仍然可以从 *do* 演算的规则 1 以及路径阻断在因果关系之梯第一层级上的印记中一瞥其证明留下的馈赠。

但是，如果没有一个补充性的说明来说明路径阻断这种解决方案已经非常完美，不存在进一步改进的可能，那么维尔玛的证明效度就会大打折扣。也就是说，你还需要证明除了通过路径阻断揭示出来的独立性之外，该因果图不隐含其他的独立性。这部分关键的补充性证明是由我的另一位学生丹·盖革完成的。在我承诺他，如果他能完成两个定理的证明，我就立即给他一个博士学位之后，他从加州大学洛杉矶分校的研究团队转到了我的研究实验室。他真的做到了，而我也兑现了承诺！他现在是我的母校以色列理工学院计算机科学系的系主任。

丹并不是我从其他部门“挖”来的唯一一名优秀的学生。1997 年的一天，我在加州大学洛杉矶分校泳池的更衣室更衣时，和旁边的一位中国小伙子交谈起来。我得知他是一名物理学博士，于是根据我当时的一贯做法，我开始试图说服他转到我正在从事的人工智能领域。他并没有立即被我说服，但是第二天，我收到了他的朋友田进发来的一封电子邮件，田进说他希望从物理学转向计算机科学，问我是否有适合他的有挑战性的暑期项目。两天后，他就来到我的实验室开始工作了。

4 年后，也就是 2001 年 4 月，他用一个简单的图解标准震撼了世界，这个图解标准概括了因果关系的前门、后门和我们当时能想到的所有门。我记得我是在圣达菲的一次会议上向大家介绍田进提出的标准的。当时，该领域的各位专家轮番盯着我们的研究海报，纷纷摇着头表示不相信。这样一个简单的标准怎么会适用于所有的图示呢？

20 世纪 90 年代，田进（现为爱荷华州立大学教授）刚刚来到我们的实验室时，其思维方式对我们来说是陌生的。我们的对话总是充斥着极富想象力的隐喻和不成熟的猜想。但除非某项发现足够严谨，已经过证明，并且至少反复梳理过五次以上，否则田进永远不会公开宣布他的成果。大胆猜想与严谨求证的结合让田进实现了他的学术目标。田进提出的方法后来被称为“*c* 分解”（*c*–decomposition），正是在此方法的基础之上，伊利亚·斯皮塞后来为 *do* 演算开发出了一整套完整的算法系统。对我而言，这个故事的寓意可能是：永远不要低估更衣室对话的力量！

在这场历时 10 年的有关干预行动应如何理解的纷争的最后阶段，伊利亚·斯皮塞加入了。他加入的时机正是我方最为艰难的时期。当时我正忙于为我不幸遇难的儿子丹尼，一名反西方恐怖主义的受害者建立基金会。我一直以来都期望我的学生自力更生，而在那段自顾不暇的时间里，这个期望被推向了极致。而他们返还给了我一份最好的礼物，为 *do* 演算理论系统的建构添上了最后的点睛之笔，这是我仅凭一己之力无法做到的。事实上，我曾试图阻止伊利亚去证明 *do* 演算的完备性。因为完备性证明的困难是众所周知的，想要按时拿到博士学位的学生都避之唯恐不及。幸运的是，伊利亚没有听从我的建议，而是独自完成了这项艰巨的任务。

在一些关键时刻，我的几位同事也曾对我思考问题的方向产生了意义深远的启发。卡内基－梅隆大学的哲学教授彼得·斯伯茨是在我之前就开始使用网络模型研究因果关系的前辈，他的观点对我后续的研究有着非常关键的影响。在听到他在瑞典乌普萨拉发表的一次演讲后，我第一次意识到，执行干预可以被看作从因果图中删除箭头。在那之前，与历代统计学家一样，我一直戴着枷锁思考，试图只借助一张静态的概率分布图表来思考因果论。

删除箭头的想法也不能说是斯伯茨第一个提出的。早在 1960 年，两位瑞典经济学家，罗伯特·斯特罗茨和赫尔曼·沃德就提出了十分类似的想法。在当时的经济学世界中，还从来没有任何一项研究使用过图示分析的方法；相反，经济学家更多地依赖于结构方程模型，也即没有路径图的休厄尔·赖特方程。从路径图中删除箭头就相当于从结构方程模型中删除一个方程。因此，粗略来说，是斯特罗茨和沃德先提出了这一想法。而如果我们进一步追溯历史的话就会发现，在他们之前，特里夫·哈维默（挪威经济学家和诺贝尔奖获得者）曾在1943年就提出用修改方程的方法来表示干预。

但无论如何，斯伯茨将删除方程的思想移植到了因果图领域，转换为删除因果图中的箭头这一想法仍然激发了大量的新见解和新成果的出现。后门标准就是这种转换思想的第一个衍生成果，而*do*演算可以算是第二个。并且，这种转换带来的红利仍然有待挖掘，在反事实、（实验结果）普遍化、数据缺失情况下的结果估计和机器学习等研究领域，无数新成果依然在不断涌现。

如果我可以不那么谦虚，我会以艾萨克·牛顿的名言“站在巨人的肩膀上”来结束本节。但出于本性，我更想引用《犹太法典》中的一句话：“从我的老师那儿我学到了很多，从我的同事那儿我学到了更多，从我的学生那儿我学到的最多。”（《禁食篇》7a）。如果没有维尔玛、盖革、田进和斯皮塞等人的贡献，*do*算子和*do*演算就不会展现出今天的辉煌。

案例：斯诺医生的离奇病例

1853年和1854年，英格兰陷入了霍乱疫情的泥沼。在那个年代，霍乱就像今天的埃博拉病毒一样可怕；一个健康的人若不小心喝了被霍乱细菌污染的水，他在24小时内就会死亡。我们今天知道霍乱是由一种攻击肠道的细菌引发的。这种细菌通过被感染者的米汤样排泄物传播，患者在死前会频繁腹泻，进而进一步扩大细菌的传播范围。

但在1853年，我们还无法用显微镜看到任何疾病的致病菌，更不用说霍乱病菌了。一种普遍的观点认为，是空气中的“瘴气”引起了霍乱。伦敦一些较贫困的地区环境卫生较差，同时霍乱疫情也更猖獗，这一事实似乎支持了该理论。

约翰·斯诺医生治疗霍乱病人的经验超过20年，他对瘴气理论一直持怀疑态度。他合理地指出，由于症状表现在肠道，患者首先接触到病原体的部位一定是肠道。但是，因为无法直接用眼睛捕捉到元凶，他也就没有办法证明这一点——直到 1854 年霍乱爆发。

约翰·斯诺的故事有两个版本，其中一个较为有名，我们可以称之为“好莱坞”版本。在这个版本的故事中，他煞费苦心地挨家挨户记录霍乱患者死亡的地点，并注意到有一大群患者住在伦敦宽街的一处水泵附近。通过与居住在该地区的居民交谈，他发现几乎所有的受害者都从这处水泵中取过水。他甚至了解到，在距离此地很远的汉普斯特德有一起霍乱致死的案例，其中一名死去的女性患者特别喜欢从这处位于宽街的水泵中取水。她和她的侄女都在喝了宽街的水之后得霍乱死了，而她所在的地区再没有其他人得霍乱。在汇集了所有这些证据后，斯诺便要求地方当局拆除这处水泵的手柄。当年的 9 月 8 日，地方当局同意了。此后，正如斯诺的传记作者所描述的：“水泵手柄被移走了，瘟疫也得到了控制。”

所有这一切构成了一个精彩的故事。如今，约翰·斯诺社团甚至每年都要进行著名的水泵手柄拆除表演作为纪念。然而在真实的历史中，拆除水泵手柄对全伦敦市的霍乱疫情几乎没有产生什么实质性的影响，这一流行病在此之后继续夺去了近 3 000 人的生命。

在非好莱坞版本的故事中，我们仍然可以看到斯诺医生奔波于伦敦街道上的身影，但这次他真正的行动目标是找出伦敦人都是从哪里取水的。当时伦敦有两家主要的供水公司：索思沃克和沃克斯豪尔公司（后文简称索沃公司），以及兰贝思公司。正如斯诺了解到的，两家供水公司的关键区别在于前者从伦敦桥区域抽水，其位于伦敦下水道的下游，而后者在几年前已拆除了其位于下水道下游的进水口，转而在上游建了新的进水口。因此，索沃公司的客户得到的是被霍乱患者粪便污染了的水，而兰贝思公司的客户得到的则是未受污染的水。（两者都与受污染的宽街用水无关，宽街的水来自一口井。）

死亡率统计数据证实了斯诺这一令人担忧的猜想。霍乱在由索沃公司供水的地区尤为猖獗，死亡率比其他地区高了 8 倍。但即便如此，这一证据也只是间接证据。瘴气理论的支持者可能会辩驳称，瘴气污染在这些地区也是最严重的，而这一点是无法证伪的。我们关于此例的因果图如图 7.7 所示，其中我们无法观测混杂因子“瘴气”（或其他可能的混杂因子，比如“贫困”），所以我们不能用后门调整来控制变量。

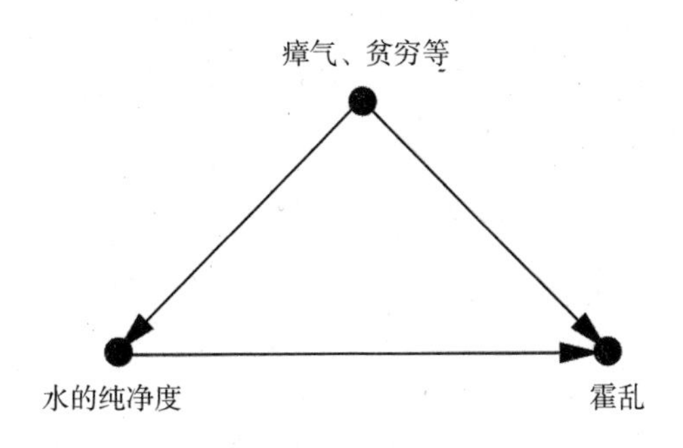

图 7.7　霍乱的因果图（在发现霍乱杆菌之前）

不过，斯诺自有妙招。他注意到，在两家公司共同服务的地区中，由索沃公司供水的家庭，其死亡率仍然要高出许多，而这些家庭在瘴气和贫困方面与该地区的其他家庭没有什么显著的区别。“由两家公司共同供水的地区的情况最能说明问题，”斯诺写道，“两家公司的管道都通向所有街道，进入几乎所有的院落和小巷……无论贫富，无论房子大小，两家公司都等而视之地提供自来水服务；而接受不同公司服务的客户，他们在生活条件或职业方面也并无明显分别。”这就好像在还没有“随机对照试验”这个概念的时候，供水公司就已经对伦敦人进行了一次随机化试验。事实上，斯诺也注意到了这一点，他甚至这样评价道：“……再设计不出比这更好的试验，能让我们彻底检测供水对霍乱的影响了，整套试验设计就现成地摆在研究者面前。而且这一试验的规模也非常宏大，多达 30 万不同性别、年龄、职业、阶层和地位的人，从上流人士到底层穷人，所有这些人被分成了两组，并且，他们不仅不能主动选择，而且在大多数情况下对于这种选择毫不知情。”在这个试验中，一组人得到了干净的水，另一组得到了被污染的水。

斯诺的观察将一个新的变量引入了因果图，新的因果图如图 7.8 所示。斯诺艰辛的调查工作证实了两个重要的假设：（1）“霍乱”和“供水公司”

之间没有箭头（二者是独立的），（2）“供水公司”和“水的纯净度”之间有一个箭头。此外，斯诺没有做出明确说明，但同样重要的第三个假设是：（3）“供水公司”和“霍乱”之间没有直接箭头。这一点在今天是显而易见的，因为我们知道供水公司不可能通过其他的渠道将霍乱病菌输送给客户。

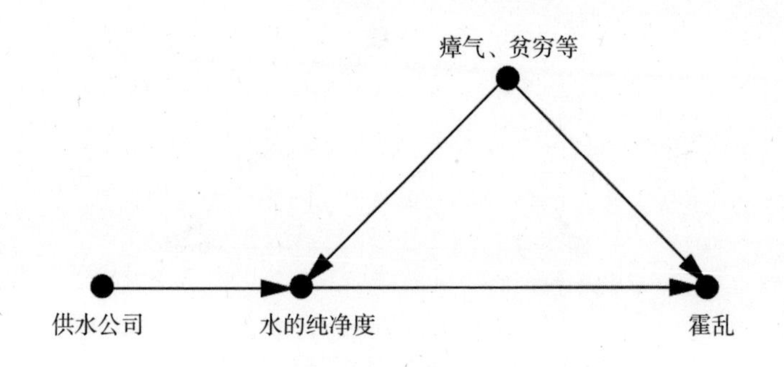

图 7.8 引入工具变量之后的霍乱因果图

满足这 3 个属性的变量，在今天被称为工具变量（instrumental variable）。显然，斯诺认为，这个变量就类似于抛硬币，它模拟的是一个没有箭头指向的变量。由于“供水公司”与“霍乱”的关系中不存在混杂因子，因此任何观察到的二者之间的关联都必然是因果关联。同样，由于“供水公司”对“霍乱”的影响必须通过改变“水的纯净度”生效，由此我们可以得出结论（与斯诺的结论一致），观察到的“水的纯净度”和“霍乱”之间的关系也必然是因果关系。斯诺毫不含糊地陈述了他的结论：如果索沃公司将其进水口移到上游，那么它本可以挽救 1 000 多人的生命。

但在当时，几乎没有人注意到斯诺的结论。他将他的结论自费印成小册子，但总共只卖出了 56 份。如今，流行病学家将他的这本小册子视为这门学科的奠基性文献。它表明，通过“鞋革研究”（我从大卫·弗里德曼那儿借来的措辞）[①] 和因果推理，我们确实可以追查到问题的根源。

尽管在今天，瘴气理论已经不足为信，但贫困和地理位置无疑仍是重要的混杂因子。但是，即使不去测量这些变量（因为斯诺挨家挨户进行的

① 大卫·弗里德曼在其论文《统计模型和鞋革》（1991）中曾提到斯诺不辞劳苦走访千家万户，不知磨破多少鞋子才获得了这些数据。——译者注

调查工作很难复制），我们仍然可以借助工具变量来确定，通过净化水质，供水公司能拯救多少生命。

现在，让我们先解释一下工具变量是如何起作用的。为了简化说明，我们用变量 Z、X、Y、U 替代具体的变量名称，并将图 7.8 重新绘制为图 7.9。我在图中标示了路径系数（a，b，c，d），以表示因果效应的强度。这意味着我们假设变量都是数值变量，且变量的相关函数是线性的。请记住，路径系数 a 表示让 Z 增加一个标准单位的干预行动将导致 X 增加 a 个标准单位。（在此，请允许我省略有关解释何为“标准单位”的技术细节。）

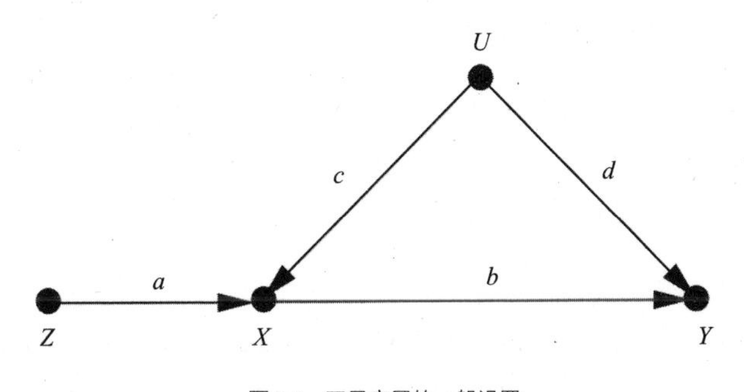

图 7.9　工具变量的一般设置

由于 Z 和 X 之间不存在混杂，因此 Z 对 X 的因果效应（a）可以根据 r_{XZ} 估计出来，其中 r_{XZ} 是 X 在 Z 上的回归线的斜率。同样，变量 Z 和 Y 的关系也未被混杂，因为路径 $Z \rightarrow X \leftarrow U \rightarrow Y$ 被 X 处的对撞阻断了。因此 Z 在 Y 上的回归线斜率（r_{ZY}）就等于直接路径 $Z \rightarrow X \rightarrow Y$ 的因果效应，即路径系数的乘积：ab。因此，我们就有了两个方程：$ab = r_{ZY}$ 和 $a = r_{ZX}$。用第一个方程除以第二个，我们就得到了 X 对 Y 的因果效应：$b = r_{ZY}/r_{ZX}$。

通过这些步骤，工具变量就神奇地许可了我们执行与前门调整相同的处理：在无法控制混杂因子或收集其数据的情况下估计 X 对 Y 的效应。据此，我们就可以向伦敦当局的决策者提议，供水公司必须将进水口建在下水道的上游，即使那些决策者仍然相信瘴气理论也没关系。还请注意，我们所做的是根据因果关系之梯第一层级的信息（相关系数 r_{ZY} 和 r_{ZX}）推导出第二层级的信息（b）。之所以能够做到这一点，是因为路径图所体现的假设在本质上是因果关系，尤其是“U 和 Z 之间没有箭头”这个关键假设。

如果我们换一张因果图，而其中 Z 是 X 和 Y 的混杂因子，那么我们就无法用公式 $b = r_{ZY}/r_{ZX}$ 正确估计出 X 对 Y 的因果效应。事实上，无论数据样本有多大，任何统计方法都无法区分这两种模型（因果图）。

在因果革命之前，人们就已经对工具变量有所了解，但是因果图以一种更清晰的方式表明了它们是如何发挥作用的。尽管斯诺当时并未掌握上述估算因果效应的定量公式，但他在实际上使用的就是引入一个工具变量的分析方法。休厄尔·赖特当然更清楚这种路径图的用法，公式 $b = r_{ZY} / r_{ZX}$ 可以直接从他的路径系数方法中推导出来。而在休厄尔·赖特之外，第一个有意识地使用工具变量的人似乎是……休厄尔·赖特的父亲，菲利普！

大家一定还记得，菲利普是一位经济学家，他曾在布鲁金斯学院工作。他当时对“如果征收关税，则商品产量将发生怎样的变化”这个问题很感兴趣。因为征收关税将导致商品价格上涨，因此理论上会刺激生产。用经济学术语来说，他所研究的问题就是供给弹性问题。

1928 年，赖特撰写了一篇很长的专题论文，专门讨论了亚麻籽油供给弹性的估算。值得注意的是，在这篇论文的附录中，他用路径图分析了这个问题。这种做法相当勇敢：别忘了，当时还没有哪个经济学家见到过或听说过路径图。（事实上，为了对冲这种风险，他在论文正文中使用更传统的方法验证了他的算法。）

图 7.10 显示了菲利普路径图的简化版本。不同于本书中的大多数因果图，这张图包含一个“双向”箭头，但我希望读者别在这上面浪费太多的时间。借助一些数学技巧，我们可以用单向箭头“需求 → 供给”来替代链接合“需求 → 价格 → 供应”，如此，转化后的路径图看起来就类似于图 7.9（尽管对经济学家来说，这种转换恐怕不大容易被接受）。值得注意的重要一点是，菲利普·赖特刻意引入（亚麻籽）每英亩[①]的可变产量作为工具，其直接影响供应，但与需求无关。之后，他就用我刚才使用过的分析方法推断出了供应对价格的影响以及价格对供应的影响。

---

① 1 英亩 ≈ 4 046.86 平方米。——编者注

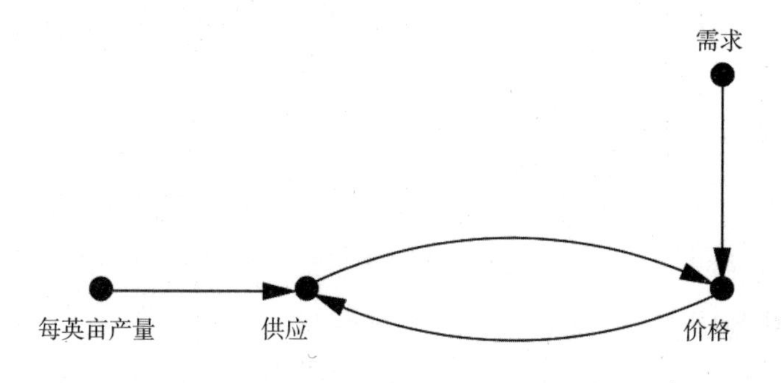

图 7.10　菲利普的供应—价格路径图的简化版本

工具变量在现代计量经济学中迅速流行开来，而历史学家仍在争论究竟是谁发明了这种方法。毫无疑问，我认为是菲利普·赖特在他儿子提出的路径系数的基础上第一个发明了这种分析方法。在他之前，没有经济学家曾提出过因果系数和回归系数的区别，毕竟他们都身处卡尔·皮尔逊—亨利·尼尔斯阵营，认为因果关系只不过是相关关系的一种极限情况。此外，在休厄尔之前，也没有人曾提出这种方法，即根据路径系数计算回归系数，然后逆转这一过程，从回归系数中获得因果效应。这是休厄尔的独家发明。

一些经济史学家认为菲利普那篇论文的附录是休厄尔撰写的。但文体分析则表明，菲利普确实是附录的作者。对我来说，这些历史细节让这个故事变得更加美好。在这个故事中，菲利普克服了原有的学术偏见，付出努力去理解他儿子提出的理论，然后又用自己的语言将之表达了出来。

现在，让我们从 19 世纪 50 年代迈入 20 世纪 20 年代，看看当今现实中工具变量的一个应用实例。这样的例子还有很多，受篇幅所限，我在此只能选择其中一个展开讨论。

好胆固醇和坏胆固醇

你还记得你的家庭医生第一次和你谈论“好”胆固醇和“坏”胆固醇是什么时候的事吗？这件事很可能发生在 20 世纪 90 年代，当时，一种能降低血液中“坏”胆固醇（低密度脂蛋白，LDL）水平的药物首次面市。这类被称为“他汀类药物”的药品迅速变成了为制药公司带来巨额盈利的印钞机。

第一种进入临床试验阶段的降胆固醇药物是消胆胺（考来烯胺）。这项开始于1973年结束于1984年的冠心病初步预防临床试验显示，由于服用了消胆胺药物，男性受试者的胆固醇水平平均下降了12.6%，其心脏病发作的风险平均降低了19%。

由于临床试验是一种随机对照试验，你可能认为我们不需要使用本章中的任何方法就能估计出其中的因果效应，因为这些方法是专门为在只有观察性数据可用的情况下，用观察结果替换随机对照试验数据设计的。但事实并非如此。这项试验和许多随机对照试验一样，存在着“未履行问题”（problem of noncompliance），即受试者虽然随机地接受了药物安排，但实际上并没有服用被分配的药物。这一问题的存在将降低药物效果的表现水平，所以考虑到存在这些“未履行者”，我们仍然需要对结果进行统计调整。同以往一样，混杂再次登场了。如果未履行者在某些相关的方面有别于履行者（比如他们可能从一开始身体状况就更差），那么我们就无法预测如果他们遵从研究者的指示会如何。

针对这种情况，我们绘制出了如图7.11所示的因果图。如果病人被随机分配了药物，则变量“药物分配”（Z）取数值1，如果病人被随机分配了安慰剂，则该变量取数值0。如果病人真的服用了该药物，则变量“药物服用”的数值取1，反之取0。最后，为方便起见，我们将“胆固醇水平”（Y）设定为一个二元变量，即如果胆固醇水平降至某个临界值以下，则取值1，反之则取值0。

注意，在这个例子中，我们的变量都是二元变量，而不是数值变量。这显然意味着我们不能使用线性模型，因此我们在前面推导出的工具变量公式也不适用。不过，在这种情况下，我们通常可以用一种被称为“单调性”（monotonicity）的弱相关来代替线性假设，下面我将对此进行具体解释。

但在这么做之前，我们必须先确保工具变量的其他必要假设都是有效的。第一，工具变量Z独立于混杂因子吗？Z的随机化确保了这一问题的答案是肯定的。（正如我们在第四章看到的，随机化是确保变量不受任何混杂因子影响的好方法。）第二，从 Z 到 Y 有直接路径吗？常识告诉我们，接受一个特定的随机处理（Z）不可能直接影响人体的胆固醇水平（Y），所以这个问题的答案是“没有”。第三，Z 和 X 之间是否存在强关联？我们应该借助数据来回答这个问题，而数据显示，答案是肯定的。记住，每次使用工具变量之前，我们都必须先回答出上述三个问题。在这个例子中，答案显而易见，但我们不应该因此就无视这一重要事实，即我们正在使用因果直觉来回答问题，而因果图捕捉、保存并阐明了这种直觉。

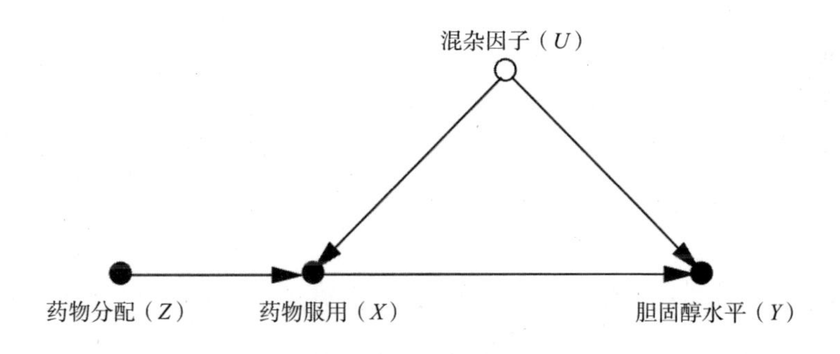

图 7.11 存在未履行问题的临床试验的因果图

表 7.1 显示了 X 和 Y 的观测频率。例如，未被分配药物的病人中有 91.9% 的人为 $X=0$（没有服药）且 $Y=0$（胆固醇水平未降低至临界值）。这是一个很合理的结果。而该组中另外 8.1% 的人为 $X=0$（没有服药）且 $Y=1$（胆固醇水平降至临界值）。显然，他们体内的胆固醇水平下降是出于其他原因而非服用药物。同时还要注意表中有两个 0：没有人没被分配药物（$Z=0$）却服用了药物（$X=1$）。在运行良好的随机化研究中，这种情况一般而言是真实的，特别是在医学领域，通常医生都有其独有的渠道获得试验药物，这就限定了受试者只能从医生那里得到药物或治疗。而没有人符合 $Z=0$ 且 $X=1$ 这一假设就被称为单调性。

现在让我们来看看如何估计治疗效果。首先，让我们来看最坏的情况：所有的未履行者即便遵从指令吃了药其身体状况也不会得到改善。在这种情况下，我们需要的概率是那些的确遵从指令吃了药（$Z=1$，$X=1$）并且胆固醇水平的确有所下降（Y=1）的病人，这部分人占被分配药物组的47.3%。但考虑到安慰剂效应，我们需要对这一估计结果进行调整。在被分配安慰剂并服用了安慰剂的人中，有8.1%的人其体内胆固醇水平有所下降。因此，在这种最坏的情况中，排除安慰剂效应的净药物效果就是47.3%减去8.1%，为39.2%。

表7.1　消胆胺临床试验的数据

观测结果	未被分配药物（$Z=0$）	被分配药物（$Z=1$）
$X=0$，$Y=0$	0.919	0.315
$X=1$，$Y=0$	0.000	0.139
$X=0$，$Y=1$	0.081	0.073
$X=1$，$Y=1$	0.000	0.473

那么最好的情况又是怎样的呢？所谓最好的情况是指，所有的未履行者倘若遵从指令吃了药，则他们的身体状况都会得到改善。在这种情况下，我们需要在刚刚算出的基线水平39.2%上加上未履行者（$Z=1$，$X=0$）的31.5%和7.3%，总计78.0%，即为此种情况下的药物效果。

因此，即使在最坏的情况下，即混杂的作用与药物的作用方向完全相反，我们仍然可以说药物有效降低了39%的受试者的胆固醇水平。而在最好的情况下，混杂的作用与药物的作用方向一致，则我们就有78%的受试者状况会得到改善。尽管由于存在大量的未履行者，这一置信区间相当大，但研究者还是可以明确地得出结论，即药物是有效的，可以达到预期目标。

取最坏和最好情况的做法通常会让我们得到一个估计结果的取值范围。当然，就像我们在线性情况下做的那样，得到一个点估计肯定是更理想的。若有必要，我们也可以使用一些缩小取值范围的方法，在某些特定的情况下，我们甚至可以借此得到点估计。例如，如果你只对履行者这个子总体（那些被分配了药物并确定服用了药物的人）感兴趣，那么我们就可以推导出一个被称为“局部平均处理效应”（Local Average Treatment Effect, 简称为LATE）的点估计。不管怎样，我希望用这个例子表明，离开线性模型的世界，我们也并非束手无策。

自 1984 年以来，工具变量这一方法一直在发展演变，其中一个特别的衍生版本格外流行，该衍生版本被称为“孟德尔随机化”。举个例子。虽然低密度脂蛋白或“坏”胆固醇的影响问题现在已得到解决，但关于高密度脂蛋白（HDL）或“好”胆固醇，我们对其产生的影响仍有相当大的不确定性。一些早期的观察性研究，如 20 世纪 70 年代末的费雷明汉心脏病研究表明，高密度脂蛋白能起到一定的保护作用，防止心脏病发作。但是高密度脂蛋白往往与低密度脂蛋白同时出现，对此我们应如何辨别哪一种脂蛋白才是真正起作用的因素呢？

为了回答这个问题，假设我们知道某个基因会使携带此基因的人天生有较高的高密度脂蛋白水平，而该基因对低密度脂蛋白的水平则没有影响。据此，我们就绘制出了如图 7.12 所示的因果图，图中我以“生活方式”代指可能的混杂因子。请记住，同斯诺的例子一样，引入一个随机化的工具变量总是有益的。因为一旦经过了随机化处理，就不会有因果箭头指向它了。因此，基因就是一个完美的工具变量。我们的基因在我们未出生之前就被随机化了，这就好像格雷戈·孟德尔本人从天而降，给一些人分配了高风险基因，给另外一些人分配了低风险基因。这就是“孟德尔随机化”这一术语的由来。

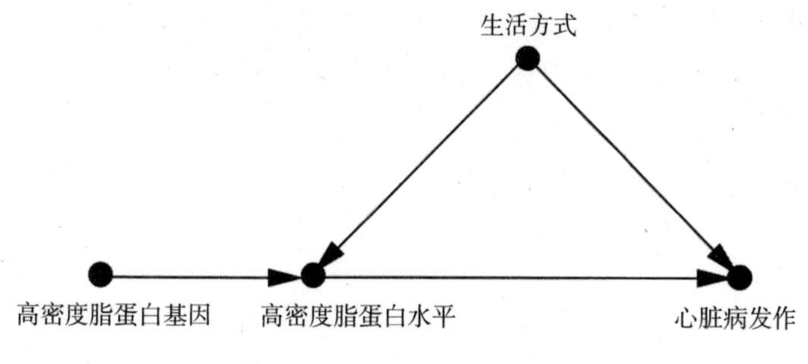

图 7.12　孟德尔随机化例子的因果图

那么，是否可能存在一个从高密度脂蛋白基因指向生活方式的箭头呢？为回答这个问题，我们需要做一些“鞋革工作”，并用因果关系的思维来分析这个问题。只有当人们知道自己是否携带了这种与高密度脂蛋白有关的基因时，这种基因才有可能影响人们的生活方式。但是直到 2008 年，这种基因还没有被发现，甚至到了今天，绝大部分普通人也无从获知此类信息。因此，这样的箭头很可能是不存在的。

至少有两项研究采用了孟德尔随机化的方法来解决这一好坏胆固醇的问题。2012 年，一项由麻省综合医院的研究者塞卡尔·凯瑟琳领导的大型合作研究显示，更高的高密度脂蛋白水平没有明显的益处。而与此同时，研究人员还发现低密度脂蛋白对心脏病发作的风险有很大的影响。根据他们收集到的数据，低密度脂蛋白水平每降低 34mg/dl 将使心脏病发作的风险降低 50%。因此，一方面，降低“坏”胆固醇的水平，无论是通过饮食、运动还是通过服用他汀类药物，似乎的确是一个明智的主意。而另一方面，尽管一些鱼油推销员可能会试图说服你增加你体内的“好”胆固醇水平，但看起来这一做法不太可能真的降低你的心脏病发作风险。

和以往一样，此处也有一个需要我们引起警惕的结果。于同年发表的第二项研究指出，具有某种与低密度脂蛋白有关的基因的低风险变异体的人，其一生的胆固醇总量都会维持在一个相对较低的水平。孟德尔随机化已经告诉我们，在你的一生中，低密度脂蛋白水平每降低 34mg/dl 将使你的心脏病发作风险下降 50%。而他汀类药物无法一劳永逸地让你的低密度脂蛋白水平降低，其作用只能从你开始服药的那一天算起。如果你已经 60 岁了，那么在服药之前，你的动脉可能已经遭受了 60 年的破坏。因此，在这种情况下，孟德尔随机化很可能会导致我们高估他汀类药物的实际效果。相反，如果你从年轻的时候就开始降低你的胆固醇，不管是通过饮食、运动还是通过服用他汀类药物，那么你的这一选择将会在日后为你带来很大的好处。

从因果分析的角度来看，这两项研究给我们上了很好的一课：在做任何干预研究之前，我们都需要问，我们实际操作的变量（低密度脂蛋白的终生水平）是否与我们认为自己正在操作的变量（低密度脂蛋白的当前水平）相同。这正是我们先前提到过的“对自然的巧妙询问”的一种体现。

总而言之，工具变量是一个重要的工具，它能帮助我们揭示 *do* 演算无法揭示的因果信息。*do* 演算强调的是点估计，而非不等式，因此不适用于如图 7.12 所示的情况，因为在那个例子中我们所能得到的都是不等式。而同样重要的是，相比工具变量，*do* 演算具有更大的灵活性。因为在 *do* 演算中，我们不需要对因果模型中函数的性质做任何假设。而如果我们的确有足够的科学依据证实类似单调性或线性这样的假设的话，那么像工具变量这种针对性更强的工具就更值得考虑。

工具变量方法的适用范围可以远远超越如图 7.9（或图 7.11、图 7.12）所示的那种简单的 4 变量模型，但若离开因果图的指导，它就不可能走得太远。例如，在某些情况下，在对一组经过巧妙选择的辅助变量进行变量控制之后，我们就可以引入某个并不完美的工具变量（比如不满足独立于混杂因子这个条件），因为控制这些辅助变量可以阻断工具变量和混杂因子之间的路径。卡洛斯·布里托充分发展了这一将非工具变量转化为工具变量的思想，他是我以前的学生，现在是巴西西亚拉联邦大学的教授。

此外，布里托还研究了许多不同的情况，在其中一些情况中，我们还可以将一组变量成功地转化为一个工具变量来使用。虽然关于工具变量集的识别问题超越了 *do* 演算的应用范畴，但我们仍然可以借助因果图来解决这个问题。对于已熟练掌握了因果图语言的研究者来说，合理可行的研究设计丰富多样，无须受困于如图 7.9、图 7.11 和图 7.12 所示的 4 变量模型的使用限制。事实上，能限制我们的只有我们自己的想象力。

第八章

反事实：探索关于假如的世界

倘若克利奥帕特拉的鼻子再短几分，整个世界的面貌就会改变。

—— 布莱斯·帕斯卡（1669）

“可惜我不能同时去涉足，我在那路口久久伫立……”

罗伯特·弗罗斯特这首著名的诗反映了诗人对反事实的敏锐洞察力。我们不能两条道路都走，但是我们的大脑有能力判断假如我们当初走了另一条路会发生什么。借助这种判断能力，弗罗斯特便带着对选择的满足结束了他的诗，意识到它“决定了我一生的道路”。（资料来源：马雅·哈雷尔绘图。）

在开始攀登因果关系之梯的顶层之前，让我们回顾一下从第二层级中学到的知识。我们已经见识了几种方法，可以用于在各种情景设定和条件下确定干预的效果。在第四章，我们讨论了随机对照试验，它被广泛誉为医学临床试验的“黄金标准”。我们还看到了一些适用于观察性研究的方法，其中处理组和对照组的成员不是随机分配的。对此，如果我们可以采集到能够阻断所有后门路径的变量（集）的数据，我们就可以使用后门调整公式来估算出干预效果。如果能找到一个被混杂因子“屏蔽”的前门路径，我们就可以引入前门调整。如果我们愿意接受线性或单调性假设，那么我们就可以使用工具变量（假设该变量可以在因果图中找到，或研究者可以根据试验设计提出一个合适的变量）。此外，那些真正富有冒险精神的研究者还可以用 *do* 演算或其衍生算法，绘制出一条通往干预之峰山巅的新路线。

在所有这些努力中，我们的目标都是找到研究中处理的某个总效应或者在某些典型个体或子总体中的效应（平均因果效应）。但到目前为止，我们还不具备在特定事件或个体层面上谈论个性化的因果关系的能力。说“吸烟致癌”是一回事，而说“我的叔叔乔 30 年来每天抽一包烟，假如他不曾吸烟的话，那他现在可能还活着”就完全是另一回事了。两者的区别既明显又深刻：像乔叔叔那样在吸了 30 年烟之后去世的人，是不可能在另一个他不曾吸 30 年烟的世界中被观察到的。

责任和过失，遗憾和信誉——这些概念都可以被纳入因果思维之中。

为了真正理解这些概念，我们需要在某些备择假设的前提下，将发生过的事情与“假如……则本可能”的事情进行比较。正如我们在第一章讨论的那样，人类具有设想那个不存在的世界的能力，正是这一能力将我们与类人猿祖先以及地球上的其他生物区分开来。其他生物能看到“是什么”，而我们的天赋是能看到“假如……则本可能是什么”，当然，这种天赋有时也可能是一个诅咒。

本章的主要内容是讨论如何使用观察数据和试验数据来提取有关反事实情景的信息。我将具体解释如何在因果图的语境中表示个体层面的因，这项任务将迫使我们对此前尚未讨论过的因果图的一些具体细节做出解释。我还会介绍一个密切相关的概念，叫作“潜在结果”（potential outcomes）或奈曼—鲁宾因果模型，这个概念最初是由波兰统计学家耶日·奈曼（后来成为伯克利大学的教授）在20世纪20年代提出的。但是，直到20世纪70年代中期，唐纳德·鲁宾发表了关于潜在结果的研究论文之后，这种因果分析方法才真正开始得到不断的推进和发展。

我们在前几章已经建立了因果关系的理论框架——休厄尔·赖特的路径图及其衍生产物结构因果模型（SCMs）。我将在本章展示反事实是如何自然而然地在这个框架中出现的。我们在第一章已经对此有了初步的了解。在行刑队执行枪决的例子中，我们展示了应该如何回答反事实的问题，如“假如枪手A没有开枪，那么犯人还会活着吗”这个问题。我将比较反事实在奈曼—鲁宾范式和结构因果模型中的定义，其中后者的提出公开地受益于因果图的独特优势。而多年来，鲁宾一直坚持认为因果图没有任何用处。因此，信奉鲁宾因果模型的研究者往往困扰于缺乏一个工具用以表示因果知识或推导出可验证的蕴涵，我们将考察他们是如何在一片黑暗中解决因果问题的。

最后，我们将研究两个案例，其中反事实推理必不可少。几十年来，甚至几个世纪以来，针对被告的罪责，律师们一直使用的是一种相对直接的证明方法，即所谓的“若非（but–for）因果关系”[①]：若非被告做出某种行

① 有时候我们也使用“假如没有”这个短语，它与“若非”是同一个意思。——译者注

为，伤害事件就不会发生。我们将讨论如何用反事实语言来阐释这个令人费解的概念，以及如何估计被告有罪的概率。

接下来，我将讨论反事实在气候变化中的应用。直到最近，气候学家仍然困扰于如何回答诸如“是不是全球变暖导致了这场风暴（或者这次持续高温天气、持续干旱）”这类特别棘手的问题。传统的答案是，个别的气象状况不能简单归因于全球性的气候变化。然而，这个答案似乎相当避实就虚，甚至很可能导致了公众对气候变化的漠不关心。

而反事实分析能帮助气候学家给出比以前更精确的表述。不过，它要求我们适当增加一些词汇量。此外，我们还需要区分 3 种不同的因果关系：必要因果关系、充分因果关系以及充要因果关系[①]。（其中必要因果关系等同于“若非因果关系”。）使用这些术语，气候学家就可以说，“人为因素导致的全球气候变化是这次持续高温天气的必要因的概率为 90%”，或者“有 80% 的可能性，全球气候变化是这次 50 年一遇的持续高温天气的充分因”。第一句话与归因有关——是什么因素引起了这次异常高温？第二句话与策略有关，它表明我们最好对这种持续高温天气做好准备，因为它迟早会发生。相较于只是耸耸肩，对个别天气事件的起因不做任何说明的传统做法，这两种说法中的任何一个都包含更大的信息量。

从修昔底德和亚伯拉罕到休谟和刘易斯

考虑到反事实推理是我们之所以为人而区别于其他物种的心理机制的一部分，发现在人类历史早期就存在反事实表述这一事实也就不足为奇了。例如，古希腊史学家修昔底德，常被称为用“科学”方法研究历史的先驱，其在《伯罗奔尼撒战争史》中就描述了发生在公元前 426 年的一场海啸：

> 在地震频繁发生的同时，在埃维亚岛的奥罗比亚地区，海水从海

---

① “充要”是充分且必要的简称，例如，充要条件就是充分且必要的条件。——译者注

> 岸线退去，又裹着巨大的浪冲了回来，淹没了城市的大部分地区，一些地区甚至在潮水退去之后仍淹没在水下；曾经的桑田变为沧海，而很多居民因来不及跑到高处而葬身海底……在我看来，这一现象的因必须从地震中寻找。在地震最猛烈的时候，大海被某种力量驱使着远离海岸，又以加倍的力量骤然冲回陆地，引发洪流。假如没有地震，那我无从理解这种灾难是如何发生的。

考虑到文章的写作年代，这段话实在了不起。首先，修昔底德敏锐的观察力就能让每位现代科学家感到与有荣焉，再考虑到他所处的时代没有卫星，没有摄像机，没有时刻在线的新闻机构播放海啸发生时的灾难画面，他的发现就更了不起了。其次，他写这段话的历史背景是，当时的自然灾害通常被归于神的旨意。他的前辈荷马或其同代人希罗多德无疑会将这一事件归因于海神波塞冬或其他神的愤怒。然而，修昔底德提出了一个不涉及任何超自然力量的因果模型：地震引退了海水，又让海水反冲并淹没了陆地。这段话的最后一句特别有趣，因为它体现了必要因果关系或"若非因果关系"的概念：假如没有地震，海啸是不可能发生的。这种反事实判断将地震从仅仅是海啸的一个前情升级为一个真正的因。

另一个关于反事实推理的令人着迷且颇具启发意义的例子出现在《创世记》中。在这个故事中，上帝想要摧毁所多玛和蛾摩拉两座城市，以惩罚那里的人的罪恶，亚伯拉罕为此询问了上帝一些问题。

> 亚伯拉罕走上前来，说："无论善恶，您都要剿灭吗？
>
> 假若那城里有 50 个义人，您还要剿灭那地方，而不为城里那 50 个义人饶恕那地方吗？"
>
> 上帝说："我若在所多玛城里见有 50 个义人，我就为他们的缘故饶恕那地方的众人。"

但故事并没有结束。亚伯拉罕对上帝的回答并不满意，于是继续问上帝，假如只有45个义人呢？或者只有40个？30个？20个？甚至10个呢？每次，他从上帝那里得到的答案都是同意饶恕那些人。上帝最终向他保证，假如真的能找到10个义人，他依然会宽恕所多玛城。

亚伯拉罕试图用这种讨价还价来实现什么目的？他当然不会怀疑上帝的计数能力。亚伯拉罕知道上帝清楚所多玛有多少义人，毕竟上帝是无所不知的。

我们知道亚伯拉罕是上帝最虔诚的信徒，愿意为上帝献身，因此我们很难相信他提出这些问题是为了说服上帝改变想法。相反，这些问题更多地体现了亚伯拉罕自己的理解。他正在像一名现代科学家那样进行推理，试图去理解掌管集体惩罚的律例。罪恶达到怎样的程度对于实施集体惩罚而言才是充分的？找到30个义人是否足以拯救一座城市？20个呢？如果没有这些信息，我们就无法构建出一个完整的因果模型。现代科学家一般称此类模型为剂量—响应曲线或"阈值效应"（threshold effect）。

当修昔底德和亚伯拉罕通过个别案例探讨反事实时，古希腊哲学家亚里士多德则研究了因果关系更具普遍性的层面。亚里士多德用其典型的系统性的语言，建构了一个完整的因果关系分类，其中包括"质料因""形式因""动力因""目的因"。例如，雕像形状的质料因是铸成它的青铜及其性质，我们无法用橡皮泥做出同样的雕像。然而，亚里士多德并没有提及反事实的因果关系，所以尽管他的分类十分巧妙，但这种分类仍然不具备修昔底德描述海啸起因的语言所具有的那种简洁明确的特性。

要找到一个将反事实置于因果关系核心的哲学家，我们需要追溯至苏格兰哲学家大卫·休谟的主张（他与托马斯·贝叶斯是同时代的人）。休谟拒绝了亚里士多德的分类方案，坚持对因果关系的单一定义。但他发现这个定义相当模糊，事实上是在两个不同的定义之间来回摇摆。后来，这两个定义演变为两种互不相容的思想，而讽刺的是，两派思想家都把休谟看成他们的开山鼻祖！

在《人性论》（见图8.1）中，休谟否认了任何两个对象具有使一个为因，另一个为果的内在特质或"能力"的可能性。在他看来，因果关系完全是人类自身记忆和经验的产物。“因此我们记得曾见过我们称之为‘火焰’的事物，记得曾感受过我们称之为‘热’的事物。”他写道，“我们还会回想起在过去所有的经历中它们的恒常联结。就这样，我们称一个为因，另一个为果，并从一个的存在推断出另一个的存在。”这个定义现在也被称为因果关系的“规律性”（regularity）定义。

这段话透露出一种惊人的肆无忌惮的态度。休谟切断了因果关系之梯第一层级与第二层级和第三层级的联系，认为第一层级的关联就是我们需要的全部。一旦我们观察到火焰和热同时出现过足够多的次数（并注意到在时间顺序上，火焰出现在前），我们就认为火焰是热的因。1739 年，同大多数 20 世纪的统计学家一样，休谟似乎也倾向于将因果关系仅仅视为一种相关关系。

A

TREATISE

OF

Human Nature:

BEING

An ATTEMPT to introduce the experimental Method of Reaſoning

INTO

MORAL SUBJECTS.

Rara temporum felicitas, ubi ſentire, quæ velis; & quæ ſentias, dicere licet. TACIT.

VOL. I.

OF THE

UNDERSTANDING.

LONDON:

Printed for JOHN NOON, at the *White-Hart*, near *Mercer's-Chapel*, in *Cheapſide*.

MDCC XXXIX.

156　*A Treatiſe of Human Nature.*

PART III. *Of knowledge and probability.*

have ſubſtituted any other idea in its room.

'TIS therefore by EXPERIENCE only, that we can infer the exiſtence of one object from that of another. The nature of experience is this. We remember to have had frequent inſtances of the exiſtence of one ſpecies of objects; and alſo remember, that the individuals of another ſpecies of objects have always attended them, and have exiſted in a regular order of contiguity aud ſucceſſion with regard to them. Thus we remember to have ſeen that ſpecies of object we call *flame*, and to have felt that ſpecies of ſenſation we call *heat*. We likewiſe call to mind their conſtant conjunction in all paſt inſtances. Without any farther ceremony, we call the one *cauſe* and the other *effect*, and infer the exiſtence of the one from that of the other. In all thoſe inſtances, from which we learn the conjunction of particular cauſes and effects, both the cauſes and effects have been perceiv'd by the ſenſes, and are remember'd: But in all caſes, wherein we reaſon concerning them, there is only one perceiv'd or remember'd, and the other is ſupply'd in conformity to our paſt experience.

THUS in advancing we have inſenſibly diſcover'd a new relation betwixt cauſe and effect,

图 8.1　休谟有关因果的“规律性”定义（于 1739 年提出），图中所示的论文以“人性论：把推理的实验性方法应用于道德主体的一次尝试”为标题，插图中截取的文章段落出自第三节：“论知识和或然性”

不过，说句公道话，休谟对这个定义并不满意。9年后，在《人类理解研究》（*An Enquiry Concerning Human Understanding*）中，他发表了一个截然不同的观点："我们可以给一个因下定义说，它是先行于、接近于另一个对象的一个对象，而且在这里，凡与前一个对象类似的一切对象都和与后一个对象类似的那些对象处在类似的先行关系和接近关系中。或者，换言之，假如没有前一个对象，那么后一个对象就不可能存在。"这段话的第一句，观察到 *A* 总是伴随着 *B* 一起出现，只是重复了他此前的规律性定义。但到了1748年，休谟似乎产生了一些疑虑，发现有必要对这个定义做一些修改。作为一名自封的辉格史学家，我可以理解他这么做的原因所在。因为根据他之前的定义，鸡鸣就成了日出的因。为了修补这一缺陷，他补充了第二个定义。这个定义的提出在他早期的著作中没有任何暗示，这是一个反事实定义："假如没有前一个对象，那么后一个对象就不可能存在。"

请注意，第二个定义正是修昔底德讨论奥罗比亚的海啸时所使用的定义。反事实定义也解释了为什么我们不会认为鸡鸣是日出的因。因为我们知道，如果公鸡某天生病了，或任性地拒绝打鸣，太阳仍会照常升起。

虽然休谟想通过"换句话说"这个无伤大雅的插入语将这两个定义合二为一，但第二个定义明显不同于第一个。第二个定义明确地使用了反事实语言，因此它位于因果关系之梯的第三层级。比较而言，规律性是可以观察到的，而反事实只能凭想象生成。

休谟为什么选择从反事实而非其他的角度来定义原因，这一点值得我们思考。定义的目的是对一个复杂的概念进行简化。休谟猜测，相比于"前一个对象引起后一个对象"这一定义，他的读者能够更清晰地理解"假如没有前一个对象，那么后一个对象就不可能存在"这句话。他说的很对。前一句表述引发了种种徒劳的形而上学的猜想，即究竟是第一个事物的什么内在特质或能力引发了第二个事物。而后一种表述只是要求我们做一个简单的思维练习：想象一个没有发生地震的世界，判断在这个世界中海啸是否会发生。从孩童时代起，我们就一直在做这样的判断，人类这一族群至少从修昔底德那个年代（或者更久以前）就开始做这样的判断了。

然而，在 19 世纪和 20 世纪的大部分时间里，哲学家忽略了休谟的第二个定义。反事实表述——“假如”（would haves）在研究者眼中总是显得过于软弱和不确定。因此，如第一章所述，哲学家开始尝试使用概率因果论来补救休谟的第一个定义。

1973 年，离经叛道的哲学家大卫·刘易斯在他的书《反事实》（*Counterfactuals*）中呼吁学界放弃规律性定义，而应该将“*A* 导致 *B*”解释为“假如没有 *A*，则 *B* 就不会发生”。刘易斯问道：“为什么我们不从表面意义上看待反事实，将其看作对实际情况的其他可能性的一种表述呢？”

和休谟一样，刘易斯显然也折服于这一事实：人类能够轻而易举、快速便捷和始终如一地做出反事实判断。我们可以自信地赋予反事实陈述一个真值和概率，就像我们对事实陈述所做的那样。在刘易斯看来，我们是通过想象一个或多个“假如世界”来实现这一点的，在这些假如世界中，反事实陈述为真。

当我们说，“假如乔服用过阿司匹林，他的头痛本来应该好了”时，根据刘易斯的说法，我们就是在说在某个不同于现实世界的假如世界中，乔确实服用了阿司匹林，而他的头也的确不再痛了。刘易斯认为，我们是通过比较我们的世界（乔没有服用阿司匹林）和在其他方面与现实世界最相似的那个假如世界（乔服用了阿司匹林）来评估反事实陈述的。基于在那个世界里，乔不再头痛了，我们便声明这一反事实陈述是真的。其中，“最相似的那个”是关键。或许在其他一些“可能的世界”里，他的头痛没有消失，而是出现了一个临时的、偶然的情况，例如他服用了阿司匹林，但之后他撞到了浴室的门。而在乔服用阿司匹林的所有可能的世界中，与现实世界最为相似的不是他撞到头的那个，而是他的头痛消失的那个。

刘易斯认为可能的世界就相当于真实存在的世界，对此，诸多批评者纷纷抨击其言论过于大胆。“刘易斯先生的观点是，任何逻辑上可能的世界都可被认为是实际存在的。因此他曾被称为‘疯狗一般的模态实在论者’。”2001 年，《纽约时报》在他的讣告中写道，“例如，他本人就相信，存在这样一个世界，其中驴会说人话。”

但我认为他的批评者（或许还包括刘易斯本人）都忽略了最重要的一点：我们根本不需要争论这样的世界是否以物理或者形而上学的实体形式存在。如果我们的目的是解释人们所说的"A 导致 B"的含义，那么我们只需要假设人们有能力在头脑中想象出可能的世界，并能判断出哪个世界"更接近"我们的真实世界即可；最重要的是我们的想象和判断要前后一致，这有助于我们在群体中达成共识。如果某人所认为的"更接近"的世界是另一个人认为的"更遥远"的世界，那么这两个人就肯定无法进行有效的反事实交流。从这一点上来看，刘易斯呼吁"为什么不从表面意义上看待反事实"并不是为了提出某种形而上学，而是为了引起人们对这一人类心理结构的惊人一致性的关注。

再一次，作为一名自封的辉格史学家，我可以很好地解释这种一致性：它源于这样一个事实，即我们体验的是同一个世界，并且共享因果结构的心理模型。在第一章我们一直在讨论这方面的内容。共同的心理模型将我们团结在一起。因此，我们对于可能世界与现实世界相近程度的判断，并没有借助于"相似性"的某个形而上学的观念，而是借助于这样一个标准，即我们必须在多大程度上对我们共享的心理模型进行拆解和打乱，才能使其满足一个与事实（乔没有服用阿司匹林）相反的给定的假设条件。

在结构因果模型中，我们所做的工作与此非常类似，只不过包含更多的数学细节。我们通过删除因果图中的箭头或结构模型中的方程来评估像"假如 X 曾是 x"这样的表示，这与我们处理干预 $do(X=x)$ 的方式是一样的。我们可以将这种方法描述为：对因果图进行尽可能小的修改，以满足 X 等于 x。在这方面，结构模型中的反事实定义符合刘易斯"与现实世界最相似的那个可能世界"的观点。

结构因果模型还解决了刘易斯避而不谈的一个难题：如果可能性的数量远远超出人脑的处理能力，那么人类如何在头脑中表示"可能的世界"，并找到与现实世界最接近的那个？计算机科学家称此问题为"表示问题"（representation problem）。人类必然掌握着一种非常经济的代码才能管理如此多的可能世界。对此，结构因果模型是否能够以某种形态或形式来充当这一实用的便捷工具呢？我认为很有可能，原因有两个。第一，结构因果模型本身就是一个可行的捷径，在这个意义上它还没有找到任何竞争对手。第二，它是一种基于贝叶斯网络的模型，而贝叶斯网络又建立在大卫·鲁梅哈特对大脑传递信息方式的模拟之上。可以毫不夸张地说，4 万年前，人类将其大脑中内置的模式识别机制进行了整合，并开始用整合后的机制进行因果推理，现代人类就由此产生了。

哲学家总是倾向于让心理学家来解释大脑是如何工作的，这也是上述问题直到最近才得到解决的原因。然而，人工智能领域的研究者没有耐心等待心理学家的结论。他们的目的是尽快制造出这样的机器人：它们能够与人交流各种不同的情景，乃至信誉和责备、责任和遗憾。对于这些反事实概念，研究者必须先将它们进行编码，实现处理过程的自动化，如此才有那么一丝机会实现所谓的“强人工智能”——类人智能。

在这些动机的驱使下，我和我的学生亚历克斯·巴克一起在 1994 年开始了反事实的研究。不出所料，在人工智能和认知科学领域，反事实的算法化所引起的震动比在哲学领域更大。哲学家倾向于把结构因果模型仅仅看作刘易斯的“可能的世界”逻辑的诸多实践方案之一。但我敢说，结构因果模型的内涵远不止于此。缺乏表示法的逻辑就是形而上学。而因果图，其包含简单的箭头跟踪和箭头删除方面的规则，肯定与人类大脑表示反事实的方式相似得多。

目前，这一论断尚未被证实，但我可以提前告诉你故事的结果——反事实不再神秘，我们了解了人类是如何处理它们的，也准备好了为机器人配备类似的功能，而这种能力我们的祖先在 4 万年前就已经进化出来了。

潜在结果、结构方程和反事实的算法化

在刘易斯的著作出版的一年之后，唐纳德·鲁宾（见图 8.2）开始独立撰写一系列论文，将潜在结果作为一种回答因果问题的语言加以介绍。那时，鲁宾还是教育考试服务中心的一位统计学家，他单枪匹马地打破了 75

年来统计学界对因果关系问题避而不谈的局面。在许多健康学专家的心中，反事实概念就此实现了合法化。可以说，这一理论成果的重要性怎么强调都不过分。它为研究人员提供了一种高度灵活的语言，使其可以在总体和个体层面上表述出几乎所有他们想问的因果问题。

图 8.2 2014 年，唐纳德·鲁宾（右）与本书第一作者（资料来源：照片由格雷斯·铉·金提供）

在鲁宾的因果模型中，变量 Y 的一个潜在结果就是“假如 X 的值为 x，那么 Y 在个体 u 上的取值”。语言描述比较啰唆，为方便起见，我们将这个量简写为 $Y_{X=x}(u)$。如果从上下文中我们可以很明显地看出哪个变量被赋值为 x，则我们通常会将这个表达式进一步缩写为 $Y_x(u)$。

为了体会这种表示方法的大胆创新，你需要先退后一步，暂时放下符号，思考一下它们所体现的假设。通过写下符号 Y_x，鲁宾想要表明的是，假如 X 的值为 x，那么变量 Y 一定会取某个与之相对应的值，其客观存在性与 Y 在现实中实际取的值相当。如果你不认可这个假设（我很确定海森堡就不认可这个假设），你就不能使用这一潜在结果。另外还需要注意，潜在结果，或反事实，是在个体层面而非总体层面上定义的。

潜在结果作为科学概念的首次亮相出自耶日·奈曼的硕士论文（写于 1923 年）。奈曼是波兰贵族的后裔，幼时被流放到俄国并在那里长大，直到

1921 年他 27 岁时才回到故乡。他在俄罗斯接受了很好的数学教育，并希望回到波兰继续纯数学方面的研究，但对他来说，做统计研究更容易找到工作。和英国的费舍尔一样，他的第一项统计学研究是在一所农业研究所进行的，他的能力远远超过了这份工作的要求。他不仅是研究所唯一的统计员，而且是这个国家唯一把统计学当作一门学科进行专门研究的人。

奈曼在一个农业试验的背景下第一次提出了潜在结果这个概念，其下标记号代表"各个地块上（给定种子）的第 i 个品种的未知潜在产量"。直到 1990 年，这篇论文才被翻译成英语并为世人所知。不过，奈曼本人并非如这篇论文一样默默无闻。他曾在伦敦大学学院卡尔·皮尔逊的统计实验室里待了一年，在那里他和皮尔逊的儿子埃贡成了朋友。两人在接下来的 7 年里一直保持联系，他们的合作研究取得了巨大的成功：奈曼—皮尔逊统计假设检验法的发明成为统计学领域的一个里程碑，是每一个统计学初学者都要学习的内容。

1933 年，卡尔·皮尔逊在统计学界多年的专制领导随着他的退休结束了。若非因为当时英国最著名的统计学家费舍尔提出了奇异值问题，埃贡本该顺理成章地成为皮尔逊的继承人。当时，伦敦大学学院不知出于何种原因提出了一个堪称灾难的解决方案，将皮尔逊的职位分割为统计学教授（由埃贡·皮尔逊担任）和优生学教授（由费舍尔担任）。埃贡在上任后立即聘用了他的波兰朋友。奈曼于 1934 年抵达伦敦，几乎是一到学校就与费舍尔发生了争执。

费舍尔早就准备好打这一仗了。他知道他是世界上首屈一指的统计学家，这一学科当时的主要研究方法和课题几乎都是他提出来的，然而学院却没有让他教授统计学课程。两人的关系格外紧张。"大家小心翼翼地共用着公共休息室，"康斯坦丝·瑞德在她为奈曼写的传记中写道，"埃贡小组的下午茶时间是下午 4 点；当他们全部离开后，费舍尔和他的团队才会进入休息室，在 4 点 30 分开始享受他们的下午茶时间。"

1935 年，奈曼在皇家统计学会上发表了题为"农业试验中的统计问题"的演讲，他对费舍尔的一些方法提出了质疑，顺带着讨论了潜在结果这个概念。奈曼的演讲结束后，费舍尔立即站起身来对学会的成员说："希望奈曼博士先搞清楚自己研究的问题再来发表长篇大论。"

"(奈曼）认定费舍尔是错误的，"多年后，奥斯卡·肯普索恩曾谈起这一事件，"这是一个不可原谅的冒犯——费舍尔从来没有错过，事实上，连暗示他可能出了错也会被他视为严重的攻击。任何不将费舍尔的著作视作真理或圣旨的人，都会被认为要么愚蠢，要么邪恶。"那次演讲的几天后，奈曼和皮尔逊就见识到了费舍尔有多愤怒，当晚他们去系里时，奈曼发现他在演讲中展示的木制模型被彻底毁了，零件散落得满地都是。他们两人一致推测，只有费舍尔才可能做出这样的事。

虽然现在看来费舍尔的愤怒表现得有些可笑，但在当时，他的傲慢的确带来了严重的后果。他当然咽不下那口气使用奈曼的潜在结果记号，即使这有助于他解决他后来遇到的中介问题。而缺乏关于潜在结果的词汇导致了他和后来的许多人纷纷陷入所谓的"中介谬误"（mediation fallacy），我们将在第九章对此加以详细讨论。

此刻，有些读者可能依然认为反事实的概念很神秘，因此接下来，我将介绍鲁宾的追随者是如何推断出潜在结果的，并将拿这个无模型方法与结构因果模型方法进行对比。

假设我们正在考察一家公司，想要看一下决定员工工资的因素中，更重要的那个是学历还是工作经验。我们收集了该公司员工目前的工资数据，见表 8.1。我们用 EX 表示工作经验，ED 表示学历，S 表示工资。为简单起见，我们假设只有 3 种学历水平：0 = 高中学历，1 = 大学学历，2 = 研究生学历。因此，如果员工 u 是高中毕业生，但不是大学毕业生，则 $S_{ED=0}(u)$，或者 $S_0(u)$ 就表示该员工 u 的工资。如果员工 u 是大学毕业生，则其工资就是 $S_1(u)$。我们可能会想问的一个典型的反事实问题是：假如爱丽丝有大学学位，那她的工资应该是多少？换句话说，S_1(爱丽丝)是多少？

关于表 8.1，首先要注意的是所有由问号表示的缺失数据。对于同一个体，我们能观察到的潜在结果永远不会超过 1 个。这件事虽然显而易见，但仍然非常重要。统计学家保罗·霍兰德曾经称之为"因果推断的基本问题”，这一名称现在已深入人心。如果我们真的能在问号处填写内容，那我们就可以回答所有的因果问题了。

但我本人从来不认同霍兰德将表 8.1 中的缺失值描述为一个“基本问题”的说法。也许是因为我很少使用表格描述因果问题吧，但更根本的原因是，将因果推断问题看作一个数据缺失问题，可能会造成非常严重的误导，这一点我们很快就会看到。请注意，除了最后三列的标题外，表 8.1 完全不涉及任何关于 *ED*、*EX* 和 *S* 的因果信息，例如是学历影响工资还是工资影响学历。更糟的是，即便我们已经掌握了一些关于这些变量的因果信息，这张表格仍然不允许我们把它们表示出来。但是对于那些认为缺失数据就是“基本问题”的统计学家来说，这张表格似乎包含着无穷的可能性。的确，如果我们不把 S_0、S_1 和 S_2 看作潜在结果，而看作普通变量，我们就能借助许多插值方法把空格填满，或者，就如统计学家所说的，我们完全可以采用某种最优的方式“推定出缺失数据”。

表 8.1　潜在结果示例的虚拟数据

雇员（u）	$EX(u)$（单位：年）	$ED(u)$	$S_0(u)$（单位：美元）	$S_1(u)$（单位：美元）	$S_2(u)$（单位：美元）
爱丽丝	6	0	81 000	?	?
伯特	9	1	?	92 500	?
卡罗琳	9	2	?	?	97 000
戴维	8	1	?	91 000	?
厄内斯特	12	1	?	100 000	?
弗朗西斯	13	0	97 000	?	?
等等	…	…	…	…	…

一种常见的推定方法是匹配。我们需要寻找几对个体，除了目标变量，这些个体在所有其他变量上都能匹配得很好。然后我们就可以根据这种匹配关系填写数据空缺的格子了。一个最明显的配对是伯特和卡罗琳，他们在工作经验上完全匹配。因此我们认定，假如伯特有研究生学位，则他的工资就会与卡罗琳的相同（97 000 美元）；假如卡罗琳只有本科学位，则她

的工资就会与伯特的相同（92 500 美元）。请注意，这种匹配法与控制变量（或数据分层）有着相同的思路：挑选共享某一观察特征的比较组，通过比较来推断它们看起来不共享的特征。

但是，我们很难用这种方式估计爱丽丝的工资，因为在我所提供的数据中，我们找不到能与其完美匹配的对象。不过这也没有难倒统计学家，统计学家已经开发出了一些相当巧妙的方法用以根据近似匹配推断缺失数据，鲁宾一直是开发此类方法的先驱。遗憾的是，即使是世界上最具天赋的匹配者也不能将数据转化为潜在结果，连近似转化也不可能。我将在后文说明，真正正确的答案取决于是学历影响工作经验，还是反过来，工作经验影响学历，而这些信息在表格中是找不到的。

第二种可能的推断方法是线性回归（此处不可将其与结构方程混为一谈）。在使用这种方法时，我们需要假设数据来自一些未知的随机源，然后使用标准统计方法来查找数据的最佳拟合直线（在本例中为平面）。这种方法的输出结果如以下方程所示：

$$S = 65\,000\text{ 美元} + 2\,500\text{ 美元} \times EX + 5\,000\text{ 美元} \times ED \qquad (8.1)$$

方程 8.1 告诉我们，平均而言，没有工作经验且只有高中文凭的员工的基本工资是 65 000 美元。每增加一年工作经验，工资会增加 2 500 美元，而学历每升一级（最多可提升 2 级），工资会增加 5 000 美元。因此，一个回归分析专家会说，假如爱丽丝有大学文凭，则我们对她的工资估计就是 65 000 美元 + 2 500 美元 × 6 + 5 000 美元 × 1 = 85 000 美元。

这种填补技术的简便和精确[①]解释了将因果推断看作一个缺失数据问题这一观点广受欢迎的原因。可惜的是，尽管这些插值方法看似无伤大雅，但它们本质上是有缺陷的。它们是数据驱动的，而不是模型驱动的。所有

① 2013 年的联合统计会议专门讨论了鲁宾的传统格言“作为一个缺失数据问题的因果推断”这一主题。在那次会议上，有学者报告了自己的一篇内容颇具煽动性的论文，题为“什么不是缺失数据问题”，这篇文章准确地总结了我的想法。

的缺失数据都是通过检查表格中的其他值来填充的。而正如我们从因果关系之梯中学到的，没有哪种纯粹基于数据的方法（第一层级）可以回答反事实的问题（第三层级）。

在将这些方法与结构因果模型方法进行对比之前，让我们先直观地审视一下模型盲数据填补法的错误所在。具体而言，让我们来解释一下为什么在工作经验上完全匹配的伯特和卡罗琳，其潜在结果实际上可能完全不具可比性。而一个更出人意料的结论是，一个合理的（与表 8.1 相符的）因果叙述说明，为推测卡罗琳的工资，她的最佳匹配对象应该是一个在工作经验上与她并不匹配的人。

在此例中，我们要认识的第一个关键点是，工作经验很可能取决于学历。毕竟，那些拥有更高学历的员工花了更长的时间去接受教育，如此一来在年龄相同的情况下，他们的工作年数就会相应缩短。因此，假如卡罗琳只有大学学历（和伯特一样），则她就可以利用多出来的这部分时间换取比现在更多的工作经验。这就让她在和伯特有着相同程度的学历的前提下，比伯特拥有更多的工作经验。因此，我们可以得出这样的结论：S_1（卡罗琳）> S_1（伯特），这与此前我们根据简单粗暴的匹配所预测的结果截然不同。我们可以看到，一旦我们有了一个合理的因果叙述，即学历影响工作经验，那么对工作经验的“匹配”将不可避免地造成潜在工资的不匹配。

具有讽刺意味的是，同样的工作经验，原先是促成匹配的要素，现在却变成了导致不匹配的警示信号。当然，表 8.1 将继续对这一警示保持沉默。鉴于此，我也无法认同霍兰德将因果推断阐述为数据缺失问题的观点。事实与这一观点正好相反。我以前的一名学生，卡西卡 · 莫汉近期的一项研究显示，即使是标准的数据缺失问题也需要借助因果建模来解决。

现在让我们看看结构因果模型是如何分析相同的数据的。首先，在查看数据之前，我们要绘制一张因果图（见图 8.3）。我们的因果图会对数据背后的因果叙述进行编码，根据这张因果图，工作经验“听从于”学历，并且工资“听从于”工作经验和学历两者。事实上，仅仅通过查看因果图，我们就能发现一些非常重要的事实。如果我们的模型是错误的，比如 EX 其

实是 ED 的一个因而不是反过来，那么工作经验就会变成一个混杂因子，此种情况下将具有类似工作经验的员工进行匹配就是完全恰当的。而如果 ED 就是 EX 的因，如图 8.3 所示，那么工作经验就是一个中介物。通过本书前文的介绍，你现在一定已经了解到，将中介物误认作混杂因子是因果推断中最致命的错误之一，很可能导致极为荒谬的错误结果。混淆因子要求统计调整，而中介物禁止统计调整。

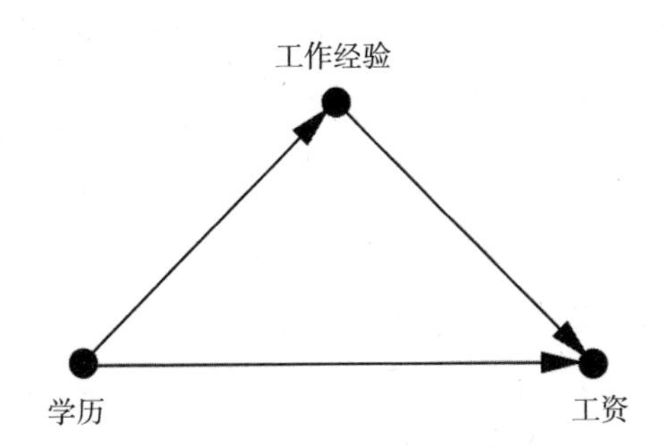

图 8.3　学历（ED）和工作经验（EX）对工资（S）的影响的因果图

到目前为止，我已在本书中多次使用了一个非常通俗的词，“听从于”，用来表达因果图中的箭头。但现在是时候为这个概念添加一些数学内容了，这实际上就是结构因果模型与贝叶斯网络或回归模型的不同之处。当我说“工资”听从于“学历”和“工作经验”时，我的意思是，工资是这些变量的一个数学函数：$S=f_S(EX, ED)$。但是考虑到个体差异，我们需要将这个函数扩展为 $S=f_S(EX, ED, U_S)$，其中 U_S 代表“影响工资的其他未观测到的变量”。我们知道这些变量是存在的（比如爱丽丝可能是公司总裁的朋友），但它们类型太多，数量也太多，无法被逐一界定并纳入我们的模型。

在学历 / 工作经验 / 工资的例子中，假设我们所讨论的函数自始至终都是线性函数，让我们看看这一函数是怎样发挥作用的。我们可以使用统计方法来找到最佳拟合线性方程，该方程类似于方程 8.1，但又存在一点区别：

$$S = 65\,000\text{美元} + 2\,500\text{美元} \times EX + 5\,000\text{美元} \times ED + U_S \tag{8.2}$$

方程 8.1 和 8.2 之间的形式相似性具有极大的欺骗性，实际上，对二者的解释存在天壤之别。我们在方程 8.1 中选择了求解 S 在 ED 和 EX 上的回归，绝不意味着在现实世界里 S 听从于 ED 和 EX。这一选择纯粹是我们自己做出的，我们完全可以做出其他的选择，因为这张数据表格中没有任何规则能阻止我们转而求解 EX 在 ED 和 S 上的回归，或者其他形式的回归。（别忘了第二章弗朗西斯·高尔顿的发现——回归是无视因的。）而一旦我们宣布一个方程是“结构的”，我们就失去了这种选择的自由。换言之，方程 8.2 的创建者必须承诺他所写出的方程真实反映了他所认定的关于现实世界中谁听从于谁的观点。在我们的例子中，作为方程的创建者，我确实相信 S 听从于 EX 和 ED。更重要的是，模型中不存在方程 $ED = f_{ED}(EX, S, U_{ED})$ 这一事实意味着我们认为 ED 对 EX 或 S 的变化不敏感。这种承诺或信念上的差异[①]赋予了结构方程支持反事实假设的力量和否定回归方程的力量。

按照图 8.3，我们还必须有一个关于 EX 的结构方程，但现在我们需要先将 S 的系数设为零，以反映从 S 到 EX 没有箭头这一图示信息。一旦我们从数据中估算出了具体系数，这个方程可能就如下所示：

$$EX = 10 - 4 \times ED + U_{EX} \quad (8.3)$$

这个方程告诉我们，只有高中学历的员工的平均工作经验是 10 年，每增加一级学历（最多增加 2 级）将平均减少此人 4 年的工作经验。同样，请注意此结构方程和回归方程之间的关键区别：变量 S 不进入方程 8.3（尽管在实际情况中 S 和 EX 可能存在高度相关）。这同样反映了分析者的信念，即认为任何个体所获得的工作经验完全不受其当前工资水平的影响。

现在让我们演示一下如何从结构模型中推导反事实。假如爱丽丝有大

① 第一次看到二者这一区别并为此困惑的读者不必感到孤独；在美国，有超过 10 万的回归分析员以及大多数统计教科书的作者会被这个问题困扰。只有当本书的读者开始指出这一存在已久的错误时，事情才会有所改变。

学学历，为了估计她的工资水平，我们需要执行以下 3 个步骤：

（1）（外展）利用关于爱丽丝和其他员工的数据来估计爱丽丝的特质因子（idiosyncratic factors）：U_S（爱丽丝）和 U_{EX}（爱丽丝）。

（2）（干预）利用 *do* 算子改变模型，以反映我们提出的反事实假设，在这个案例中即，假如爱丽丝有大学学位：ED（爱丽丝）= 1。

（3）（预测）利用修改后的模型及有关外生变量（exogenous variables）的更新信息 U_S（爱丽丝）、U_{EX}（爱丽丝）和 ED（爱丽丝）来估算爱丽丝的工资水平。新的工资水平就等于 $S_{ED=1}$（爱丽丝）。

对于步骤 1，我们可以从数据中观察到 E_X（爱丽丝）= 6，ED（爱丽丝）= 0。我们将这些值代入方程 8.2 和 8.3，便得到爱丽丝的特质因子：U_S（爱丽丝）= 1 000 美元，U_{EX}（爱丽丝）= – 4。这两个值代表了关于爱丽丝的独一无二的一切。不管它们具体是什么，总之，它们将她的预测工资增加了 1 000 美元。

步骤 2 告诉我们要用 *do* 算子删除指向被赋予了反事实值的变量（学历）的箭头，并将爱丽丝的学历设置为大学学历（学历 = 1）。在此例中，步骤 2 可以省略，因为因果图中本来就没有指向学历的箭头，因此也没有需要删除的箭头。但是在更复杂的模型中，删除箭头这一步不可忽视，因为它会影响步骤 3 中的计算。那些可能通过干预变量影响结果的变量，在相应的箭头被删除后就不再被允许以这种方式传递信息了。

最后，步骤 3 表示的是更新模型以反映新的信息，U_S= 1 000 美元，U_{EX} = – 4，ED = 1。首先，我们使用方程 8.3 重新计算“假如爱丽丝上了大学”的情况下，她的工作经验：$EX_{ED=1}$（爱丽丝）= 10 – 4 – 4 = 2 年。然后我们用方程 8.2 计算她的新的工资水平：

$$S_{ED=1}(\text{爱丽丝}) = 65\,000\ \text{美元} + 2\,500\ \text{美元} \times 2 + 5\,000\ \text{美元} \times 1 + 1\,000\ \text{美元} = 76\,000\ \text{美元}.$$

我们得到的结果，S_1（爱丽丝）= 76 000 美元，就是对爱丽丝潜在工资的一个有效估计；所谓有效是指，如果模型假设是有效的，那么潜在结果与估计值将会重合。因为这个例子包含的因果模型和（线性）函数都很简单，所以我们据此得到的潜在结果和根据数据驱动的回归方法计算出的估计结果之间的差异看起来非常小。但是表面上的细微差异反映的是内在机制上的巨大差异。我们借助结构方程得到的任何反事实（潜在）结果，都合乎逻辑地遵循了模型所体现的假设，而根据数据驱动方法所获得的答案就像伪相关一样反复无常，因为它无法被用来解释重要的建模假设。

相比本书前几章的内容，这个例子让我们得以更深入地理解了因果模型的基本要素。但现在先让我后退半步，庆祝一下这个关于爱丽丝的例子所带来的奇迹。利用数据和模型的结合，我们成功预测了个体（爱丽丝）在某个假设条件下（在反事实世界中）的表现。当然，世上没有免费的午餐，我们能得到这一强有力的结果是因为我们做出了强有力的假设。除了断定观察到的变量之间的因果关系，我们还假设了函数关系是线性的。在这个例子中，相较于判断函数是否为线性，弄清楚这些特定函数是什么更加重要。这些函数使我们能够根据可观测的那些关于爱丽丝的属性的数据计算出无法被观测的个人特质，并像步骤 3 要求的那样更新模型。

冒着扫兴的风险，我必须告诉你，事实上我们并不总能获得这些函数信息。一般而言，如果箭头背后的函数是已知的，则我们称该模型为“完全指定的”，否则就是“部分指定的”。例如，在贝叶斯网络中，我们可能只知道图中父节点和子节点之间的概率关系。如果模型是部分指定的，我们可能就无法准确地估计出爱丽丝的工资水平，而是需要用一个概率区间作为对潜在结果的表述，例如“她的潜在工资有 10% 到 20% 的可能为 76 000 美元”。对许多实际应用方面的案例而言，这样的概率答案已经足够好了。此外，即使我们不知道关于箭头背后的特定函数的信息，或者只知道像上一章提到的“单调性”假设这类非常笼统的信息，我们仍然能够从因果图中提取足够多的信息。

上述步骤 1 至 3 被我概括为“因果推断第一定律”：$Y_x(u) = Y_{M_x}(u)$。

这一定律与我们在第一章分析行刑队执行枪决的例子中使用的规则相同，只是具体的函数不同而已。第一定律是说，潜在结果 $Y_x(u)$ 可通过下述方法来推断：建构模型 M_x（确保删除所有指向 X 的箭头），并计算结果 $Y(u)$。因果关系之梯第二层级和第三层级中的所有可估量都由此产生。简言之，将反事实简化为一个算法使我们得以在数学所允许的范围内征服第三层级的一大片版图——当然，也不可能再多了。

看到你的假设的好处

我为计算反事实所展示的结构因果模型方法与鲁宾使用的方法不同，其中一个主要区别就是我使用了因果图。因果图允许研究者用他们自己能理解的方式表示因果假设，并把所有的反事实作为其世界模型的一种衍生属性。鲁宾的因果模型则将反事实视为抽象的数学对象，可以借助代数机制来管理，而并不视其为从模型中衍生出来的属性。

由于缺乏图示工具，鲁宾因果模型的使用者通常被要求接受三个假设。第一个非常容易理解，被称为“单位处理效应稳定假设”（stable unit treatment value assumption，简称为 SUTVA）。它的意思是，无论其他个体（或“单位”，这是因果建模者的首选术语）接受何种处理，对于每个个体（或“单位”）而言，其处理效应都是稳定不变的。除非我们研究的是流行病和其他集体性感染病，在大部分情况下，这个假设都是合理的。例如，假设头痛不会传染，那么我对阿司匹林的反应就不取决于乔是否服用了阿司匹林。

鲁宾模型中的第二个假设被称为“一致性”，也很容易理解。它指的是，一个自行决定服用阿司匹林并且因此康复了的人，假如他是通过在某个临床试验中接受随机分配的方式服用了阿司匹林，那么他一样会康复。这一合理的假设是结构因果模型框架中的一个定理，它实际上说的是试验不存在安慰剂效应和其他设计缺陷。

但是，从事潜在结果研究的研究者真正需要做出的那个最主要的假设叫作“可忽略性”（ignorability）。这个假设更具技术性，同时也更关键，因为它本质上与我们在第四章讨论的杰米·罗宾斯和桑德·格林兰提出的可互换性条件是一回事。可忽略性用潜在结果变量 Y_x 表达了同样的要求。给定某组（去）混杂因子 Z 的值，该假设要求 Y_x 独立于（对象）实际接受的处理 X。在探讨其意义之前，我们必须承认，任何表示为条件独立性的假设都继承了大量由统计学家为普通（非反事实的）变量所建立的数学处理机制，对此我们应该表示感激。例如，统计学家经常会使用某种规则来决定一个条件独立性何时会跟随另一个条件独立性出现。值得赞扬的是，鲁宾认识到了把“未被混杂”这一因果概念翻译成概率语言的好处，尽管这个概念是建立在反事实变量的基础上的。可忽略性假设使得鲁宾因果模型真正成为一个模型，而表 8.1 就不是一个模型，因为它不包含创建者对世界的假设。

遗憾的是，目前为止我还没发现谁能使用那些需要做出这种假设或需要在给定问题中评估假设合理性的研究者所说的那种语言，解释清楚可忽略性究竟意味着什么。下面是我所能给出的最佳尝试：如果在混杂因子 Z 的任意一层，本该有潜在结果 $Y_x = y$ 的病人与本该有不同的潜在结果 $Y_x = y'$ 的病人都有同样的可能被分配至处理组或对照组，那么把病人指派给处理组或对照组的做法就是可忽略的。对于那些掌握了关于反事实的概率函数的人来说，这个定义是完全合理的。但是，对于那些只能以本学科的科学知识为指导的生物学家或经济学家，如果他们想要评估可忽略性假设是否合理该怎么做？更具体地说，研究者应当如何评估本书所讨论的例子是否具备可忽略性？

为了说明这件事到底有多困难，让我们尝试将这个解释应用到我们刚刚分析的例子中。为了确定（在以 EX 为条件的前提下）ED 是否是可忽略的，我们需要判断一个潜在工资可能是 $S_1 = s$ 的员工，他是否与另一个有不同的潜在工资 $S_1 = s'$ 的员工有同样的可能具有某一等级的学历水平。如果你认为这一陈述听起来就像循环论证，我也只能同意你的看法！我们想确定爱丽丝的潜在工资，而为此，我们必须在开始估算之前，甚至必须在得到任何一个关于答案的提示之前，就要推测出，在 EX 的每个层中，潜在结果是依赖于还是独立于 ED。这完全是一个认知噩梦。

事实证明，在我们的例子中，在以 EX 为条件的前提下，ED 对于 S 来说不是可忽略的，这就是为什么匹配法（将伯特和卡罗琳匹配）会产生一个关于潜在工资的错误答案。事实上，两人的潜在工资的估计值差额应为：S_1（伯特）− S_1（卡罗琳）= 5 000 美元。（读者应该能借助表 8.1 中的数字和三步推导过程得出这一结果。）而现在我要说明的是，在因果图的帮助下，研究者可以立即判断出 ED 不是可忽略的，因而也就不会去尝试匹配 ED。如果没有因果图，研究者就会被表格误导可忽略性假设是默认合理的，从而落入这个陷阱。（这并非主观臆测。此类错误示范是我从《哈佛法律评论》的一篇文章中看到的，其背景故事本质上和图 8.3 的故事一样，而作者确实使用了匹配法。）

下面，我们来说明如何利用因果图来判断（条件的）可忽略性。以一组匹配变量 Z 为条件，要确定对于结果 Y 来说 X 是否可忽略，我们只需要测试 Z 是否阻断了 X 和 Y 之间的所有后门路径，同时，Z 的成员都不是 X 的后代即可。就这么简单！在我们的示例中，拟匹配变量（工作经验）阻断了所有的后门路径（因为本来就没有任何后门路径），但由于它是“学历”的后代，所以它未通过测试，因此 ED 就不是可忽略的，EX 也就不能用于匹配。无须进行复杂的分析，只需要看一眼因果图，我们就能得出这个结论。并且，研究者也不必再费神去评估在某种处理下潜在结果的存在可能性有多大。

遗憾的是，鲁宾并不认同因果图“有助于因果推断”这一说法。[①] 因此，遵循了他的建议的研究者就无法进行这个关于可忽略性的测试，他们要么必须进行费时费力的分析，以说服自己假设成立，要么干脆将这一假设看作“黑箱”，默认其正确。事实上，著名的潜在结果研究者马歇尔·乔菲在

---

① “珀尔的工作显然是有趣的，他认为路径图是一种自然的、便利的方式，可以用来表达因果结构所诉求的假设。许多研究人员发现他的论点很有吸引力。在我们自己的工作中，也许受社会科学和医学中出现的例子类型的影响，我们还没发现这种方式有助于因果推断。”（伊本斯和鲁宾，2013，第 25 页）。

2010年写道，人们之所以要做出可忽略性假设，通常是因为这类假设证实了使用现有的统计方法是合理的，而不是因为他们真的相信这类假设。

与透明性密切相关的一个概念就是可测试性，这一概念在本书中已经出现过几次。我们可以很容易地测试出以因果图为基础建立的模型与数据的兼容性，而以潜在结果的语言为基础所建立的模型就没有这个特点。这个测试是这样进行的：无论何时，只要图表中 X 和 Y 之间的所有路径都被一组节点 Z 阻断，那么在以 Z 为条件的前提下，数据中的 X 和 Y 就应该是条件独立的。这就是我们在第七章提到的 d 分离性，这个属性允许我们在数据未能显示出相应的独立性时否定并放弃模型。相比之下，相同的模型如果用潜在结果的语言来表述（其由一系列关于可忽略性的表述组成），我们就会缺乏相应的数学机制用以揭示模型所包含的独立性，因而研究者也就无法对模型进行测试。我很难理解研究者一直以来是如何忍受这种缺陷而无所作为的。我唯一能给出的解释是，他们因为远离图示工具太久，已经忘记了因果模型是而且也应该是可测试的。

现在，我必须将同样的透明性标准应用于我自己的方法，同时再多谈一些结构因果模型所体现的假设。

还记得我之前讲述的跟亚伯拉罕有关的故事吗？得到所多玛即将毁灭的消息，亚伯拉罕的第一反应是寻找剂量—响应关系，或响应函数，将城市的罪恶与惩罚联系起来。这是一种非常好的科学本能，但我怀疑，我们当中很少有人能足够冷静地做出这种反应。

响应函数是赋予结构因果模型处理反事实的能力的关键因素。它隐含在鲁宾的潜在结果范式中，同时又是结构因果模型与贝叶斯网络（包括因果贝叶斯网络）的一个主要区别点。在概率贝叶斯网络中，给定 Y 的父变量的观测值，则箭头指向 Y 就表示 Y 的概率由 Y 的条件概率表所支配。因果贝叶斯网络也是如此，不同之处在于给定的是对父变量的某种干预。两种模型都指定了 Y 的概率，而非指定 Y 的取值。而在结构因果模型中，我们没有条件概率表，指向 Y 的箭头只简单地表示 Y 是其父变量和外生变量 U_Y 的一个函数：

$$Y = f_Y(X, A, B, C, \cdots, U_Y) \quad (8.4)$$

因此，亚伯拉罕的本能是可靠的。要将非因果贝叶斯网络转变为因果模型，或者更准确地说，要让其能够回答反事实的问题，我们需要在每个节点上建立剂量—响应关系。

这一认识对我来说也来之不易。在深入研究反事实之前，我也曾花费了很长一段时间尝试用条件概率表来建立因果模型。我面临的其中一个障碍是循环模型[①]，它完全排斥条件概率公式；另一个障碍是找不到一种符号可以用来区分概率贝叶斯网络与因果贝叶斯网络。1991 年，我突然想到，如果我们将 Y 视作其父变量的一个函数，并用 U_Y 这个表达式概括所有关于 Y 的不确定性，那么所有的困难就都烟消云散了。当时，这一想法的产生似乎标志着我背叛了自己的学说。在致力于人工智能领域的概率研究数年之后，我竟然会提议后退一步，使用一个非概率的、确定性的模型。我仍然记得当时我的学生丹·盖革怀疑地问道："确定性方程？真正的确定性吗？"这就好像史蒂夫·乔布斯告诉别人他要去买一台 PC（个人电脑）而不是 Mac（苹果电脑）一样。（别忘了，那可是 1990 年！）

表面上看，这些方程没有什么革命性。20 世纪 50 年代和 60 年代以来，经济学家和社会学家一直在使用此类模型，并称它们为结构方程模型。但这个名称本身就暗示了对于方程的因果解释会引发争论和困扰。随着时间的推移，经济学家逐渐遗忘了这样一个事实：创建这一模型的先驱，经济学家特里夫·哈维默和社会学家奥蒂斯·达德利·邓肯提出该模型的初衷是让研究者用它来表示因果关系。经济学家们开始将结构方程与回归直线相混淆，从而只保留了形式而剥离了实质。例如，1988 年，当大卫·弗里德曼向 11 位结构方程模型的研究者提出挑战，要求他们解释如何将干预融入结构方程模型，结果没有一个人可以做到。他们可以告诉你如何估计数据中的系数，但他们不能解释为什么要费心去估计这些系数。如果说我在

① 这些模型带有形成了一个循环的箭头。我在本书中没有讨论这些模型，但是它们在一些学科（例如经济学）中相当重要。

1990 年至 1994 年间所提出的响应函数解释有什么新意的话，那也只是将哈维默和邓肯最初的意图进行了还原和形式化，并在他们的门徒面前展示了一系列在遵循创建者用模型表示因果关系这一初衷的前提下得到的“大胆”的结论。

人们认为其中一些结论着实令人震惊，即使是哈维默和邓肯也会有同样的感受。举一个例子，我曾提出，对于每一个结构方程模型，无论它有多么简单，我们都可以据其计算出所有关于模型所包含的变量的反事实概率。正是遵循这个想法，我们才得以计算出爱丽丝在接受大学教育的情况下的潜在工资水平。但即使是在今天，现代经济学家仍然没能消化这个结论。①

除了简称中间的字母不同外，结构方程模型（SEMs）与结构因果模型（SCMs）的另一个重要区别是，结构因果模型中的因果关系不一定是线性的。结构因果模型分析所用到的方法对非线性函数、线性函数和离散变量、连续变量同样有效。

线性结构方程模型具有许多明显的优点和缺点。一方面，从方法论的角度看，它们非常简单。通过线性回归，我们可以直接从观测到的数据中估计因果效应，而且目前已有许多针对此类模型的统计分析软件包可供我们选择使用。

另一方面，线性模型不能表示像剂量—响应函数这样的非线性关系。它们不能表示阈值效应，例如一种药物，其剂量增加到一定程度之后就不再起效或增效了。它们也不能表示变量之间的相互作用。例如，线性模型

---

① 1995 年到 1998 年间，我向美国各地数以百计的计量经济学学生和教师提出了以下问题，也就是每个上过经济学基础课程的学生都要解决的经典供求方程：

1. 如果报告价格为 $P=p_0$，则需求 Q 的期望值是多少？

2. 如果我们设置价格为 $P=p_0$，则需求 Q 的期望值是多少？

3. 已知目前的价格是 $P=p_0$，如果我们将价格设在 $P=p_1$，则需求 Q 的期望值是多少？

读者应该能意识到这些问题分别来自因果关系之梯的三个层级：预测关联、干预和反事实。正如我所料，普通学生回答问题 1 没什么问题，一位（足够杰出的）教授能够解决问题 2，而没有人能回答问题 3。

不能描述一个变量增强或抑制另一个变量的效果的情况。（例如，学历也许可以通过指导个体从事升职更快、年薪增长更快的工作，而增强工作经验的作用效果。）

虽然关于何种假设更恰当的辩论总是不可避免的，但我们主要想传达的信息很简单：庆祝！如果我们有一个完全指定的结构因果模型，其包含一张因果图且箭头背后的所有函数都是已知的，我们就可以回答任何反事实的问题。即使我们只有部分指定的结构因果模型，其中的一些变量是隐藏的或其中的一些剂量—响应关系是未知的，在许多情况下我们仍然可以回答关于反事实的问题。我将在接下来的两节给出一些例子。

反事实与法律

原则上，反事实在法庭上的应用应该很简单。我说“原则上”是因为法律界很保守，通常需要很长时间才能接受新的数学方法。但是在法律界，将反事实作为论据的做法实际上历史悠久，其被称为“若非因果关系”。

《模范刑法典》[1]是这样解释“若非”测试的：“行为是导致结果的原因，其前提是：（a）行为是一个先行项，若非它，结果就不会发生。”假如被告开了一枪，击中并杀死了受害者，则开枪射击就是受害者死亡的“若非因”或必要因，因为假如被告没有开枪，受害者就不会死。“若非因”也可以是间接的。假设乔用家具挡住了大楼的消防通道，而朱蒂在发现无法从出口出去之后死在了大火中，那么即使乔不是点火的人，他对她的死也负有法律责任。

我们应该怎样用潜在结果表达必要因或“若非因”？如果我们用结果 Y 表示“朱蒂的死亡”（假如朱蒂活着，$Y=0$；假如朱迪死了，$Y=1$），行为 X 表示“乔堵住消防通道”（假如他没堵住，$X=0$；假如他堵住了，$X=1$）。

---

① 这是美国法律协会于1962年提出的一套标准法律原则，目的是统一各个州的法律法典。它在任何州都没有充分的法律效力，但根据维基百科，截至2016年，已有超过2/3的州颁布了《模范刑法典》的部分内容。——译者注

我们要问的是以下这个问题：

> 已知乔堵住消防通道（$X=1$），并且朱蒂死了（$Y=1$），假如 X 为 0，那么朱蒂还活着（$Y=0$）的概率是多少？

我们想要评估的概率可以用符号表示为 $P(Y_{X=0}=0 \mid X=1, Y=1)$。这个表达式相当烦琐，我在接下来会将它缩写为“*PN*”（probability of necessity），即必要性概率（在此例中表示 $X=1$ 为 $Y=1$ 的必要因或“若非因”的概率）。

请注意，必要性概率涉及两个不同的世界之间的对比：$X=1$ 的现实世界和 $X=0$（用下标 $X=0$ 表示）的反事实世界。事实上，是否有事后判断（知道现实世界中发生了什么事情）是反事实（因果关系之梯的第三层级）和干预（第二层级）之间的关键区别。没有事后判断，$P(Y_{X=0}=0)$ 和 $P(Y=0 \mid do(X=0))$ 之间就没有区别，都表示在正常情况下，如果我们确保消防通道没被堵住，朱蒂就不会死；两个方程都不涉及火灾、朱蒂的死亡或被堵住的消防通道。但事后判断可能会改变我们对概率的估计。假设我们观察到消防通道被堵住 $X=1$ 以及朱迪死于火灾 $Y=1$（事后判断），那么 $P(Y_{X=0}=0 \mid X=1, Y=1)$ 与 $P(Y_{X=0}=0 \mid X=1)$ 就是不一样的。知道朱蒂死了（$Y=1$）为我们提供的环境信息，是仅靠知道通道被堵住（$X=1$）所得不到的。比如，它首先就证明了火灾的强度。

事实证明，*do* 表达式无法捕捉 $P(Y_{X=0}=0 \mid X=1, Y=1)$。虽然具体的论证过程可能有些晦涩难懂，但这一结论的确提供了一个数学上的证明，即在因果关系之梯中，反事实（第三层级）要高于干预（第二层级）。

在上面的几段文字中，我们几乎是悄无声息地将概率引入了讨论。律师们早就明白，“确定无疑”（mathematical certainty）是一种过高的证据标准。美国最高法院于 1880 年规定，刑事案件的定罪必须“排除所有合理的质疑”。注意，最高法院说的不是“排除所有的质疑”，而是“排除所有合理的质疑”，而法院从来没有给出过“合理”这个词的确切定义。有些人猜测可能存在某个阈值，比如 99% 或 99.9% 的概率有罪，超过这个阈值，质疑就变得不合理了，因而为了社会的利益，被告就必须被判刑。在民事而非刑事诉讼中，举证标准相对更清晰一些。民事法要求根据“优势证据标准”（preponderance of evidence）证明被告的确造成了伤害，我们可以合理猜测其内含的阈值很可能大于 50%。

虽然“若非因果关系”已被普遍接受，但律师们已经发现，在某些情况下它可能会导致司法不公。一个典型的例子是“坠落的钢琴”，其中被告向受害者开了一枪，但没有击中。在受害者逃离现场的过程中，他碰巧被一架坠落的钢琴砸死了。使用“若非”测试，被告会被判犯有谋杀罪，因为假如受害者没有因被告开枪而逃跑，他就不会跑到坠落的钢琴附近，因而也就不会死亡。但直觉告诉我们，被告并没有犯谋杀罪（当然他很可能犯了谋杀未遂罪），因为他不可能预料到钢琴的坠落。辩护律师可能会说，钢琴，而不是枪击，才是受害者死亡的近因。

近因原则远比“若非因”原则更晦涩。《模范刑法典》规定，结果不应该“离事件太遥远或是事件的次要方面，以致与行为人的责任或罪行的严重性关系很小”。就目前而言，这种判定被留给了法官的直觉。我认为近因是充分因的一种形式，即被告的行为是否足以（有足够高的概率）导致死亡事件。

虽然近因的含义非常模糊，但充分因的含义则相当精确。使用反事实符号，我们可以定义充分性概率或 PS（probability of sufficiency）为 $P(Y_{X=1}=1 \mid X=0, Y=0)$。这一定义有助于我们想象这样一种情况，$X=0$ 且 $Y=0$，即被告没有向受害者开枪，且受害者没有跑到钢琴下。然后我们要问的是，在这种情况下，被告射击（$X=1$）导致结果受害者跑到钢琴下（$Y=1$）的可能性有多大？这要求我们进行反事实的判断，但我认为大多数人都同意，这种结果出现的可能性非常小。直觉和《模范刑法典》都表明，如果 PS 太小，我们就不应该判被告犯谋杀罪，导致了 $Y=1$。

由于必要因和充分因之间的区别是如此重要，我认为以简单的例子来说明这两个概念或许能帮助我们更好地理解它们。充分因在两者中更加常见，在第一章的行刑队执行枪决的例子中，我们已经遇到了这个概念。在那个例子里，士兵 A 或士兵 B 无论哪个开枪都足以造成囚犯死亡，而且两个士兵（自身的行为）都不是必要因。所以对于这个例子，$PS=1$ 且 $PN=0$。

当出现不确定因素时，事情就会变得有趣起来，例如，我们可以假定每个士兵都有可能不服从命令或射失目标。如果士兵 A 射失目标的概率是 p_A，那么他的 PS 将是 $1-p_A$，这是他击中目标并造成犯人死亡的概率。而他的 PN 将取决于士兵 B 有多大可能拒绝开枪或者射失目标。士兵 A 的射击是必要因，仅限于士兵 B 不开枪或射失目标这种情况，即在此种情况下，假如士兵 A 不开枪，那么犯人还将活着。

另一个阐释必要因果关系的典型例子讲述的是在某人划了火柴后发生火灾的故事。对于该例，我们的问题是：是什么引起了火灾，是某人划了火柴还是房间里存在氧气？请注意，这两个因素是同样必要的，因为少了其中任何一个，火灾就不会发生。因此，从纯粹的逻辑角度来看，这两个因素对火灾负有同样的责任。那么，为什么我们更倾向于认为划火柴这个行为而非氧气的存在才是火灾的一个更合理的解释呢？

要回答此问题，请考虑以下两个句子：

（1）假如某人没有划火柴，房子仍将完好无损。

（2）假如屋内不存在氧气，房子仍将完好无损。

这两句陈述都是真的。然而，如果我们被要求判定是划火柴还是氧气导致了房子烧毁，我确信，绝大多数读者都会认为原因是第一个。那么，是什么造成了这种差异呢？

答案显然与事物的常态有关：房子里有氧气很正常，但是我们很难说划火柴这一行为很正常。这种差异无法体现在逻辑中，但它确实体现在我们上面讨论过的两个测度 PS 和 PN 中。

如果我们考虑到某个人划火柴的概率远远低于氧气存在的概率，那么经过量化，我们就可以发现，对于划火柴来说，其 PN 和 PS 都很高，而对于氧气来说，其 *PN* 很高，但 *PS* 很低。这就是为什么我们直觉上会将火灾归咎于划火柴而非氧气，而这很可能只是答案的一部分。

1982 年，心理学家丹尼尔·卡尼曼和阿莫斯·特沃斯基调查了人们为“撤销”一个并非他们所期望的结果带来的影响所选择的罪魁祸首（“要是……该多好”），并在他们的选择中找到了一致的模式。其中一种模式是，相比于选择一个普通事件，人们更有可能想象一个罕见事件来撤销影响。例如，为了撤销错过约会带来的影响，我们更有可能说，“要是火车准时开就好了”，而不是说“要是火车提前开就好了”。另一种模式是，人们倾向于将结果归咎于自己的行为（比如划火柴），而较少归咎于不受他们控制的事件。我们根据自己构建的关于现实世界的模型估计 *PN* 和 *PS* 的能力显示出很可能存在一种考量这些要素的系统方法，这就为我们最终教会机器人对特殊事件生成有意义的解释提供了可能。

我们已经看到，*PN* 在法律背景下捕捉“若非”标准背后的基本原理。但是，*PS* 是否应该被纳入刑事法和侵权法的法律考量呢？我认为应该这样做，因为对充分性的关注就意味着对一个人的行为后果的关注。划火柴的人应当可以预料到氧气的存在，而一般来说，没有人会因为预见到划火柴的情景而抽空屋子里的所有氧气。

那么，对于因果关系中的必要成分和充分成分，法律是否应该分别赋予其不同的权重呢？法律领域的哲学家还没有讨论过这个问题的合法性，也许是因为目前 *PS* 和 *PN* 的概念还没有一个精确的表达式。然而，从人工智能的角度来看，显然 *PN* 和 *PS* 应该被纳入生成解释的过程。当一个机器人被要求解释火灾发生的原因时，它别无选择，必须同时考虑这两个方面的因素。只关注 *PN* 会导致它得出一个站不住脚的结论，即火柴和氧气对火灾的解释同样充分。而给出这种解释的机器人很快就会失去主人的信任。

必要因、充分因和气候变化

2003 年 8 月，500 年来程度最强的一次持续高温天气袭击了西欧，其中法国是受影响最严重的地区。法国政府将近 1.5 万人的死亡归咎于这场持续高温天气，其中死者多数为独居的、房屋未安装空调的老年人。那么，他们究竟是全球变暖的受害者，还是在错误的时间生活在错误的地方的不幸者呢？

2003 年以前，气候学家通常都会避免对这些问题做出推测。一个普遍的观点类似于："尽管全球变暖的确有可能导致此类现象发生得更频繁，但我们不可能将这一特定事件完全归因于过去的温室气体排放。"

牛津大学的物理学家迈尔斯·艾伦就是以上结论的提出者，他后来开发出了一种更好的方法：使用一种被称为"可归因风险度"（fraction of attributable risk，简称为 FAR）的度量标准来量化气候变化的影响。FAR 要求我们掌握两个数值：p_0，即在全球气候变化之前（比如在 1800 年之前）类似 2003 年这种持续高温天气的出现概率，以及 p_1，即全球气候变化后类似 2003 年这种持续高温天气的出现概率。例如，如果 p_1 是 p_0 的 2 倍，那么我们就可以说，异常天气事件发生的 1/2 的风险可归因为全球气候变化；如果 p_1 是 p_0 的 3 倍，那么我们就可以说，异常天气事件有 2/3 的风险可归因为全球气候变化。

因为 FAR 纯粹是根据数据定义的，所以它不一定具有任何因果含义。然而事实证明，在两个强度较低的因果假设下，FAR 与必要性概率是一致的。第一，我们需要假设处理（温室气体）和结果（持续高温天气）之间没有混杂：二者没有共因。这一假设是非常合理的，因为据我们所知，温室气体增加的唯一原因在于人类自己的行为。第二，我们需要假设单调性。在上一章我们简要地讨论了这个假设。就此例而言，单调性意味着处理从未产生过与我们预期相反的效应，即温室气体永远不可能保护我们免受持续高温天气的袭击。

如果无混杂和无反效果（无保护作用）的假设成立，那么处于第一层级的 FAR 度量就可以被提升到第三层级，转变为 *PN*。但艾伦本人并不知道 FAR 的因果解释（可能因为这不是气象学常识吧），所以他只能用一种拐弯抹角的语言来描述他的研究结果。

那么，我们可以用什么数据来估计 FAR（或 *PN*）？我们只观察到了一次这样的持续高温天气。我们不能做对照试验，因为这要求我们能够随意控制全球二氧化碳水平，就好像我们手里有一个控制开关一样。幸运的是，气候学家有一个秘密武器：他们可以进行一种计算机实验，也即计算机模拟。

艾伦和英国气象局的彼得·斯托特接受了挑战。2004 年，他们成为第一批对个别的异常天气事件进行因果解释的科学家。（真的是第一次吗？你自己来判断吧。）他们的结论是："超过警戒阈值 1.6℃的这次出现在欧洲夏季的气温异常事件，其一半以上的风险很可能归因于人类活动的影响。"

虽然我很佩服艾伦和斯托特的勇气，但遗憾的是，他们这一重要发现的影响力在很大程度上被这一复杂费解的陈述语言削弱了。让我把这句话分解一下，然后试着解释为什么他们要用如此复杂的语言来表达它。首先，"超过警戒阈值 1.6℃的……气温异常事件"是他们定义结果的方式。他们选择这一阈值，是因为那年夏天欧洲的平均气温超过正常水平 1.6℃以上，这在有记录的历史中从未发生过。他们的选择平衡了两个相互矛盾的目标：所选择的结果，既足以体现全球变暖的影响，又并不局限于发生在 2003 年的这一具体事件。例如，我们没有选择法国 8 月的平均气温作为参照，而是选择了一个更宽泛的标准——整个夏天欧洲地区的平均温度。

其次，他们所说的"很可能"和"一半以上的风险"是什么意思？用数学语言来说，艾伦和斯托特指的是约有 90% 的可能性 FAR 超过 50%。或者可以这么说，约有 90% 的可能，在当前的二氧化碳水平下，像 2003 年欧洲夏天的持续高温这种异常天气事件的出现概率，要比在工业化之前的二氧化碳水平下，该事件的出现概率高出 2 倍多。请注意，我们在这里谈论的是两层的概率——概率的概率！难怪在读到这样的句子时，我们会觉得头昏脑涨、眼花缭乱。我们必须使用双层概率的原因是，持续高温天气受到的是两种不确定因素的影响。首先，长期气候变化（温室气体）的总量存在不确定性，这体现在第一个概率 90% 中。而即使我们知道长期气候变化（温室气体）的总量，任意指定年份的气候状况仍然是不确定的，这一不确定因素就构成了 50% 的可归因风险度。

我们必须承认，艾伦和斯托特试图传达的结论的确很复杂。并且，他们的结论中缺失了一个要素：因果关系。他们的陈述并不包含因果关系的线索，或者说，他们仅仅在“归因于人类活动的影响”这一模棱两可、高深莫测的短语中给出了一个暗示。

现在，我们将这个版本的结论用因果语言重新表述一下：“二氧化碳排放很可能是2003夏天欧洲持续高温天气的必要因。”到了明天，你会记得哪个句子？是他们的结论还是我们的结论？如果你的邻居问你这个问题，你会用哪句话向他解释原因？

我本人并非气候变化方面的专家，我是从我的一位合作者亚历克西斯·汉纳那里得到这个例子的，他在佛朗哥—阿根廷研究所工作，致力于研究布宜诺斯艾利斯的气候状况及其影响，是将因果分析运用于气候科学的有力提倡者。汉纳绘制了如图8.4所示的因果图。由于温室气体是气候模型中的顶级节点，没有箭头指向它，因此汉纳断定，温室气体和气候反应之间没有混杂。此外，他也证实了无反效果假设（温室气体不能保护我们免受持续高温天气的袭击）的合理性。

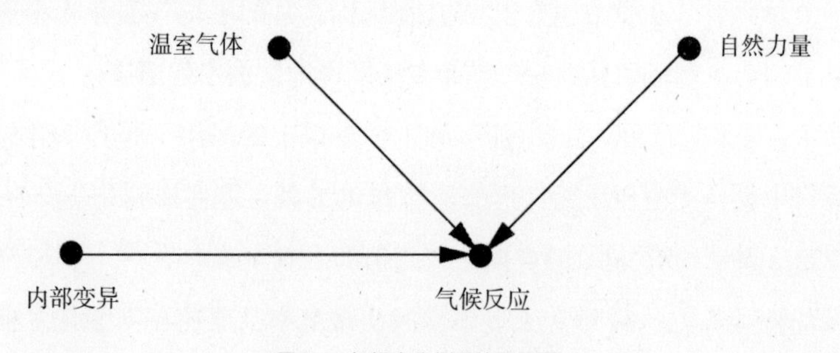

图8.4 气候变化例子的因果图

汉纳超越了艾伦和斯托特，使用我们之前给出的公式计算出了充分性概率（*PS*）和必要性概率（*PN*）。在2003年夏天欧洲遭受持续高温天气袭击的例子中，他发现温室气体的充分性概率*PS*非常低，约为0.007 2，这意味着我们无法预测当年会发生这一事件。而温室气体的必要性概率*PN*为0.9，与艾伦和斯托特的结果一致。这意味着，若非温室气体，这一异常天气事件很可能不会发生。

我们必须在一个更宏观的语境中对这一 *PS* 明显偏低的情况加以研究。我们不仅想知道今年持续高温天气的出现概率，还想知道在更长的时间内类似的异常天气事件再次发生的概率，比如在未来 10 年或 50 年内的发生概率。随着时间的延长，温室气体的 *PN* 会逐渐降低，因为可能会出现其他引发异常天气事件的机制。而温室气体的 *PS* 则逐渐升高，因为我们实际上在不断增加看到同样结果出现的可能。因此，假设汉纳计算出有 80% 的概率，温室气体（全球变暖）是未来 200 年里欧洲发生如 2003 年这种（或更糟的）异常天气事件的充分因。这听起来可能不怎么吓人，但这是以假设温室气体水平在未来 200 年里不会继续升高为前提的。事实上，温室气体的水平肯定会继续上升，这只能进一步增加 *PS*，缩短下一次异常天气事件发生的时间窗。

普通大众能理解必要因和充分因之间的区别吗？这是一个很重要的问题，就连专家有时候也难以对二者进行区分。2010 年，持续高温天气袭击了俄罗斯，那是俄罗斯有史以来最热的夏天，山火引起的烟尘笼罩了莫斯科的天空。有两个研究小组对这一现象进行了分析，并得到了两个相互矛盾的研究结果。一组的结论是，是自然力量导致了这次持续高温天气的出现；另一组的结论是，是全球气候变化导致了这次持续高温天气的出现。之所以发生这种分歧，十有八九是因为这两个小组对结果的定义存在不同。一组显然是基于温室气体的 *PN* 来定义结果的，他们因此得出全球气候变化可能是因，且概率很高；而另一组则使用 *PS* 来定义结果，因而得到了一个很低的概率，说明全球气候变化很可能不是因。第二组将持续高温天气归咎于俄罗斯的持续高压天气或“烟尘封锁”现象（这在我听来一个充分因），而认为温室气体与这种现象关系不大。但任何以 *PS* 为度量标准的研究都在一个很短的时间内就为证明因果关系设定了一个很高的门槛。

在结束这个例子之前，我想再谈一下计算机模拟。对于大多数其他领域的科学家而言，他们必须付出非常多的努力才能获取反事实信息，比如历经艰辛将观察性研究和试验性研究的数据结合起来。而气候学家则可以非常轻松地从其计算机模拟实验中得到反事实：只需要输入一个新的二氧化碳浓度数字，让程序自动运行就可以了。当然，“轻松”是相对的。在图 8.4 这个简单的因果图背后，隐藏着一个非常复杂的响应函数，它是根据由进行气候模拟的数百万行计算机代码组成的气候模拟程序生成的。

这就自然而然地引出了一个问题：我们可以在多大程度上信任计算机模拟？这个问题涉及政治方面的影响，特别是对美国而言。不过，我会尽量给出一个无关政治的答案。我认为在这个例子中，响应函数比人们在自然科学和社会科学中经常看到的线性模型更可信。选择线性模型通常是出于方便，而不是出于什么可靠的理由。相比之下，气候模型反映了物理学家、气象学家和气候学家对于一个多世纪的气候状况的研究。气候模型体现了这个由各领域专家组成的科学家团体对于天气和气候变化过程的深刻理解。不管以何种科学标准为参照，气候模型都是一个强有力的、令人信服的证据，除了这样一个缺点：虽然它们能有效地预测未来几天的天气，但这种预测从未在时间跨度超过一个世纪的前瞻性实验中得到证实，所以，它们仍然可能包含我们所不知道的系统性错误。

反事实的世界

反事实是人类认识世界，认识人类行为如何影响世界的基本途径之一。我希望到目前为止，大家已经清楚地了解了这一点。虽然我们永远不能去走森林中的所有岔路，但在很多情况下，我们都能够带着某种程度的自信说，我们知道每个岔路会通向哪里。

毋庸置疑，当我们将反事实纳入考虑后，我们向“因果推断引擎”提出的因果问题的多样性和丰富性就会大大增强。一个非常流行但我们还没有讨论过的问题是“参与者处理效应”（effect of treatment on the treated，简称为 ETT）问题，这种效应是用来评估获得处理的人是否是能从该处理中受益最多的人。在许多情况下，这一测度要优于对处理有效性的常规测量——平均因果效应（average causal effect，简称为 ACE）。你可以从随机对照试验中得到 ACE，它是整个总体的平均处理效应。但是，在实际实施试验的过程中，如果那些招募来的受试者恰恰是最不可能从处理中受益的人，那么结果会怎样？为了评估该计划的总体有效性，ETT 测量的是已接受治疗但效果不佳的病人假如没有接受治疗，其状况会怎样。这一反事实测量方法在实际决策中具有重要意义。我以前的学生斯皮塞（现在在约翰·霍普金斯大学工作）目前已经解决了这个问题，其将运用 *do* 算子分析 ACE 的方法移植到了 ETT 分析，即给定一张因果图，我们就能知道何时可以从数据中估算出因果效应。

毫无疑问，在当今的科学界，反事实方法最受欢迎的一种应用形式就是“中介分析”（mediation analysis）。为此，我将用单独的一章来介绍它。奇怪的是，很多人，尤其是那些惯于使用经典中介分析技术的人，都没有意识到他们正在谈论的问题是一个反事实效应。

在科学语境中，中介物（mediator）或中介变量（mediating variable）指的是将处理效应传递给结果的事物。我们已经在本书中看到了许多有关中介的例子，比如，吸烟→ 焦油沉积 → 癌症（其中焦油沉积是中介物）。在这些例子中，人们感兴趣的主要问题是，中介变量是否解释了处理变量的全部影响，或者处理变量的部分效果是否可以不通过中介物传递给结果。我们一般会用一个直接从处理指向结果的箭头来表示这种效应，比如，吸烟 → 癌症。

中介分析的目的是将直接效应（未通过中介物介异）从间接效应（通过中介物介导）中解析出来，其重要性显而易见。一方面，如果吸烟只能通过形成焦油沉积导致肺癌，那么我们就可以通过给吸烟者提供不含焦油的香烟，例如电子香烟，来消除额外的肺癌患病风险。另一方面，如果吸烟可以直接导致癌症或可以通过另一种中介物导致癌症，那么电子香烟就无法解决我们的问题。当前，这一医学问题仍然没有得到解决。

直接效应和间接效应都涉及反事实陈述。对此你可能还不甚明了，至少对我本人来说这绝非显而易见之事。事实上，这是我的整个职业生涯中的关键发现之一。我将在下一章讲述这个故事，并给出多个中介分析的应用实例。

第九章

中介：寻找隐藏的作用机制

因为少了一枚钉子，掉了一只马掌。
因为掉了一只马掌，失了一匹战马……
因为败了一次战役，亡了一个国家。
一切都是因为少了一枚钉子。
—— 佚名

1912 年，一处雪冢和一个由交叉的滑雪板组成的十字架成为南极探险队队长罗伯特·福尔肯·斯科特（右）和他的两名队员最后的安息之地。不仅在途中经历了诸多困难，斯科特的部下还染上了坏血病。假如那个时代的科学家知道柑橘类水果预防坏血病的机制，这一悲剧本可以避免。[资料来源：左图，特吕格弗摄（推测）；右图，赫尔伯托·邦汀摄，新西兰坎特伯雷博物馆提供。]

在我们日常所使用的语言中，“为什么”这个问题至少有两个版本。第一个直截了当：你看到一个果，想知道因。你看到你的爷爷躺在医院里，于是你问：“为什么？他看起来明明很健康，怎么可能心脏病发作？”

但“为什么”还有第二个版本，在这个版本中，我们提出这个问题是为了更好地了解已知的因和已知的果之间的联系，例如，当我们观察到药物 *B* 能够预防心脏病发作时，或者像詹姆斯·林德一样观察到柑橘类水果能用来预防坏血病时，我们就会提出这个问题。人类永不满足，总是想知道更多。在发现上述事实后不久，我们就会开始问第二个版本的问题：“为什么？柑橘类水果预防坏血病的机制是什么？”我们本章的内容就聚焦于“为什么”的第二个版本。

寻找作用机制对于科学研究和日常生活而言都至关重要，因为在情况改变时，不同的作用机制会要求我们采取不同的行动。假设我们的橘子吃光了，而如果我们明白橘子预防坏血病的作用机制，我们只需要找到另外一种含有维生素 C 的食物，就可以继续预防坏血病了。而如果不知道机制，我们可能就会尝试着吃香蕉或者求助于其他并不能发挥同样作用的食物。

科学家使用“中介”（mediation）这个词来表达第二个版本的“为什么”。你可能曾在医学期刊上读到这样的句子：“药物 *B* 对心脏病发作的预防作用是由它对血压水平的调节来介导的。”这句话编码了一个简单的因果模型：药物 → 血压 → 心脏病发作。在这个例子中，药物降低了血压水平，进而降低了心脏病发作的风险。（对于原因 *A* 抑制了结果 *B* 这种情况，生物学家通常会使用一种不同的符号 $A \dashv B$ 来表示，但在因果论文献中，$A \to B$ 通用于表达肯定的因和否定的因。）同样，我们也可以用因果模型来概括柑橘类水果对坏血病的影响：柑橘类水果 → 维生素 C → 坏血病。

关于中介物，我们想问的一些典型问题是：它是否能解释全部结果？药物 B 是否只能通过调节血压水平起作用，还是也可以通过其他机制起作用？安慰剂效应是医学领域中一种常见的中介物：如果一种药物只能通过病人对其药效的信念起作用，那么绝大多数医生都会认为这种药物是无效的。中介也是法律领域中的一个重要概念。如果我们问一家公司给女性员工的工资相对男性员工较低是否构成了性别歧视，我们就是在问一个中介问题，其答案取决于所观察到的薪资差距是直接由申请人的性别引发的，还是间接通过雇主无权控制的中介物，比如职业资格等因素引发的。

以上所有问题都要求我们具备一种敏锐的判断力，以区分总效应、直接效应（不通过中介物）和间接效应（通过中介物）。在过去的一个世纪里，对科学家来说，即使只是给这些术语下定义都是一个重大的挑战。有些人受困于不允许说“因果关系”的禁忌，试图用不包含因果词汇的语言来定义中介。另一些人则完全摈弃中介分析，称直接效应和间接效应的概念“与其说是有助于理清统计思维，不如说是造成了更大的困惑”。

对我来说，定义中介这一概念曾经也是一个难题，而对这一难题的攻克最终成为我职业生涯中最有价值的收获之一，因为我在一开始的时候犯了错，而当我从错误中吸取了教训之后，我得以想出了一个意想不到的解决办法。有一段时间，我曾认为间接效应不具备任何操作性意义，因为它与直接效应不同，不能用干预的语言来定义。而当我意识到我可以通过反事实来定义它们，并且它们也具有重要的策略意义时，我的研究便取得了一次重要的突破。只有在我们到达了因果关系之梯的第三层级，我们才可能量化它们，这就是为什么我把它们放在本书的末尾部分。中介这一概念已经在第三层级这一新的环境中得到了迅速的发展，使我们能够（更经常地从匮乏的数据中）量化由任何期望路径介导的效应的比例。

可以理解，由于间接效应披着反事实的外衣，即使在因果革命的拥护者那里，它们仍然显得有些神秘。然而我相信，它们的巨大效用最终将战胜所有那些对反事实的形而上学的质疑。也许我们可以把它们比作无理数和虚数：起初，它们让人们感到不舒服（这也是"无理数"得此名称的原因），但最终，它们的效用将这种不适转化为了理性的光辉。

为了说明这一点，我将在本章列举几个例子，说明各学科的研究者是如何从中介分析中获得有价值的见解的。一位研究者研究了一项教育改革政策，这项政策名为"全民学代数"。起初这项改革似乎失败了，但后来又成功了。一项关于在伊拉克和阿富汗战争中止血带使用情况的研究似乎表明止血带并没有带来任何好处，而通过细致的中介分析，我们得以了解为什么这项研究结果很可能掩盖了止血带的实际效果。

总而言之，在过去的 15 年中，因果革命为学界提供了一套明确而简单的规则，用以量化一个给定效应中直接效应和间接效应所占的比例。它将中介从一个不为人知的、合法性备受质疑的概念，转变为一个广受欢迎、普遍适用的科学分析工具。

坏血病：错误的中介物

我想以一个令人震惊的真实历史案例开始这一章，以强调理解中介物或作用机制的重要性。

最早的对照试验之一就是詹姆斯·林德船长对坏血病的研究，这项研究发表于 1747 年。在林德的时代，坏血病是一种可怕的疾病，1500 年至 1800 年间，大约有 200 万名水手因此丧命。林德和当时的所有其他人一样确定，食用柑橘类水果有助于预防这种可怕的疾病。早在 19 世纪，英国海军就规定所有的船只都必须携带充足的柑橘出海，因此，对英国海军来说，坏血病本应早已成为历史。通常，这一时间点在历史书中都标志着故事告一段落，我们可以开始庆祝科学方法的伟大胜利了。

然而，一个世纪后，当英国探险队开始极地探险时，这个完全可以预防的疾病突然卷土重来，这一事实实在令人惊讶。1875 年的英国北极远征队，1894 年的杰克逊 – 哈姆斯沃思北极远征队，还有最著名的两支远征队——1903 年和 1911 年由罗伯特 · 福尔肯 · 斯科特率领的两支南极洲远征队，所有这些远征队都惨遭坏血病的侵袭。

为什么会发生这样的悲剧？原因还是那两个词：无知和傲慢——并且二者总是紧密结合在一起。到 1900 年，英国的医生们似乎已经忘记了一个世纪以前的教训。1903 年，斯科特远征队的医师科特利茨医生将坏血病归因于被污染的肉。此外，他还补充说："所谓的'抗坏血病剂'（能够预防坏血病的物质，比如酸橙汁）带来的好处只不过是一种错觉。"在 1911 的远征中，斯科特特意带上了经过严格检查没有腐坏迹象的干肉，但并没有储备柑橘类水果或果汁（见图 9.1）。他对医生意见的盲目信任很可能是这场悲剧的元凶。根据历史记录，5 名到达了南极的队员都死在了那里，其中两人死于不明疾病，极有可能是坏血病；还有一名队员在到达南极之前返回，活着回到了祖国，但已然患上严重的坏血病。

图 9.1　斯科特北极探险队成员每天的口粮：巧克力、干肉饼（腌制肉碟）、糖、饼干、黄油、茶。一种明显缺少的食物类型是：含有维生素 C 的水果（资料来源：赫尔伯托 · 邦汀摄影，新西兰坎特伯雷博物馆提供）

事后看来，科特利茨给出这样的建议就相当于犯了渎职罪。为什么才过了一个世纪，詹姆斯 · 林德的宝贵经验就这样被彻底抛诸脑后，甚至不予理会了呢？部分原因是，医生们并没有真正理解柑橘类水果是如何预防坏血病的。换言之，他们不了解那个关键的中介物是什么。

从林德那个时代开始，人们一直认为（但从来没有证明过），柑橘类水果能预防坏血病的原因在于其含有的酸性物质。换言之，医生是用如下的因果图来理解这个过程的：

柑橘类水果 → 酸性物质 → 坏血病

根据这个图示，任何酸的东西都能预防败血病，如果当时有可口可乐的话，恐怕连它也会被认为是一种有效的药品。起初，水手吃的是西班牙柠檬；之后，出于经济方面的考虑，他们开始用西印度酸橙替代柠檬，这种酸橙跟西班牙柠檬一样酸，但只含有相当于后者 1/4 的维生素 C。更糟糕的是，他们开始通过加热烹煮来“提纯”柠檬汁，而这种做法会进一步破坏水果所含的维生素 C。换言之，他们所做的是一步步让中介物失效。

1875 年，当发现北极探险队的水手们在饮用了柠檬汁的情况下仍然患上了坏血病时，医学界陷入了极度的困惑。他们同时还发现，那些吃了新鲜肉制品的水手没有得坏血病[①]，而那些吃了罐头肉的人却得了坏血病。于是，科特利茨和其他医生便错误地将腌肉当作坏血病的罪魁祸首。阿尔姆罗斯爵士还杜撰了一种理论，认为是被污染的肉中的细菌引起了食用者的“尸碱中毒”，从而导致其患上了坏血病。而柑橘类水果可以预防坏血病的理论就这样被扔进了垃圾箱。

直到人们发现了真正的中介物，这一混乱的局面才得到改善。1912 年，一位名叫卡西米尔·冯克的波兰生物化学家提出了微量元素的存在，他称其为“维生素”。1930 年，阿尔伯特·圣捷尔吉分离出了能够预防坏血病的特定元素。它不是医学界过去所说的什么酸性物质，而是一种特殊的酸，现在被我们称为维生素 C 或“抗坏血酸”（作为对昔日“抗坏血病剂”的致敬）。

① 实际原因是北极熊肝脏含有维生素 C。——译者注

1937 年，圣捷尔吉因这一发现获得诺贝尔奖。多亏了圣捷尔吉，我们现在知道了这条真正的因果路径：柑橘类水果 → 维生素 C → 坏血病。

我认为我们有理由预言：科学家再也不会“忘记”这个因果路径了。从这个故事中我们就可以看到，中介分析绝不仅仅是一个抽象的数学练习，我相信本书的读者都会认同这个观点。

先天因素与后天培养：巴巴拉·伯克斯的悲剧

据我所知，第一个明确用因果图来表示中介物的人是斯坦福大学的一名研究生，名叫巴巴拉·伯克斯，她提出这一表示法的时间是 1926 年。这位鲜为人知的女性科学先驱是本书真正的幕后英雄之一。我们有理由相信，她实际上是独立于休厄尔·赖特发明了路径图。在中介方面，她不仅走在了赖特的前面，而且领先她的时代几十年。

在伯克斯令人遗憾的短暂的职业生涯中，她的主要研究兴趣是先天因素与后天培养在人类智力方面所起的作用。她就读斯坦福大学时的导师是刘易斯·特曼，这位心理学家以开发出了斯坦福—比奈智商测验而闻名，他坚信智力是先天遗传的，而不是后天习得的。请记住，当时正是优生学运动的全盛时期，尽管现在我们已经明确知道这个观点是错的，但在那时，像弗朗西斯·高尔顿、卡尔·皮尔逊和特曼这些学界权威都积极地试图用研究证明该观点的合理性。

当然，先天与后天之争是一个非常古老的话题，在伯克斯之后很长一段时间内仍然热度不减。她做出的独特贡献是把这个问题浓缩为一张因果图（见图 9.2），据此，她提出（并回答了）下面这个问题：“因果效应有多少来自直接路径：父母智力 → 子女智力（先天），又有多少来自间接路径：父母智力 → 社会地位 → 子女智力（后天）？”

在这张图中，伯克斯使用了一些双向箭头，这些箭头要么表示互为因果的关系，要么表示对因果关系方向不确定。为简单起见，我们假设图中的这两个双向箭头的主要效果都是从左向右的，也即可以简化为一个从左指向右的单向箭头，这就使社会地位成为一个中介物，如此一来，这条路径就意味着父母的智力提升了他们的社会地位，这继而又给他们的子女提供了一个更好的机会来发展他的智力。变量 X 表示的是“其他未测量的间接原因”。

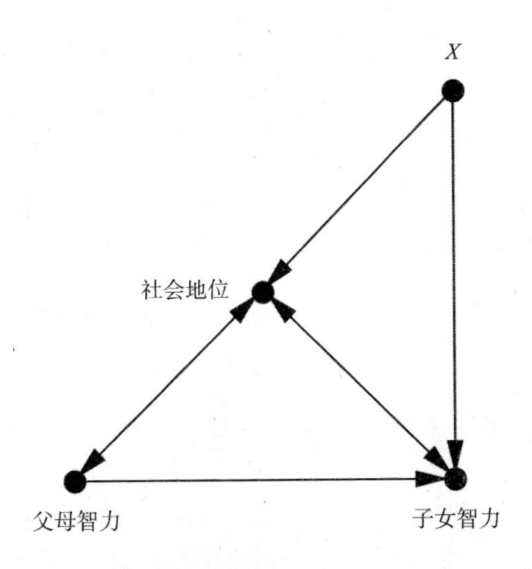

图 9.2　先天与后天之争，由巴巴拉·伯克斯设计的框架

在伯克斯的论文中，她收集的数据来自对 204 个有寄养儿童的家庭所做的家访。我们假定这些儿童从养父母那里只得到了后天培养的好处，而没有继承先天遗传的优势（见图 9.3）。她对所有这些人进行了智商测验，并对对照组中 105 个非寄养家庭的成员进行了同样的智商测验。此外，她还让他们做了调查问卷，这些问卷在以往的研究中被用于对儿童所处社会环境的各个方面进行评级和分类。利用数据和路径分析，伯克斯计算了父母智商对子女智商的直接效应，并发现其只占总效应的 35%，或者说只有大约 1/3 的智商变异来自遗传。换言之，智商高于平均水平 15 分的父母，通常其子女的智力水平只会高出平均水平 5 分。

作为特曼的弟子，看到先天因素对智力只有如此小的影响，伯克斯一定很失望。（事实上，她的这一估计结果禁得起时间考验。）因此，她开始质疑当时人们普遍接受的一种分析方法，即控制“社会地位”的操作是否正确。她写道：“如果我们误将某些变量当作常数变量来处理，那么因对果的贡献的真正衡量标准就是残缺的，因为部分或所有这些被设为常数的变量可能取决于先天和后天两个目标变量（其真实关系将被测量）中的任何一个或其他未测量的间接因素，并且这些间接因素也可能会影响两个目标变量中的任何一个。”换句话说，如果你感兴趣的是“父母智力”对“子女智力”的总影响，那么你就不应该对二者之间的路径上的任何变量进行变量控制（或将其设为常数）。

图 9.3　巴巴拉·伯克斯（右）感兴趣的是区分智力的“先天”与“后天”成分。作为一名研究生，她访问了 200 多个有寄养儿童的家庭，对其家庭成员进行智商测验，收集他们的社会环境数据。她是休厄尔·赖特之外第一个使用路径图的研究者，在某些方面，她走在赖特的前面（资料来源：由达科塔·哈尔绘制）

伯克斯并没有就此停步。她所强调的衡量标准翻译成现代语言，就是，如果我们以下述变量为条件，而该变量（a）受到“父母智力”或“子女智力”的影响，或者（b）受到“父母智力”或“子女智力”的某个未测因的影响（如图 9.2 中的 X），那么偏倚就会出现。

这些衡量标准与休厄尔·赖特所使用的语言毫无相同之处，并且远远超越了其所处的时代。事实上，标准（b）正是科学史上最早的关于对撞偏倚的一个例子。如果看一下图 9.2，我们就会发现“社会地位”是对撞因子（在路径“父母智力 → 社会地位 ← X”中）。因此，控制“社会地位”就打开了后门路径“父母智力 → 社会地位 ← X → 儿童智力”。如此，任何由此得出的对间接效应和直接效应的最终估计都会存在偏倚。伯克斯之前（和之后）的统计学家都没有考虑过使用这种箭头和图示的分析方法，他们完全沉浸在这样一种虚假的神话中，相信尽管简单的相关关系并没有因果含义，但受控的相关性（或偏回归系数）仍然是朝因果解释的方向迈出的一步。

伯克斯不是第一个发现对撞效应的人，但她很可能是第一个用因果图术语来描述它的特征的人。她的标准（b）完全适用于分析第四章中 M 偏倚的那个例子。这是对以预处理因素为条件这种操作发出的第一次警告。几乎所有 20 世纪的统计学家都视其为一种安全的操作，直到现在仍然有人秉持着这样的信念，这实在令人诧异。

现在，请你设身处地从巴巴拉·伯克斯的角度想象一下：你刚刚发现，你的所有同事都在对错误的变量进行变量控制。而且你还有两个不利条件：你只是一个学生，而且是一位女性。你会怎么做？你是否会低下头，假装接受普遍的观点，并以你的同事所使用的存在明显缺陷的语言与他们沟通？

这可不是巴巴拉·伯克斯的做法！她的第一篇论文题为“论部分相关和多重相关技术的缺陷”[①]，在论文开头，她写道：“经过仔细斟酌，本文作者得出的结论是，部分相关和多重相关分析技术充满陷阱，这严重限制了它们的适用性。”无法想象，如此尖锐的言论竟出自一个尚未获得博士学位的年轻女性学者！正如特曼所描述的那样：“她的能力可能受到了其好斗个性的限制。我认为之所以会这样，部分原因在于她比她的许多老师和大部分男同学都更积极地维护自己的想法。”显然，不仅是学术思想，伯克斯在很多方面都领先于她的时代。

实际上伯克斯可能的确独立于休厄尔·赖特发明了路径图，休厄尔·赖特提出路径图只比她提前了 6 年的时间。我们可以肯定地说，她没有在任

① 标题中的部分相关指的是偏相关，这是我们在第七章讨论的一种控制混杂因子的标准方法。

何课堂中学习过路径图。图 9.2 是在休厄尔·赖特发表其成果之外第一次刊登在学术期刊上的路径图，这也是路径图在社会科学或行为科学中的首次亮相。诚然，她在自己 1926 年的那篇论文的结尾把功劳归于赖特，但她的写法看起来更像是临时做出的补充。我有一种感觉，她是在自己画出了路径图之后才发现赖特的路径图的，很可能经过了特曼或某个精明的审稿人的提醒。

假如伯克斯没有不幸沦为她那个时代的牺牲品，那她究竟能取得怎样的成就？这个问题实在令人着迷。获得博士学位后，尽管资质完全胜任，她仍然没能在大学中谋得一份教职工作。她不得不勉强接受一些不那么稳定的研究职位，例如在卡内基研究所担任研究员。1942 年，她订婚了，这件事本来可能会为她带来转机，然而事实是，她从此陷入了严重的忧郁。“无论事实是否如此，她相信自己的大脑中发生了一些难以探测的恶性变化，她永远也无法从中康复了。”她的母亲弗朗西丝·伯克斯在给特曼的信中写道，“她对我们的爱是如此的温柔，她选择拒绝让我们一起承担她的抑郁和痛苦。”1943 年 5 月 25 日，她从纽约的乔治·华盛顿桥上跳了下去，结束了自己的一生，享年 40 岁。

但思想总有办法在悲剧中留存下来。当社会学家休伯特·布莱洛克和奥蒂斯·邓肯在 20 世纪 60 年代重新发现了路径分析时，伯克斯的论文成为他们灵感的源泉。邓肯解释说，他的导师威廉·菲尔丁·奥格本在 1946 年关于部分相关的讲座中曾简要提到了路径系数。邓肯说：“奥格本撰写了一篇关于赖特论文的简要报告，这篇论文讨论的正是伯克斯的研究，于是我要了一份论文的复印件。”

思想的光辉不灭！伯克斯 1926 年的论文引发了赖特对不恰当运用偏相关分析所引起的问题的兴趣。而赖特的后续研究在 20 年后进入奥格本的视野，出现在他的报告中，其思想又被邓肯吸收。又一个 20 年后，当邓肯读到布莱洛克有关路径图的论文时，这段几乎被遗忘的学生时代的记忆被唤醒了。看到这只脆弱的思想之蝶在无声振翅中穿越了两个时代，终于成功地飞向光明，着实令我震撼不已。

寻找一种语言（伯克利大学招生悖论）

可惜，在伯克斯超越时代的论文发表后的半个世纪，统计学家依然停留在试图阐述直接效应和间接效应的定义这一阶段，更不用说估计它们了。此处，我们有一个特别恰当的例子，这也是一个著名的悖论，与辛普森悖论有关，但又有所不同。

1973 年，加州大学副院长尤金·汉默尔注意到大学的男女生入学率呈现出一种令人担忧的趋势。他的数据显示，在申请伯克利大学研究生的男生中，有 44% 的人被录取了，相比之下，女生申请者只有 35% 被录取了。性别歧视在当时正引起公众的广泛关注，汉默尔不想等别人来质疑才行动。他决定调查这一比例差距的原因。

和其他大学一样，伯克利大学的研究生入学决定是由各个系而不是由大学做出的。因此，通过挨个查看各个系的招生数据找出罪魁祸首的做法是合理的。但当汉默尔这样做时，他发现了一个惊人的事实。每个系的招生决定都更有利于女生，而不是男生。怎么会这样呢？

对此，汉默尔做了一个明智的决定，找来统计学家彼得·毕克尔帮忙，而彼得在查看数据时立刻认出了辛普森悖论。正如我们在第六章看到的，辛普森悖论指的是一种趋势，它似乎在总体的每一层中都趋于一个方向（在每个系里，女生的录取率都更高），但在整个总体中却趋于一个完全相反的方向（在整个大学里，男生的录取率更高）。我们在第六章还看到，悖论的正确解决在很大程度上取决于你要回答的问题是什么。在这个案例中，我们要回答的问题很明确的：大学（或大学内的某些人）是否歧视女生？

当我第一次向我的妻子介绍这个例子时，她的反应是："这不可能。如果每个系都存在对某一性别的歧视，那么整个学校就不可能出现对另一种性别的歧视。"她是对的！这一悖论与我们对歧视的理解相抵触。歧视是一个因果概念，涉及对申请者所上报性别的偏好响应。如果所有的行为者都更偏好某个性别，那么整个群体就必然表现出相同的倾向。而如果数据看起来并非如此，那必然意味着我们没有遵循因果关系的逻辑合理地处理数据。唯有理顺因果逻辑，并给出一个清晰的因果叙述，我们才能确定某所大学是否确实存在性别歧视。

事实上，毕克尔和汉默尔发现了一个令他们自己非常满意的因果叙述。他们在1975年的《科学》杂志上发表了一篇文章，其中提出了一个对这一悖论的简单解释：女生申请者被拒绝的人数更多，是因为她们倾向于申请更难被录取的系。

具体而言，一方面，在人文科学和社会科学系的申请中，女性申请者所占比例要高于男性，而在这些院系中，她们面临着双重困境：申请者数量更多，而录取名额更少。另一方面，女生不怎么申请像机械工程学这样的系，但这些系本身录取的学生更多，且系里为研究生提供了更多的资金和空间，简而言之，这些系的录取率更高。

那么，为什么女性会倾向于申请更难录取的系？她们没有选择申请技术性领域的院系，也许是因为那些领域对数学水平的要求较高，或被认为更“男性化”。也许是因为她们在教育的早期阶段遭到了歧视，就像巴巴拉·伯克斯的故事所显示的那样，社会往往倾向于将女性从技术性领域排挤出去。但这些因素并不在伯克利大学的控制之中，因此不能视作大学存在性别歧视的证据。毕克尔和汉默尔的结论是：“伯克利大学并没有歧视女性申请者。”

顺便一提，我注意到了毕克尔这篇论文中所使用的描述语言的精确性。他仔细地区分了两个术语——“偏倚”和“歧视”，这两个术语在日常英语中经常被看作一对同义词。一方面，他将偏倚定义为“某一决定与申请人的某个性别之间的关联模式”。注意其中的“模式”和“关联”这两个词，这两个词告诉我们，偏倚是一种现象，处于因果关系之梯的第一层级。另一方面，他将歧视定义为“在性别与入学资格无关的情况下，受到申请人性别的影响而做出的决定”。即使毕克尔在1975年无法说出“因果关系”这个词，“做出决定”“影响”“无关”这些字眼也足以使人联想到因果关系。歧视不同于偏倚，它属于因果关系之梯的第二层级或第三层级。

在毕克尔的分析中，他认为数据应按院系分层，因为院系是决策单位。这是正确的选择吗？为了回答这个问题，我们首先需要绘制一张因果图（见图 9.4）。此外，研究一下《美国判例汇编》中关于歧视的定义也很有启发。这一定义采用了反事实的术语，是我们已经攀升到因果关系之梯第三层级的一个明确信号。在卡尔森诉伯利恒钢铁公司案（1996）中，第七巡回法院在判决词中写道："任何就业歧视案件的中心问题都是，假如雇员除属于不同的种族（或有不同的年龄、性别、宗教、出身国等）外，在其他的一切方面都一样，那么雇主是否会采取同样的行动。"这个定义清楚地表达了这样一种观点：我们必须先关闭或"冻结"所有以其他变量（如录取资格、院系选择等）为介导的从性别到录取的因果路径。换言之，歧视是性别对录取结果的直接效应。

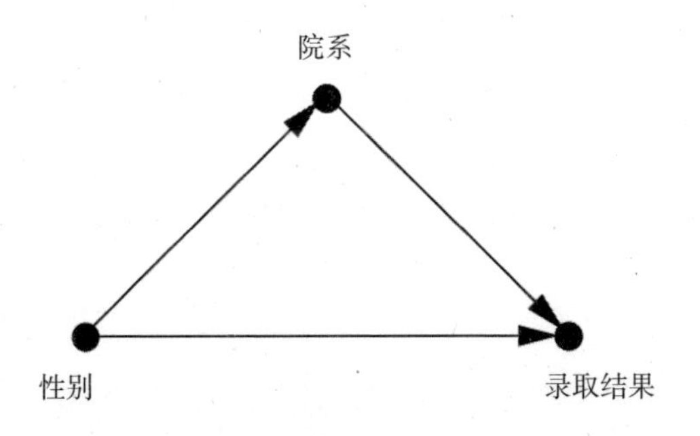

图 9.4　伯克利大学录取悖论例子的因果图（简化版）

我们之前已经认识到，想估计一个变量对另一变量的总效应，控制中介物的做法是不正确的。但是就歧视这个例子来说，根据法院的定义，真正重要的不是总效应，而是直接效应。因此毕克尔和汉默尔的做法被证实是正确的：在图 9.4 所呈现的假设下，他们按院系划分数据是对的，这一操作的结果带来了关于"性别"对"录取结果"的直接效应的有效估计。尽管 1973 年毕克尔和汉默尔无法使用直接效应和间接效应这样的词语，但他们仍然取得了成功。

然而，这个故事最有趣的部分不是毕克尔和汉默尔发表的论文本身，而是这篇论文所引发的讨论。论文发表后，芝加哥大学的威廉·克鲁斯卡尔写了一封信给毕克尔，指出他们的解释并没有真正证明伯克利大学的清白。事实上，克鲁斯卡尔本质上是在质疑我们是否可以从任何纯粹的观察性研究（而不是进行某种随机对照试验，比如利用伪造的入学申请表考察录取情况）中得到这样的结论。

对我来说，他们的信件往来令人着迷。两个伟大的思想家为他们缺乏足够的词汇来描述的一个概念（因果关系）而展开辩论，这并不常见。毕克尔后来通过不断的努力在 1984 年获得了麦克阿瑟基金会的“天才”奖。但在 1975 年，他才刚开始他作为一名研究者的职业生涯，对他来说，与美国统计界的巨擘克鲁斯卡尔的斗智斗勇既是荣耀，也是挑战。

克鲁斯卡尔在给毕克尔的信中指出，“院系”与“录取结果”之间的关系可能存在一个未测的混杂因子，例如申请者的居住州。他用虚构数据举了一个例子，假设存在这样一所大学，它有两个存在性别歧视的院系，其产生的数据和毕克尔例子中的数据完全相同。一个前提假设是两个院系都接收所有本州的男性和外州的女性，并拒绝所有的外州男性和本州女性，这是他们唯一的录取标准。显然，这项招生政策是一个明目张胆的教科书式的性别歧视案例。但是，由于两种性别的申请者中被接受和被拒绝的申请者的总数与毕克尔的例子完全相同，因此毕克尔应该会断定性别歧视并不存在。在克鲁斯卡尔看来，这些院系看起来清白无辜，完全是因为毕克尔只控制了一个变量而不是两个。

克鲁斯卡尔一针见血地指出了毕克尔论文的缺陷：缺乏一个明确的、经过检验的标准来确定到底应该控制哪个变量。克鲁斯卡尔并没有提供一个解决方案，事实上在他的信中，他表示对找到一个解决方案丧失了信心。

与克鲁斯卡尔不同，我们可以绘制一张因果图，看看问题到底出在哪里。图 9.5 所示的是克鲁斯卡尔提出的反例的因果图。它看起来是不是有点眼熟？事实上，它与巴巴拉·伯克斯在 1926 年绘制的因果图完全一致，只是具体的变量有所不同。可能有人不禁要说一句“英雄所见略同”，但更恰当的说法也许是，伟大的问题总能吸引伟大的头脑。

克鲁斯卡尔认为，要在这种情况下分析直接效应，我们就必须同时控制“院系”和“居住州”，图 9.5 解释了其中的原因。要关闭除直接路径之外的所有路径，我们需要按院系对数据进行分层，也就是控制院系这个变量，这将关闭间接路径“性别 → 院系 → 录取结果”。但在这样做的同时，我们就打开了伪路径“性别 → 院系 ← 居住州 → 录取结果”，因为“院系”在该路径中是一个对撞因子。因此我们就需要控制“居住州”这个变量来关闭这条路径。如此一来，剩下的任何关联都必定是由（歧视的）直接路径“性别 → 录取结果”引起的。由于缺乏因果图，克鲁斯卡尔只能用虚构数据说服毕克尔，而实际上他的数据反映出的正是刚刚我们描述的这种情况。如果我们不控制任何变量，那么数据将显示女性的录取率较低。如果我们只控制“院系”，那么女性似乎反而有较高的录取率。如果我们同时控制“院系”和“居住州”，则数据将再一次显示女性的录取率较低。

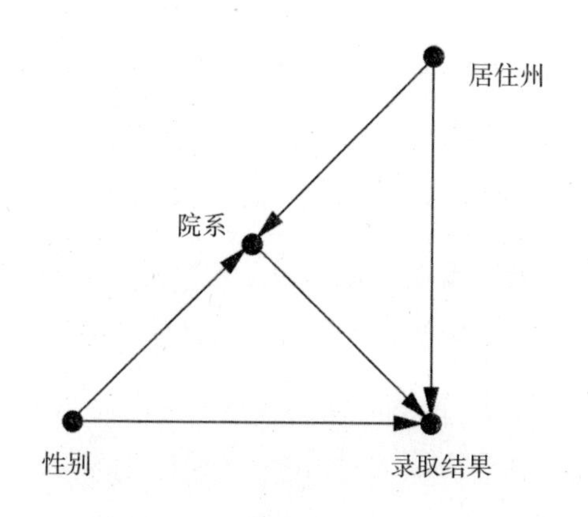

图 9.5　伯克利大学招生悖论的因果图（克鲁斯卡尔的版本）

从这样的论证中，你可以看到为什么中介这一概念曾经激起（而且仍在激起）各方的怀疑。它看起来非常的不稳定，而且很难锁定。通过不同的变量控制操作，录取率先是呈现出对女性的歧视，接着又呈现出对男性的歧视，之后又是对女性的歧视。在对克鲁斯卡尔的答复中，毕克尔仍然坚持，以决策部门（“院系”）为条件与以决定标准（“居住州”）为条件有所不同。但他对此主张并没有他表现出来的那么自信，而是可怜兮兮地问道：“我发现了一个非统计学的问题：我们所说的偏倚到底是什么意思？”

为什么偏倚迹象会随我们测量方式的变化而发生变化？事实上，他在区分偏倚和歧视时所提出的定义是正确的。偏倚是一个不稳定的统计概念，如果用不同的方法切分数据，偏倚就可能会消失。而作为一种因果概念，歧视反映的是现实，因而必须保持稳定。

他们的词汇表所缺少的那个关键短语是“保持恒定”（hold constant）。要关闭从“性别”到“结果”的间接路径，我们就必须保持变量“院系”恒定，然后对变量“性别”进行扰动。当我们保持“院系”恒定时，我们就可以（打个比方来说）阻止申请人选择申请哪个院系。而因为统计学家没有表示这个概念的词，他们就采取了一种表面上类似的做法：以“院系”为条件。这正是毕克尔所做的：他逐个院系地查看数据资料，并得出结论说没有证据证明伯克利大学歧视女性。当“院系”和“录取结果”之间不存在混杂时，这一做法是有效的；在这种情况下，“观察”结果和“干预”结果是一样的。而克鲁斯卡尔提出的问题也是正确的：如果存在‘居住州’这个混杂因子呢？他可能没有意识到自己是在追随伯克斯的脚步，毕竟他所绘制的那张因果图与伯克斯在研究智力的先天后天之争时所绘制的因果图相差无几。

我特别想要强调的正是这一在过去几年中反复出现的错误——以中介物为条件（对中介物进行变量控制），而不是保持中介物恒定（设其为常量）。我称其为中介谬误（mediation fallacy）。诚然，如果中介物和结果之间没有混杂，则这个错误并无实际危害。然而，如果确有混杂，那么这一错误完全可以反转分析结果，正如克鲁斯卡尔的虚构数据例子所展示的那样。它将误导调查人员得出错误的结论，即在事实上存在歧视的情况时，宣称歧视并不存在。

伯克斯和克鲁斯卡尔识别出了中介谬误这个错误，这很了不起，尽管他们并没有提出有效的解决方法。费舍尔在 1936 年也犯了同样的错误，而 80 年后，统计学家仍在尝试解决这个问题。幸运的是，自费舍尔时代以来，我们已经取得了巨大的进步。例如，流行病学家现在已经知道，必须密切注意中介物和结果之间的混杂因子。而那些回避因果图语言的人（比如一些顽固的经济学家）则对此问题抱怨不已，并承认，解释这一警告的含义是一种折磨。

谢天谢地，克鲁斯卡尔提出的这一被他自己称为“或许不能解决的”问题在20年前就被*do*演算的提出解决了。我认为克鲁斯卡尔肯定会喜欢这个解决方案，我甚至能想象出向他展示*do*演算和反事实算法化的力量的情景。遗憾的是，他在1990年退休了，当时*do*演算规则刚刚成形。他于2005年去世，没能看到这一解决方案的正式提出。

我相信有些读者很想知道：伯克利大学案最后怎么样了？答案是，什么也没发生。汉默尔和毕克尔相信伯克利大学没有什么可担心的，而事实上伯克利大学也没有遭遇任何诉讼或联邦调查。这些数据反而暗示了对男性申请者的歧视，因为有明确的证据表明，“在大多数存在女性优先录取条件的院系中，招生委员会的录取规则都体现了他们为克服长期存在的领域内的女性短缺问题所做出的努力”，毕克尔如此写道。而就在3年后，有关加州大学另一分校的一起关于平权法案的诉讼一路告到了最高法院。如果最高法院最终驳回了平权法案，那么这种“女性优先”的操作很可能就会被判定为非法行为。然而，最高法院支持了平权法案，伯克利大学案也就因此成为这段历史的一个注脚。

聪明如我当然不会将决定权交给最高法院，而是留给自己的妻子。为何我的妻子有如此强烈的直觉，认为在每个院系都公平行事的情况下，整所学校就完全不可能存在歧视呢？这涉及了一个类似于确凿性原则的因果运算定理。正如吉米·萨维奇在最初提出这一原则时所说的那样，确凿性原则属于总效应，而这个因果运算定理则适用于直接效应。总体的直接效应据其定义就应取决于子总体直接效应的总和。

简言之，每个局部的公平就意味着总体的公平。我的妻子是对的。

黛西、小猫和间接效应

到目前为止，我们已经用一种模糊的、直觉性的方式讨论了直接效应和间接效应的概念，但我还没有给出它们精确的科学含义。我们早该弥补这一漏洞了。

让我们从直接效应开始，因为它肯定更简单，我们可以用 *do* 演算（第二层级）定义它的一个版本。我们首先考虑一个只包含 3 个变量的最简单的案例：处理 X，结果 Y，中介物 M。当我们"扰动" X 而保持 M 恒定时，我们就得到了 X 对 Y 的直接效应。在伯克利大学招生悖论的例子中，假设我们强迫每个人都申请历史系，即我们 $do(M=0)$。并且，不考虑申请者的实际性别是什么，我们随机分配一些人（在申请表上）报告其性别为男性 $[do(X=1)]$，另一些人报告其性别为女性 $[do(X=0)]$。然后，我们观察两个性别报告组在录取率上的差异。该结果也被称为"受控直接效应"（controlled direct effect，简称为 CDE），可以用符号表示为 CDE（0）：

$$\text{CDE}(0) = P(Y=1 \mid do(X=1), do(M=0)) - P(Y=1 \mid do(X=0), do(M=0)) \quad (9.1)$$

"0"在 CDE（0）中表示的是我们迫使中介物取值为 0。我们也可以进行另一个类似的试验，迫使每个人都申请工程学系：$do(M=1)$。我们将由此产生的受控直接效应表示为 CDE（1）。

我们已经看到了直接效应和总效应之间的一个区别：我们现在有两个不同版本的受控直接效应，CDE（0）和 CDE（1），哪一个是对的？一种选择是简单地报告两个版本。不难想象，也许实际情况就是一个院系歧视女性，另一个歧视男性，找出哪个院系歧视哪种性别本身就很有趣，毕竟，这正是汉默尔研究的初衷。

然而，我不建议你做这样的试验，原因如下：设想有一个名叫乔的申请人，他的毕生梦想是学习工程学，而他碰巧（随机地）被分配去申请历史系。在和招生委员会面谈几次之后，我敢保证，对委员会来说，乔的申请看起来会非常奇怪。无论他在申请表上报告的性别是"男性"还是"女性”，他在电磁波课程中拿到的 A^+ 和在欧洲民族主义课程中拿到的 B^- 都足以促使委员会做出不录取的决定。相比申请人按照自己的意愿正常申请历史系的情况，在这种失真的情境中，男性和女性的录取比例很难反映出实际的招生政策。

幸运的是，另一种方法可以让我们避免踏入这个“过度对照试验”的陷阱。我们指示申请人随机报告性别，但允许他们按照自己的意愿申请他们本来就青睐的院系。我们将由此得到的直接效应称为“自然直接效应”（natural direct effect，简称为 NDE），因为每个申请人最终都会申请他自己选择的院系。“本来就”这样的措辞暗示 NDE 的正式数学定义需要反事实。对于喜欢数学的读者，该定义可表示为如下公式：

$$\mathrm{NDE} = P(Y_{M=M_0} = 1 \mid do(X=1)) - P(Y_{M=M_0} = 1 \mid do(X=0)) \quad (9.2)$$

在此例中，NDE 代表的是如果一个女生将她的性别报告为“男性”，即 $do(X=1)$，其申请自己想去的院系（$M=M_0$）的录取概率。在这里，院系的选择是由真实的性别决定的，而录取是由报告的性别（假性别）决定的。由于前者无法被强制干预，我们不能将这个术语转化为包含 *do* 算子的表达式，我们需要调用反事实下标。

现在，你已经知道了我们如何定义受控直接效应和自然直接效应，那么我们如何计算它们呢？对于受控直接效应，这项任务很简单，因为它可以表示为一个 *do* 表达式，所以我们只需要使用 *do* 演算定律将 *do* 表达式精简（转化）为 *see* 表达式（可从观测数据中直接估计出的条件概率）即可。

而估计自然直接效应则是一个更大的挑战，因为它不能用 *do* 表达式来定义。它需要我们调用反事实的语言，因而我们也不能用 *do* 演算来估计它。当我最终设法完成了将NDE公式中所有的反事实下标都去掉的任务时，那真是我一生中最激动兴奋的一刻。这一重要成果被我称为“中介公式”（Mediation Formula），它使 NDE 成为一种真正实用的工具，因为我们再一次实现了从观测到的数据中将其直接估计出来这一目标。

与直接效应不同的是，间接效应没有“受控”版本的定义，因为我们无法通过保持某些变量恒定来关闭直接路径。但它确实有一个“自然”版本的定义，自然间接效应（natural indirect effect，简称为 NIE），且该定义同 NDE 一样需要调用反事实的语言。为了推导出这个定义，我们先来看本书合著者达纳·麦肯齐提出的一个有趣的例子。

达纳·麦肯齐和他的妻子收养了一只名叫黛西的狗，黛西是贵宾犬和吉娃娃的混血品种，顽皮任性。黛西不像他们以前养的狗那样容易驯服，几周后，它仍会偶尔在家里制造“意外”（比如随地大小便）。但后来发生了一件非常奇怪的事。达纳和他的妻子从动物收容所带了三只小猫回来寄养，而黛西突然就不再制造“意外”了。寄养的小猫在家里待了 3 周，那段时期，黛西一次都没有违规。

那么，这究竟只是一种巧合，还是小猫以某种方式激发了黛西的文明行为？达纳的妻子认为，小猫的到来可能给了黛西一种对于“群组”的归属感，让它意识到它属于这一群组，因而不应该把这一群组生活的地方弄得一团糟。在小猫被送回收容所的几天后，黛西故态萌发，又开始在屋子里撒尿，仿佛它从来不知道它此前遵守过的那些良好习惯。这一事实让这一理论的证据得到了加强。

但是达纳忽然想起，在小猫到来和离开时，还有另外一件事也同时发生了变化。小猫在的时候，黛西要么被与小猫隔离开来，要么受到了主人的细心监管。因此，在那段时期，它要么长时间地待在自己的窝里，要么长时间地被人密切监视，甚至时不时就要被拴上皮带。无论是要求宠物待在自己的窝里还是给宠物拴上皮带，都是公认有效的管教方法。

小猫离开后，麦肯齐全家不再密切监督它，于是它立即恢复原状。达纳假设小猫的作用不是直接的（就像群组理论所描述的那样），而是间接的，由限制活动范围和严密监督介导。图 9.6 显示了此例的因果图。在此基础上，达纳和他的妻子做了一个试验。他们开始像小猫还在时那样对待黛西，让它待在自己的窝里，或者在它出来的时候严密监督它。如果“意外”

不再发生，他们就可以合理地断定这一假设的中介物是可靠的。如果“意外”没有停止，那么直接效应（群组理论）就变得更可信了。

在科学证据的层次结构中，麦肯齐夫妇的试验会被视为非常不可靠，肯定不能在科学期刊上发表。一个真正的试验首先要求你有不止一只狗，并且试验要分别在小猫在场和不在场的情况下进行。不过，我们在此关注的是试验背后的因果逻辑。我们设法重建的是，假如小猫不在场，同时假如我们将中介物的值设置为小猫在场时的值，那么本应该发生的事是什么。换句话说，我们移走了小猫（干预 1），并像小猫在家时那样监督黛西（干预 2）。

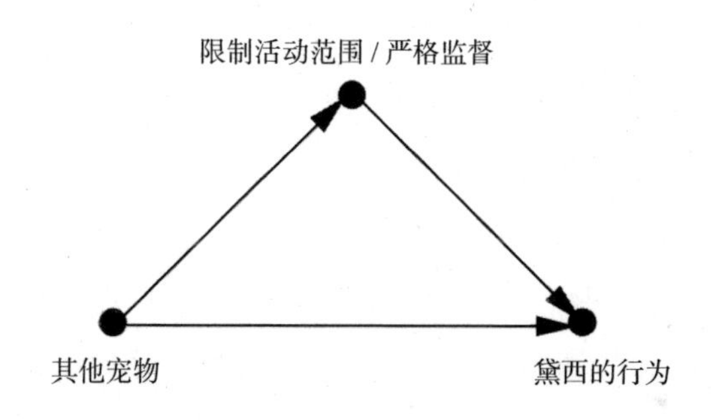

图 9.6　黛西与小猫的因果图

当你仔细观察上面那段话时，你可能会注意到其中提到了两个“假如”，这是反事实语言。实际发生的事情是，小狗黛西在小猫在场的情况下改变了自己的行为，而我们想问的是，假如小猫不在场，可能会发生什么。同样，我们知道实际发生的事情是，如果小猫不在场，达纳也不会监督黛西的行为，而我们现在想问的问题是，假如小猫不在场，但我们仍然监督黛西的话，会发生什么。

你现在可以明白为什么统计学家为定义间接效应困扰了这么长的时间。如果说只涉及一个反事实的情况都已经这么复杂了，那双嵌套的反事实就更无法理解了。不过，这个定义实际上非常符合我们对因果关系的自然直觉。不得不说，我们的直觉实在强大，这种人类的天赋让达纳的妻子在没有接受过特殊训练的情况下就能轻松地理解试验背后的逻辑。

对于那些更习惯公式定义的读者，上述 NIE 的定义[①]可以用公式表示为：

$$\text{NIE} = P(Y_{M=M_1}=1 \mid do(X=0)) - P(Y_{M=M_0}=1 \mid do(X=0)) \quad (9.3)$$

第一个 P 是黛西试验的结果：假设我们不引入其他宠物（$X=0$），但将中介物设置为引入其他宠物时会有的值（$M=M_1$），此时黛西的行为有所改善（$Y=1$）的概率。我们将它与"正常"条件（没有其他宠物）下黛西的行为有所改善的概率进行对比。请注意，反事实 M_1 的计算必须基于特定案例的特定动物：不同的狗可能对活动范围限制和严密监督的需求也有所不同。这就使得间接效应的计算超出了 *do* 演算的范围。它也可能使试验变得难以实施，因为试验者可能无从了解特定的狗 u 的 $M_1(u)$。然而，若假设 M 和 Y 之间没有混杂，则自然间接效应仍然是可以计算出来的。从 NIE 中删除所有的反事实下标，我们就能得到一个中介公式，就像之前我们对 NDE 所做的那样，这一操作是可能的。这种计算虽然涉及来自因果关系之梯第三层级的信息，但仍然可以简化成一个可以只根据第一层级的数据计算出结果的公式。但实施该简化的前提条件是假设不存在混杂，提出这一假设的根据是结构因果模型中的方程所具有的确定性性质（位于因果关系之梯的第三层级）。

关于黛西的表现，该试验并不能给出定论。在达纳和他的妻子送走了小猫的前提下，他们是否能真的像小猫在家时那样仔细地监视黛西，这是值得怀疑的。（也就是说，我们并不能确定 M 是否真的被设置为 M_1。）经过几个月的耐心培训，黛西最终学会了在室外大小便。不过不论结果怎样，黛西的故事依然留给了我们一些有益的经验。只需要设定中介物的值，达纳就能推测出另一个因果机制。并且这一机制有一个重要的现实意义：他和他的妻子不必为了改善黛西的行为而养一屋子的猫。

---

① 在最初的方程中，我使用了嵌套的下标表示 NIE，如 $Y_{(0,\ M_1)}$。我希望读者能发现由反事实下标和 *do* 算子组成的混合公式更透明。

线性“仙境”中的中介

当你第一次听说反事实时，你可能会怀疑我们是否真的需要用这样一种复杂的机制来表示间接效应。比如你可以说，间接效应只是总效应去除直接效应后剩下的效应。或者，我们可以将其写作：

$$总效应 = 直接效应 + 间接效应 \tag{9.4}$$

一个简短的回答是，该定义在涉及变量间的相互作用（有时也被称作“调节作用”）的模型中行不通。比如，设想一种药物，它能促使身体分泌一种起到催化剂作用的酶，这种酶在与药物结合后可以治疗某种疾病。药物的总效应当然是正的。但直接效应是零，因为如果我们让中介物失效（比如阻止这种酶的生成），则药物就无法起作用。间接效应也是零，因为如果我们不服用药物，仅通过人工手段刺激人体生成这种酶，那么疾病仍然无法得到治愈，因为酶本身没有治疗功效。因此，在此例中方程 9.4 不成立：总效应是正的，但直接效应和间接效应都是零。

然而，在一种特殊的情况下，方程 9.4 将自动成立，且无须调用反事实。这就是我们在第八章看到的线性因果模型的例子。如前文所述，线性模型不允许变量之间的交互，这一限定有利有弊。利的一面是，它使中介分析变得容易了许多。弊的一面是，如果我们想描述一个涉及交互的实际存在的因果过程，它就不再适用了。

对于线性模型来说，中介分析相当简单，让我们看看它是如何完成的，以及它有哪些缺陷。假设我们有一个如图 9.7 所示的因果图。因为我们使用的是线性模型，所以我们可以用一个数字来表示每个效应的强度。数字标签（路径系数）表明，每增加 1 个单位的处理变量将增加 2 个单位的中介物。同样，每增加 1 个单位的中介物将增加 3 个单位的结果。此外，每增加 1 个单位的处理将增加 7 个单位的结果。这些都是直接效应。线性模型的中介分析如此简单的首要原因是：直接效应不取决于中介物的水平。即受控直接效应 CDE（*m*）对所有的 *m* 值来说是相同的，因此我们可以干脆称之为“这一”直接效应。

如果某项干预导致处理增加了 1 个单位，那么干预的总效应是什么？首先，这种干预会直接导致结果增加 7 个单位（如果我们保持中介物恒定）。同时，它还会导致中介物增加 2 个单位。而由于中介物每增加 1 个单位会导致结果增加 3 个单位，因此中介物增加 2 个单位就将导致结果额外增加 6 个单位。因此，通过两个因果路径，结果的净增长将是 13 个单位。前 7 个单位与直接效应相对应，剩余的 6 个单位与间接效应相对应。就是这么简单！

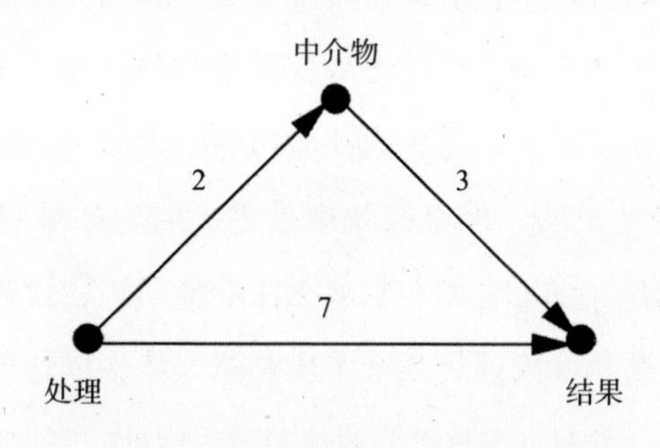

图 9.7　包含中介的线性模型（路径图）示例

一般来说，如果从 *X* 到 *Y* 有一个以上的间接路径，我们就需要通过计算沿途所有路径系数的乘积来评估每一路径的间接效应，然后再通过累加所有间接因果路径的效应得到总的间接效应。而 *X* 对 *Y* 的总效就应该是直接效应和间接效应的总和。这个“乘积之和”的规则自休厄尔·赖特发明路径分析就一直被沿用下来，在形式上，它确实遵循了 *do* 算子的总效应定义。

1986 年，鲁本·巴伦和大卫·肯尼阐述了一套在方程组中检测和评估中介效应的原则。其基本原理是，首先，这些变量都是通过线性方程相关联的，我们可以利用数据拟合来构建回归方程。其次，直接效应和间接效应是通过两个回归方程计算出来的，其中一个包含中介物，另一个不包含中介物。当引入中介物时，相对于无中介物的方程，系数的显著变化就被视为中介效应存在的证据。

巴伦—肯尼方法的简单性和可行性在社会学领域掀起了一场风暴。截至2014年，他们的文章仍然在最常被引用的科学论文排行榜上名列第33。截至2017年，谷歌学术搜索的报告显示，共计有7.3万篇学术文章引用了巴伦和肯尼的这篇论文。想想看吧，这篇论文被引用的次数比阿尔伯特·爱因斯坦提出相对论的论文、比西格蒙德·弗洛伊德提出精神分析的论文还要多，超过了几乎所有你能想到的著名科学家的论文。他们的文章在心理学和精神病学这一论文大类的引用次数排行榜上名列第2，而实际上它根本就没有讨论任何心理学或精神病学方面的问题，它所讨论的主题只有一个：关于无因果的中介效应的计算。

巴伦—肯尼方法受到了空前的欢迎，无疑源于以下两个因素。首先，人们对中介效应的计算有很大的需求。我们想要理解“自然的作用机制”（在 $X \rightarrow M \rightarrow Y$ 中找到那个 M）的渴望也许比我们想要量化它的渴望更强。其次，该方法很容易简化为一个基于统计学中一些我们所熟知的概念的标准步骤。长期以来，统计学家一直称只有他们才掌握着真正的客观性和实证有效性，因此几乎没有人注意到这其中发生的一个巨大飞跃——一个因果量（中介效应）可以通过纯粹的统计学方法来定义和计算。

然而，在20世纪早期，这座建基于回归的大厦就出现了裂缝，当时，研究者试图将乘积之和的规则推广至非线性系统。这一规则涉及两个假设——不同路径的效应是可累加的，一条路径涉及的效应（路径系数）是可相乘的，而这两个假设在非线性模型中都不成立，我们将在下面看到实例。

中介分析的实践者花了很长的时间才从线性回归的迷雾中醒悟过来。2001年，我的朋友兼同事罗德·麦克唐纳写道：“对于检测或表示调节作用或回归分析中的中介效应这类问题，我认为讨论它们的最好方法是将所有的相关文献放在一边，从头开始。”近期发表的关于中介的文献似乎接受了麦克唐纳的这一建议，其中，相较于回归方法，研究者开始更积极地使用反事实和图示方法。2014年，巴伦—肯尼方法之父大卫·肯尼在他的个人网站上开辟了一个新栏目，并将其命名为“因果中介分析”。虽然我不会称他为因果关系科学的“皈依者”，但肯尼显然认识到时代发生了变化，中介分析迈入了一个新阶段。

现在，让我们来看一个非常简单的例子，它说明了在离开线性仙境之后，我们此前的假设将如何导致错误。在对图 9.7 进行了略微的修改后，我们就得到了图 9.8，其中求职者当且仅当预期工资超过某一阈值（此例中阈值为 10）时才会决定接受工作。如图所示，公司提供的工资是确定的，表示为：7 × 学历 + 3 × 技能。请注意，确定技能和工资的函数仍假设为线性的，而工资与结果的关系是非线性的，因为它涉及一个阈值效应。

现在让我们计算一下，对于这个模型，每增加 1 个单位的“学历”所带来的总效应、直接效应和间接效应。总效应显然等于 1，因为随着“学历”从 0 变为 1，“工资”也就从 0 变为（7×1）+（3×2）= 13，其超过了阈值 10，使得“结果”从 0 变为 1。

记住，自然间接效应指的是结果的预期变化，假设我们对“学历”不做任何改变，而将“技能”设定为在“学历”提高了一个水平的前提下其所应该有的水平。很容易看出，在这种情况下，“工资”将从 0 变为 2 × 3 = 6，低于阈值 10，所以求职者不会接受这份工作，因而 NIE = 0。

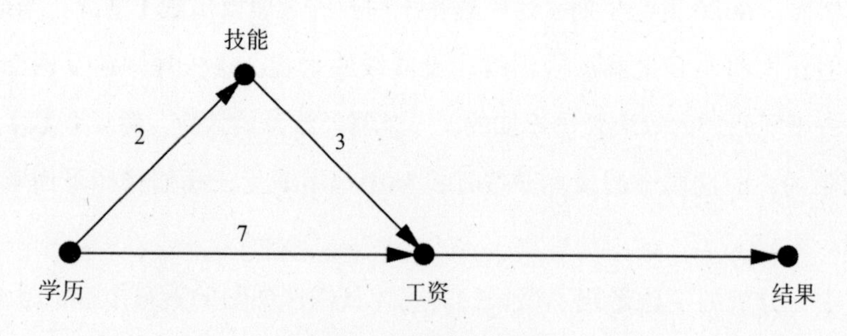

图 9.8　结合了阈值效应的中介

那么直接效应呢？如前所述，我们遇到的问题是要弄清楚中介物应该取什么值。一方面，如果我们采用“学历”水平改变之前的“技能”水平，那么“工资”将从 0 增加到 7，低于阈值，使“结果”等于 0。因此，CDE（0）= 0。另一方面，如果我们采用“学历”改变后（学历 = 2）的“技能”水平，那么“工资”将从 6 增加到 13，这将使“结果”从 0 变为 1。

所以 CDE（2）= 1。

因此，直接效应要么是0要么是1，这取决于我们为中介物设定的常值。不同于线性仙境，中介物选择的值会对结果产生影响，这就让我们陷入了一个两难困境。如果我们希望保留相加性原则：总效应 = 直接效应 + 间接效应，我们就需要使用 CDE（2）作为因果效应的定义。但这一选择似乎过于武断了，显得有些不自然。如果我们考虑改变“学历”对“结果”的直接效应，那么我们就更希望“技能”保持其现有水平不变。换言之，此时使用 CDE（0）作为直接效应的定义会更直观。不仅如此，这一定义还与本例中的自然直接效应是一致的。但是这样一来我们就违背了相加性原则：总效应≠直接效应 + 间接效应。

然而，令人惊奇的是，只需要对原来的相加性原则进行一次微调，我们就能重新让其在这个例子中成立，并且不仅在本例中，在一般的情况下我们也可以这样做。不介意做一些计算的读者可能会对计算从 $X = 1$ 转变为 $X = 0$ 时的 NIE 感兴趣。在这种情况下，“工资”从 13 降到 7，“结果”从 1 降至 0（求职者不接受此工作）。所以按照这一反方向（从 $X = 1$ 转变为 $X = 0$）来计算，NIE = –1。据此，我们可以推导出一个令人惊奇的公式：

$$\text{总效应}（X=0 \to X=1）= \text{NDE}（X=0 \to X=1）- \text{NIE}（X=1 \to X=0）$$

直接代入这个例子中的具体数值，就是 1 = 0 –（–1）。这就是相加性原则的“自然效应”版本，只不过它其实是一个相减性原则！我特别高兴能从分析中得到这个相加性原则的新版本，使其在我们的非线性函数中成立。

人们花费了大量笔墨阐述如何正确地根据线性模型的直接效应和间接效应的计算方法推导出非线性模型的直接效应和间接效应的计算方法。遗憾的是，试图解决这个问题的大多数文章都在拖后腿。研究者没有从头开始，重新思考我们所说的直接效应和间接效应，而是假设我们只需要微调线性模型下两者的定义即可。例如，在线性仙境中，我们看到两个路径系数的乘积可以得出间接效应。而一些研究者就据此试图用两个数量的乘积来定义间接效应，其中一个数量测量的是 X 对 M 的影响，另一个则反映 M 对 Y 的影响。这一计算方法也被称为“系数乘积法”。但我们也能看到，在线性仙境中，用总效应减直接效应可以得出间接效应。所以另一组同样敬业的研究者便据此将间接效应定义为两个量的差，其中一个测量的是总效应，另一个测量的是直接效应。这一计算方法也被称为“系数差异法”。

哪一个是对的？都不对！两组研究人员都混淆了步骤和意义。步骤是数学的，意义是因果的。事实上，深入挖掘这个问题你将发现：在线性模型之外，间接效应对回归分析来说就不再有意义了，其仅剩的意义就是代数步骤的结果（“路径系数的乘积”）。一旦撤走步骤本身，它们就会像一艘没有锚的小船一样随波逐流。

梅兰妮·沃尔，现在在哥伦比亚大学担任教职，之前常给生物统计学和公共健康学的学生上建模课。她也是我的书《因果论》的一位读者。在写给我的一封信中，她很好地描述了那种失落感。有一次，她像往常一样向她的学生解释如何通过直接路径系数的乘积来计算间接效应。突然，一个学生起身问她间接效应的含义是什么。“我像往常一样给出了我对这个问题的答案，间接效应是指 X 的变化通过它与中介物 Z 的关系对 Y 产生的影响。”沃尔如此写道。

但是这个学生很执着。他记得他的老师曾将直接效应解释为，保持中介物恒定后剩余的效应。于是他问：“那么，当我们解释一个间接效应的时候，我们保持恒定的变量是什么呢？”

沃尔不知道该说什么。“我不确定我现在就能给出一个让你满意的答案，”她说，“我之后再回复你好吗？”

这件事发生在 2001 年 10 月，仅仅 4 月后，我就在西雅图的人工智能大会上提交了一篇关于因果中介的论文。不用说，我当时显然十分急切地想用我最新获得的解决方案打动梅兰妮，我给她的回信是这么写的：“保持 X 恒定，并将 M 增加到 X 增加 1 个单位的情况下 M 所能达到的量，则我们所看到的 Y 的增量就是 X 对 Y 的间接效应。”

我不确定梅兰妮对我给出的答案是否满意，但她那刨根问底的学生启发了我开始认真地思考当代科学应当如何取得进步这一问题。在布莱洛克和邓肯第一次向社会学领域介绍路径分析的40年后，真正的变革终于发生了。这40年中的每一年都有大量关于直接效应和间接效应的著作和数以百计的研究论文公开出版或发表，其中有些标题充满矛盾，比如“基于回归的中介方法”。每代研究者都将那些当时为多数人所接受的共识传给了他们的下一代，此类共识包括间接效应仅仅是两种其他效应的乘积，或者是总效应与直接效应的差。没有人敢提出这个简单的问题：“但是，间接效应首先到底意味着什么？”就像“皇帝的新装”中那个小男孩一样，我们正需要一个刨根问底的学生，以勇气与天真粉碎我们对科学共识的盲目崇拜。

拥抱“假如”世界

现在，我该讲讲自己皈依因果关系科学的故事了，因为在相当长的一段时间，那个令梅兰妮的学生困扰不已的问题也曾使我深受困扰。

我在第四章提到了哈佛大学杰米·罗宾斯（见图9.9）的故事，他和加州大学的格林兰同为统计学和流行病学领域的先驱人物，是当今流行病学广泛采用的图模型方法的主要推动者。从1993年到1995年，我们合作了几年，是他促使我思考序贯干预方案的问题，这一问题也是他的主要研究兴趣之一。

几年前，作为职业健康安全方面的专家，罗宾斯受邀出庭做证，论证工作场所的化学接触造成工人死亡的可能性。他很沮丧地发现，统计学家和流行病学家没有合适的工具可以用来回答这些问题。那时，因果语言仍然是统计学的禁忌，只有在随机对照试验中研究者才被允许使用这种语言。而出于伦理方面的考虑，人们不可能对接触甲醛造成的影响进行随机化试验。

工厂工人对有害化学物质的接触通常不会只有一次，而应该是长期的。因此，罗宾斯对随时间变化的接触或治疗问题开始产生兴趣。这种接触也有正向的例子：例如，艾滋病的治疗通常要历经数年，后续治疗方案的实施取决于病人体内的 CD4 细胞数。治疗包含许多阶段，而所有的中介物（你可能想控制这些变量）都取决于上一个治疗阶段，在这种情况下你如何对治疗的因果效应进行区分呢？这是罗宾斯职业生涯的一个关键性问题。

图 9.9 杰米·罗宾斯，流行病学领域推动因果推断发展的先驱（资料来源：克里斯·斯尼伯摄，哈佛大学摄像服务部提供）

杰米在飞来加州听取了我的“餐巾纸问题”（参见第七章）之后，便对图示方法在序贯治疗方案（也就是他自己的研究领域）中的应用变得非常感兴趣。我们一起想出了一个序贯后门标准，用以估计此类治疗过程的因果效应。我从这次合作中吸取了一些重要的经验。特别是他告诉我，两个行动有时比一个更容易分析，因为行动对应于删除图上的某些箭头，两个行动可以让图示变得更稀疏，更简单。

我们提出的序贯后门标准可以用于分析包含大量 *do* 演算的长期处理（治疗）。但即使只有两个操作也足以产生一些有趣的数学运算，包括计算受控直接效应，它由一个“扰动”处理变量取值的操作和一个固定中介物取值的操作组成。更重要的是，直接效应的 *do* 演算定义将它们从线性模型的限制中解放出来，并让它们就此扎根于因果运算的土壤。

但直到后来，当我看到人们还在犯一些基本的错误，比如前面提到的中介谬误时，我才真正开始对中介分析产生兴趣。同时，让我感到沮丧的是，基于操作的直接效应的定义没能推广至对于间接效应的定义。正如梅兰妮·沃尔的学生说的，我们没有这样一个或一组可对其进行干预的变量，可以用来关闭直接路径，同时让间接路径保持活跃。因此，间接效应在当时的我看来就像一个虚构的想象，除了提醒我们总效应可能与直接效应不同之外，没有独立的意义。我甚至在《因果论》的第一版（2000）中写下了这些认识，这可以说是我职业生涯中的三大失误之一。

现在回想起来，我当时是被 *do* 演算的成功蒙蔽了双眼，它让我盲目地相信，关闭一条因果路径的唯一方法就是取一个变量，将其设置为一个特定值。但事实并非如此。如果我有一个因果模型，通过命令谁何时以及如何听从于谁，我有许多创造性的方式可以用来操纵模型。具体而言，我可以固定主要变量的值以抑制其直接效应，还可以同时假设在主要变量被激活的情况下，赋予中介物一个值以传递主要变量的影响。这使我可以让处理变量（如小猫）取值为0，并将中介物的值设置为处理为1时的值。然后，我的数据生成过程模型就可以告诉我如何计算独立于干预的中介效应。

我很感激《因果论》第一版的一位读者，雅克·哈格那尔斯 [《分类纵向数据》(*Categorical Longitudinal Data*) 的作者]，他曾激励我不要放弃间接效应。他写信给我说："许多社会科学专家都在输入数据和输出数据上达成了一致，但对其中涉及的机制则有着完全不同的看法。"但我当时困扰于如何关闭直接效应这个问题，有两年的时间，我的研究一直停滞不前。

而当我读到我在前一章引用的有关歧视的法律定义时，突然之间，我就找到了那个解决方案。那句法律定义是这么说的："假如雇员除属于不同的种族……外，在其他的一切方面都一样……"就在这句话中，我找到了问题的关键！这就是一个关于虚构的游戏。我们根据每个个体的具体情况进行相应的处理，并让这些个体的特征在处理变量变化之前的水平上保持恒定。

这又能如何解决我的困境呢？首先，这意味着我们必须重新定义直接效应和间接效应。对于直接效应，针对每个个体，我们让中介物"自行选择"在无处理时它本应该有的值，并将其固定在这个值上。现在，我们

“扰动”处理变量并记录其所引起的结果的差异。这与我前面讨论过的受控直接效应不同，在后者中，每个个体的中介物都被固定为同一个值，该操作对于所有个体一视同仁。而在这里，因为我们让中介物自行选择它的“自然”值，因此我称之为自然直接效应。类似地，对于自然间接效应，首先，对每个个体我不予处理，然后针对每个个体，我让中介物“自行选择”有处理时它本应该有的值。最后，我记录两个结果的差异。

我不知道对于歧视的法律定义是否像打动了我一样也打动了你或其他人。无论如何，到了2000年，我已经可以熟练自如地谈论反事实了。在学会了如何在因果模型中阅读反事实信息后，我意识到它们也只不过是一些可以通过变动方程或调整因果图中的箭头计算出来的量而已。因此，它们随时可被装入数学公式，而我所要做的就是拥抱这一“假如”世界。

很快，我意识到每一种直接效应和间接效应都可以转化为反事实表达式。一旦我明白了如何做到这一点，在条件许可的时候，我就可以很轻松地推导出一个计算中介效应的公式了。这个公式能告诉你如何根据观测数据估计自然直接效应和自然间接效应，以及它适用于何种情况。重要的是，该公式对 X、M、Y 之间关系的具体函数形式不做任何假设。自此，我们终于摆脱了线性迷雾，走出了所谓的线性仙境。

我称这个新规则为中介公式，虽然实际上它包含两个公式，一个用于计算自然直接效应，一个用于计算自然间接效应。当其满足因果图所明确、透明地显示出的假设时，它就能告诉你如何根据数据估计出两个效应的值。例如，在类似图9.4的情形中，变量之间没有混杂，M 是处理 X 和结果 Y 之间的中介物，则自然间接效应为：

$$\mathrm{NIE}=\sum_{m}[P(M=m\mid X=1)-P(M=m\mid X=0)]\times P(Y=1\mid X=0,M=m) \tag{9.5}$$

对这一方程的解释颇具启发性。中括号内的表达式代表 X 对 M 的影响，乘号后的表达式代表 M 对 Y 的影响（当 $X=0$ 时）。由此，我们就揭示了系数乘积规则的起源，并展示了两个非线性效应的乘积具体应当如何计算。另外还需注意的是，与方程 9.3 不同，方程 9.5 没有下标和 *do* 算子，因此其结果可以直接根据第一层级的数据估计出来。

无论你是一位致力于实验室研究的科学家还是一个正在学骑自行车的儿童，发现自己在今天做到了昨天还做不到的事总是令人兴奋的。这就是我第一次写下中介公式时的感受。在这个公式中，我可以一目了然地看到有关直接效应和间接效应的一切：使它们变大或变小都需要什么，什么时候我们可以从观察或干预数据中估计它们，什么时候我们可以认为一个中介物要对将观察到的变化传递给结果变量这件事“负责”。因果关系可以是线性的或非线性的，数值的或逻辑的。在过去，为讨论这些例子，我们必须对每一种情况采用不同的方式进行处理。而现在，我们只需要一个公式就足够了。有了正确的数据和正确的模式，我们就可以确定一家公司的招聘政策是否存在性别歧视，或者什么样的混杂因子会阻止我们做出这一判断。从巴巴拉·伯克斯的数据中，我们可以估计出子女智商有多少来自先天遗传，有多少来自后天培养。我们甚至可以计算出总效应中的哪些可以由中介变量来解释（explained），哪些是由中介变量引起的（owed to）——这是两个相互补充的概念，而在线性模型中，二者重叠为一。

在写下了直接效应和间接效应的反事实定义之后，我得知我并不是提出这一想法的第一人。早在 1992 年，罗宾斯和格林兰就先于我想到了这种方法。但他们的论文只用日常语言描述了自然效应的概念，没有将它写成数学公式。

更遗憾的是，他们对整个自然效应的概念持悲观看法，并指出这种效应不能从试验性研究中估计出来，当然更不能从观察性研究中估计出来了。这一说法阻止了其他研究者发现自然效应所具有的巨大潜力。很难判断，如果罗宾斯和格林兰多走一步，借助反事实语言将自然效应转化为一个公式表示，他们是否能对这一概念有一个更乐观的看法。对我来说，这多走的一步至关重要。

他们的悲观可能另有原因，对此我并不认同，但会尝试解释一下。他们研究了自然效应的反事实定义，并且看到了它能结合来自两个不同世界的信息，在一个世界中，你将处理设置为常量 0，在另一个世界中，你将中介物设置为当处理变量的值为 1 时它本应该取的值。因为你不能在任何试验中复制这一“跨世界”的比较，所以他们认为这种方法是不可能的。

这是他们所属的学派与我的学派之间存在的哲学层面的差异。他们认为因果推断的合法性存在于尽可能严密地复制随机化试验，其背后的假设为，这是通向科学真理的唯一途径。而我相信，一定还存在其他通往真理的途径，它们的合法性来自数据的组合和已有的（或假设的）科学知识。因此，基于第三层级的假设，比随机化试验更强大的方法是可能存在的，而我会毫不犹豫地使用它们。他们为后来者亮红灯的地方，正是我为他们亮绿灯的地方，这个绿灯就是中介公式：如果你对这些反事实假设感到满意，你就能写下中介公式！不幸的是，罗宾斯和格林兰亮出的红灯使中介分析研究停滞了整整 9 年。

许多人觉得这些公式令人望而生畏，把它们看作隐藏信息而非揭露信息的一种方式。但是对于一个数学家，或者对于一个接受过充分数学思维训练的人来说，情况恰恰相反。公式揭示了一切——没有留下任何一处疑问或含糊。在阅读一篇科学文章时，我经常会发现自己从一个公式跳到另一个公式，而完全跳过了中间的文字叙述。对我来说，公式是一个成熟的想法，而文字是不成熟的想法。

一个公式通常服务于两个目的，一是实用目的，二是社会目的。从实用的角度来看，我的学生或同事可以像读菜谱一样读它。一份菜谱可能简单也可能复杂，但无论如何，它都向你承诺，如果你按照其展示的步骤逐一执行，你就一定可以估算出自然直接效应和自然间接效应，当然，前提是你的因果模型准确地反映了真实的世界。

第二个目的比较微妙。我在以色列有个朋友，他是一位著名的艺术家。我曾到他的工作室去买他的画，他的画作在房间中堆得到处都是——床下有 100 多幅，厨房里有几十幅。差不多每幅画的定价都在 300 到 500 美元之间，我一直没想好到底买哪一幅。最后，我指着他挂在墙上的一幅画，说："我喜欢这个。""这幅 5 000 美元。"他说。"怎么这幅这么贵？"我问，部分出于惊讶，部分出于表达抗议。而他回答说："这个是有框的。"我花了几分钟才理解了他的意思。并非因为配了框它才值钱，而是因为它很值钱所以才被拿出来配了画框。在他公寓里数以百计的画作中，那一幅是他个人的最爱。那幅画充分地表达了他在他的其余画作中一直试图表达的东西，因此，为了展现它的完美，他为它配了画框。

这就是公式的第二个目的，它表示的是一种社会契约。它为某个想法配了一个框，并且声明："这就是我认为特别重要的东西，它值得被分享。"

这就是我选择推导出中介公式的原因所在。作为一个成熟的思想，它值得被分享，因为对我和许多像我这样的人来说，它标志着困扰了学界一个世纪的难题的最终解决。它是重要的，因为它提供了一个实用的工具，用以识别作用机制并评估其重要性。这就是中介公式给出的社会承诺。

自此，在人们终于确认了非线性中介分析完全可行之后，该领域的研究便突飞猛进地发展起来。如果你去学术文章的数据库搜索标题中包含"中介分析"这一关键词的论文，你会发现在 2004 年之前，这样的论文几乎不存在。而 2004 之后的第一年就出现了 7 篇论文，然后是 10 篇、20 篇，现在每年都超过 100 篇。我想以接下来的三个例子来结束本章，希望用这些例子来说明中介分析的各种可能性。

中介个案研究

"全民学代数"：一套方案和它的副作用

与许多大城市的公立学校系统一样，芝加哥公立学校面临的一些问题看起来也很棘手：学生的高贫困率，学校的低预算，以及黑人、白人、拉美裔和亚裔学生之间巨大的成绩差异。1988 年，美国教育部部长威廉·贝内特称芝加哥公立学校是全国最差的学校。

但 20 世纪 90 年代，在新领导班子的带领下，芝加哥公立学校实施了一系列改革，从"全国最差学校"摇身一变成为"全国创新学校"。这场改革的引领者在美国一举成名，其中就包括阿恩·邓肯，他后来在巴拉克·奥巴马执政时期担任了美国教育部部长。

1997 年通过的一项政策，实际上是一项早于邓肯改革的教育改革措施。它取消了原有的高中补习课程，要求所有九年级的学生学习大学预科课程，如“英语 I”和“代数 I”。这个政策有关推进数学学习的部分被称为“全民学代数”。

“全民学代数”政策是成功的吗？事实证明，这个问题出人意料地难以回答。我们既收到了好消息，也收到了坏消息。好消息是高中生的考试成绩确实有所提高。在三年的时间里，他们的数学成绩平均提升了 7.8 分，这是一个在统计意义上十分显著的变化，相当于约 75% 的学生的学习成绩相比于政策实施前的平均水平有所提高。

但在讨论因果关系之前，我们必须先排除混杂因子，而在该例中的确存在一个重要的混杂因子。归功于此前对于 K–8（从幼儿园到八年级）课程的改革，到 1997 年，即将升入九年级的学生的学习成绩已经有了明显的提升。因此，我们不是在进行同等条件的对比。因为相较于 1994 年的九年级学生，1997 年的这些孩子在九年级开始时的数学水平本来就要更高，这一更高的升学考试成绩可能是由先前的 K–8 课程改革带来的，而不是由“全民学代数”这项举措带来的。

芝加哥大学人类发展学教授洪光磊（音）研究了这些数据，并发现，一旦去除这一混杂因子的影响，学生的考试成绩就不再呈现出显著的提高了。至此，洪光磊本来可以很容易地得出这一结论：“全民学代数”政策是不成功的。但她没有这么做，因为还有另外一个需要纳入考虑的因素——中介物，而不再是混杂因子。

任何一位优秀的老师都清楚，学生的成功不仅取决于你教给他们什么，还取决于你如何教他们。“全民学代数”政策实行之后，发生改变的不仅仅是课程内容。后进生发现自己不得不与优等生同处一个教室接受教导，而发现自己跟不上学习进度这一事实带来了一系列负面后果：意志消沉、频繁逃课，当然，还有更差的考试成绩。此外，在学生水平良莠不齐的课堂中，后进生从老师那里得到的关注远不及他们原来参加补习课时得到的关注。最后，老师们自身可能也会因为这些强加给他们的新要求而费心费力。有“代数 I”教学经验的教师可能并没有教后进生的经验，而有教后进生教学经验的教师可能没有资格教“代数 I”。所有这些都是“全民学代数”政策带来的意想不到的副作用。而中介分析特别适用于评估副作用的影响。

因此，洪光磊做了一个假设：课堂环境已经发生了变化，并且对干预的结果产生了强烈的影响。她根据这一假设绘制出了如图 9.10 所示的因果图。其中，课堂环境（以该班级所有学生成绩的中位数水平来测量）是“全民学代数”这项干预行动和学生的学习结果之间的中介物。在中介分析中，我们要问的问题通常是政策的直接效应和间接效应各有多大。有趣的是，在此例中，这两种效应在相反的方向上起作用。洪光磊发现政策的直接效应是积极的：新政策直接导致了学生的考试成绩提升了大约 2.7 分。这至少是在正确的方向上发生的改变，而且在统计学上是有意义的（这种改善不太可能是偶然发生的）。然而，由于政策对课堂环境的改变，间接效应几乎完全抵消了这一正向的直接效应，导致学生的考试成绩降低了 2.3 分。

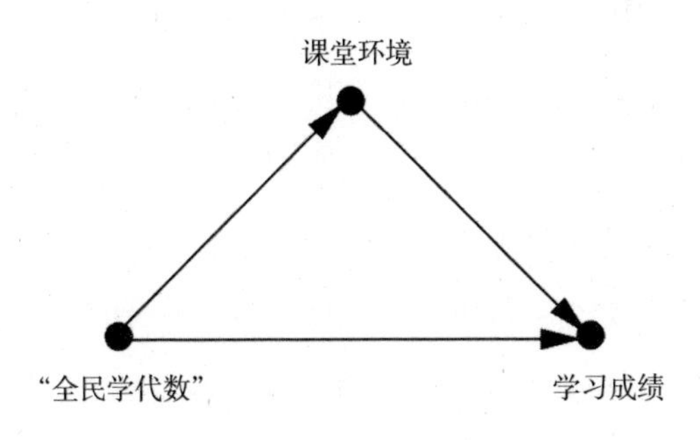

图 9.10　“全民学代数”改革的因果图

洪光磊的结论是，“全民学代数”在实施上的缺陷严重地损害了这项政策本身的效果。而保持课程上的改变，同时将课堂环境恢复为政策实施之前的状态，应该会让学生成绩有所提高（同时学生的学习意愿也有望得到提升）。

巧合的是，洪在结论中给出的建议恰好在一个合适的时机变成了现实。2003 年，芝加哥公立学校（现在由邓肯领导）发起了一项名为“代数课加倍”的新改革。这项改革仍要求所有学生学习代数，并且，其中在八年级时代数成绩低于全国学生平均成绩的学生要上两节代数课，而不是原来的一节。这就消除了此前那次改革措施带来的副作用。现在，后进生每天至少能得到一次机会在“全民学代数”政策实施之前的教室环境中学习。而人们也的确普遍认为“代数课加倍”这项改革很成功，并一直沿用至今。

我认为，对中介分析来说，其在“全民学代数”故事中的应用也是成功的，因为中介分析解释了原政策的微弱效果和改进后的政策的更好的效果。尽管因果推断出现得太晚，没能及时指导这一政策的提出，但它确实在事后回答了我们提出的那两个关于“为什么”的问题：为什么原来的改革收效甚微？为什么第二次改革的效果更好？通过对这两个问题的回答，它就可以被用于指导我们未来的教育政策了。

我想点明洪光磊所做工作的另一个有趣的事实。她十分熟悉处理直接效应和间接效应的巴伦—肯尼方法，我在前文曾称之为线性仙境。在她的这篇论文中，她实际上把同一分析用不同的方法做了两次：一次使用了中介公式的变种，另一次使用了巴伦和肯尼的“常规步骤”（这是洪教授自己给出的叫法）。使用巴伦—肯尼方法，她没能发现间接效应，其原因很可能正是我之前讨论过的：线性方法不适用于发现处理变量和中介物之间的相互作用。在此例中，这种相互作用可能体现为更难的课程内容加上缺乏支持和关注的课堂环境，让后进生变得更加意志消沉。这个说法有道理吗？我认为有道理。代数是一门很难的学科。而它本身的难度使得在“代数课加倍”政策下，教师对后进生给予的额外关注变得更为重要。

吸烟基因：中介与干预

在第五章，我详细描述了20世纪50年代和60年代那场关于吸烟是否致癌的辩论在科学领域乃至政治领域引起的广泛纷争。那个时代对吸烟致癌论持怀疑态度的学者，包括费舍尔和雅各布·耶鲁沙米，曾提出吸烟和癌症之间的明显联系可能是由一个混杂因子带来的统计学产物，并没有实际含义。耶鲁沙米认为，这一混杂因子是人格类型，而费舍尔认为混杂因子是吸烟基因，吸烟基因的携带者可能一方面更偏好吸烟，更容易染上烟瘾，一方面患肺癌的风险也更高。

具有讽刺意味的是，2008 年，基因组解析方面的研究者发现，费舍尔的主张竟然是正确的：的确存在这样一个“吸烟基因”，且其作用机制与费舍尔的设想完全一致。这一发现的提出建立在一项新的基因组分析技术之上，这项新技术被称为“全基因组关联研究”（genome-wide association study，简称为 GWAS）。这是一种典型的“大数据”方法，其让研究人员得以对整个基因组进行统计梳理，寻找在某些疾病（如糖尿病、精神分裂症或肺癌等）的患者中更常出现的基因。

需要注意的是，在全基因组关联研究这个概念名称中，“关联”这个词很重要。其说明了这种方法不能证明因果关系，只是在给定的样本中确定与某种疾病相关的基因。这种方法是数据驱动的，不是假设驱动的，而这一特性给因果推断带来了麻烦。

尽管此前基于假设的基因研究未能找到任何明确的证据，证明存在与吸烟或肺癌相关的基因，但在 2008 年，事情突然发生了变化。那一年，研究人员发现了一个位于第十五染色体区域的基因[①]，该基因编码了肺细胞中尼古丁的受体。它有一个正式的名字，rs16969968，不过即使是对基因组学的专家来说，这个名字也太过冗长拗口了，因此他们开始称它为“大个儿”或“大先生”，因为它与肺癌有着极其紧密的联系。“在吸烟影响这个研究领域，提到大先生，人们就知道你在说什么。”圣路易斯华盛顿大学吸烟影响领域的专家劳拉·毕鲁特说道。不过在本书中，我还是就称它为“吸烟基因”吧。

此时此刻，我好像隐约听到了费舍尔脾气暴躁的幽灵正在地下室晃动锁链，要求我撤回我在第五章所写的全部内容。是的，吸烟基因与肺癌有关。它有两个变异体，一个常见，一个不太常见。继承了两份不常见变异

① 确切地说，它应该被称为“单核苷酸多态性”(single nucleotide polymorphism，简称为 SNP)。它可以被视作基因代码中的一个字母，而基因更像一个单词或句子。不过，此处为了避免让读者负担陌生术语带来的理解困难，我就简单地把它称为“一个基因”。

体的人（大约占总人口的 1/9）有大约 77% 的风险患肺癌。吸烟基因似乎也与吸烟行为有关。携带此高风险变异体基因的人似乎需要更多的尼古丁才能满足，对于他们来说，戒烟相当困难。然而，我们也有一些好消息：这些人对尼古丁替代疗法的反应比不携带此吸烟基因的人要好。

引发肺癌的真正关键的因素是吸烟，而吸烟基因的发现不应该改变这一强有力的观点。我们已经知道吸烟行为会导致我们患肺癌的风险增加 10 倍以上。而相比之下，即使我们携带的吸烟基因的数量增加了 1 倍，它也不至于让你患肺癌的风险翻倍。是否携带吸烟基因确实是一件非常严肃的事情，但它带来的风险与经常（无缘无故地）吸烟带给你的危险相比可以说是微不足道的。

和以往一样，绘制一张因果图总是有助于我们阐明问题。如图 9.11 所示，费舍尔认为吸烟基因是吸烟行为和肺癌的混杂因子（就当时而言只是一个纯粹的假设）。但作为一个混杂因子，它远远不足以解释吸烟对肺癌患病风险的压倒性的影响。这本质上就是杰尔姆·康菲尔德在他 1959 年的论文中提出的不等式，他在当时借此推翻了基因假说，结束了关于吸烟是否致癌的争论。

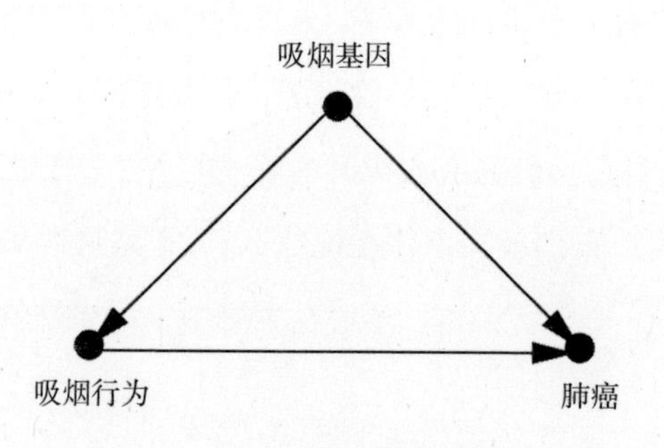

图 9.11 吸烟基因例子的因果图

我们可以很容易地将这张因果图改写为如图 9.12 所示的因果图。在此例中，我们看到“吸烟行为”是“吸烟基因”和“肺癌”之间的中介物。从这个角度看，对这一因果图的略微修改彻底重写了这场科学辩论。我们不再问吸烟行为是否致癌（这是一个我们已经知道答案的问题），而是问这个吸烟基因是如何起作用的。它是否会导致人们吸更多的烟，且吸入更多的烟雾？或者，它是否会让肺细胞变得更容易遭到癌症细胞的侵蚀，从而导致人们患上癌症？间接效应和直接效应哪个更强？

问题的答案对治疗产生的影响很重要。一方面，如果效应是直接的，那么携带高风险变异体基因的人或许就应该接受额外的肺癌筛查。另一方面，如果效应是间接的，那么吸烟行为就变得至关重要。我们应该劝告这些病人，让他们知道吸烟带来的风险以及不吸烟的重要性。如果他们已经养成了吸烟的习惯，我们可能就需要实施一种更积极的干预，比如尼古丁替代疗法。

哈佛大学的流行病学家泰勒·范德维尔在《自然》中读到了第一篇关于吸烟基因的报告，并联系了由文章作者大卫·克里斯蒂安领导的哈佛大学的一个研究小组。自1992年以来，克里斯蒂安一直要求他的肺癌患者以及他们的朋友和家人填写问卷，并提供DNA样本以帮助研究者展开研究工作。在2000年中期，他收集了1 800例肺癌患者的数据，还有作为对照的1 400名未患肺癌者的数据。当范德维尔打来电话时，那些DNA样本仍然在冷冻库里冷冻着。

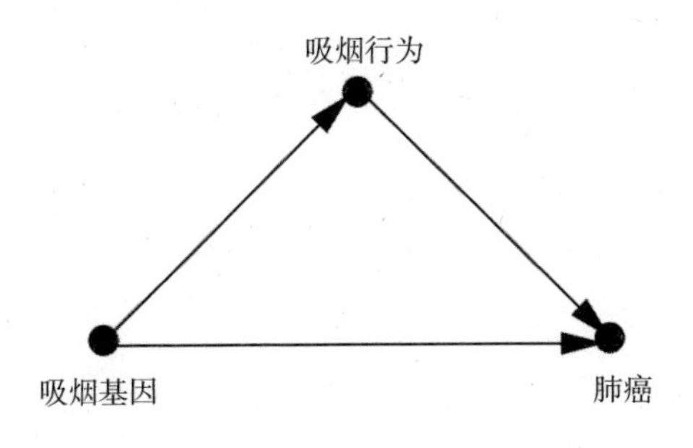

图9.12　对图9.11的微调

起初，范德维尔的分析结果着实令人惊讶。他发现，间接效应所增加的肺癌患病风险仅为1%至3%。携带高风险变异体基因的人平均每天仅比不携带此基因的吸烟者多抽一根烟，不足以构成临床上的相关。然而，他们的身体对吸烟的反应有所不同。吸烟基因对肺癌的影响很大，也很重要，但只限于那些吸烟的人。

这就为我们报告结果提出了一个有趣的难题。在该例中，一方面，CDE（0）本质上是0：如果你不吸烟，这种吸烟基因就不会伤害你。另一方面，如果我们把中介物的值设置为一天1包烟或一天2包烟，可将其表示为CDE（1）或CDE（2），那么基因的作用就会变得很大。自然直接效应就是这些受控效应的平均值。因此，自然直接效应NDE是正的，而范德维尔也是这样报告他的结果的。

这个例子是一个关于相互作用的典型案例。最后，范德维尔的分析证明了有关吸烟基因的3个重要假设：第一，它并不会导致吸烟量的显著增加。第二，不吸烟，吸烟基因就不会导致肺癌。第三，对于那些有吸烟习惯的人来说，吸烟基因会大大增加其患肺癌的风险。基因和主体行为之间的相互作用在这个例子中显得尤其重要。

与任何新得出的研究结论一样，我们当然还需要做进一步的研究。针对范德维尔和克里斯蒂安的分析，毕鲁特指出了一个问题：他们对吸烟行为只做了一种测量——每天吸烟的数量。但吸烟基因也可能导致人们吸入的烟雾更多，从而每吸一口都摄入了更多的尼古丁。而哈佛大学的这项研究缺乏数据用以检验这一理论。

尽管仍然存在一些不确定因素，但关于吸烟基因的研究已经足以为个性化医疗的未来指出方向。很显然，在该例中，真正重要的是基因和行为是如何相互作用的。我们仍然不确定基因是否会改变行为（就像毕鲁特提到的那样），或者基因仅仅与某种注定会出现的行为具有某种相互作用（就像范德维尔认为的那样）。但不管怎样，我们都能通过其所携带基因的特性告知人们所面临的患病风险信息。在未来，能够检测基因与行为、基因与环境间的相互作用的因果模型，必将成为流行病学家的一个重要工具。

止血带：隐藏的谬误

当陆军外科医生约翰·克拉格于2006年抵达巴格达一所医院开始他第一天的工作时，他立即察觉到战时医学的一项新现实。在看到病例本中记录的当天病例时，他对值班护士说：“嘿，你在轮班时使用了紧急止血带。

为什么？”

护士回答说：“这没什么。每次轮班我们都会用到它。”

在克拉格上岗的头5分钟里，他偶然发现了伊拉克战争和阿富汗战争期间创伤护理方面发生的重大变化。尽管止血带在战场中和手术室中的应用已经有好几个世纪的历史了，但关于止血带的作用一直是有争议的。止血带绑得过久有可能导致肢体坏死而不得不截肢。此外，在紧急状况下，我们往往需要用皮带或其他手边的材料充当止血带，所以它们是否起作用有时全凭运气。“二战”后，止血带被认为是最后关头万不得已才采用的治疗手段，官方是不鼓励使用止血带的。

但伊拉克战争和阿富汗战争彻底改变了这一状况。在此期间发生了两件事：出现了更多的重伤员需要使用止血带；医院推出了设计更合理的止血带。2005年，美国陆军军医处处长建议向所有士兵提供提前制作好的止血带。而到了2006年，正如克拉格所观察到的那样，受伤的士兵一条胳膊或一条腿上缠着止血带被送来医院接受治疗已经变成了天天都会发生的事情，这在医学史上是史无前例的。

克拉格估计，从2002年到2012年，止血带总共挽救了大约2 000名士兵的生命。前线士兵也注意到了这一事实。据美国陆军外科医生大卫·威林说：“据报道，作战部队被派出去执行危险的巡逻任务时，都会要求士兵在四肢相应易受伤部位提前绑好止血带，因为倘若遇到地雷或临时爆炸装置（简易炸弹）突然爆炸的情况，他们希望士兵对四肢出血的状况做好充分的应对准备。”

从事实证据和前线士兵的广泛使用来看，止血带的价值应该是毋庸置疑的。然而，对止血带使用状况的大规模研究却很少，几乎不存在。对于普通大众而言，他们很少遇到需要用到止血带的伤害事件，对于动荡地区的参战士兵而言，战争所造成的混乱又使人们很难开展适当的科学研究。但是克拉格抓住了一个记录止血带使用效果的好机会。他和医院的护士收集了所有病例中的数据，这位“止血带新手”很快就变成了一位“止血带专家”。

发表于2015年的这项研究的结果实际上与克拉格的预期并不相符。根据数据，那些在到达医院前已绑上止血带的伤者，其存活率并不比那些有同等伤情但没有绑止血带的人高。当然，克拉格推断，那些绑了止血带的人可能原本就伤得更重。但是，即使他把伤情同样严重的病例放在一起比较以控制这个因素，止血带似乎仍然未能呈现出提高伤患存活率的效果（见表 9.1）。

表 9.1 使用止血带和不使用止血带的伤患存活数据

受伤程度	存活 / 总计（未使用止血带）	存活率（未使用止血带）	存活 / 总计（使用止血带）	存活率（使用止血带）
3（严重）	502/555	90%	416/465	89%
4（很严重）	96/111	86%	212/248	85%
5（极严重）	16/27	59%	4/7	57%
总计	614/693	89%	632/720	88%

这一案例并非辛普森悖论。无论我们是聚合数据还是对数据进行分层，都无关紧要。在每一个伤情严重性类别以及合计中，未使用止血带的士兵的幸存数量都略高。（不过存活率的差异太小，没有统计学意义。）

究竟是哪里出了问题？当然，有一种可能是止血带不够好。我们对它们的信任可能存在证实偏倚。在此例中，证实偏倚具体可以指，如果某个士兵使用了止血带并且幸存了下来，他的医生和朋友们会说："止血带救了他的命。"而对于那些没有使用止血带也幸存下来的人，没有人会说："不使用止血带救了他的命。"因此，止血带的功能可能的确有些言过其实，因为不会有人将伤患幸存归功于不使用止血带。

但克拉格指出，这项研究还可能存在另一种偏倚：医生只能收集到那些活着被送到医院（而不是死在半途中）的士兵的数据。为了弄清楚为什么这一点很重要，让我们绘制一张因果图（见图 9.13）。

在这张图示中，我们可以看到受伤的严重程度是所有 3 个变量——处理（止血带使用）、中介物（入院前存活）和结果（入院后存活）的混杂因子。因此，正如克拉格在他的论文中所做的那样，为伤势的严重性赋值是适当且必要的。

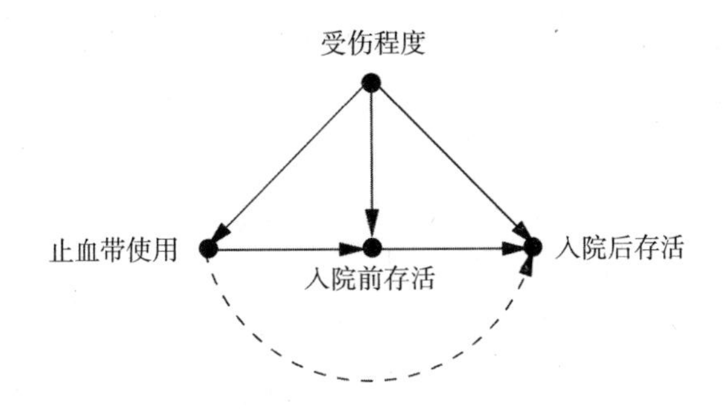

图 9.13　止血带示例的因果图，其中虚线是假设的因果效应（没有数据支持）

此外，因为克拉格只研究了那些活着被送到医院的病人，所以他同时也控制了中介物，将其赋值为“入院前存活”。实际上，这一做法阻断了从止血带使用到入院后存活的间接路径，因此他计算的是直接效应，如图 9.13 中的虚线箭头所示。这一效应实际上是零。不过，间接效应仍有可能存在。如果止血带能让更多的士兵在到达医院之前幸存下来，那么它就是一种非常有利的干预措施。这意味着止血带的作用是将病人活着送到医院；而一旦做到这一点，它就没有进一步的价值了。遗憾的是，数据没能提供任何信息（见表 9.1）用以证实或反驳这个假说。

威廉·克鲁斯卡尔曾发出叹息，今天的科学界已经没有荷马来歌颂统计学家了。而我想为克拉格唱一曲赞歌，他在可以想象得到的最不利的研究条件下还能静静地收集数据，并对标准治疗方法进行科学检验。他为想要实践实证医学的人树立了榜样。而具有讽刺意味的是，他的这项研究没能成功，因为他无法收集到那些在到达医院之前就不幸丧命的士兵的数据。我们当然希望他能一劳永逸地证明止血带的效果（然后拯救生命）。克拉格在一封电子邮件中写道：“我毫不怀疑止血带是一个理想的干预手段。”但最后，他不得不报告了一个“无效结果”，也就是那种永远不可能成为新闻头条的结果。而即便如此，他可靠的科学直觉仍然值得大家称赞。

第十章

大数据，人工智能和大问题

所有的一切都是预先确定了的，但许可总是被授予的。

——迈蒙尼德（1138—1204）

在最初开启这场因果关系的探索之旅时，我就一直在追踪反常事物的轨迹。借助贝叶斯网络，我们教会了机器在灰色地带进行思考，这是机器迈向强人工智能的重要一步。但就目前而言，我们仍然无法教会机器理解事情的前因后果。我们无法向电脑解释为什么转动气压计的刻度盘不会导致下雨。当一名行刑队的士兵改变想法，决定不开枪时，我们也无法教会机器理解这一情境并猜测接下来会发生什么。由于缺乏用设想替代现实，并将其与当前现实进行对比的能力，机器也就无法通过迷你图灵测试，不能回答使人类得以区别于动物产生智慧的那个最基本的问题——“为什么”。我认为这是一个反常现象，因为我没能预料到这一如此自然而直观的问题超出了当代最先进的推理系统的处理范畴。

直到后来我才意识到，受此种反常现象困扰的不只是人工智能领域。科学家本应是最关心“为什么”的人，但由于他们长期束缚于统计学的工作氛围，其提问“为什么”的正当权利被剥夺了。当然，无论如何，科学家还是会提出关于“为什么”的问题，但每当他们想用数学分析来解决这一问题时，他们就不得不将这一问题转化为一个关于关联的伪问题。

对这种反常现象的探索让我接触到了许多不同领域的研究者，比如哲学领域的克拉克·格莱莫尔和他的团队（包括理查德·谢因斯和彼得·斯伯茨）、计算机科学领域的约瑟夫·哈尔伯恩、流行病学领域的杰米·罗宾斯和桑德·格林兰、社会学领域的克里斯·文史普，以及统计学领域的唐纳德·鲁宾和菲利普·戴维，这些人都在思考同样的问题，也正是包括我在内的所有这些人共同点燃了一场因果革命的星火，使它以燎原之势从一个学科迅速蔓延到另一个学科，逐渐覆盖包括流行病学、心理学、遗传学、生态学、地质学、气候科学等在内的多个专业领域。自此，每一年，我都能看到有越来越多的科学家开始愿意谈论和书写因果关系，他们不再带着抱歉或畏惧的神色，而是怀着自信和果断。一个新的范式正在逐步发展成形，根据这个范式，你可以在假设的基础上提出你自己的主张，只要你的假设足够简明易懂，大家就可以判断出你的主张的可信度，以及面对反驳的脆弱度。因果革命也许没有带来能直接改变我们生活的特定工具，但它在整个科学界引起的态度转变，必然有利于科学的蓬勃发展。

我经常将这种态度转变看作“人工智能送给人类的第二份礼物”，这也是我们在本书中的主要关注点。现在，故事已经走向了尾声，是时候回过头看看我们花了很长时间才得到的来自人工智能的第一份礼物。然后问问我们自己：我们真的离计算机或机器人能够理解因果对话的时代越来越近了吗？我们真的能制造出像三岁孩童那样富有想象力的人工智能吗？在最后一章，我将分享我个人的一些想法，我不会给出一个明确的结论，而是更希望留给大家思考的空间。

因果模型与“大数据”

近年来，在整个科学、商业、政治乃至体育领域，我们所掌握的原始数据量正以惊人的速度持续增长。这种变化对于我们这些习惯于使用互联网和社交媒体的人来说也许体现得最为明显。据报道，2014 年（也是我查看大数据的最后一年），脸书存储了约 20 亿活跃用户的 300PB（千兆字节）的数据，也就是每个用户 150MB（兆字节）的数据。人们玩的游戏、喜欢购买的产品、脸书中所有朋友的名字，当然还有他们分享的猫咪视频——所有这些数据都存在于壮阔的二进制海洋中。

对普通大众来说不那么明显但同样重要的一个新事实是庞大的科学数据库的兴起。例如，“千人基因组计划”就为其所谓的“最大的关于人类变异和基因型数据的公共目录”收集了 200TB（兆兆字节）的信息。美国国家航空航天局（NASA）的米库尔斯基太空望远镜档案馆则收集了来自多次外层空间探索的 2.5PB（千兆字节）的数据。而大数据影响的范围远不止前沿高端科学，它几乎入侵了所有的科学领域。30 多年前，海洋生物学家为了对其最为钟爱的某个物种进行总体普查可能需要花费数月的时间走访世界各地。而现在，他们可以在互联网上即刻获得数以百万计的关于鱼、卵、胃容物或任何他们想获得的事物的数据。这名海洋生物学家还可以据此讲述一个完整的故事，其研究也不再局限于费时费力的总体普查。

而与我们关系最为密切的问题是——接下来会发生什么？如何从所有这些数字、比特和像素中提取意义？数据体量越来越庞大，但我们问的问题始终很简单：是否存在一种会导致肺癌的基因？什么样的恒星系可能存在像地球一样的行星？是什么因素导致了我们喜爱的某种鱼类的数量减少，而对此我们能做些什么？

某些领域存在着一种对数据的近乎宗教性的信仰。这些领域的研究者坚信，只要我们在数据挖掘方面拥有足够多的智慧和技巧，我们就可以通过数据本身找到这些问题的答案。然而，本书的读者已经明白，这种信仰是盲目的，很可能受到了对数据分析的大规模宣传炒作的误导。我刚刚问的问题都是因果问题，而因果问题从来不能单靠数据来回答。它们要求我们建构关于数据生成过程的模型，或者至少要建构关于该过程的某些方面的模型。当你看到一篇论文或一项研究是以模型盲的方式分析数据的时候，你就能确定其研究结果最多不过是对数据的总结或转换，而不可能包含对数据的合理解释。

当然，这并不是说数据挖掘没有用。对于探索我们感兴趣的关联模式，并据此提出更精确的解释性问题，数据挖掘很可能是关键的第一步。我们现在不再需要问“是否存在一种会导致肺癌的基因”这个问题，而是可以筛查与肺癌高度相关的基因组（如第九章提到的“大先生”基因），然后针对存在相关性的某些基因问：“这个基因会导致肺癌吗？（以及它们是以怎样的方式导致肺癌的？）”如果没有数据挖掘，我们就不可能提出有关“大先生”基因的问题。然而，要想更进一步，我们就需要建立一个因果模型，用以说明我们所认为的某个基因其可能影响的变量有哪些，可能存在的混杂因子是什么，以及其他的因果路径可能带来的种种后果。解释数据就意味着做出一种假设，这种假设建基于事物在现实世界中的运作方式。

大数据在因果推断问题中的另一个作用体现在因果推断引擎的最后阶段，我们在前言中描述过这一阶段（步骤 8），它让我们得以借助被估量推导出估计值。当变量较多时，统计估计这一步的难度不可小觑，只有借助大数据和现代机器学习技术，我们才有可能真正应对维度灾难。同样，大数据和因果推断在个性化医疗这一新兴领域也发挥了至关重要的作用。在该领域，我们需要根据一组个体过去的行为做出推断，且这组个体需要与我们所关注的个体在尽可能多的特征上相似。因果推断能让我们屏蔽不相关的特征，也能让我们从不同的研究中把这些在关键方面相似的个体聚集起来，而大数据则能让我们收集到关于这些人的充分的信息。

有些人将数据挖掘看作研究的终结而不是第一步，原因很容易理解。它允许我们使用现成的技术得出一个解决方案，让我们以及未来的机器不必费力去考虑和阐明关于现实世界运作方式的实质性假设。但在某些领域，我们的知识还处在初步积累的阶段，因此我们不知如何下手去建构一个关于该领域的模型。而大数据无法帮助我们解决这一领域的问题，因为此类问题的答案的主体部分必然来自模型，无论这个模型是由我们自己构建出来的，还是由机器假设并微调出来的。

为避免显得我对大数据事业过分挑剔，我想为大数据和因果推断的合作提供一个新机会，我将这一新机会称为“可迁移性”（transportability）。

得益于大数据，我们不仅可以在任何特定的研究中获得大量个体的数据，还可以接触到大量在不同地点和不同条件下进行的研究。我们常常希望将这些研究结果结合起来，然后将其迁移至一个新的总体，这一新的总体可能在各种我们意想不到的方面与原始研究中的总体有所不同。

将研究结果从一个环境迁移到另一个环境的过程正是科学的基础。事实上，如果不能将实验室结果推广到现实世界，例如将人工胚胎技术从试管环境迁移至动物再迁移至人类，那么科学进步就将停滞不前。然而直到最近，各个学科仍在试图制定自己的标准，以便从无效的泛化中找出有效泛化的方法。就总体而言，我们目前尚未掌握任何系统性的办法来解决这一“可迁移性”问题。

在过去的5年里，我和我以前的学生（现在的同事）伊莱亚斯·巴伦拜姆成功地提出了一个完整的标准用以判断研究结果何时是可迁移的，何时是不可迁移的。与以往一样，使用此标准的前提条件是，你已经使用因果图表示出了数据生成过程的显著特征，并且标记出了潜在的差异点。“迁移”一个结果并不一定意味着取其表面意义，将之直接应用到新的环境中。考虑到新旧环境之间的差异，研究者可能不得不需要重新校准旧的研究结果。

假设我们想了解一个在线广告（X）对消费者购买产品（Y，比如冲浪板）的可能性的影响。我们有来自5个不同区域的研究数据：洛杉矶、波士顿、旧金山、多伦多和檀香山。现在，我们想估计一下该广告在阿肯色州的有效性。遗憾的是，以往研究的每个总体和研究范示都各有其特性。例如，洛杉矶研究的总体的平均年龄比我们的目标总体的年龄要小，旧金山研究的总体在点击率上的表现与其他地区有所不同。图10.1显示了每个总体和每项研究的独特性。那么，我们能否将这些关系不密切甚至不相干的研究数据结合起来，估计出阿肯色州的广告效果呢？我们可以在不考虑阿肯色州的任何数据的情况下估计出其广告效果吗？或者，我们是否可以仅仅通过测量一小组变量或进行一项初步的观察性研究来估计出阿肯色州的广告效果呢？

图10.2将这些已有研究涉及的总体和目标总体之间的差异转换为图示形式。变量Z代表年龄，是混杂因子，因为年轻人可能更容易看到广告，即使没看到广告，他们也更有可能购买产品。变量W表示点击率，这是一个中介物，是将“看到广告”转化为“购买产品”的必经之路。指标S在所有情况中都代表“差异生成”变量，它是一个假设变量，表示的是决定了两个群体间的差异的特征。例如，在洛杉矶的因果图［见图10.2（b）］中，指标S指向Z，年龄，这与图10.1（b）中的信息是相符的。在其他

城市的因果图中，该指标指向的变量均为图 10.1 所描述的各个总体的显著特征。

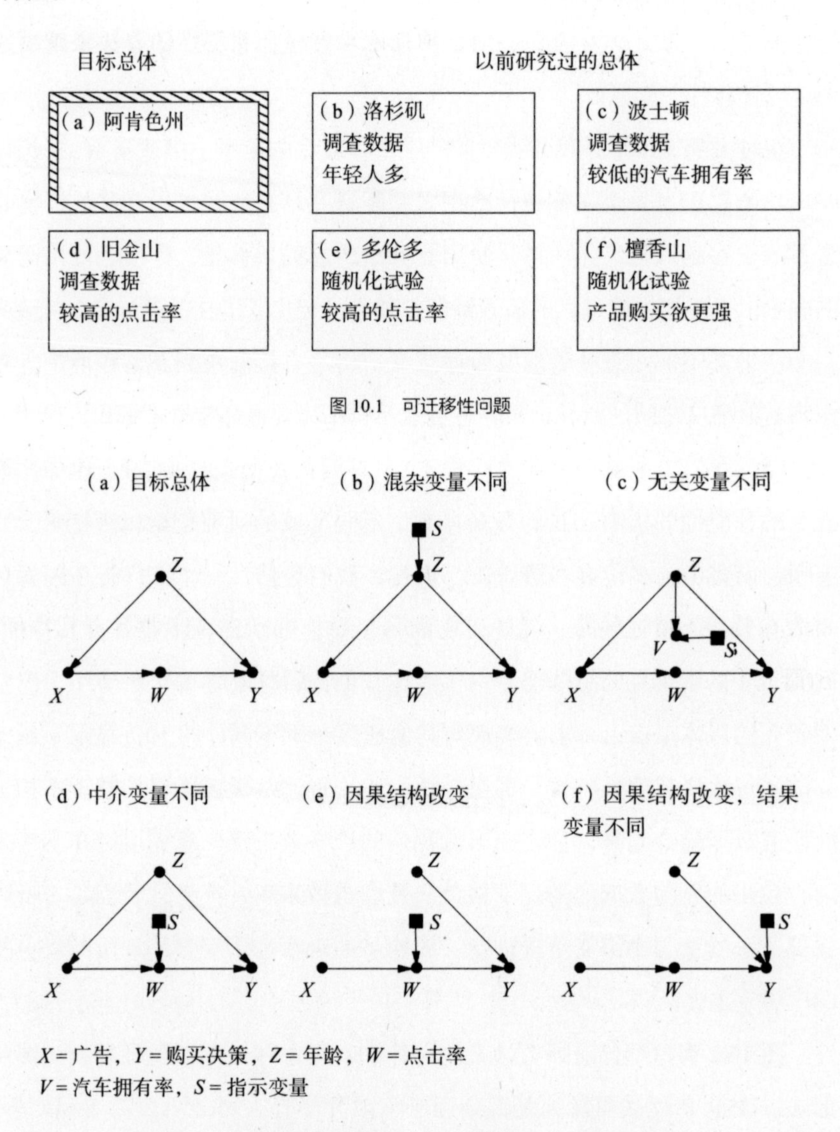

图 10.1　可迁移性问题

图 10.2　已有研究中的总体和目标总体之间的差异，以图示形式表示

对于广告公司来说，好消息是目前计算机已具备处理这一复杂的“数据融合”问题的能力。在 *do* 演算的指导下，计算机能告诉我们可以使用哪些已有的研究、借助哪些手段来回答问题，以及在阿肯色州收集哪些变量的数据可以用来支持我们的结论。在某些情况下，效应可以直接迁移，我

们不需要再做额外的工作，甚至无须踏入阿肯色州就可以得到结论。例如，阿肯色州的广告效应应该和波士顿的一样，因为根据图示，波士顿［见图10.2（c）］仅在变量 V 方面不同于阿肯色州，而该变量不影响处理 X 或结果 Y。

而对于其他研究所得出的效应，我们就需要重新对数据赋权。例如，对于洛杉矶的研究［见图 10.2（b）］，我们需要考虑其与目标总体的不同年龄结构。有趣的是，尽管 W 不一致，但只要我们能测量阿肯色州的变量 X、W、Y 的数据，则我们就可以根据多伦多［见图 10.2（e）］的试验性研究估计出阿肯色州的广告效果。

值得注意的是，我们也会发现在一些案例中，我们无法将任何一项以往的相关研究所得出的效应迁移过去，但我们可以从这些效应的某种形式的组合中估计出目标总体的效应。而且，结论不能迁移的研究也不是完全无用的。例如，由于存在路径 $S \rightarrow Y$，檀香山的研究［见图 10.2（f）］得出的效应就是不可迁移的。但是，由于路径 $X \rightarrow W$ 不受 S 的影响，因此檀香山研究中的数据可以用来估计 $P(W \mid X)$。将这个估计与从其他研究中得出的 $P(W \mid X)$ 相结合，我们就能提升该子表达式的精确度。而通过将此类子表达式精心结合起来，我们或许就可以得到目标效应总量的精确估计。

在简单的情况中，我们用直觉就可以判断出这些结果是合理的，但当图表变得更加复杂时，我们就需要一种形式化的方法来辅助我们做出判断。对此，*do* 演算提供了一种确定可迁移性的一般标准。该规则非常简单：如果你可以执行一系列有效的 *do* 演算（运用第七章中的规则），将目标效应的表达式转换为一个新的表达式，其中任何涉及 S 的因子都不包含 *do* 算子，则这一估计值就是可迁移的。其遵循的逻辑很简单：任何此类因子都可以从现有数据中估计出来，且不受差异因子 S 的影响。

针对可迁移性问题，伊莱亚斯·巴伦拜姆的尝试与伊利亚·斯皮塞解决干预问题的做法很类似。他开发了一种算法，可仅凭借图解标准自动确定你所寻求的效应是否可迁移。换句话说，它可以告诉你能否实现将 *do* 算子从 S 中剥离出去的操作。

在很多研究中，受试者的行为都是无法被强制的，因而我们很难保证已有研究的总体与我们的目标总体相同。而巴伦拜姆的研究结果之所以振奋人心，是因为它将这种在以往被视为威胁可迁移性的因素转化为对于这些研究的一个绝佳的利用机会。我们不再将总体之间的差异视为对研究的“外部有效性”的威胁，而是掌握了一种有效的方法，得以在之前看似无望的情况下确立有效性。正是因为生活在大数据时代，我们才有机会接触到关于诸多研究和辅助变量（如 Z 和 W）的信息，从而能够将已有的研究结果从一个总体迁移至另一个总体。

顺便一提，针对另一个长期困扰统计学家的问题——选择偏倚，巴伦拜姆也得出了类似的结论。当研究的样本与目标总体在某些相关方式上不一致时，这种偏倚就会出现。这听起来很像一个可迁移性问题——的确如此，只不过我们需要先做一个非常重要的修正：我们要绘制一个指向 S 的箭头，而不是绘制一个从指示变量 S 指向受影响变量的箭头。在此例中，我们认为 S 代表的是“研究选择”。例如，在伯克森偏倚的例子中，如果我们的研究只以住院患者为观察对象，那么我们就相当于画了一个从住院治疗指向 S 的箭头，其表明住院是我们的研究选择的一个因。在第六章，我们曾将这种情况仅仅视为对研究有效性的威胁。但现在，我们可以再次把它看成一个机会。如果我们掌握了选择的机制，我们就可以为我们的研究补充受试者，或者收集正确的去混因子数据集，并通过适当的重新加权或公式调整来克服偏倚。巴伦拜姆的工作让我们可以利用因果逻辑和大数据创造出以前无法想象的奇迹。

通常，像“奇迹”和“无法想象”这样的词在科学论述中是非常罕见的，读者可能会怀疑我是不是有点儿过于激动了，但我自认为我使用这些词的理由是充分的。自从唐纳德·坎贝尔和朱利安·斯坦利于 1963 年确认并定义了“外部有效性”这一术语以来，它作为对实验科学的威胁已经存在了至少半个世纪。我与许多讨论过这个题目的专家和知名作家交流过。令我吃惊的是，他们中没有一个能够解决图 10.2 所展示的迁移问题中的任何一个小问题。我称它们为“小问题”，是因为它们易于描述，易于解决，且易于证明给定的解决方案是否正确。

目前，对“外部有效性”的研究完全专注于对效度威胁的罗列和分类，而不是与之做斗争。事实上，这一长久存在的威胁已经令人丧失了与之斗争的勇气，以致人们不再相信这种威胁是可以解除的。那些不习惯使用图示模型的专家发现，设置额外的威胁比尝试解决某个威胁看起来更容易。因此我希望用像“奇迹”这样的语言来唤醒我的同事，让他们将此类问题看作一种智力挑战，而非绝望的理由。

我当然希望我能为读者展示一个成功的个案研究，该研究包含复杂的可迁移性问题，同时还存在一个需要克服的选择偏倚。但我所提到的这些技术目前还很新，尚未得到普及。不过我相信，过不了多久，研究者们就会发现巴伦拜姆算法的力量，而随后，外部有效性那神秘而恐怖的形象就会像此前的混杂问题一样烟消云散。

强人工智能和自由意志

在阿兰·图灵那篇著名的论文《计算机器与智能》墨迹未干之际，科幻小说家和未来学家对于未来智能机器的假想就开始不断涌现。有时，他们赋予这些智能机器一个和蔼可亲甚至品德高尚的形象，就像《星球大战》中活泼又有点儿冒失的机器人 R2D2，或者那个搞怪的英国人形机器人 C3PO。但更多的时候，他们倾向于把智能机器想象的十分邪恶，忙于像电影《终结者》中的反派那样密谋毁灭人类，或者致力于像《黑客帝国》中的“母体”一样在虚拟现实中奴役人类。

在所有这些情境中，这些假想中的人工智都更多地反映了作家本人的焦虑或影片特效部的高超本领，而非专业研究者所进行的实际的人工智能研究。毫无疑问，计算机在纯粹的计算能力这方面已远远超出了图灵的期望，而强人工智能却变成了一个比他想象的更难以实现的目标。在第三章，我谈到了人工智能进展缓慢的原因。20 世纪 70 年代和 80 年代初，人工智能的研究因过于强调基于规则的系统而受到了制约。但事实证明，基于规则的系统是错误的，它们十分脆弱，对其运行假设的任何细微改变都会导致我们必须重写整个系统。这些系统不能很好地应对不确定性或矛盾的数据。此外，这些系统缺乏科学意义上的透明性：你无法在数学上证明它们会按照某种方式运行，而如果运行不当，你也无法精准地指出什么地方需要修改。并非所有人工智能领域的研究者都反对这一认为系统"缺乏透明性"的观点。当时，该领域的研究者分成了两派——"讲究派"（这些人寻求的是建立有运行保障的、足够透明的系统）和"将就派"（这些人对系统的要求是只要可运行，满足工作目的即可）两类，而我一直属于"讲究派"。

我很幸运能在这一领域准备好接受新方法的时候参与进来。贝叶斯网络是概率的，它可以应对充满矛盾和不确定数据的世界。而基于规则的系统则不同，它们是模块化的，易于在分布式计算平台上编码，这让它们运行得很快。最后，对我（以及其他"讲究派"的学者）来说，重要的是，贝叶斯网络以数学的方式可靠地处理概率，这就保证了即便出了什么差错，该差错也只会出现在程序中，而不会出现在我们的思想里。

即使具备了所有这些优势，贝叶斯网络仍然无法理解因果。在贝叶斯网络中，信息被有意地设计为在因果和诊断两个方向中来回流动：烟雾增加了火灾的可能性，火灾增加了烟雾的可能性。事实上，贝叶斯网络甚至无法解释"因果方向"是什么。结果，再一次，对这一奇妙的反常现象的研究，让我从机器学习的领域中脱离出来，走向因果关系的研究领域。我不赞同"未来机器人无法用我们的因果语言与我们沟通"这种观点。一旦踏入因果关系的领地，我自然而然地就被吸引到了其他学科的广阔领域，在那些领域，因果不对称至关重要。

所以，在过去的25年里，从某种程度上说，我是一个自动推理和机器学习领域的"自我流放者"。好在，站在一个更远、更高的位置上，我依然可以知晓人工智能领域当前的变化趋势和最新的发展。

近年来，人工智能最显著的进步发生在一个被称为"深度学习"的领域，它采用的基本方法类似于卷积神经网络。这些网络不遵循概率规则，它们不以严谨或清晰的方式处理不确定性，也没有对其运行环境的明确表征。相反，这些网络的体系结构可以自行发展。在完成了一个对于新的网络的训练后，程序员就不再管它，也无从知晓它正在执行什么计算，或者它们为何有效。如果网络失灵，程序员也不知道应该如何修复它。

一个典型的例子或许是AlphaGo（阿尔法狗），它由谷歌的子公司DeepMind开发，是一个基于卷积神经网络的程序[①]，擅长围棋游戏。在人类的完全信息游戏中，围棋一直被认为是人工智能最难啃的一块骨头。虽然计算机程序早在1997年的人机国际象棋大战中就战胜了人类，但直到2015年，即使是面对最低段位的职业围棋选手，人工智能也无法与之匹敌。围棋界人士认为，计算机要实现与职业棋手一较高下，仍需10年甚至更长的时间。

随着AlphaGo的问世，这一局面几乎在一夜之间就被颠覆了。大部分围棋选手是在2015年下半年第一次听说这个程序的，当时它以5：0的比分击败了一名人类职业棋手。2016年3月，AlphaGo以4：1的比分击败了近几年来被认为是最顶尖的人类棋手李世石。几个月后，它又同顶尖人类棋手在线对战了60局，而没有输掉一局比赛。2017年，AlphaGo在战胜当时的围棋世界冠军柯洁之后正式“退役”。输给李世石的那一局，是它输给人类的唯一一局比赛。

这些计算机程序所取得的成绩是如此令人激动，其导向的结论似乎也毋庸置疑：对某些任务来说，深度学习具有独特的优势。但这类程序或算法与我们对透明性的追求背道而驰。即使是AlphaGo的程序编写者也不能告诉我们为什么这个程序能把下围棋这个任务执行得这么好。我们只能从经验中了解到，深度网络在计算机视觉和语音识别任务中取得了更多的成功。可以说，我们对深度学习的理解完全是经验主义的，没有任何保证。

---

① AlphaGo中的核心技术是强化学习（reinforcement learning）和蒙特卡罗树搜索（Monte Carlo tree search），不仅仅是作者提到的深度学习。强化学习是除无监督学习和有监督学习之外的第三类机器学习方法，强调智能体和环境（抽象为一个马尔科夫决策过程）之间的互动，通过让智能体寻求期望奖励的最大化来习得从状态空间到行动空间的策略（policy）函数。在运筹学和最优控制理论中，强化学习也被称作近似动态规划。——译者注

AlphaGo 团队并没有在一开始就预测到，这个程序会在 5 年的时间内击败人类最好的围棋棋手。他们只是想试验一下，而 AlphaGo 出人意料地成功了。

有些人可能会说，我们并不真正需要透明。毕竟我们也不太明白人脑是如何工作的，但它的确运行良好，而我们也原谅了自己对于大脑运行机制的肤浅理解。因此，他们指出，为什么不可以在不了解工作原理的情况下将深度学习系统解放出来，创造一种新的智能？我不能说他们错了。此时此刻，"将就派"的确抢占了先机。但我至少可以说，我个人不喜欢模糊的系统，这就是我不研究此类系统的原因。

暂且不谈我的个人品位，先讨论一下另一个关于人类大脑的类比。我们可以原谅自身对大脑工作机制的肤浅理解，但我们仍然可以与其他人交流，向其他人学习或指导其他人，以及以我们自己的因果语言来激励其他人。之所以我们可以这样做，是因为人类的大脑是以一种相同的方式工作的。而如果机器人都像 AlphaGo 一样不透明，我们就无法与它们进行有意义的对话，这就太遗憾了。

如果在我睡觉的时候，我的家庭机器人打开了吸尘器（见图 10.3），我会告诉它："你不该吵醒我。"我想让它明白，在此时打开吸尘器是错的，但我又不希望它将我的抱怨理解为永远不要在楼上使用吸尘器。我们对真正的智能机器人的期望是，它们应该明白你我都能完全理解的事：吸尘器会制造噪音，噪音会吵醒睡觉的人，而这会让被吵醒的人不高兴。换句话说，我认为智能机器人必须理解这种因果关系——事实上是反事实关系，例如那些被编码为"你不该……"的短语。

是的，这句简短的指令具有非常丰富的内涵。这个指令同样适用于它在楼下或家里其他地方吸尘的情况，但对于我醒着或不在家，或吸尘器装有消音装置等情况，该指令就不适用。我认为我们没必要告诉机器人所有这些内容，它应该能够自行理解这些。而一个深度学习程序真的能理解这一指令的丰富内涵吗？我对此表示怀疑。这就是我对给出了出色表现的模糊系统感到不满意的原因——透明性才能确保有效的沟通。

图 10.3 一个聪明的机器人会考虑它的行为的因果影响（资料来源：马雅·哈雷尔绘图）

不过，我确实对深度学习的一个方面感兴趣，即其系统的理论局限性，其中最主要的局限体现在其无法超越因果关系之梯的第一层级。这一局限并不妨碍 AlphaGo 在狭隘的围棋世界中给出出色的表现，因为棋盘形式与游戏规则已经构成了关于围棋世界的一个充分的因果模型。然而，这一局限性阻碍了学习系统在由诸多因果力控制的环境中给出一个出色的表现，使其只能接触到这些力量的浅表影响。此类环境的典型实例有很多，包括医学、经济、教育、气候学和社会事务等。如同柏拉图那个关于洞穴中的囚徒的著名隐喻，深度学习系统探索的是洞穴壁上的那些阴影，学习的是准确预测阴影的活动。深度学习系统不能理解它观察到的阴影仅仅是三维物体的空间运动在二维平面上的投影，而强人工智能必须具备这种理解力。

深度学习的研究者和使用者并非没有意识到这些基本的理论局限。例如，使用机器学习的经济学家注意到，这一方法不能帮助他们回答他们真正感兴趣的关键问题，例如估计尚未实施的策略和行动的影响。典型的例子包括预测推行新的价格结构、补贴政策或调整最低工资的影响。从技术的角度看，今天的机器学习的确是一种有效方法，它让我们得以通过有限的样本估计总体的概率分布，但我们仍然需要在此基础上根据分布推测因果关系。

当我们开始谈论强人工智能时，因果模型就从奢侈品变成了必需品。对我来说，强人工智能应该是能反思其行为，并能从过去的错误中吸取教训的机器。它应该能够理解“我本应该采取不同的行为”这句话，无论这句话是由人类告诉它的还是由它自己分析得出的。这个说法的反事实解释是：“我做了 $X=x$，得到的结果是 $Y=y$。然而，假如我之前采取了不同的行动，比如说 $X=x'$，那么结果本应该会更好，也许是 $Y=y'$。”正如我们看到的那样，当我们有足够的数据和一个充分且具体的因果模型时，对这些概率的估计就实现了完全的自动化。

事实上，我认为机器学习的一个非常重要的目标就是得到更简单的概率 $P(Y_{X=x'})=y' \mid X=x)$，其中机器观察到事件 $X=x$，而结果是 Y，在此前提下，机器需要学会求解在另一个事件 $X=x'$ 发生的情况下的结果。如果机器能计算出这个概率的数值，它就可以将它自己的某个计划执行（但还未执行）的行动视为一个观察到的事件（$X=x$），同时提出问题：“如果我改变主意，取而代之做出 $X=x'$ 的行动会怎样？”这个表达式在数学上等同于被处理对象的处理效应（在第八章提到过），我们能找到很多的例子来表明应该如何估计它。

意图是个人决策的重要组成部分。倘若一个已经戒烟的人突然想点上一支烟，他应该非常认真地考虑这一意图背后的原因，并自问相反的行动是否会产生更好的结果。理解自己的意图，并用它作为因果推理的证据，具备这一能力就说明行为主体的智能已经达到了自我觉察的水平（但尚未达到自我意识的水平，如果这种分级是正确的话）。据我所知，目前还没有任何一个智能机器能达到这个水平。我希望有一天我能带领智能机器进入这个迷人的领域，让它自己说“不”。

任何关于意图的讨论都将涉及强人工智能的另一个重要问题：自由意

志。如果我们要求机器首先产生做 $X=x$ 的意图，然后在觉察到自己的这个意图之后，反而选择去做 $X=x'$，我们就相当于是在要求机器拥有自由意志。但是，如果机器人只会遵循存储在程序中的指令，那么它如何才能有自由意志呢？

伯克利大学的哲学家约翰·塞尔将自由意志问题称为“哲学上的丑闻”，一是因为自古以来对这个问题的论述毫无进展，二是因为即便如此我们仍然不能把它当作一种视觉幻象避而不谈。我们关于“自我”的整个概念都是以我们有选择为前提的。例如，我有一个选择（比如，是否触摸我的鼻子），我做出这个选择之后所体验到的生动清晰的感觉与我们建立在因果决定论之上的现实理解似乎存在无法调和的矛盾，其中后者具体指的是：我的所有行动都是由大脑释放的神经信号引发的。

随着科学的进步，许多哲学问题已经消失了，而自由意志仍然保持着当初的神秘，与其在亚里士多德和迈蒙尼德时代的形象没什么两样。此外，虽然在精神或神学的某些层面，人的自由意志的合理性曾得到过证明，但这些解释并不适用于一台由程序控制的机器。所以，任何宣称其所研发出的机器人拥有自由意志的做法都一定是在制造噱头——至少传统观点是这么认为的。

并非所有的哲学家都相信自由意志和决定论之间存在冲突。还有一派被称作“兼容并包者”（我自己就是其中一员），他们认为二者只是在描述的两个不同的层面时存在明显的冲突：一是神经层面，在这一层面，过程看起来是决定性的（暂且不考虑量子不确定性的问题）；二是认知层面，在这一层面，我们能体验到生动的自主选择的感觉。这种明显的冲突在科学中并不少见。例如，物理方程在微观层面上具有时间可逆性，但在描述的宏观层面上则显得不可逆转，比如烟雾永远不会回流到烟囱里。但这又引发了新的问题：假设自由意志是（或者可能是）一种幻觉，那么为什么对我们人类来说，拥有这种幻觉如此重要？为什么进化过程不辞辛劳地赋予我们这个概念？不管是不是在制造噱头，我们是否都应该尝试着给下一代计算机编写程序，让它们拥有这种幻觉？这样做的目的何在？它带来了哪些计算优势？

我认为，理解自由意志幻觉的功能是解开它如何才能与决定论相调和这一深奥谜题的关键。而一旦我们赋予一台确定性机器同样的功能，问题就会迎刃而解。

除了功能问题，我们还必须处理模拟问题。如果是大脑中的神经信号引发了我们所有的行动，那么我们的大脑就一定会忙于用“意志”或“有意”来美化某类行动，而用“无意”来美化另一类行动。那么，这个贴标签的过程到底是什么？什么样的神经路径会得到带有“意志”标签的特定信号？

在许多情况下，人的自发行为都被认为会在短期记忆中留下痕迹，这个痕迹就反映了背后的目的或动机。例如，“你为什么这么做？”“因为我想打动你。”或者，就像夏娃在伊甸园给出的回答：“蛇欺骗了我，我就吃了。”但在许多其他的情况下，我们采取了有意的行动，却没有什么理由或动机。对行动的合理化可能是一个事后重建的过程。例如，一个足球运动员也许能够解释为什么他决定把球传给乔而不是查理，但这些原因几乎不可能有意识地触发了他的这一行动。在球赛最激烈的时候，数以千计的输入信号都在抢占运动员的注意力。我们要做出的关键的决定是哪些信号需要优先处理，而决定背后的原因往往很难回忆和阐明。

目前，人工智能领域的研究者正试图回答这两个问题，即功能问题和模拟问题，其中前者驱动了后者。一旦认识到自由意志在我们的生活中发挥了怎样的计算功能，我们就可以给机器配备这样的功能。如此，这两个问题就被转化为一个工程问题，虽然解决这一工程问题仍然非常困难。

对我来说，功能问题的某些方面尤其值得展开讨论。自由意志的幻觉使我们有能力谈论我们的意图，同时也允许我们使用反事实逻辑，让我们的意图服从于理性思考。当教练把我们从足球比赛中拉出来，对我们说“你本应该把球传给查理”的时候，不妨想想这几个字所内含的复杂含义。

首先，这种“本应该”指令的发出其目的是迅速将这一有价值的信息从教练传递给球员：将来面临类似的情况时，你要选择行动 B 而不是行动

A。但“类似的情况”太多了，甚至连教练自己也不清楚都有哪些。教练并没有列出这些“类似的情况”的特点，而是针对球员的行动发出指令，因为行动表明了球员在做决定时的意图。教练通过指出行动的不恰当，要求球员识别导致他做出此决定的“软件程序包”，然后重置这些程序包中的优先级，以便让“传球给查理”成为首选行动。这项指令包含着深刻的智慧，因为除了球员自己，还有谁能知道这些程序包的具体特性？它们是不可名状的神经路径，教练或任何外部观察者都无法一窥究竟。要求球员采取与之前其所采取的做法不同的做法，就相当于提倡对特定意图进行具体分析，就像我们上面提到的那样。因此，根据意图进行思考给我们提供了一种简化方法，使我们能将复杂的因果指令转换为简单的指令。

如果能够设计出就像拥有自由意志一样可以相互沟通的机器人，让它们组成一支球队，我想它们一定会踢得更好。无论单个机器人的足球技术有多高超，只要它们能够互相交谈，仿佛自己并不是被安装了预置程序的机器人，而是相信自己有选择权的自主智能体，那么它们的团队表现一定会有所提高。

自由意志的幻觉是否能增强机器人之间的交流，这个问题尚待考察。但无论如何，机器人与人类之间的交流的不确定性都要小得多。为了实现与人类的自然沟通，强人工智能必须了解关于选择和意图的词汇，而这就需要它们模拟自由意志的幻觉。正如我上文所解释的，机器人也可能发现“相信”自己的自由意志更有利，也即达到能够觉察到自己的意图继而“选择”采取另一种行动的智能水平。

一方面，对某人的观点、意图和欲望进行推理的能力一直是人工智能领域的研究者面临的一项重大挑战，这一能力也界定了“智能体”这个概念。另一方面，哲学家将对这类能力的研究作为经典的意识问题的一部分。已经有几代科学精英讨论过“机器可以有意识吗”或“是什么使软件智能体区别于普通的程序”这类问题，在此我也不会假装自己能够给出这类问题的完整答案。但我相信，反事实的算法化是理解这些问题，将意识和智能体转化为计算现实的重要一步。给机器配备对其环境进行符号表示的描述方法，以及赋予它想象该环境发生某种假想的小变化的能力，可以扩展到将机器本身作为环境的一部分。没有哪个机器能处理其自身软件的完整拷贝，但它可以掌握其主要软件组件的设计图摘要。这样，它的其他组件就可以对该设计图进行推理，从而模拟出一种具有自我意识的状态。

为了创造智能体的知觉，我们还必须给这个软件包配备内存，以记录其历史活跃数据，确保其在被问及“你为什么这样做”时有所参考。经过某些具有特定激活模式的路径的行为可以得到一个合理的解释，例如“因为已证明另一种选择没有吸引力”；而另一些不经过特定路径的行为则只能得到推脱和无效答案的搪塞，诸如“我也希望我知道为什么”或“因为你就是这样给我编程的”。

总之，我认为，能够给思维机器带来智能体效益的软件包至少包括3个组成部分：关于世界的因果模型；关于自身软件的因果模型，无论这个模型有多浅显；以及一个内存，用于记录其心理意图对外部事件的反应方式。

这甚至可能正是我们从婴儿期就开始接受的因果教育的模式。我们的头脑中可能存在一个类似于“意图生成器”的东西，它告诉我们，我们应该采取行动 $X = x$。但是孩子们喜欢试验，喜欢违抗父母、老师，甚至他们自己的意图，他们喜欢与众不同的东西，而这一切只是为了好玩。在十分清楚我们应该做 $X = x$ 的前提下，我们却为了好玩而选择做 $X = x'$。我们会观察接下来发生了什么，然后重复这个过程，并记录我们的意图生成器有多好用。最后，当我们开始调整自己的软件包时，那就是我们开始对自己的行为承担道德责任的时候了。这种责任在神经激活层面可能同样是一种幻觉，但在自我意识软件的层面则切实存在。

受到这些可能性的鼓舞，我相信具备因果思维和智能体能力的强人工智能是可以实现的，而这又引发了科幻小说作家从20世纪50年代以来一直在问的问题：我们应该对此感到担忧吗？强人工智能是一个我们不该打开的潘多拉之盒吗？

最近，像埃隆·马斯克和史蒂芬·霍金这样的公众人物已公开表示我们应该对此感到担忧。马斯克在推特上说，人工智能“可能比核武器更危险”。2015 年，约翰 · 布罗克曼的网站 Edge.org 推出了其年度问题：“你对会思考的机器有什么看法？”该问题收到了 186 个回答，既有经过了深思熟虑的，也有颇具挑衅性的［之后这些答案被汇编为一本书——《如何看待会思考的机器？》（*What to Think About Machines That Think*）］。

布罗克曼提出的这个刻意含糊表述的问题可以拆分为至少 5 个相关的问题：

（1）我们是否已经制造出了会思考的机器？

（2）我们能制造出会思考的机器吗？

（3）我们准备制造会思考的机器吗？

（4）我们应该制造会思考的机器吗？

最后，引发大众焦虑的那个未被阐明的核心问题是：

（5）我们能制造出有能力区分善恶的机器吗？

除第一个问题的答案是否定的之外，我相信所有其他问题的答案都是肯定的。我们当然还没有制造出能像人一样思考的机器。到目前为止，我们只能在狭义的领域模拟人类思维，这些领域只涉及最原始的因果结构。在这些狭义的领域中，我们可以制造出比人类更出色的机器，这并不奇怪，因为这些领域关注的是计算机更擅长的事：计算。

如果我们将会思考定义为能够通过图灵测试，那么对第二个问题的回答就几乎百分之百是肯定的。我有这样的把握是建立在我们从迷你图灵测试中获得的经验上的。回答因果关系之梯所有三个层级上的问题的能力孕育出了“智能体”软件的种子，使机器思考自己的意图并反省自己的错误成为可能。回答因果和反事实问题的算法已经有了（这在很大程度上要归功于我的学生），只待勤奋的人工智能研究者来应用这些算法。

第三个问题的答案当然取决于难以预测的人类事件。但从历史的角度看，在人类有能力做，或者已经掌握了相关制造技术的时候，人类很少选择选择不做或不制造。部分原因在于，无论是克隆动物还是把宇航员送入月球，很多事都是在真正做成了之后，我们才意识到我们在技术上有能力做到这件事。不过，原子弹爆炸是一个转折点，许多人因此认为我们本不应该发展这项技术。

自“二战”以来，科学家撤回可行性研究的一个很好的例子是 1975 年阿西洛马会议关于 DNA 重组技术的讨论，这项新技术被媒体视为对人类社会的威胁。这一领域的科学家设法就一系列合理的安全操作准则达成了共识，在随后的 40 年里，他们一直努力维护该协议的有效性并严格遵照执行。如今，DNA 重组已经是一项常见的成熟技术了。

2017 年，未来生命研究所召开了一次关于人工智能的“阿西洛马会议”，商定了 23 项原则，用于未来“普惠人工智能”（beneficial AI）方面的研究。[①] 虽然其中的大多数指导原则与本书讨论的主题无关，但关于伦理和价值观的几条建议值得我们关注。例如，建议 6：“人工智能系统在整个运行期间都应该安全可靠，并且可验证其实用性和可行性。”建议 7：“如果某个人工智能系统造成了损害，我们应该有办法查明原因。”这两条建议清楚地表达了系统透明性的重要意义。建议 10：“在设计高度自动化的人工智能系统时，应当确保其目标和行为在整个运行过程中与人类价值观保持一致。”这条建议相当含糊，但如果我们将其具体化为要求系统能表明自己的意图，并能使用因果关系与人类沟通的话，这条建议就具有了操作意义。

基于下面我对第五个问题的答案，我对第四个问题的回答也是肯定的。我相信我们能够制造出有能力辨别善恶的机器，它至少应该和人类一样可靠，而且有望比人类更可靠。我们对道德机器的首要要求是它能够反省自己的行为，其涉及反事实分析。一旦我们编写完使机器实现自我觉察的程序（无论其作用多么有限），我们就能赋予机器以同理心和公平感，因为这些程序建基于相同的计算原则，只不过需要我们在方程中添加一个新的智

① 这 23 项原则涉及（1）研究目标，（2）研究资金，（3）科学与政策，（4）科研文化，（5）避免竞争，（6）安全性，（7）故障透明，（8）司法透明，（9）职责，（10）价值观一致，（11）人类价值观，（12）个人隐私，（13）自由与隐私，（14）共享利益，（15）共享繁荣，（16）人类控制，（17）非颠覆性，（18）人工智能军备竞赛，（19）性能警示，（20）重要性，（21）风险，（22）递归自我改进，（23）共同利益。——译者注

能体。

在精神层面，构建道德机器的因果方法与20世纪50年代以来科幻小说所热衷讨论的方法，即阿西莫夫的机器人定律，有着很大的不同。艾萨克·阿西莫夫提出了三大绝对定律，第一条就是“机器人不能伤害人类，也不能对人类个体受到伤害袖手旁观”。但是正如科幻小说反复展示的那样，阿西莫夫的定律总是会导致矛盾。对人工智能科学家来说，这并不奇怪：基于规则的系统最终总会出错。但这并不能说明制造道德机器就是不可能的，而是意味着我们不能使用规范性的、基于规则的方法去制造它，意味着我们应该为会思考的机器配置人类所拥有的那些认知能力，包括共情、远期预测和自制力，这样，它们就能够做出自己的决定了。

一旦我们制造出了道德机器，许多杞人忧天的观点就会随之消失，变得无关紧要。我们没有理由不去制造这种能比人类更好地分辨善与恶、抵御诱惑以及权衡奖惩的机器。在这一点上，就像那些国际象棋选手和围棋选手一样，我们甚至可以向自己所创造的事物学习。在未来，我们可以依靠机器来寻求明察秋毫、因果合理的正义，我们将进一步了解人类自身的自由意志“软件”是如何运作的，以及它是如何对人类自身隐藏其工作原理的。这种会思考的机器将成为人类的良师益友，而这正是人工智能送给人类的第一份，也是最好的一份礼物。

致　谢

要列举对本书做出贡献的所有学生、朋友、同事和老师的名单，那我恐怕需要再写一本书了。尽管如此，就我个人而言，一些人仍然值得我在此特别提及，表示感谢。我要感谢菲尔·达维德，他让我第一次登上《生物统计学》期刊的页面；感谢杰米·罗宾斯和桑德·格林兰，为流行病学领域图表语言的广泛使用所做出的杰出贡献；感谢已故的丹尼斯·林德利，他给了我信心，让我认识到即使是经验丰富的统计学家也会承认其领域的缺陷，并呼吁改革；感谢克里斯·文史普、史蒂芬·摩根和菲利克斯·艾尔威特把社会科学带入因果关系的时代；最后，感谢彼得·斯伯茨、克拉克·格莱莫尔和理查德·谢因斯，他们把我从概率的悬崖边推向了因果关系的惊涛骇浪。

进一步向前追溯我个人的研究史，我必须感谢约瑟夫·荷摩尼、西门·兰格博士、弗朗茨·奥伦多夫教授和其他富有敬业精神的科学老师，从小学到大学，他们一直激励着我。是他们向我们这样的第一代以色列移民灌输了使命感和历史责任感，让我们视科学探索为人类最崇高、最有趣的挑战。

如果没有我的合著者达纳·麦肯齐，这本书到现在可能还只是残破不全的设想。而他认真对待我的那些设想，并将它们一一转化为现实。他不仅纠正了我不够正宗的语言风格，还引领我走向更远的地方，从詹姆斯·林德船长的海军舰船到南极远征队队长罗伯特·斯科特的悲剧结局，他为此书赋予了丰富的知识、故事和精妙的结构，让那一大堆有待系统阐述的数学方程变得更加清晰明朗。

我非常感谢加州大学洛杉矶分校认知系统实验室的诸位成员。他们在过去 35 年中的研究工作和思想成果构筑了本书的科学基础。他们是：亚历克斯·巴克、伊莱亚斯·巴伦拜姆、布莱伊·博内特、卡罗·布里托、丹·盖革、卡西卡·莫汉、伊利亚·斯皮塞、田进、托马斯·维尔玛等。

各类资助机构通常只能在学术论文的结尾得到一些程式化的感谢，而发自肺腑的真诚感激则获得的太少。在闪光的思想真正流行开来之前，它们在识别这些思想的价值这方面起到了关键作用，为此，我必须感谢在贝扎德·卡姆加－帕西领导的机器学习和人工智能项目组中，美国国家科学基金会和海军研究办公室给予的长期稳定的支持。

我和达纳还要感谢我们的文学经纪人约翰·布罗克曼，他总是在第一时间鼓励我们，并给我们提供了许多出版专业知识方面的帮助。感谢 Basic Books 出版社的编辑凯勒，他向我们提出的问题总是恰到好处，并且帮助我们说服了出版社，让其最终同意这样一部作品是不可能用 200 页的篇幅就阐释清楚的。插图画家马雅·哈雷尔和达科塔·哈尔，设法完成了我们两人时不时给出的相互矛盾的指示，并赋予了这些抽象的主题以幽默和生命力。要特别感谢加州大学洛杉矶分校的卡鲁·马尔维希尔，他校对了本书多个版本的初稿，并绘制了大量的图表。

达纳永远感激约翰·威尔克斯，他在加州大学圣克鲁兹分校建立了一个科学交流项目，该项目仍在继续发展壮大，参加这一项目是成为一名科学作家的绝佳途径。达纳还要感谢他的妻子凯，她鼓励他追求自己儿时的作家梦，即使这意味着冒险、四处奔波和重新开始。

最后，我要对我的家人的耐心、理解和支持致以最深的谢意。特别要感谢我的妻子露丝给予我的无尽的爱和智慧，她是我的道德指南。感谢我已故的儿子丹尼，他以无声的勇气追求真理。感谢我的女儿塔玛拉和米歇尔，感谢她们多年来对我的信任，相信我最终会完成这本书。还要感谢我的孙子莱奥拉、托里、亚当、阿里和埃文，感谢他们为我漫长的旅途赋予意义，也感谢他们总有法子回答我数不清的“为什么”。

参考文献

导言：思维胜于数据

❓注释书目

Hacking（1990）和 Stigler（1986，1999，2016）深入探讨了从古至今的概率统计历史。Salsburg（2002）的内容技术含量较低。遗憾的是，尽管 Hoover（2008）、Kleinberg（2015），Losee（2012）、Mumford 和 Anjum（2014）都包含一些有趣的资料，但它们都缺乏对因果思维历史的全面描述。从几乎所有的标准统计学教科书中，我们都可以看到对因果描述的禁令，例如，Freedman、Pisani 和 Purves（2007）或者 Efron 和 Hastie（2016）。关于这种禁令作为语言障碍的分析，见 Pearl（2009，第 5 章和第 11 章），以及其作为文化障碍的分析，见 Pearl（2000b）。

关于大数据和机器学习的成就和局限性的最新介绍见 Darwiche（2017）、Pearl（2017）、Mayer-Schönberger 和 Cukier（2013）、Domingos（2015）、Marcus（2017）。Toulmin（1961）为这场辩论提供了历史背景。

对“模型发现”和 *do* 算子的更多技术处理感兴趣的读者可以翻阅 Pearl（1994，2000a，第 2~3 章），Spirtes、Glymour 和 Scheines（2000）。有关这些概念的更细致的介绍，请参阅 Pearl、Glymour 和 Jewell（2016）。这篇参考文献是推荐给具有大学数学的水平，但没有统计学或计算机科学背景的读者的。它还提供了关于条件概率、贝叶斯法则、回归和相应图示的基本介绍。

图 0.1 所示的因果推断引擎的早期版本可在 Pearl（2012）、Pearl 和 Bareinbeim（2014）中找到。

参考文献

Darwiche, A. (2017). Human-level intelligence or animal-like abilities? Tech. rep., Department of Computer Science, University of California, Los Angeles, CA. Submitted to Communications of the ACM. Accessed online at https://arXiv:1707.04327.

Domingos, P. (2015). *The Master Algorithm: How the Quest for the Ultimate Learning Machine Will Remake Our World*. Basic Books, New York, NY.

Efron, B., and Hastie, T. (2016). *Computer Age Statistical Inference*. Cambridge University Press, New York, NY.

Freedman, D., Pisani, R., and Purves, R. (2007). *Statistics*. 4th ed. W. W. Norton & Company, New York, NY.

Hacking, I. (1990). *The Taming of Chance (Ideas in Context)*. Cambridge University Press, Cambridge, UK.

Hoover, K. (2008). Causality in economics and econometrics. In *The New Palgrave Dictionary of Economics* (S. Durlauf and L. Blume, eds.), 2nd ed. Palgrave Macmillan, New York, NY.

Kleinberg, S. (2015). *Why: A Guide to Finding and Using Causes*. O'Reilly Media, Sebastopol, CA.

Losee, J. (2012). *Theories of Causality: From Antiquity to the Present*. Routledge, New York, NY.

Marcus, G. (July 30, 2017). Artifcial intelligence is stuck. Here's how to move it forward. *New York Times*, SR6.

Mayer-Schönberger, V., and Cukier, K. (2013). *Big Data: A Revolution That Will Transform How We Live, Work, and Think*. Houghton Mifin Harcourt Publishing, New York, NY.

Morgan, S., and Winship, C. (2015). *Counterfactuals and Causal Inference: Methods and Principles for Social Research (Analytical Methods for Social Research)*. 2nd ed. Cambridge University Press, New York, NY.

Mumford, S., and Anjum, R. L. (2014). *Causation: A Very Short Introduction (Very Short Introductions)*. Oxford University Press, New York, NY.

Pearl, J. (1988). *Probabilistic Reasoning in Intelligent Systems*. Morgan Kaufmann, San

Mateo, CA.

Pearl, J. (1994). A probabilistic calculus of actions. In *Uncertainty in Artifcial Intelligence 10* (R. L. de Mantaras and D. Poole, eds.). Morgan Kaufmann, San Mateo, CA, 454–462.

Pearl, J. (1995). Causal diagrams for empirical research. *Biometrika* 82: 669–710.

Pearl, J. (2000a). *Causality: Models, Reasoning, and Inference*. Cambridge University Press, New York, NY.

Pearl, J. (2000b). Comment on A. P. Dawid's Causal inference without counterfactuals. *Journal of the American Statistical Association* 95: 428–431.

Pearl, J. (2009). *Causality: Models, Reasoning, and Inference*. 2nd ed. Cambridge University Press, New York, NY.

Pearl, J. (2012). The causal foundations of structural equation modeling. In *Handbook of Structural Equation Modeling* (R. Hoyle, ed.). Guilford Press, New York, NY, 68–91.

Pearl, J. (2017). Advances in deep neural networks, at ACM Turing 50 Celebration. Available at: https: //www.youtube.com/watch?v=mFYM9j8bGtg (June 23, 2017).

Pearl, J., and Bareinboim, E. (2014). External validity: From *do*-calculus to transportability across populations. *Statistical Science* 29: 579–595.

Pearl, J., Glymour, M., and Jewell, N. (2016). *Causal Inference in Statistics: A Primer*. Wiley, New York, NY.

Provine, W. B. (1986). *Sewall Wright and Evolutionary Biology*. University of Chicago Press, Chicago, IL.

Salsburg, D. (2002). *The Lady Tasting Tea: How Statistics Revolutionized Science in the Twentieth Century*. Henry Holt and Company, LLC, New York, NY.

Spirtes, P., Glymour, C., and Scheines, R. (2000). *Causation, Prediction, and Search*. 2nd ed. MIT Press, Cambridge, MA.

Stigler, S. M. (1986). *The History of Statistics: The Measurement of Uncertainty Before 1900*. Belknap Press of Harvard University Press, Cambridge, MA.

Stigler, S. M. (1999). *Statistics on the Table: The History of Statistical Concepts and Methods*. Harvard University Press, Cambridge, MA.

Stigler, S. M. (2016). *The Seven Pillars of Statistical Wisdom*. Harvard University Press, Cambridge, MA.

Toulmin, S. (1961). *Foresight and Understanding: An Enquiry into the Aims of Science*. University of Indiana Press, Bloomington, IN.

Virgil. (29 bc). Georgics. Verse 490, Book 2.

第一章 因果关系之梯

注释书目

关于因果关系之梯的三个层级之间的区别，可以在 Pearl（2000）的第 1 章中找到一个技术性的解释。

我们对因果关系之梯与人类认知发展之间的比较受到了 Harari（2015）和 Kind 等人（2014）最近研究成果的启发。Kind 的文章详细介绍了狮人雕像和发现它的地点。关于婴儿对因果关系的理解的发展的相关研究可在 Weisberg 和 Gopnik（2013）中找到。

图灵测试最早是在 1950 年作为一个模仿游戏被提出的（Turing，1950）。Searl 的"中文屋"论据出现在 Searl（1980），并在此后的几年里被广泛讨论，见 Russell 和 Norvig（2003）、Preston 和 Bishop（2002）、Pinker（1997）。使用模型修正来表示干预源自经济学家 Trygeve Haavelmo（1943），相关的详细说明请参见 Pearl（2015）。Spirtes、Glymour 和 Scheines（1993）给出了箭头删除的图示。Balke 和 Pearl（1994a，1994b）将其扩展到对反事实推理的模拟，如行刑队的例子所示。

Hitchcock（2016）对概率因果论进行了全面总结。其他诸多关键思想见 Reichenbach（1956）、Suppes（1970）、Cartwright（1983）、Spohn（2012）。我对概率因果论和概率提高的分析见 Pearl（2000；2009，第 7.5 节；2011）。

参考文献

Balke, A., and Pearl, J. (1994a). Counterfactual probabilities: Computational methods, bounds, and applications. In *Uncertainty in Artifcial Intelligence 10* (R. L. de Mantaras and D. Poole, eds.). Morgan Kaufmann, San Mateo, CA, 46–54.

Balke, A., and Pearl, J. (1994b). Probabilistic evaluation of counter factual queries. In *Proceedings of the Twelfth National Conference on Artifcial Intelligence*, vol. 1. MIT Press, Menlo Park, CA, 230–237.

Cartwright, N. (1983). *How the Laws of Physics Lie*. Clarendon Press, Oxford, UK.

Haavelmo, T. (1943). The statistical implications of a system of simultaneous equations. *Econometrica* 11: 1–12. Reprinted in D. F. Hendry and M. S. Morgan (Eds.), *The Foundations of Econometric Analysis*, Cambridge University Press, Cambridge, UK, 477–490, 1995.

Harari, Y. N. (2015). *Sapiens: A Brief History of Humankind*. Harper Collins Publishers, New York, NY.

Hitchcock, C. (2016). Probabilistic causation. In *Stanford Encyclopedia of Philosophy(Winter 2016)* (E. N. Zalta, ed.). Metaphysics Research Lab, Stanford, CA. Available at: https: //stanford.library.sydney.edu.au/archives/win2016/entries/causation-probabilistic.

Kind, C. -J., Ebinger-Rist, N., Wolf, S., Beutelspacher, T., and Wehrberger, K. (2014). The smile of the Lion Man. Recent excavations in Stadel cave (Baden-Württemberg, south-western Germany) and the restoration of the famous upper palaeolithic fgurine. *Quartär* 61: 129–145.

Pearl, J. (2000). *Causality: Models, Reasoning, and Inference*. Cambridge University Press, New York, NY.

Pearl, J. (2009). *Causality: Models, Reasoning, and Inference*. 2nd ed. Cambridge University Press, New York, NY.

Pearl, J. (2011). The structural theory of causation. In *Causality in the Sciences* (P. M. Illari, F. Russo, and J. Williamson, eds.), chap.33. Clarendon Press, Oxford, UK, 697–727.

Pearl, J. (2015). Trygve Haavelmo and the emergence of causal calculus. *Econometric Theory* 31: 152–179. Special issue on Haavelmo centennial.

Pinker, S. (1997). *How the Mind Works*. W. W. Norton and Company, New York, NY.

Preston, J., and Bishop, M. (2002). *Views into the Chinese Room: New Essays on Searle and Artifcial Intelligence*. Oxford University Press, New York, NY.

Reichenbach, H. (1956). *The Direction of Time*. University of California Press, Berkeley, CA.

Russell, S. J., and Norvig, P. (2003). *Artifcial Intelligence: A Modern Approach*. 2nd ed. Prentice Hall, Upper Saddle River, NJ.

Searle, J. (1980). Minds, brains, and programs. *Behavioral and Brain Sciences* 3: 417–457.

Spirtes, P., Glymour, C., and Scheines, R. (1993). *Causation, Prediction, and Search*. Springer-Verlag, New York, NY.

Spohn, W. (2012). *The Laws of Belief: Ranking Theory and Its Philosophical Applications*. Oxford University Press, Oxford, UK.

Suppes, P. (1970). *A Probabilistic Theory of Causality*. North-Holl and Publishing Co., Amsterdam, Netherlands.

Turing, A. (1950). Computing machinery and intelligence. *Mind 59*: 433–460.

Weisberg, D. S., and Gopnik, A. (2013). Pretense, counterfactuals, and Bayesian causal models: Why what is not real really matters. *Cognitive Science* 37: 1368–1381.

第二章 从海盗到豚鼠：因果推断的起源

注释书目

Galton 在他的书（Galton，1869，1883，1889）中对遗传和相关性的探索进行了描述，关于其事迹也被记录在 Stigler（2012，2016）中。

有关哈代—温伯格平衡的基本介绍，请参阅维基百科（2016a）。关于伽利略引文“E pur si muove”的来源，请参见维基百科（2016b）。Stigler（2012，第 9 页）中可以找到巴黎地下墓穴和 Pearson 对“人工混合”引起的相关性感到震惊的故事。

Wright 寿比南山，他有幸在活着的时候看到了一本传记（Provine，1986）的出版。Provine 的传记到目前为止仍然是了解 Wright 职业生涯的最佳材料，我们特别推荐第 5 章，其内容是关于路径分析的。Crow 的两部自传（Crow，1982，1990）也提供了一个非常好的解读视角。Wright（1920）是关于路径图的一篇开创性论文；Wright（1921）是一篇更全面的论述，也是豚鼠出生体重例子的来源。Wright（1983）是 Wright 对 Karlin 评论的回应，这篇评论写于他 90 多岁的时候。

Pearl（2000）第 5 章和 Bollen 和 Pearl（2013）对经济学和社会科学中的路径分析的命运进行了叙述。Blalock（1964）、Duncan（1966）和 Goldberger（1972）以极大的热情将 Wright 的思想介绍给了社会科学，但其理论基础没能很好地表达出来。10 年后，当 Freedman（1987）向路径分析者提出挑战，要求他们解释如何对干预建模时，他们的热情消失了，而主要研究人员则退缩至将结构方程模型（SEMs）视为统计分析中的一项活动。12 位学者关于该问题的富有启发性的讨论与 Freedman 的文章刊载于《教育统计期刊》的同一期。

Pearl（2015）描述了经济学家为何不愿意接受图示和结构符号。此项经济教育的不良后果则记录在 Chen 和 Pearl（2013）中。

在 McGrayne（2011）中，人们对贝叶斯学派与频率派的辩论进行了丰富的阐述。更多的技术讨论见 Efron（2013）和 Lindley（1987）。

参考文献

Blalock, H., Jr. (1964). *Causal Inferences in Nonexperimental Research*. University of North Carolina Press, Chapel Hill, NC.

Bollen, K., and Pearl, J. (2013). Eight myths about causality and structural equation models. In *Handbook of Causal Analysis for Social Research* (S. Morgan, ed.). Springer, Dordrecht, Netherlands, 301–328.

Chen, B., and Pearl, J. (2013). Regression and causation: A critical examination of econometrics textbooks. *Real-World Economics Review* 65: 2–20.

Crow, J. F. (1982). Sewall Wright, the scientist and the man. *Perspectives in Biology and Medicine* 25: 279–294.

Crow, J. F. (1990). Sewall Wright's place in twentieth-century biology. *Journal of the History of Biology* 23: 57–89.

Duncan, O. D. (1966). Path analysis. *American Journal of Sociology* 72: 1–16.

Efron, B. (2013). Bayes' theorem in the 21st century. *Science* 340:1177–1178.

Freedman, D. (1987). As others see us: A case study in path analysis (with discussion). *Journal of Educational Statistics* 12: 101–223.

Galton, F. (1869). *Hereditary Genius*. Macmillan, London, UK.

Galton, F. (1883). *Inquiries into Human Faculty and Its Development*. Macmillan, London, UK.

Galton, F. (1889). *Natural Inheritance*. Macmillan, London, UK.

Goldberger, A. (1972). Structural equation models in the social sciences. *Econometrica: Journal of the Econometric Society* 40: 979–1001.

Lindley, D. (1987). *Bayesian Statistics: A Review*. CBMS-NSF Regional Conference Series in Applied Mathematics (Book 2). Society for Industrial and Applied Mathematics, Philadelphia, PA.

McGrayne, S. B. (2011). *The Theory That Would Not Die*. Yale University Press, New

Haven, CT.

Pearl, J. (2000). *Causality: Models, Reasoning, and Inference*. Cambridge University Press, New York, NY.

Pearl, J. (2015). Trygve Haavelmo and the emergence of causal calculus. *Econometric Theory* 31: 152–179. Special issue on Haavelmo centennial.

Provine, W. B. (1986). *Sewall Wright and Evolutionary Biology*. University of Chicago Press, Chicago, IL.

Stigler, S. M. (2012). Studies in the history of probability and statistics, L: Karl Pearson and the rule of three. *Biometrika* 99: 1–14.

Stigler, S. M. (2016). *The Seven Pillars of Statistical Wisdom*. Harvard University Press, Cambridge, MA.

Wikipedia. (2016a). Hardy-Weinberg principle. Available at: https://en.wikipedia.org/wiki/Hardy-Weinberg-principle (last edited: October 2, 2016).

Wikipedia. (2016b). Galileo Galilei. Available at: https://en.wikipedia.org/wiki/Galileo_Galilei (last edited: October 6, 2017).

Wright, S. (1920). The relative importance of heredity and environment in determining the piebald pattern of guinea-pigs. *Proceedings of the National Academy of Sciences of the United States of America* 6: 320–332.

Wright, S. (1921). Correlation and causation. *Journal of Agricultural Research* 20: 557–585.

Wright, S. (1983). On "Path analysis in genetic epidemiology: A critique." *American Journal of Human Genetics* 35: 757–768.

第三章 从证据到因：当贝叶斯牧师遇见福尔摩斯先生

❷注释书目

Lindley（2014）与 Pearl、Glymour 和 Jewell（2016）对贝叶斯法则和贝叶斯思维进行了初步介绍。对不确定性相互矛盾的表示的辩论见 Pearl（1988），另见下面给出的大量参考文献。

我们的乳房 X 光检查例子的数据主要源于乳腺癌监测联合会（BCSC，2009）和美国预防服务工作组（USPSTF，2016年）提供的信息，仅供参考。

“贝叶斯网络”于1985年得名（Pearl，1985），并作为自我激活记忆的模型首次面向学界公开。专家系统的应用紧跟循环网络信念更新算法的发展（Pearl，1986; Lauritzen 和 Spiegelhalter，1988）。

d 分离性的概念将图中的路径阻断与数据中的依存关系联系起来，其根植于拟图理论（Pearl 和 Paz，1985）。该理论揭示了图和概率的共同属性（并因此得名），并解释了为什么这两个看似不相关的数学对象可以在许多方面相互支持。另见维基百科“拟图”(graphoid)。

在飞机场等行李的有趣例子可在 Conrady 和 Jouffe（2015，第4章）中找到。

马来西亚航空公司17号航班的空难在多家媒体上都有详尽的报道，请参阅 Clark 和 Kramer（2015年10月14日）了解事故发生一年后调查的最新情况。Wiegerinck、Burgers 和 Kappen（2013）描述了波拿巴的工作原理。关于17号航班遇难者身份识别的更多细节，包括图3.7所示的谱系，来自 W. Burgers 与 D. Mackenzie 的私人通信（2016年8月24日），以及 D. Mackenzie 对 W. Burgers 和 B. Kappen 的电话采访（2016年8月23日）。

关于 turbo 码和低密度校验码的复杂而迷人的故事从未有人以真正通俗易懂的方式对公众讲述过，但几个不错的学习起点是 Costello 和 Forney（2007），以及 Hardesty（2010a，2010b）。通过信念传播算法实现 turbo 编码的关键工作来自 McElice、David 和 Cheng（1998）。

高效编码的开发仍然是无线通信的战场，Carlton（2016）研究了目前“5G”手机的竞争对手（将于21世纪20年代推出）。

参考文献

Breast Cancer Surveillance Consortium (BCSC). (2009). Performance measures for 1,838,372 screening mammography examinations from 2004 to 2008 by age. Available at: http://www.bcsc-research.org/statistics/performance/screening/2009/perf_age.html (accessed October 12, 2016).

Carlton, A. (2016). Surprise! Polar codes are coming in from the cold. *Computerworld*. Available at: https://www.computerworld.com/article/3151866/mobile-wireless/surprise-polar-codes-are-coming-in-from-the-cold.html (posted December 22, 2016).

Clark, N., and Kramer, A. (October 14, 2015). Malaysia Airlines Flight 17 most likely hit by Russian-made missile, inquiry says. *New York Times*.

Conrady, S., and Jouffe, L. (2015). *Bayesian Networks and BayesiaLab: A Practical Introduction for Researchers*. Bayesia USA, Franklin, TN.

Costello, D. J., and Forney, G. D., Jr. (2007). Channel coding: The road to channel capacity. *Proceedings of IEEE* 95: 1150–1177.

Hardesty, L. (2010a). Explained: Gallager codes. *MIT News*. Available at: http://news.mit.edu/2010/gallager-codes-0121 (posted:January 21, 2010).

Hardesty, L. (2010b). Explained: The Shannon limit. *MIT News*. Available at: http://news.mit.edu/2010/explained-shannon-0115 (posted January 19, 2010).

Lauritzen, S., and Spiegelhalter, D. (1988). Local computations with probabilities on graphical structures and their application to expert systems (with discussion). *Journal of the Royal Statistical Society, Series B* 50: 157–224.

Lindley, D. V. (2014). *Understanding Uncertainty*. Rev. ed. John Wiley and Sons, Hoboken, NJ.

McEliece, R. J., David, J. M., and Cheng, J. (1998). Turbo decoding as an instance of Pearl's "belief propagation" algorithm. *IEEE Journal on Selected Areas in Communications* 16: 140–152.

Pearl, J. (1985). Bayesian networks: A model of self-activated memory for evidential reasoning. In *Proceedings, Cognitive Science Society* (CSS-7). UCLA Computer Science Department, Irvine, CA.

Pearl, J. (1986). Fusion, propagation, and structuring in belief networks. *Artifcial Intelligence* 29: 241–288.

Pearl, J. (1988). *Probabilistic Reasoning in Intelligent Systems*. Morgan Kaufmann, San Mateo, CA.

Pearl, J., Glymour, M., and Jewell, N. (2016). *Causal Inference in Statistics: A Primer*. Wiley, New York, NY.

Pearl, J., and Paz, A. (1985). GRAPHOIDS: A graph-based logic for reasoning about relevance relations. Tech. Rep. 850038 (R-53-L).Computer Science Department, University of California, Los Angeles. Short version in B. DuBoulay, D. Hogg, and L. Steels (Eds.) *Advances in Artifcial Intelligence—II*, Amsterdam, North Holland, 357–363, 1987.

US Preventive Services Task Force (USPSTF) (2016). Final recommendation statement: Breast cancer: Screening. Available at:https://www.uspreventiveservicestaskforce.org/Page/Document/RecommendationStatementFinal/breast-cancer-screening1 (updated: January 2016).

Wikipedia. (2018). Graphoid. Available at: https://en.wikipedia.org/wiki/Graphoid (last edited: January 8, 2018).

Wiegerinck, W., Burgers, W., and Kappen, B. (2013). Bayesian networks, introduction and practical applications. In *Handbook on Neural Information Processing* (M. Bianchini, M. Maggini, and L. C. Jain, eds.). Intelligent Systems Reference Library (Book 49). Springer, Berlin, Germany, 401–431.

第四章　混杂和去混杂：或者，消灭潜伏变量

注释书目

丹尼尔的故事经常被引用为第一个对照试验，见 Lilienfeld（1982）或 Stigler（2016）。檀香山步行研究的结果见 Hakim（1998）。

Fisher Box 关于“对自然的巧妙询问”的长篇引文来自其撰写的关于她父亲的一本优秀传记（Box，1978，第 6 章）。Fisher 本人也把试验写成了与自然的对话，见 Stigler（2016）。因此，我相信我们可以说她的引文几乎完全来自 Fisher 本人，只是表达得更优美。

一篇接一篇地阅读 Weinberg 关于混淆的论文（Weinberg，1993；Howards 等人，2012）很有意思。它们就像混淆历史的两张快照，一张是在因果图广泛传播之前拍摄的，另一张则拍摄于 20 年后，其中我们使用因果图重新审视了相同的例子。Forbes 关于哮喘和吸烟的因果关系网的复杂图参见 Williamson 等人（2014）。

Morabia 的“混杂的经典流行病学定义”可以在 Morabia（2011）找到。David Cox 的引文来自 Cox（1992，第 66–67 页）。关于混杂历史的其他文献包括 Greenland 和 Robins（2009）以及维基百科（2016）。

Pearl（1993）提出了消除混杂偏倚的后门标准及后门调整公式。它对流行病学的影响可以通过 Greenland、Pearl 和 Robins（1999）来了解。对序贯干预和其他存在细微差别的扩展应用在 Pearl（2000，2009）中得到了发展，在 Pearl、Glymour 和 Jewell（2016）中有更细致的描述。Tikka 和 Karvanen（2017）提供了使用 *do* 演算

计算因果效应的软件。

考虑到自那时以来对混杂理解的广泛发展，包括因果图的出现（Greenland 和 Robins，2009），Greenland 和 Robins（1986）的论文在 1/4 个世纪后被作者收回重新阐述了一遍。

❷ 参考文献

Box, J. F. (1978). *R. A. Fisher: The Life of a Scientist*. John Wiley and Sons, New York, NY.

Cox, D. (1992). *Planning of Experiments*. Wiley-Interscience, New York, NY.

Greenland, S., Pearl, J., and Robins, J. (1999). Causal diagrams for epidemiologic research. *Epidemiology* 10: 37–48.

Greenland, S., and Robins, J. (1986). Identifability, exchangeability,and epidemiological confounding. *International Journal of Epidemiology* 15: 413–419.

Greenland, S., and Robins, J. (2009). Identifability, exchangeability,and confounding revisited. *Epidemiologic Perspectives & Innovations* 6. doi:10.1186/1742-5573-6-4.

Hakim, A. (1998). Effects of walking on mortality among nonsmoking retired men. *New England Journal of Medicine* 338: 94–99.

Hernberg, S. (1996). Signifcance testing of potential confounders and other properties of study groups—Misuse of statistics. *Scandinavian Journal of Work, Environment and Health* 22: 315–316.

Howards, P. P., Schisterman, E. F., Poole, C., Kaufman, J. S.,and Weinberg, C. R. (2012). “Toward a clearer defnition of confounding” revisited with directed acyclic graphs. *American Journal of Epidemiology* 176: 506–511.

Lilienfeld, A. (1982). Ceteris paribus: The evolution of the clinical trial. *Bulletin of the History of Medicine* 56: 1–18.

Morabia, A. (2011). History of the modern epidemiological concept of confounding. *Journal of Epidemiology and Community Health* 65: 297–300.

Pearl, J. (1993). Comment: Graphical models, causality, and intervention. *Statistical Science* 8: 266–269.

Pearl, J. (2000). *Causality: Models, Reasoning, and Inference*. Cambridge University Press, New York, NY.

Pearl, J. (2009). *Causality: Models, Reasoning, and Inference*. 2nd ed. Cambridge University Press, New York, NY.

Pearl, J., Glymour, M., and Jewell, N. (2016). *Causal Inference in Statistics: A Primer*. Wiley, New York, NY.

Stigler, S. M. (2016). *The Seven Pillars of Statistical Wisdom*. Harvard University Press, Cambridge, MA.

Tikka, J., and Karvanen, J. (2017). Identifying causal effects with the R Package causaleffect. *Journal of Statistical Software* 76, no. 12. doi:10.18637/jss.r076.i12.

Weinberg, C. (1993). Toward a clearer defnition of confounding. *American Journal of Epidemiology* 137: 1–8.

Wikipedia. (2016). Confounding. Available at: https://en.wikipedia.org/wiki/Confounding (accessed: September 16, 2016).

Williamson, E., Aitken, Z., Lawrie, J., Dharmage, S., Burgess, H.,and Forbes, A. (2014). Introduction to causal diagrams for confounder selection. *Respirology* 19: 303–311.

第五章　烟雾缭绕的争论：消除迷雾，澄清事实

❷ 注释书目

Brandt（2007）和 Proctor（2012a）这两本书包含了读者想要了解的关于吸烟与肺癌辩论的所有信息，除非你还想阅读烟草公司后来公布的实际文件（可在线获取）。20 世纪 50 年代关于吸烟与癌症之关系争论的简短调查见 Salsburg（2002，第 18 章）、Parascandola（2004）和 Proctor（2012b）。Stolley（1991）研究了 R. A. Fisher 在此争论中的独特作用，Greenhouse（2009）评论了 Jerome Cornfield 的发现的重要性。惊世一枪是 Doll 和 Hill（1950），这是第一次对吸烟与肺癌的因果关系的讨论，虽然讨论的是技术性问题，但不失为一篇经典科学论文。

关于美国卫生局局长委员会的故事和 Hill 因果关系指南的出现，见 Blackburn 和 Labarthe（2012）和 Morabia（2013）。Hill 对他的标准的描述可以在 Hill（1965）中找到。

Lilienfeld（2007）是亚伯与雅克故事的来源，我们以此开始了这一章。

VanderWeele（2014）与 Hernández-Díaz、Schisterman 和 Hernán（2006）使用因果图解决了出生体重悖论。两篇有趣的与之相关的文章是 Wilcox（2001，2006），分

别是作者在了解因果图之前和之后写的，他在后一篇文章中的兴奋显而易见。

对癌症死亡率和吸烟的最新统计数据和历史趋势感兴趣的读者可以参考询美国卫生与公众服务部（USDHS，2014）、美国癌症协会（2017）和 Wingo（2003）。

参考文献

American Cancer Society. (2017). Cancer facts and fgures. Available at: https://www.cancer.org/research/cancer-facts-statistics.html(posted: February 19, 2015).

Blackburn, H., and Labarthe, D. (2012). Stories from the evolution of guidelines for causal inference in epidemiologic associations:1953–1965. *American Journal of Epidemiology* 176: 1071–1077.

Brandt, A. (2007). *The Cigarette Century*. Basic Books, New York,NY.

Doll, R., and Hill, A. B. (1950). Smoking and carcinoma of the lung. *British Medical Journal* 2: 739–748.

Greenhouse, J. (2009). Commentary: Cornfeld, epidemiology, and causality. *International Journal of Epidemiology* 38: 1199–1201.

Hernández-Díaz, S., Schisterman, E., and Hernán, M. (2006). The birth weight "paradox" uncovered? *American Journal of Epidemiology* 164: 1115–1120.

Hill, A. B. (1965). The environment and disease: Association or causation? *Journal of the Royal Society of Medicine* 58: 295–300.

Lilienfeld, A. (2007). Abe and Yak: The interactions of Abraham M.Lilienfeld and Jacob Yerushalmy in the development of modern epidemiology (1945–1973). *Epidemiology* 18: 507–514.

Morabia, A. (2013). Hume, Mill, Hill, and the sui generis epidemiologic approach to causal inference. *American Journal of Epidemiology* 178: 1526–1532.

Parascandola, M. (2004). Two approaches to etiology: The debate over smoking and lung cancer in the 1950s. *Endeavour* 28: 81–86.

Proctor, R. (2012a). *Golden Holocaust: Origins of the Cigarette Catastrophe and the Case for Abolition*. University of California Press, Berkeley, CA.

Proctor, R. (2012b). The history of the discovery of the cigarette-lung cancer link: Evidentiary traditions, corporate denial, and global toll. *Tobacco Control* 21: 87–91.

Salsburg, D. (2002). *The Lady Tasting Tea: How Statistics Revolutionized Science in the*

Twentieth Century. Henry Holt and Company, New York, NY.

Stolley, P. (1991). When genius errs: R. A. Fisher and the lung cancer controversy. *American Journal of Epidemiology* 133: 416–425.

US Department of Health and Human Services (USDHHS). (2014).The health consequences of smoking—50 years of progress: A report of the surgeon general. USDHHS and Centers for Disease Control and Prevention, Atlanta, GA.

VanderWeele, T. (2014). Commentary: Resolutions of the birthweight paradox: Competing explanations and analytical insights. *International Journal of Epidemiology* 43: 1368–1373.

Wilcox, A. (2001). On the importance—and the unimportance—of birthweight. *International Journal of Epidemiology* 30: 1233–1241.

Wilcox, A. (2006). The perils of birth weight—A lesson from directed acyclic graphs. *American Journal of Epidemiology* 164: 1121–1123.

Wingo, P. (2003). Long-term trends in cancer mortality in the United States, 1930–1998. *Cancer* 97: 3133–3275.

第六章 大量的悖论!

注释书目

蒙提·霍尔悖论在许多概率论入门书（例如，Grinstead 和 Snell，1998，第 136 页；Lindley，2014，第 201 页）中都可以看到。Pearl（1988，第 58–62 页）使用等效的“三个囚犯困境”演示了非贝叶斯法则的不足。

Tierney（1991 年 7 月 21 日）和 Crockett（2015）讲述了沃斯·莎凡特专栏关于蒙提·霍尔悖论的精彩故事；Crockett 还发表了沃斯·莎凡特从所谓的专家那里收到的其他一些或有趣或尴尬的评论。Tierney 的文章讲述了蒙提·霍尔自己对这场争论的看法，这是一个有趣的体现人类兴趣的视角！

Pearl（2009，第 174–182 页）对辛普森悖论的历史渊源做了一个宏观的描述，其中包括统计学家和哲学家在不援引因果关系的情况下解决这一悖论的许多尝试。Pearl（2014）提供了一份针对教育工作者的最新报告。

Savage（2009）、Julious 和 Mullee（1994）以及 Appleton、French 和 Vanderpump（1996）给出了文本中提到的辛普森悖论的三个现实例子（分别与棒球、肾结石和吸烟有关)。

Savage 的确凿性原则(Savage，1954)在 Pearl(2016b)中得到了进一步的处理，其修正后的因果版本在 Pearl(2009，第 181–182 页)中被推导出来。

罗德悖论(Lord，1967)的不同版本在 Glymour(2006)，Hernández-Díaz、Schisterman 和 Hernán(2006)，Senn(2006)，Wainer(1991)中有所介绍。你也可以在 Pearl(2016a)中找到更全面的分析。

本章不包括援引反事实的悖论，但它们同样有趣，有关例子请参阅 Pearl(2013)。

参考文献

Appleton, D., French, J., and Vanderpump, M. (1996). Ignoring a covariate: An example of Simpson's paradox. *American Statistician* 50: 340–341.

Crockett, Z. (2015). The time everyone "corrected" the world's smartest woman. *Priceonomics*. Available at: http://priceonomics.com/the-time-everyone-corrected-the-worlds-smartest (posted: February 19, 2015).

Glymour, M. M. (2006). Using causal diagrams to understand common problems in social epidemiology. In *Methods in Social Epidemiology*. John Wiley and Sons, San Francisco, CA, 393–428.

Grinstead, C. M., and Snell, J. L. (1998). *Introduction to Probability*. 2nd rev. ed. American Mathematical Society, Providence, RI.

Hernández-Díaz, S., Schisterman, E., and Hernán, M. (2006). The birth weight "paradox" uncovered? *American Journal of Epidemiology* 164: 1115–1120.

Julious, S., and Mullee, M. (1994). Confounding and Simpson's paradox. *British Medical Journal* 309: 1480–1481.

Lindley, D. V. (2014). *Understanding Uncertainty*. Rev. ed. John Wiley and Sons, Hoboken, NJ.

Lord, F. M. (1967). A paradox in the interpretation of group comparisons. *Psychological Bulletin* 68: 304–305.

Pearl, J. (1988). *Probabilistic Reasoning in Intelligent Systems*. Morgan Kaufmann, San Mateo, CA.

Pearl, J. (2009). *Causality: Models, Reasoning, and Inference*. 2nd ed.Cambridge University Press, New York, NY.

Pearl, J. (2013). The curse of free-will and paradox of inevitable regret. *Journal of Causal Inference* 1: 255–257.

Pearl, J. (2014). Understanding Simpson's paradox. *American Statistician* 88: 8–13.

Pearl, J. (2016a). Lord's paradox revisited—(Oh Lord! Kumbaya!). *Journal of Causal Inference* 4. doi:10.1515/jci-2016-0021.

Pearl, J. (2016b). The sure-thing principle. *Journal of Causal Inference* 4: 81–86.

Savage, L. (1954). *The Foundations of Statistics*. John Wiley and Sons, New York, NY.

Savage, S. (2009). *The Flaw of Averages: Why We Underestimate Risk in the Face of Uncertainty*. John Wiley and Sons, Hoboken, NJ.

Senn, S. (2006). Change from baseline and analysis of covariance revisited. *Statistics in Medicine* 25: 4334–4344.

Simon, H. (1954). Spurious correlation: A causal interpretation. *Journal of the American Statistical Association* 49: 467–479.

Tierney, J. (July 21, 1991). Behind Monty Hall's doors: Puzzle, debate and answer? *New York Times*.

Wainer, H. (1991). Adjusting for differential base rates: Lord's paradox again. *Psychological Bulletin* 109: 147–151.

第七章　超越统计调整：征服干预之峰

注释书目

基于 Tian 的 *c* 分解，Tian 和 Pearl（2002）首次报告了后门和前门调整的扩展方法。接下来是 Shpitser 的 *do* 演算的算法化（Shpitser 和 Pearl，2006a），然后是 Shpitser 和 Pearl（2006b）以及 Huang 和 Valtorta（2006）的完备性证明结果。

读者中的经济学研究者应该注意到了，对图分析工具招致的文化性阻力（Heckman 和 Pinto，2015；Imbens 和 Rubin，2015）并非所有经济学家都认同。例如，White 和 Chalak（2009）将 *do* 演算推广并应用于涉及平衡和学习的经济系统。最近出版的社会和行为科学方面的教科书，Morgan 和 Winship（2007）及 Kline（2016），进一步向年轻的研究者发出了这样的信号：文化正统主义，就如同 17 世纪对望远镜的恐惧，在科学界是不会长久存在的。

约翰·斯诺对霍乱的长期调查很少受到重视，在《柳叶刀》上刊登的关于他的一段讣告甚至没有提到这一点。值得注意的是，《英国医学杂志》在 155 年后“修正”了这段讣告（Hempel，2013）。更多关于斯诺的传记材料，见 Hill（1955）、Cameron 和 Jones（1983）。对于存在未观测的混淆因子这种情况，Glynn 和 Kashin（2018）是从经验上演示前门调节优于后门调节的最早的论文之一。Freedman 对“吸烟 → 焦油沉积 → 肺癌”例子的批评可以在 Freedman（2010）的一章中找到，其标题为“关于为因果关系指定图模型”。

关于工具变量的介绍可以在 Greenland（2000）和许多计量经济学教科书（例如，Bowden 和 Turkington，1984；Wooldridge，2013）中找到。

Brito 和 Pearl（2002）引入了广义的工具变量，它扩展了本书给出的经典定义。

DAGitty 程序（可在线访问 http://www.dagitty.net/dags.html）允许用户搜索图中的广义工具变量，并报告生成的被估量（Textor、Hardt 和 Knüppel，2011）。另一个基于图的决策软件包是 BayesiaLab（www.bayesia.com）。

Pearl（2009）第 8 章对工具变量估计的边界进行了详细研究，并将结果应用于未履行问题。Imbens（2010）提倡并讨论了局部平均处理效应（LATE）逼近。

❷ 参考文献

Bareinboim, E., and Pearl, J. (2012). Causal inference by surrogate experiments: z-identifability. In *Proceedings of the Twenty-Eighth Conference on Uncertainty in Artifcial Intelligence* (N. de Freitas and K. Murphy, eds.). AUAI Press, Corvallis, OR.

Bowden, R., and Turkington, D. (1984). *Instrumental Variables*.Cambridge University Press, Cambridge, UK.

Brito, C., and Pearl, J. (2002). Generalized instrumental variables. In *Uncertainty in Artifcial Intelligence, Proceedings of the Eighteenth Conference* (A. Darwiche and N. Friedman, eds.). Morgan Kaufmann, San Francisco, CA, 85–93.

Cameron, D., and Jones, I. (1983). John Snow, the Broad Street pump,and modern epidemiology. *International Journal of Epidemiology* 12: 393–396.

Cox, D., and Wermuth, N. (2015). Design and interpretation of studies: Relevant concepts from the past and some extensions. *Observational Studies* 1. Available at: https://arxiv.org/pdf/1505.02452.pdf.

Freedman, D. (2010). *Statistical Models and Causal Inference: A Dialogue with the Social Sciences*. Cambridge University Press, New York, NY.

Glynn, A., and Kashin, K. (2018). Front-door versus back-door adjustment with unmeasured confounding: Bias formulas for frontdoor and hybrid adjustments. *Journal of the American Statistical Association*. To appear.

Greenland, S. (2000). An introduction to instrumental variables for epidemiologists. *International Journal of Epidemiology* 29: 722–729.

Heckman, J. J., and Pinto, R. (2015). Causal analysis after Haavelmo.*Econometric Theory* 31: 115–151.

Hempel, S. (2013). Obituary: John Snow. *Lancet* 381: 1269–1270.

Hill, A. B. (1955). Snow—An appreciation. *Journal of Economic Perspectives* 48: 1008–1012.

Huang, Y., and Valtorta, M. (2006). Pearl's calculus of intervention is complete. In *Proceedings of the Twenty-Second Conference on Uncertainty in Artifcial Intelligence* (R. Dechter and T. Richardson, eds.). AUAI Press, Corvallis, OR, 217–224.

Imbens, G. W. (2010). Better LATE than nothing: Some comments on Deaton (2009) and Heckman and Urzua (2009). *Journal of Economic Literature* 48: 399–423.

Imbens, G. W., and Rubin, D. B. (2015). *Causal Inference for Statistics, Social, and Biomedical Sciences: An Introduction*. Cambridge University Press, Cambridge, MA.

Kline, R. B. (2016). *Principles and Practice of Structural Equation Modeling*. 3rd ed. Guilford, New York, NY.

Morgan, S., and Winship, C. (2007). *Counterfactuals and Causal Inference: Methods and Principles for Social Research (Analytical Methods for Social Research)*. Cambridge University Press, New York, NY.

Pearl, J. (2009). *Causality: Models, Reasoning, and Inference*. 2nd ed. Cambridge University Press, New York, NY.

Pearl, J. (2013). Reflections on Heckman and Pinto's "Causal analysis after Haavelmo." Tech. Rep. R-420. Department of Computer Science, University of California, Los Angeles, CA. Working paper.

Pearl, J. (2015). Indirect confounding and causal calculus (on three papers by Cox and Wermuth). Tech. Rep. R-457. Department of Computer Science, University of California, Los Angeles, CA.

Shpitser, I., and Pearl, J. (2006a). Identifcation of conditional interventional distributions.

In *Proceedings of the Twenty-Second Conference on Uncertainty in Artifcial Intelligence* (R. Dechter and T. Richardson, eds.). AUAI Press, Corvallis, OR, 437–444.

Shpitser, I., and Pearl, J. (2006b). Identifcation of joint interventional distributions in recursive semi-Markovian causal models. In *Proceedings of the Twenty-First National Conference on Artifcial Intelligence*. AAAI Press, Menlo Park, CA, 1219–1226.

Stock, J., and Trebbi, F. (2003). Who invented instrumental variable regression? *Journal of Economic Perspectives* 17: 177–194.

Textor, J., Hardt, J., and Knüppel, S. (2011). DAGitty: A graphical tool for analyzing causal diagrams. *Epidemiology* 22: 745.

Tian, J., and Pearl, J. (2002). A general identifcation condition for causal effects. In *Proceedings of the Eighteenth National Conference on Artifcial Intelligence*. AAAI Press/MIT Press, Menlo Park, CA, 567–573.

Wermuth, N., and Cox, D. (2008). Distortion of effects caused by indirect confounding. *Biometrika* 95: 17–33. (See Pearl [2009, Chapter 4] for a general solution.)

Wermuth, N., and Cox, D. (2014). Graphical Markov models: Overview. ArXiv: 1407.7783.

White, H., and Chalak, K. (2009). Settable systems: An extension of Pearl's causal model with optimization, equilibrium and learning. *Journal of Machine Learning Research* 10: 1759–1799.

Wooldridge, J. (2013). *Introductory Econometrics: A Modern Approach*. 5th ed. South-Western, Mason, OH.

第八章 反事实：探索关于假如的世界

❷注释书目

Balke 和 Pearl（1994a，1994b）介绍了反事实作为结构方程衍生物的定义，并将其用于估计法律语境中因果关系的概率。该框架与 Rubin 和 Lewis 提出并发展的框架之间的关系在 Pearl（2000，第 7 章）中有详细讨论，其中，它们被证明在逻辑上是等价的：在一个框架中可以解决的问题将在另一个框架中产生相同的解。

最近出版的社会科学书籍（如 Morgan 和 Winship，2015）和健康科学书籍（如

Vanderweele，2015）采用了我们在本书中所追求的混合的图—反事实方法。关于线性反事实的内容是以 Pearl（2009，第 389–391 页）为基础的，该章节还提供了对第 258 页脚注中提出的问题的解决方案。我们对参与者处理效应（ETT）的讨论建立在 Shpitser 和 Pearl（2009）的基础上。

Greenland（1999）详细讨论了归因的法律问题以及因果关系的概率，Greenland 是此类问题的反事实解决方法的先驱。我们对 *PN*、*PS* 和 *PNS* 的处理基于 Tian 和 Pearl（2000）及 Pearl（2009，第 9 章）。Pearl、Glymour 和 Jewell（2016）提出了一种更细致的反事实归因方法，还包括一个用于估计的工具包。Halpern（2016）对实际因果关系进行了颇具技术性的形式处理。

潜在结果的研究者经常使用匹配技术来估计因果效应（Sekhon，2007），尽管他们通常忽略了我们在"学历—工作经验—工资"示例中展示的陷阱。通过对 Mohan 和 Pearl（2014）的分析，我认识到应在因果建模的背景下看待缺失数据问题。

Cowles（2016）和 Reid（1998）讲述了 Neyman 在伦敦动荡岁月的经历，包括关于 Fisher 和木制模型的逸事。Greiner（2008）是对法律中"若非因果关系"的一个历史性的、实质性的介绍。Allen（2003）、Stott 等人（2013）、Trenberth（2012）和 Hannart 等人（2016）解决了将异常天气归因于气候变化的问题，Hannart 特别提出了充要概率的概念，使主题更加清晰。

参考文献

Allen, M. (2003). Liability for climate change. *Nature* 421: 891–892.

Balke, A., and Pearl, J. (1994a). Counterfactual probabilities: Computational methods, bounds, and applications. In *Uncertainty in Artifcial Intelligence 10* (R. L. de Mantaras and D. Poole, eds.).Morgan Kaufmann, San Mateo, CA, 46–54.

Balke, A., and Pearl, J. (1994b). Probabilistic evaluation of counterfactual queries. In *Proceedings of the Twelfth National Conference on Artifcial Intelligence*, vol. 1. MIT Press, Menlo Park,CA, 230–237.

Cowles, M. (2016). *Statistics in Psychology: An Historical Perspective*. 2nd ed. Routledge, New York, NY.

Duncan, O. (1975). *Introduction to Structural Equation Models*. Academic Press, New York, NY.

Freedman, D. (1987). As others see us: A case study in path analysis(with discussion).

Journal of Educational Statistics 12: 101–223.

Greenland, S. (1999). Relation of probability of causation, relative risk, and doubling dose: A methodologic error that has become a social problem. *American Journal of Public Health* 89: 1166–1169.

Greiner, D. J. (2008). Causal inference in civil rights litigation. *Harvard Law Review* 81: 533–598.

Haavelmo, T. (1943). The statistical implications of a system of simultaneous equations. Econometrica 11: 1–12. Reprinted in D.F.Hendry and M. S. Morgan (Eds.), *The Foundations of Econometric Analysis*, Cambridge University Press, Cambridge, UK, 477–490, 1995.

Halpern, J. (2016). *Actual Causality*. MIT Press, Cambridge, MA.

Hannart, A., Pearl, J., Otto, F., Naveu, P., and Ghil, M. (2016).Causal counterfactual theory for the attribution of weather and climate-related events. *Bulletin of the American Meteorological Society* (BAMS) 97: 99–110.

Holland, P. (1986). Statistics and causal inference. *Journal of the American Statistical Association* 81: 945–960.

Hume, D. (1739). *A Treatise of Human Nature*. Oxford University Press, Oxford, UK. Reprinted 1888.

Hume, D. (1748). *An Enquiry Concerning Human Understanding*.Reprinted Open Court Press, LaSalle, IL, 1958.

Joffe, M. M., Yang, W. P., and Feldman, H. I. (2010). Selective ignorability assumptions in causal inference. *International Journal of Biostatistics* 6. doi:10.2202/1557-4679.1199.

Lewis, D. (1973a). Causation. *Journal of Philosophy* 70: 556–567. Reprinted with postscript in D. Lewis, *Philosophical Papers*, vol. 2, Oxford University Press, New York, NY, 1986.

Lewis, D. (1973b). *Counterfactuals*. Harvard University Press, Cambridge, MA.

Lewis, M. (2016). *The Undoing Project: A Friendship That Changed Our Minds*. W. W. Norton and Company, New York, NY.

Mohan, K., and Pearl, J. (2014). Graphical models for recovering probabilistic and causal queries from missing data. *Proceedings of Neural Information Processing* 27: 1520–1528.

Morgan, S., and Winship, C. (2015). *Counterfactuals and Causal Inference: Methods and Principles for Social Research (Analytical Methods for Social Research)*. 2nd ed. Cambridge University Press, New York, NY.

Neyman, J. (1923). On the application of probability theory to agricultural experiments. Essay on principles. Section 9. *Statistical Science* 5: 465–480.

Pearl, J. (2000). *Causality: Models, Reasoning, and Inference*. Cambridge University Press, New York, NY.

Pearl, J. (2009). *Causality: Models, Reasoning, and Inference*. 2nd ed. Cambridge University Press, New York, NY.

Pearl, J., Glymour, M., and Jewell, N. (2016). *Causal Inference in Statistics: A Primer*. Wiley, New York, NY.

Reid, C. (1998). *Neyman*. Springer-Verlag, New York, NY.

Rubin, D. (1974). Estimating causal effects of treatments in randomized and nonrandomized studies. *Journal of Educational Psychology* 66: 688–701.

Sekhon, J. (2007). The Neyman-Rubin model of causal inference and estimation via matching methods. In *The Oxford Handbook of Political Methodology* (J. M. Box-Steffensmeier, H. E. Brady,and D. Collier, eds.). Oxford University Press, Oxford, UK.

Shpitser, I., and Pearl, J. (2009). Effects of treatment on the treated:Identifcation and generalization. In *Proceedings of the TwentyFifth Conference on Uncertainty in Artifcial Intelligence*. AUAI Press, Montreal, Quebec, 514–521.

Stott, P. A., Allen, M., Christidis, N., Dole, R. M., Hoerling, M.,Huntingford, C., Pardeep Pall, J. P., and Stone, D. (2013). Attribution of weather and climate-related events. In *Climate Science for Serving Society: Research, Modeling, and Prediction Priorities* (G. R. Asrar and J. W. Hurrell, eds.).Springer, Dordrecht,Netherlands, 449–484.

Tian, J., and Pearl, J. (2000). Probabilities of causation: Bounds and identifcation. *Annals of Mathematics and Artifcial Intelligence* 28: 287–313.

Trenberth, K. (2012). Framing the way to relate climate extremes to climate change. Climatic Change 115: 283–290.

VanderWeele, T. (2015). *Explanation in Causal Inference: Methods for Mediation and Interaction*. Oxford University Press, New York, NY.

第九章　中介：寻找隐藏的作用机制

注释书目

有几本书专门讨论了中介问题。最新的参考文献 VanderWeele（2015）、Mackinnon（2008）也包含许多例子。Pearl（2014）和 Kline（2015）描述了从 Baron 和 Kenny（1986）的统计方法到基于反事实的因果中介方法的戏剧性转变。McDonald 的引言（"……从头开始"）取材于 McDonald（2001）。

Robins 和 Greenland（1992）对自然直接效应和自然间接效应进行了概念化，并认为其存在问题。后来，它们在 Pearl（2001）中得到了正式化和合法化，从而形成了中介公式。

除了 VanderWeele（2015）的综述外，中介分析的新结果和新应用可参阅 De Stavola 等人（2015），Imai、Keele 和 Yamamoto（2010），Muthén 和 Asparouhov（2015）。Shpitser（2013）提供了估算图示中任意路径特定效应的一般标准。

中介谬误和"以中介物为条件"的谬误在 Pearl（1998），以及 Cole 和 Hernán（2002）中得到了说明。根据 Rubin（2005），Fisher 支持这个谬误，而 Rubin（2004）则视中介分析为"欺骗性的"而将之摈弃。

Lewis（1972）和 Ceglowski（2010）讲述了坏血病的治疗是如何"失传"的惊人故事。King、Montañez Ramírez 和 Wertheimer（1996）讲述了 Barbara Burks 的故事；来自 Terman 和 Burks 母亲的引文来自信件（L.Terman 致 R.Tolman，1943）。

伯克利招生悖论的原文出处是 Bickel、Hammel 和 O'Connell（1975），后面 Bickel 与 Kruskal 之间的通信可在 Fairley 和 Mosteller（1977）中找到。

VanderWeele（2014）是"吸烟基因"例子的来源，Bierrut 和 Cesarini（2015）讲述了该基因是如何被发现的故事。

Welling 等人（2012）和 Kragh 等人（2013）讲述了在海湾战争之前及期间关于止血带的不可思议的历史。后一篇文章是以个人化和娱乐化的风格撰写而成，这对于学术刊物来说是很不寻常的。Kragh 等人（2015）描述了本书提到的关于止血带的研究成果，遗憾的是未能证明止血带能提高伤患存活率。

参考文献

Baron, R., and Kenny, D. (1986). The moderator-mediator variable distinction in social psychological research: Conceptual, strategic, and statistical considerations. *Journal of*

Personality and Social Psychology 51: 1173–1182.

Bickel, P. J., Hammel, E. A., and O' Connell, J. W. (1975). Sex bias in graduate admissions: Data from Berkeley. *Science* 187: 398–404.

Bierut, L., and Cesarini, D. (2015). How genetic and other biological factors interact with smoking decisions. *Big Data* 3: 198–202.

Burks, B. S. (1926). On the inadequacy of the partial and multiple correlation technique (parts I–II). *Journal of Experimental Psychology* 17: 532–540, 625–630.

Burks, F., to Mrs. Terman. (June 16, 1943). Correspondence. Lewis M. Terman Archives, Stanford University.

Ceglowski, M. (2010). Scott and scurvy. *Idle Words* (blog). Available at:http://www.idlewords.com/2010/03/scott_and_scurvy.htm (posted:March 6, 2010).

Cole, S., and Hernán, M. (2002). Fallibility in estimating direct effects.*International Journal of Epidemiology* 31: 163–165.

De Stavola, B. L., Daniel, R. M., Ploubidis, G. B., and Micali, N.(2015). Mediation analysis with intermediate confounding. *American Journal of Epidemiology* 181: 64–80.

Fairley, W. B., and Mosteller, F. (1977). *Statistics and Public Policy*. Addison-Wesley, Reading, MA.

Imai, K., Keele, L., and Yamamoto, T. (2010). Identifcation, inference, and sensitivity analysis for causal mediation effects. *Statistical Science* 25: 51–71.

King, D. B., Montañez Ramírez, L., and Wertheimer, M. (1996). Barbara Stoddard Burks: Pioneer behavioral geneticist and humanitarian. In *Portraits of Pioneers in Psychology* (C. W. G. A. Kimble and M. Wertheimer,eds.), vol. 2. Erlbaum Associates, Hillsdale, NJ, 212–225.

Kline, R. B. (2015). The mediation myth. *Chance* 14: 202–213.

Kragh, J. F., Jr., Nam, J. J., Berry, K. A., Mase, V. J., Jr., Aden, J. K.,III, Walters, T. J., Dubick, M. A., Baer, D. G., Wade, C. E., and Blackbourne, L. H. (2015). Transfusion for shock in U.S. military war casualties with and without tourniquet use. *Annals of Emergency Medicine* 65: 290–296.

Kragh, J. F., Jr., Walters, T. J., Westmoreland, T., Miller, R. M.,Mabry, R. L., Kotwal, R. S., Ritter, B. A., Hodge, D. C., Greydanus, D. J., Cain, J. S., Parsons, D. S., Edgar,

E. P., Harcke, T.,Baer, D. G., Dubick, M. A., Blackbourne, L. H., Montgomery,H. R., Holcomb, J. B., and Butler, F. K. (2013). Tragedy into drama: An American history of tourniquet use in the current war. *Journal of Special Operations Medicine* 13: 5–25.

Lewis, H. (1972). Medical aspects of polar exploration: Sixtieth anniversary of Scott's last expedition. *Journal of the Royal Society of Medicine* 65: 39–42.

MacKinnon, D. (2008). *Introduction to Statistical Mediation Analysis*. Lawrence Erlbaum Associates, New York, NY.

McDonald, R. (2001). Structural equations modeling. *Journal of Consumer Psychology* 10: 92–93.

Muthén, B., and Asparouhov, T. (2015). Causal effects in mediation modeling. *Structural Equation Modeling* 22: 12–23.

Pearl, J. (1998). Graphs, causality, and structural equation models.*Sociological Methods and Research* 27: 226–284.

Pearl, J. (2001). Direct and indirect effects. In *Proceedings of the Seventeenth Conference on Uncertainty in Artifcial Intelligence*. Morgan Kaufmann, San Francisco, CA, 411–420.

Pearl, J. (2014). Interpretation and identifcation of causal mediation. *Psychological Methods* 19: 459–481.

Robins, J., and Greenland, S. (1992). Identifability and exchangeability for direct and indirect effects. *Epidemiology* 3: 143–155.

Rubin, D. (2004). Direct and indirect causal effects via potential outcomes. *Scandinavian Journal of Statistics* 31: 161–170.

Rubin, D. (2005). Causal inference using potential outcomes: Design,modeling, decisions. *Journal of the American Statistical Association* 100: 322–331.

Shpitser, I. (2013). Counterfactual graphical models for longitudinal mediation analysis with unobserved confounding. *Cognitive Science* 37: 1011–1035.

Terman, L., to Tolman, R. (August 6, 1943). Correspondence. Lewis M. Terman Archives, Stanford University.

VanderWeele, T. (2014). A unifcation of mediation and interaction:A four-way decomposition. *Epidemiology* 25: 749–761.

VanderWeele, T. (2015). *Explanation in Causal Inference: Methods for Mediation and Interaçtion*. Oxford University Press, New York, NY.

Welling, D., MacKay, P., Rasmussen, T., and Rich, N. (2012). A brief history of the tourniquet. *Journal of Vascular Surgery* 55: 286–290.

第十章 大数据，人工智能和大问题

注释书目

Harris（2012）是关于这一长久的自由意志辩论的一篇参考文献。相容派哲学家的代表作有 Mumford 和 Anjum（2014）以及 Dennett（2003）。

智能体的人工智能概念化可见 Russell 和 Norvig（2003）以及 Wooldridge（2009）。关于智能体的哲学观点汇编于 Bratman（2007）。Forney 等人（2017）描述了一个基于意图的学习系统。

在 2017 年阿西洛马会议上商定的“普惠人工智能”23 项原则可在 Future of Life Instirute（2017）找到。

参考文献

Bratman, M. E. (2007). *Structures of Agency: Essays*. Oxford University Press, New York, NY.

Brockman, J. (2015). *What to Think About Machines That Think*. HarperCollins, New York, NY.

Dennett, D. C. (2003). *Freedom Evolves*. Viking Books, New York, NY.

Forney, A., Pearl, J., and Bareinboim, E. (2017). Counterfactual datafusion for online reinforcement learners. P*roceedings of the 34th International Conference on Machine Learning. Proceedings of Machine Learning Research* 70: 1156–1164.

Future of Life Institute. (2017). Asilomar AI principles. Available at: https://futureoflife.org/ai-principles (accessed December 2, 2017).

Harris, S. (2012). *Free Will*. Free Press, New York, NY.

Mumford, S., and Anjum, R. L. (2014). *Causation: A Very Short Introduction (Very Short Introductions)*. Oxford University Press, New York, NY.

Russell, S. J., and Norvig, P. (2003). *Artifcial Intelligence: A Modern Approach*. 2nd ed. Prentice Hall, Upper Saddle River, NJ.

Wooldridge, J. (2009). *Introduction to Multi-agent Systems*. 2nd ed. John Wiley and Sons, New York, NY.